STELLWERKE
INTERLOCKINGS

Stellwerke · Interlockings

Ein Verlag der Lesestoff-Gruppe
Oberdorfstrasse 32, Postfach, CH-8024 Zürich
verlage@lesestoff.ch
Projektleitung · Project lead: AS Verlag, Alex Flach
Gestaltung und Satz · Design and typesetting: AS Verlag & Grafik, Urs Bolz
Korrektorat · Proofreading: AS Verlag, Romy Rieser
Auslieferung EU: PROLIT Verlagsauslieferung GmbH
Siemensstraße 16, 35463 Fernwald, gpsr@PROLIT.de
ISBN 978-3-03913-061-0

Besuchen Sie uns im Internet · Visit us online:
www.as-verlag.ch

Der AS Verlag wird vom Bundesamt für Kultur
für die Jahre 2021–2025 unterstützt.
The AS Verlag is supported by the Federal Office
of Culture for the years 2021–2025.

HANS-PETER HADORN

STELLWERKE

Vom mechanischen zum Relais-Stellwerk
in West- und Mitteleuropa:
Zeitzeugen von 1978–2024

INTERLOCKINGS

From mechanical to relay interlockings
in Western and Central Europe:
Contemporary witnesses from 1978–2024

AS VERLAG

Regulación de Circulación de Sev

INHALT

CONTENTS

DAS GEHIRN DER EISENBAHN

Kerzers ist kein neuralgischer Punkt im Schweizer Bahnnetz, aber immerhin ein Kreuzungspunkt zweier Regionallinien. Wenn wir ins Ausbildungszentrum der SBB in Muntelier-Löwenberg fuhren, mussten wir in Kerzers umsteigen. Dabei blieb genügend Zeit für einen Kurzbesuch im Stellwerk und einen Schwatz mit dem Bahnhofvorstand Beat Winterberger. Kerzers war zu einem Unikum geworden, eines der letzten mechanischen Stellwerke in der Schweiz, gesteuert mit Weichenhebeln und Drahtverbindungen. 1901 in Betrieb genommen, war es für 20 Züge pro Tag geplant worden. Nun, Anfang der Nullerjahre, waren es 150, während der Expo 2002 sogar 240 Züge. Nicht nur die Mechanik hat mich fasziniert, auch die Tatsache, dass sich Fahrdienstleiterinnen und -leiter darum gerissen haben, im geradezu antiken Stellwerk zu arbeiten. Am 11. Dezember 2004 wurden die Züge ein letztes Mal per Handhebel auf ihre Reise geschickt. Kurz zuvor wurde Beat Winterberger vom Fernsehen interviewt. Das Erstaunlichste sei, meinte er, dass die neue Elektronik nach den gleichen Prinzipien funktioniere, wie die alte Mechanik.

Die Erfindung des Stellwerks war ein Meilenstein im Kampf gegen die «inneren Gefahren der Eisenbahn»: das grosse Gewicht eines Zuges, die beträchtliche Geschwindigkeit und die geringe Zahl der Fahrwege. Um 1860 wurde in England erstmals eine *Signal Box*, eine ortsfeste Anlage zur Steuerung von Weichen und Signalen, in Betrieb genommen. In der zweiten Hälfte des 19. Jahrhunderts setzte sich die Technik auch auf dem Kontinent durch. Wobei es *die* Stellwerk-Technik nie gab. Hätte man sich vor über hundert Jahren auf eine Regelbauart geeinigt, hätte Hans-Peter Hadorn sein beeindruckendes Werk nicht verfassen können. Ein Blick auf das Inhaltsverzeichnis genügt, um zu begreifen, in welcher Vielfalt sich die Zugsteuerungssysteme entwickelt haben. Und welch immense Arbeit hinter diesem Buch steht.

THE BRAIN OF THE RAILWAY

Kerzers is not a critical point in the Swiss railway network, but nevertheless it is a crossing point of two regional lines. Whenever we went to the SBB training centre in Muntelier-Löwenberg, we had to change trains in Kerzers. There was enough time for a short visit to the signal box and a chat with the station manager, Beat Winterberger. Kerzers had become a one-off, one of the last mechanical signal boxes in Switzerland, controlled by points levers and wire connections. Commissioned in 1901, it was designed for 20 trains a day. Now, at the beginning of the nineties, there were 150, and during the Expo 2002 even 240 trains. It was not only the mechanics that fascinated me, but also the fact that train dispatchers were eager to work in the almost antique signal box. On December 11th, 2004, the trains were sent on their way by hand lever for the last time. Shortly before, Beat Winterberger was interviewed by television. The most amazing thing he said, was that the new electronics worked according to the same principles as the old mechanics.

The invention of the signal box was a milestone in the fight against the "internal dangers of the railway": the great weight of a train, the considerable speed and the low number of tracks. Around 1860, a signal box, a stationary device for controlling points and signals, was put into operation for the first time in England. In the second half of the 19th century, the technology also became established on the continent. Although 'the' signal box technology never existed. If a standard design had been agreed upon more than a hundred years ago, Hans-Peter Hadorn would not have been able to write his impressive work. A glance at the table of contents is enough to understand the diversity in which train control systems have developed. And what an immense amount of work went into this book.

Zugsteuerungssysteme sind komplex, nicht sichtbar und in ihrer Funktionsweise schwer zu verstehen. Wenn man davon spricht, in die Zukunft der Bahn zu investieren, meint man meist grosse Ausbauvorhaben. Dabei sind moderne Zugsteuerungssysteme wichtiger. Sie erlauben, die Vorteile der Planbarkeit eines spurgeführten Systems dem Stand der Technik entsprechend auszunutzen und Kapazität und Sicherheit der bestehenden Anlagen zu erhöhen.

Anfang der 1990er-Jahre war *Interoperabilität* zwischen den europäischen Bahnen zum Zauberwort geworden. Die EU-Kommission formulierte ein überaus ambitioniertes Ziel: die Vereinheitlichung der europäischen Zugsteuerungssysteme. Zu diesem Zweck wurden zwei Projekte lanciert: *European Rail Management System* ERMTS und *European Train Control System* ECTS. Im Unterschied zu den herkömmlichen Systemen mit optischer Signalisierung, werden bei ERMTS/ETCS die Fahrbefehle direkt in die Kabine der Lokomotive gesendet. Die SBB musste auf die neuen Systeme setzen, weil die herkömmlichen Sicherungsanlagen keine Geschwindigkeiten über 160 km/h zuliessen. Im April 2002 startete die SBB einen Pilotbetrieb. In der Euphorie hatte man für den Versuchsbetrieb gleich die ortsfesten Signale abmontiert. Bei den häufigen Systemausfällen gab es nur eine Rückfallebene: fahren auf Sicht. Bisweilen betrug die durchschnittliche Verspätung der Züge 25 Minuten. Pilotversuche macht man, um zu lernen. Heute funktionieren die Systeme klaglos. ERMTS/ETCS Level 2 ist EU-Standard, auch wenn die Vielfalt der Systeme immer noch hoch ist.

1999 habe ich die Zukunft gesehen. In Omaha im Bundesstaat Nebraska stand ich vor einem gigantischen Stellwerk. Die Kommandozentrale der *Union Pacific Railroad* ist ein Bunker, aus dem sämtliche Weichen und Signale des 50 000 km langen Netzes gesteuert werden. Es gibt keinen technischen Grund, warum man das in Europa nicht auch machen könnte. Einen idealeren Einsatz für Anwendungen künstlicher Intelligenz lässt sich kaum vorstellen.

«Ohne Vergangenheit keine Gegenwart.» In diesem Sinne mögen uns die tiefen Einblicke in die Entwicklung mitteleuropäischer Stellwerktechnologie wertvolle Erkenntnisse für die Zukunft bringen. Eine Zukunft, in der die Bahn eine noch wichtigere Rolle spielen wird als heute.

Benedikt Weibel
ex-CEO SBB AG, ex-Chairman UIC

Train control systems are complex, invisible and difficult to understand in terms of how they work. Whenever people talk about investing in the future of the railways, they usually mean large-scale expansion projects. But modern train control systems are more important. They allow to exploit the advantages of the plannability of a track-guided system according to the state of the art and to increase the capacity and safety of the existing installations.

At the beginning of the 1990s, interoperability between European railways had become the magic word. The EU Commission formulated an extremely ambitious goal: the standardisation of the European train control systems. Two projects were launched for this purpose: European Rail Management System ERMTS and European Train Control System ECTS. In contrast to the conventional systems with optical signalling, with ERMTS/ETCS the driving commands are sent directly into the cabin of the locomotive. SBB had to rely on the new systems because the conventional safety systems did not permit speeds above 160 km/h. In April 2002, SBB started a pilot operation. In the euphoria, the fixed signals were immediately removed for the trial operation. With the frequent system failures, there was only one fallback option: drive on sight. At times, the average delay of the trains was 25 minutes. Pilot tests are made in order to learn. Today, the systems work without complaint. ERMTS/ETCS Level 2 is EU standard, even if the variety of systems is still high.

In 1999, I saw the future. In Omaha, Nebraska, I stood in front of a gigantic signal box. The command centre of the Union Pacific Railroad is a bunker from which all points and signals of the 50 000 km network are controlled. There is no technical reason why this could not be done in Europe. It is hard to imagine a more ideal use for artificial intelligence applications.

"Without a past, there is no present." In this sense, the deep insights into the development of central-European interlocking technology may provide us with valuable insights for the future. A future in which the railway will play an even more important role than it does today.

Benedikt Weibel
Former CEO SBB AG, former Chairman UIC

VORWORT

Stellwerke sind Bahnbetriebsstellen für die Steuerung und Sicherung der Zug- und Rangierbewegungen.

Schon in der ersten Zeit des Eisenbahnbetriebes entstand der Bedarf an Einrichtungen für eine sichere Betriebsdurchführung. Die frühen schlüsselgesicherten Anlagen waren sicherheitstechnisch bereits effizient, jedoch personalintensiv in der Bedienung und ungeeignet bei hohem Verkehrsaufkommen.

Erst die Fernbedienung von Weichen und Signalen mithilfe von Drahtzug oder Gestänge ermöglichte eine Zentralisierung der Bedienung. Die Integration dieser anfänglich oftmals noch getrennten Weichen- oder Signalstellwerke in Stellwerke mit materiellen Abhängigkeiten zwischen den Weichen und Signalen sowie die Bereitstellung der ersten Blockanlagen ermöglichten eine durchgängige Sicherung des Bahnbetriebs über komplette Bahnhöfe und ganze Streckenabschnitte.

Gleisfreimeldeanlagen mittels Gleisstromkreise erlaubten ab der Jahrhundertwende auf die bis dahin notwendige Einsehbarkeit des Stellbezirks durch den Bediener zu verzichten, sodass die Bezirke innerhalb der technisch möglichen Stellentfernungen spürbar erweitert werden konnten. Eine weitere Erhöhung der Entfernung zwischen dem Stellwerk und den Feldelementen wurde durch die Verwendung einer künstlichen Kraftquelle (Druckwasser, Druckluft oder Elektrizität) als Ersatz für die Muskelkraft der Bediener erreicht.

Mit der Realisierung der ersten Fahrstrassenausschlussebenen auf der Basis von Relaisschaltungen anstatt der bis dahin üblichen mechanischen Verschlussregister wurde ab Mitte des letzten Jahrhunderts der Übergang zu den komplett elektrischen Stellwerken eingeleitet, teils mit ganz unterschiedlichen technischen Ansätzen. Die typischen Gleisbilddrucktastenstellwerke in Tischausführung oder als Panoramatafel mit separatem Befehlspult prägten während mehreren

FOREWORD

Signal boxes are railway centres for controlling and securing train and shunting movements. Even in the in the early days of railway operation, the need for facilities for safe operation arose. The early key-operated systems were already efficient in terms of safety, but they were labour-intensive to operate and unsuitable for high traffic volumes.

It was not until the remote control of points and signals by means of a wire hoist or linkage that operation could be centralised. The integration of these initially often still separate points or signal interlockings into interlockings with material dependencies between the points and signals, as well as the provision of the first block systems, enabled continuous safeguarding of railway operations over complete stations and entire sections of line.

Since the turn of the century, track vacancy detection systems by means of track circuits have made it possible to forgo the previously necessary visibility of the interlocking district by the operator so that the districts could be noticeably extended within the technically possible interlocking distances. A further increase in the distance between the signal box and the field elements was achieved by using an artificial power source (pressurised water, compressed air or electricity) to replace the muscle power of the operators.

With the realisation of the first track locking levels based on relay circuits instead of the mechanical locking registers that had been common until then, the transition to completely electric interlockings was initiated from the middle of the last century, partly with quite different technical approaches. The typical track diagram pushbutton interlockings in tabletop design or as a panorama panel with a separate control desk characterised railway safety technology for several decades. Interlockings using this technology were often operated from remote control

Jahrzehnten die Eisenbahnsicherungstechnik. Stellwerke in dieser Technik wurden nicht selten von Fernsteuerzentralen aus bedient zwecks einer besseren Betriebsübersicht bei gleichzeitiger Personaloptimierung. Noch vor dem sich abzeichnenden Generationswechsel zu den elektronischen, rechnergesteuerten Stellwerken erfolgte die Ergänzung mit nicht sicherheitsrelevanten Automatikfunktionen, wie dem automatischen Signalbetrieb oder leittechnischen Zusatzanlagen, wie Zugnummernmeldeanlagen und Zuglenkrechner, mit dem Ziel die Bediener von Routinehandlungen zu entlasten.

Die fortlaufende Weiter- oder Neuentwicklung von Stellwerken erfolgte sowohl in kleinen Schritten als auch in grossen technologischen Sprüngen. Die Auslöser dafür konnten beispielsweise sehr verschiedenartig sein: erweiterte betriebliche Anforderungen, die Verbesserung der Wirtschaftlichkeit, neue technische Möglichkeiten, Erfahrungen aus mehr oder weniger folgenreichen Zwischenfällen, werksseitige Abkündigung von Bauteilen, Verbesserung der Umbaufreundlichkeit der Anlagen oder die Notwendigkeit von Sonderanpassungen an Grenzübergängen. Dass dabei viele verschiedene Wege gegangen wurden, ist nicht erstaunlich, da die Anlagen den jeweils gültigen Signalordnungen, Fahrdienstvorschriften sowie Betriebs- und Sicherheitsanforderungen entsprechen mussten. Auch die Konkurrenz unter den Lieferanten, der Patentschutz oder der Pioniergeist der Ingenieure haben ihren Teil zu der grossen Vielfalt beigetragen.

Die hohen Investitionskosten und der damit einhergehende Bestandsschutz sowie die aus verständlichen Gründen bereits bei der Konzeption angestrebte hohe Verfügbarkeit der Sicherungseinrichtungen sind die Hauptgründe für die generell hohe Lebensdauer von traditionellen Stellwerksanlagen. So ist es nicht verwunderlich, dass in dem vom Autor ausgewählten Zeitraum 1978–2024 noch für viele Stellwerkstechniken Anlagen unter Sicherheitsverantwortung in Betrieb waren.

Mit dieser Publikation ist es dem Autor gelungen eine systematische Übersicht der Stellwerkstechniken in West- und Mitteleuropa vorzulegen, von den einfachen Schlüsselwerken bis zu den grossen Relaisstellwerken. Die Fachspezialisten, die technischen Laien und die Eisenbahnhistoriker werden das Buch zu schätzen wissen.

Henri Werdel, Ingénieur Civil ULg
Directeur Gestion Infrastructure CFL

centres for the purpose of a better operational overview and simultaneous optimisation of personnel. Even before the emerging generation change to electronic, computer-controlled interlockings, the addition of non-safety-relevant automatic functions, such as automatic signal operation or additional control systems, such as train describer information systems and automatic route setting, took place with the aim of relieving the operators of routine operations.

The continuous or new development of interlockings took place both in small steps and in large technological leaps. The triggers for this could, for example, be very diverse: extended operational requirements, improvement of economic efficiency, new technical possibilities, experience from more or less momentous incidents, discontinuation of components by the factory, improvement of the ease of conversion of the systems or the necessity of special adaptations at border crossings. It is not surprising that many different paths were taken, as the systems had to comply with the respective valid signalling regulations, train service regulations as well as operational and safety requirements. Competition among suppliers, patent protection and the pioneering spirit of the engineers also contributed to the great variety.

The high investment costs and the associated protection of the existing installations as well as the high availability of the safety equipment, which was already aimed for at the design stage for understandable reasons, are the main reasons for the generally long service life of traditional interlocking systems. Therefore, it is not surprising that in the period from 1978 to 2024 selected by the author systems were still in operation for many interlocking technologies under safety responsibility.

With this publication, the author has succeeded in presenting a systematic overview of the interlocking techniques in Western and Central Europe, from the simple key works to the large relay interlockings. The specialists, the technical laymen and the railway historians will highly appreciate this book.

Henri Werdel, Engineer Civil ULg
Directeur Gestion Infrastructure CFL

PROLOG
VIELE WEGE FÜHREN NACH ROM

Die Eisenbahnliteratur ist vielfältig und fokussiert: Die gefühlte Mehrheit beschäftigt sich verständlicherweise mit Lokomotiven und Triebzügen wie auch mit den zahlreichen spektakulären Panoramastrecken. Dagegen fristen technische Themen, wie die Sicherheitstechnik und -praxis, in der breiten Öffentlichkeit – ausser kurzzeitig nach Unfällen – eher ein Mauerblümchendasein im Gesamtkontext des Eisenbahnbetriebs – aufgrund ihres wesentlichen Beitrags zur Betriebssicherheit – eigentlich zu Unrecht. Selbstverständlich existiert im Bereich der Signal- und Telekommunikation ebenfalls eine umfangreiche Fachliteratur, welche jedoch dem technisch interessierten und versierten Publikum vorbehalten bleibt und oft die nationalen Grenzen nicht überschreitet. Charakteristisch für die Entwicklung der Signaltechnik – und damit auch für deren Literatur – ist die nationalstaatliche Prägung und die Verbreitung im entsprechenden politischen und wirtschaftlichen Einflussbereich. Die technologische Entwicklung hängt eng mit ihrer Handhabung zusammen und kann nicht ohne ihren gesellschaftlichen und kulturellen Hintergrund verstanden werden. Dazu ist eine Einschätzung des Geheimen Oberbaurates Hoogen der preussischen Staatseisenbahnen von 1914 in Bezug auf die Rolle des Menschen bzw. des Eisenbahners im Umgang mit den Sicherungsanlagen von besonderem Interesse: «In England besteht eine gewisse Abneigung, den Beamten in der Handhabung des Dienstes Fesseln anzulegen. In Amerika das Bestreben, die menschliche Tätigkeit, wo es nur eben geht, auszuschalten und durch technische Einrichtungen zu ersetzen. In Deutschland der Grundsatz, dem Beamten eine verantwortliche Tätigkeit zu belassen, ihn aber durch mechanische Einrichtungen vor Missgriffen zu schützen.»

Es lohnt sich daher in verschiedener Hinsicht, einmal im Querschnitt hinter den Vorhang der Sicherheitstechnik zu blicken und zwar anhand der Entwicklung

PROLOGUE
MANY RAILS LEAD TO ROME

Railway literature is diverse and at the same time also focused: the perceived majority is understandably concerned with locomotives and high-speed trains as well as with the numerous spectacular panoramic lines. In contrast, technical topics such as safety technology and practice seem to have a wallflower existence in the public – except briefly after accidents – which is unjustified in the overall context of railway operations due to their essential contribution to operational safety. Of course, there is also extensive specialist literature in the field of signalling and telecommunications, which, however, is reserved for the technically interested and experienced public and often does not cross the national borders. Characteristic for the development of signalling technology – and thus also for its literature – is the national character and the dissemination in the corresponding political and economic sphere of influence. Technological development is closely related to its handling and cannot be understood without its social and cultural background. In this context, an assessment of the Geheimer Oberbaurat Hoogen of the Prussian State Railways from 1914 with regard to the role of the human being or the railwayman in dealing with the safety installations is of particular interest: "In England, there is a certain reluctance to put fetters on the officials in the handling of the service, in America the endeavour to eliminate human activity wherever possible and to replace it with technical equipment. In Germany, the principle is to leave the civil servant a responsible activity, but to protect him from mistakes by mechanical devices."

It is therefore worthwhile in various respects to take a cross-sectional look behind the curtain of the safety technology, namely on the basis of the development of interlockings from mechanics to relay technology and finally a brief outlook into the der Stellwerke von der Mechanik bis zur Relaistechnik und schliesslich einem kurzen Ausblick in die Zukunft der elektronischen Stellwerkwelt. Die Ausprägungen der entsprechenden Stellwerkgenerationen sind in **Abb. 1** ersichtlich. Das System Eisenbahn (**Abb. 2**) wird nicht in seinem vollständigen Umfang behandelt, dies würde den Rahmen des Buches sprengen. Zur Entwicklung besteht in einigen Ländern ausführliche Literatur, wie z. B. in England, Frankreich, Deutschland, Österreich oder der Schweiz – ja eigentliche Meisterwerke wie von W. Cauer, R. D. Foster, A. Gernigon, C. Hager, G. Kichenside / A. Williams, M. A. Vanns, O. Vellay, H. G. Wägli und D. Wurmser – und entsprechen-

future of the electronic interlocking world. The basic characteristics of the corresponding interlocking generations can be seen in **Fig. 1**. The railway system (**Fig. 2**) is not dealt with to its full extend; this would go beyond the scope of this book. There is extensive literature about the development in some countries, such as in England, France, Germany, Austria or Switzerland – indeed, actual masterpieces such as those by W. Cauer, R. D. Foster, A. Gernigon, C. Hager, G. Kichenside / A. Williams, M. A. Vanns, H. G. Wägli and D. Wurmser – and corresponding websites, such as stellwerke.info, while in other countries the source situation varies. What is largely

Merkmale der Stellwerkgenerationen (Abbildung 1)

	Bedienung	Verschluss	Steuerung Weichen/Signale	Automatisierung
Schlüsselgesicherte Anlagen	Hebel / Schlüssel	Schlüsselbrett / Schlüsselwerk	Weichenwärter (Mensch)	keine
Mechanische Stellwerke	grosse Hebel (30–180 Grad)	mechanisches Verschlussregister	Draht oder Gestänge	selten bei elektrischer Steuerung: automatischer Block für Durchgangs-fahrstrassen
Elektro-mechanische Stellwerke (Kraftstellwerke)	Kleine Hebel	mechanisches Verschlussregister	elektrisch / selten hydraulisch (Wasser, Luft)	selten bei elektrischer Steuerung: automatischer Block für Durchgangs-fahrstrassen
Gleisbildstellwerke / Relaisstellwerke	1 oder 2 Tasten	elektro-magnetisch (Relais)	elektrisch	fernsteuerbar / einfache automatische Zuglenkung
Gleisbildstellwerke mit elektronischer Bedienung	alpha-numerische Bedienung: Keyboard / Tablet / Touch-screen	elektro-magnetisch (Relais)	elektrisch	fernsteuerbar / programmierte auto-matische Zuglenkung
Computerstellwerke	Keyboard (Mouse)	Hardware – Software	elektrisch / radio control	automatische Steuerung grosser Netze

Characteristics of the interlocking generations (Figure 1)

	Operation	Interlocking	Control points/signals	Automation
Key-locked installations	Lever / Key	Key board / key lock	pointmen	none
Mechanical interlockings	big lever (30–180 degrees)	mechanical locking register	wire or rods	rarely if electric control: automatic block for transit routes
Electro-mechanical interlockings (power interlockings)	little lever	mechanical locking register	electric / rarely hydraulic (water, air)	rarely if electric control: automatic block for transit routes
Relay interlockings	1 or 2 buttons	electro-magnetic (relay)	electric	remote controllable / simple automatic route setting
Relay interlockings with electronic operation	alpha-numeric operation : keyboard / tablet / touch-screen	electro-magnetic (relay)	electric	remote controllable / programmed automatic route setting
Computer interlockings	Keyboard (Mouse)	Hardware – Software	electric / radio control	automatic control of large networks

de Websites wie stellwerke.info, in anderen Ländern ist die Quellenlage prekärer. Was weitgehend fehlt, sind umfassende grenzüberschreitende Betrachtungen, zumindest für den europäischen Kontinent. Es ist das Verdienst der IRSE (Institution of Railway Signal Engineers), 1995 erstmals ein vergleichendes Kompendium des Stands der europäischen Signaltechnik veröffentlicht zu haben, welches eindrücklich die Konvergenzen, aber auch die Heterogenität und Komplexität der national geprägten Spezifikationen der Stellwerktechnik aufzeigt. Das vorliegende Buch soll der geneigten Leserschaft die Entwicklung in West- und Mitteleuropa mit Schwerpunkt England, Frankreich, Deutschland, Italien, Österreich-Ungarn und der Schweiz näherbringen und damit eine Lücke schliessen.

Der Autor versteht sich dabei als Chronist, welcher anhand seines eigenen Fotoarchivs und komplettiert durch einige externe Quellen versucht, die verschiedenen Entwicklungslinien der mechanischen, elektro-mechanischen und Relais-Stellwerke ohne zu technische Ausführungen zu veranschaulichen. Die lange Lebensdauer der mechanischen und elektro-mechanischen Stellwerke haben es ermöglicht, die Chronik fast lückenlos mit aktiven Zeitzeugen zwischen 1978-2024 zu hinterlegen. Die Aufnahmen von Drittquellen sind speziell bezeichnet und werden an dieser Stelle bestens verdankt. Die Chronik erhebt keinen wissen-

lacking, however, are comprehensive cross-border considerations, at least for the European continent. It is to the credit of the IRSE (Institution of Railway Signal Engineers) to have published in 1995 for the first time a comparative compendium of the state of European signalling technology, which impressively shows the convergence, but also the heterogenity and complexity of the national specifications of interlocking technology. This book is intended to give the reader an understanding of the development in Western and Central Europe, focusing on England, France, Germany, Italy, Austria and Switzerland, and thus to fill a gap.

The author sees himself as a chronicler who tries to illustrate the different lines of development of mechanical, electro-mechanical and relay signal boxes, without being too technical, on the basis of his own photo archive and supplemented by some external sources. The long lifespan of the mechanical and electro-mechanical interlockings has made it possible to provide an almost complete chronicle with active contemporary witnesses between 1978 to 2024. The author also owes some photographs to third sources, they are specially marked. The chronicle does not claim to be scientific or complete, and the readers may kindly forgive any inaccuracies in technical references. The author is indebted to all those who contributed in some way to the success of

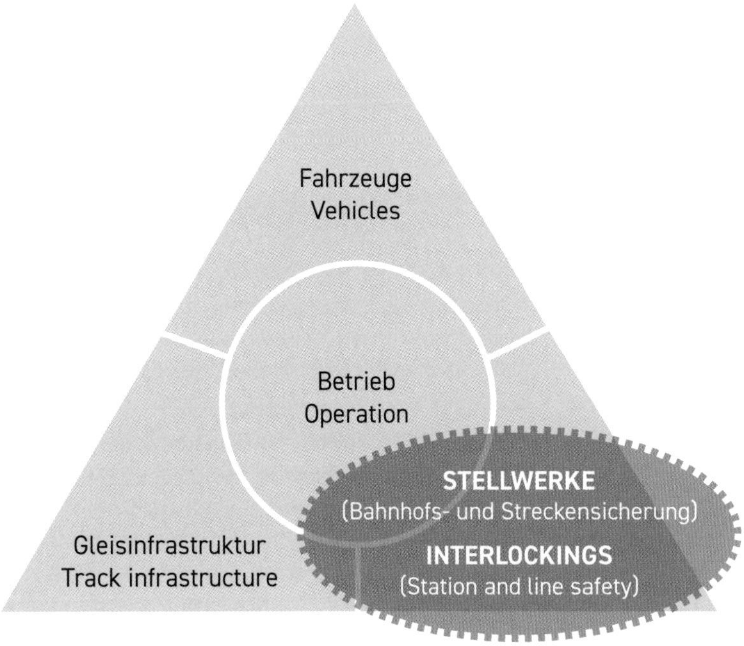

System Eisenbahn · Railway system

(Abbildung 2 · Figure 2)

schaftlichen oder Vollständigkeits-Anspruch, allfällige Ungenauigkeiten bei technischen Hinweisen seien dem Autor nachzusehen.

Der Autor ist allen, welche in irgendeiner Weise zum Gelingen des Buchs beigetragen haben, zu grossem Dank verpflichtet, speziell auch den Bahnverwaltungen und EisenbahnerInnen, welche den Zutritt zu den Stellwerken gewährt haben. Die damit verbundenen Begegnungen mit FahrdienstleiterInnen und StellwerkwärterInnen waren in ihrer Vielfalt und Offenheit unschätzbar und hatten ausnahmslos einen klaren gemeinsamen Nenner: die pflichtbewusste sichere Abwicklung des Zugverkehrs im Dienst der Bahnkundinnen und -kunden. Es bleibt mir der abschliessende grosse Dank an den AS Verlag für die Publikation dieses Werkes, an Siemens Mobility, BLS, SOB, SBB sowie an meine Ehefrau Karin für die umsichtige Unterstützung bei der Übersetzung ins Englische. Der geneigten Leserschaft sei eine erbauliche Lektüre beschieden.

Hans-Peter Hadorn
Januar 2025

this book, especially to the railway administrations and railwaymen who allowed the access to the signal boxes. The associated encounters with train controllers and signalmen were invaluable in their diversity and openness. Without exception they had one clear common denominator: the dutiful, safe handling of train traffic in the service of railway customers. Finally, I would like to thank AS Verlag for publishing this book, Siemens Mobility, BLS, SOB, SBB and for their support and my wife Karin for her careful support by the translation into English. I hope you enjoy reading this book.

Hans-Peter Hadorn
January 2025

TC5N

1. SCHLÜSSEL-GESICHERTE WEICHEN UND SIGNALE

Die einfachsten und kostengünstigen Methoden der Fahrwegsicherung bilden sog. ‹Schlüsselbretter› oder ‹Schlüsselwerke›. Sie wurden mehr oder weniger parallel zu den Verschlussregistern der mechanischen Stellwerke entwickelt und vor allem in kleinen Bahnhöfen, Anschlussgleisen mit einfachen betrieblichen Verhältnissen und wenig Verkehr angewandt. Ein nicht seltener Anwendungsgrund für schlüsselgesicherte Anlagen bildete jedoch auch die Ökonomie: Die Kosten für Stellwerke waren in der Regel deutlich teurer als die bei Schlüsselanlagen notwendigen zahlreicheren Weichenposten. Schlüsselwerke gehören zu den weniger bekannten Methoden der Fahrwegsicherung, sie standen im Schatten der Stellwerktechnik, ihnen kam aber eine wichtige Funktion in wenig besiedelten Gebieten zu, bei Bahnhofsumbauten oder beim raschen Wiederaufbau des Eisenbahnbetriebs nach Kriegsschäden, insbesondere auch nach dem ersten und zweiten Weltkrieg. Der Preis für die kostengünstigen Sicherungen war ein schwerfälliger Betriebsablauf, für den Transport weit entfernter Weichenschlüssel musste zuweilen auch das Fahrrad verwendet werden.

Die simpelste Form sind ‹Schlüsselbretter›. Diese befinden sich in der Regel an einer Wand im Büro des Stationsvorstands oder Fahrdienstleiters. Der vom Weichenschloss entnommene Schlüssel wird an der bezeichneten Stelle am Schlüsselbrett aufgehängt. Anschliessend wird der entsprechende Signalschlüssel entnommen und das Signal entsperrt. Diese Form der Fahrwegsicherung anhand eines sog. ‹Papierverschlusses› – d. h. ohne mechanische Sicherung – eignet sich jedoch nur für sehr einfache Betriebsverhältnisse oder solche mit tiefer Geschwindigkeit.

1. KEY-SECURED POINTS AND SIGNALS

The simplest and cheapest methods of track protection are so-called 'key boards' or 'key locks'. They were developed more or less parallel to the locking registers of the mechanical interlockings and were mainly used in small stations, sidings with simple operational conditions and little traffic. However, a not uncommon reason for using key-operated systems was also economy: the costs for signal boxes were usually significantly more expensive than the more numerous switch posts required for key-operated systems. Key locks belong to the less known methods of route safety, they were overshadowed by interlocking technology, but they had an important function in sparsely populated areas, in station conversions or in the rapid reconstruction of railway operations after war damage, especially after WWI and WWII. The price for the low-cost safety devices was a cumbersome operating procedure, and sometimes bicycles had to be used to transport point keys from far away.

The simplest form is 'key boards'. These are usually located on a wall in the station manager's or dispatcher's office. The key taken from the switch lock is hung on the key board at the designated point. The corresponding signal key is then removed and the signal unlocked. However, this form of route protection using a so-called 'paper lock' – e. g. without mechanical protection – is only suitable for very simple operating conditions or operations with low speed.

Das Annett'sche Weichenschloss in England

Zu den ersten Anwendungen mit Signalabhängigkeit gehörte das nach James Philipp Annett (London & South Western Railway) 1875 benannte und patentierte ‹Weichenschloss›. Es funktioniert nach einem einfachen Prinzip: Aus dem bei einer Weiche angebrachten Schloss kann ein Schlüssel nur abgezogen werden, wenn die Weiche in der Ziellage verschlossen ist. Der abgezogene (einzige) Schlüssel gibt dann in einem baugleichen Schloss den Signalhebel frei. Das Signal zum Befahren der entsprechenden Weiche kann also nur Fahrt zeigen, wenn die Weiche in richtiger Lage verschlossen ist. Sodann kann der Weichenschlüssel beim Signalhebel nur entnommen werden, wenn dieser auf Halt zurückgelegt ist. Das Annett'sche Schloss basiert daher auf der direkten Abhängigkeit zwischen Weiche und Signal. Es wird bis heute bei den Britischen Eisenbahnen für Anschluss- und Baugleise für den Infrastrukturunterhalt verwendet, so in Rannoch Station auf der schottischen Western Highland-Linie (2022, **Abb. 3, 4** und **5**). Aufgrund des 1987 eingeführten radioelektrischen Streckenblocks (Radio Electronic Token Block) ist das erwähnte Annett'sche Weichenschloss nicht mehr mechanisch signalabhängig, sondern wird vom Fernstellwerk Banavie bei Fort William radioelektrisch freigeschaltet. Mit dem simplen Prinzip eines Weichenschlosses wurde ein prozessmässiger Grundstein zur Fahrwegsicherung der Eisenbahn gelegt.

The Annett's point lock in England

Among the first applications with signal dependency was the 'point lock' named after James Philipp 'Annett' (London & South Western Railway) and patented in 1875. It works on a simple principle: a key can only be removed from the lock fitted to a turnout when the point is locked in the destination position. The removed (only) key then releases the signal lever in an identical lock. The signal to drive on the corresponding point can therefore only show travel if the point is locked in the correct position. Then, the turnout key can only be removed from the signal lever when it is set back to stop. Annett's lock is therefore based on the direct dependency between point and signal. It is still used today on British Railways for sidings and construction tracks for infrastructure maintenance, e. g. at Rannoch Station on the Scottish Western Highland line (2022, **Fig. 3, 4** and **5**). Due to the Radio Electronic Token Block introduced in 1987, the Annett point lock mentioned above is no longer mechanically signal-dependent, but is radio-electrically released by the Banavie remote interlocking near Fort William. With the simple principle of a point lock, a procedural cornerstone was laid for securing the railway's route.

Das Zentralschloss von Bouré in Frankreich

Paul Bouré, Inspektor der PLM, entwickelte die Schlüsseltechnik mit einem Schlüsselwerk (Zentralschloss) zwischen den Weichen und den Signalhebeln zu einer ausgereiften Form. Die Weichenschlüssel werden dabei nicht direkt in ein Schloss des Signalhebels gesteckt, sondern in eine rechteckige Schlüsselarmatur, die mechanische Abhängigkeiten zwischen Weichen- und Signalschlüsseln schafft. Dabei sind die Weichenschlüssel horizontal mit durch die Schlüsseldrehung senkrechten Schiebern angeordnet, während die Fahrstrassen- oder Signalschlüssel seitlich vertikal liegen und mit der Schlüsseldrehung horizontale Schieber bewegen. In der Kombination der senk- und waagrechten Schieber werden mit Nocken die zwingenden mechanischen Abhängigkeiten erreicht, die Weichenschlüssel eingeschlossen und die Signalschlüssel freigegeben. Mit dem Zentralschloss wurde es möglich, Weichen, Fahrstrassen und Signale eines ganzen Bahnhofs in eine sicherheitslogische Abhängigkeit zu bringen. Im Vergleich zum mechanischen Stellwerk eine viel einfachere,

The central lock of Bouré in France

Paul Bouré, inspector of the PLM, developed the key technology with a keywork (central lock) between the points and the signal levers to a mature form. The point keys are not inserted directly into a lock on the signal lever, but into a rectangular key fitting that creates mechanical dependencies between the point and signal keys. In this case, the point keys are arranged horizontally with vertical bars due to the key rotation, while the route or signal keys are arranged vertically on the side and move horizontal bars with the key rotation. In the combination of vertical and horizontal bars, the mandatory mechanical dependencies are achieved with cams, the point keys are locked in and the signal keys are released. With the central lock, it became possible to bring points, routes and signals of an entire station into a safety-logical dependency. Compared to the mechanical interlocking, this was a much simpler (but no less ingenious) and more cost-effective solution, such as 2009 in the example of a key inter-

1
NO. 3
POINTS
F.P.L.
2
2
CONTROL
ANNETTS KEY
RELEASE
3
POINTS
2. 1.
RESTORE 1
TO BOLT 3
3

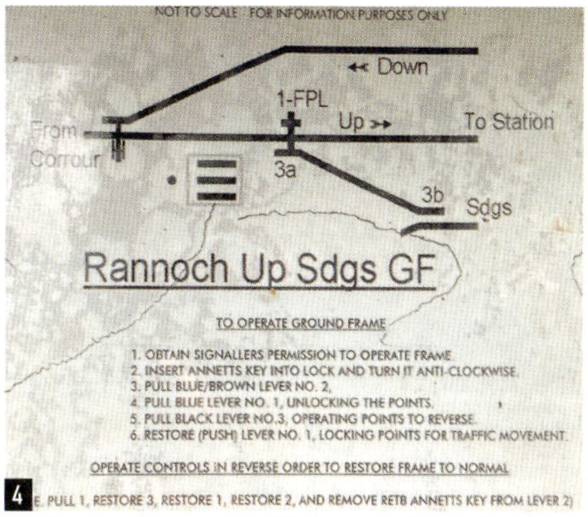
NOT TO SCALE FOR INFORMATION PURPOSES ONLY
Down
1-FPL
Up
To Station
From
Corrour
3a
3b
Sdgs
Rannoch Up Sdgs GF
TO OPERATE GROUND FRAME
1. OBTAIN SIGNALLERS PERMISSION TO OPERATE FRAME
2. INSERT ANNETTS KEY INTO LOCK AND TURN IT ANTI-CLOCKWISE
3. PULL BLUE/BROWN LEVER NO. 2,
4. PULL BLUE LEVER NO. 1, UNLOCKING THE POINTS.
5. PULL BLACK LEVER NO.3, OPERATING POINTS TO REVERSE.
6. RESTORE (PUSH) LEVER NO. 1, LOCKING POINTS FOR TRAFFIC MOVEMENT.
OPERATE CONTROLS IN REVERSE ORDER TO RESTORE FRAME TO NORMAL
E. PULL 1, RESTORE 3, RESTORE 1, RESTORE 2, AND REMOVE RETB ANNETTS KEY FROM LEVER 2)
4

5

ATTENTION
AU
DEVERROUILLAGE
6

7

8

9

10

aber nicht weniger erfinderische und kostengünstigere Lösung wie 2009 am Beispiel vom Schlüsselstellwerk ‹Serrures S› in Château-L'Evêque bei Périgueux (1960, **Abb. 6**, Schlüsselkasten rechts, Hebel Typ SNCF I). Eine auf französischen Einspurstrecken typische Anwendung mit ortsgestellten und aufschneidbaren Weichen mit Weichenschloss, hier in der Form ‹Gare de voie directe SNCF›. Bei Kreuzungen wird für die Ausfahrt die Weichenverriegelung mit drahtgesteuertem Riegelhebel aufgehoben. Die Erfindung Bourés wurde 1894 in Frankreich patentiert und anschliessend in zahlreichen europäischen Ländern und auch in Übersee angewandt, sie ist die wohl am weitesten verbreitete Schlüsseltechnik der Eisenbahnwelt. 1899 zählte man bei der PLM 185 Bahnhöfe mit 1900 Schlössern und bei der Nordbahn 285 Bahnhöfe mit 4000 Schlössern. In einigen Anlagen wurde im Verlauf der Zeit versucht, die zahlreichen Schlüsseltransporte durch fernbediente Doppeldrahtverbindungen zu senken (transmetteur Lebeau-Saxby). Vielfach angewendet wird auch die Fernübertragung von elektrischen Kontaktverschlüssen (transmetteurs), insbesondere bei Anschlussweichen auf freier Strecke, wie das Beispiel 1987 im Poste 2 von Delle (**Abb. 7**) zeigt. Die SNCF führte nach der Verstaatlichung von 1938 das System ‹Bouré› zur Vereinheitlichung («Serrures d'enclenchement à clés S») ein, siehe in den **Abb. 8** und **9** eine Anlage in Kombination mit dem elektrischen Poste à manettes individuelles (PMI) in Verdun von 1995 (seit 1975, Linksbetrieb). Eine regionale Anwendung des ‹Gare de voie gauche› war bis 2007 in Thonons-les-Bains anzutreffen, mit festem Linksbetrieb in den Kreuzungsstationen und aufschneidbaren Weichen mit drahtgesteuerter Weichenverriegelung (**Abb. 10, 11, 12** und **13** von 2002), die bei Ausfahrten mit den Hebeln SNCF Typ I im Stationsbüro aufgehoben wird. Die «Serrures à clés S» wurden auf Hauptstrecken auch in Verbindung mit einfachen Anlagen installiert, mit elektrischer Steuerung der Weichen und Signale (commutateurs Jeumont-Schneider) wie im Abzweigebahnhof Portet St-Simon bei Toulouse (bis 2007, **Abb. 14** von 1981).

locking 'Serrures S' in Château-L'Evêque near Périgueux (1960, **Fig. 6**, lever SNCF type I, key box on the right). A typical application for French single-track lines with locally set and cross-cut points with a point lock, here in the form of 'Gare de voie directe SNCF'. For departures from crossings, the point lock is released using a wire-controlled locking lever. Bouré's invention was patented in France in 1894 and subsequently applied in numerous European countries and also overseas, it is probably the most widespread key technology in the railway world. In 1899, the PLM counted 185 stations with 1900 locks and the Northern Railway counted 285 stations with 4000 locks. In the course of time, attempts were made in some installations to reduce the numerous key transports by remote-controlled double-wire connections (transmetteur Lebeau-Saxby), with moderate success, as the costs slowly approached those of a mechanical interlocking. Frequently used was the remote transmission of electrical contact locks (transmetteur), especially for connecting points on open track, as shown by the example 1987 in Delle's Poste 2 (**Fig. 7**). The SNCF introduced the 'Bouré' system for standardisation after the nationalisation of 1938 ("Serrures d'enclenchement à clés S"). **Fig. 8** and **9** show a combination with the electric Poste à manettes individuelles (PMI) of Verdun in 1995 (since 1975 left-hand operation). A regional application of the 'Gare de voie gauche' could be found in Thonons-les-Bains until 2007 with fixed left-hand operation in the crossing stations and cut-open points with wire-controlled point lock (Fig. **10, 11, 12** and **13** from 2002), which is released in the station office with the levers (SNCF type I) before departure. The "Serrures à clés S" were also installed on main lines in conjunction with simple installations with electrical control of the point and signals (Jeumont-Schneider commutators), as in the Portet St-Simon branch station (until 2007, **Fig. 14** from 1981).

Ein französisches Unikum: das Schlüsselstellwerk «Longueau 7»

Der Wiederaufbau der 1944 zerstörten und beschädigten Bahnanlagen erforderte einiges Improvisationsvermögen. Die Materialbeschaffung gestaltete sich schwierig, der Betrieb musste rasch wieder aufgenommen werden. Die französische Nordbahn nutzte daher ihren grossen Vorrat an Bouré-Zentralschlössern und baute in Longueau bei Amiens ein provisorisches Stellwerk mit elektrischen Weichen und Signalen, welche durch ein grosses Zentralschloss in

A French unicum: The key interlocking "Longueau 7"

The reconstruction of the railway facilities, which had been destroyed and damaged in 1944, required some improvisation. The procurement of materials was difficult and operations had to be resumed quickly. The French Northern Railway therefore used its large stock of Bouré central locks and built a provisional signal box in Longueau near Amiens with electric points and signals, which were brought into dependence by a large central

11

14

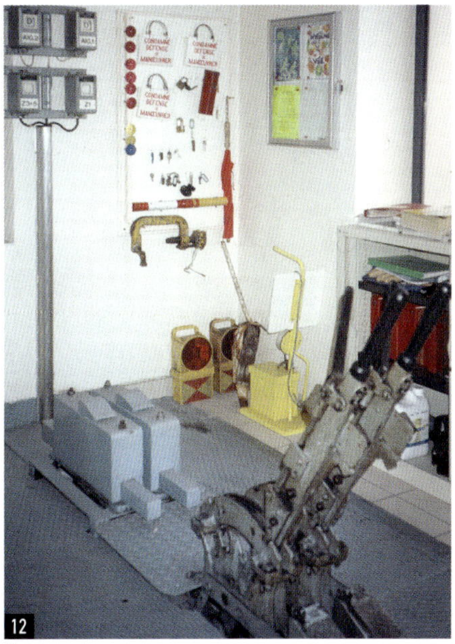
12

13

15

17

16

18

*Abhängigkeit gebracht wurden, es ersetzte ein zerstörtes elektro-mechanisches Fahrstrassenstellwerk <Aster MDM> aus dem Jahre 1922, eine für die damalige Zeit ultramoderne Anlage. Die Schlüsselstellwerke <Longueau 7> (benannt nach ihrem Pionierstandort) wurden in der Nordregion vielfach verwendet und noch in den 1960er-Jahren installiert, so 1962(–1993) in Calais-Ville (**Abb. 15** und **16**) und 1963(–1999) in Beauvais (**Abb. 17**), dort noch mit einem Weichenantrieb der Bauart Thomson-Houston, Patent Ducousso und Rodary (**Abb. 18**).*

*lock, it replaced a destroyed electro-mechanical route signal box 'Aster MDM ' from 1922, an ultra-modern installation for the time. The 'Longueau 7' key interlockings (named after their pioneering location) were widely used in the northern region and were still being installed in the 1960s, e.g. at Calais-Ville in 1962(–1993) (**Fig. 15** and **16**) and at Beauvais in 1963(–1999) (**Fig. 17**), there still with a Thomson-Houston type point machine, patent Ducousso and Rodary (**Fig. 18**).*

Schlüsselwerke auf der Iberischen Halbinsel

In Spanien und Portugal hat das Zentralschloss von Bouré rasch eine grosse Verbreitung gefunden. Bei der MZA (Madrid-Zaragoza-Alicante) bildete es 1928 mit 71 % Anteil an den Sicherungsanlagen den Kern der Fahrstrassensicherheit. Noch 1985 lag der Anteil der 317 Schlüsselwerke der RENFE bei 29.2% aller Stellwerkanlagen. Klassisch war die Schlüsselanlage der portugiesischen Station Trofa (**Abb. 19** und **20**, ohne Streckenblock). Im Schlüsselwerk des Stationsbüros sind horizontal die Weichenschlüssel, vertikal die Signalschlüssel und auf dem Bahnsteig die Signalhebel angeordnet. Ein bemerkenswertes Beispiel einer grossen Bouré-Schlüsselanlage verrichtete im CP-Bahnhof Porto Campanhà-Norte noch 1999 seinen zuverlässigen Dienst (**Abb. 21**, **22**, **23** und **24**).

Key locks on the Iberian Peninsula

In Spain and Portugal, the Bouré central lock quickly became widespread. At the MZA (Madrid-Zaragoza-Alicante) in 1928, it formed the core of the route safety with a 71 % share of the safety installations. As late as 1985, the 317 key locks at RENFE accounted for 29.2 % of all interlocking systems. The key plant of the Portuguese station Trofa was classic (**Fig. 19** and **20**, without line-block). In the key lock of the station office, the point keys are arranged horizontally, the signal keys vertically and the signal levers on the platform. A remarkable example of a large Bouré key plant was still performing its reliable service in the CP station Porto Campanhà-Norte in 1999 (**Fig. 21**, **22**, **23** and **24**).

Die österreich-ungarischen Schlüsselwerke

Das österreichische Zentralschloss hat viele Ähnlichkeiten mit dem Bouré-Schloss: vertikale Schieber der Weichenschlüssel, horizontale Schieber der Fahrstrassen-/Signalschlüssel und eine kompakte Bauform durch kleine Schlüssel. Es waren Anlagen mit bis zu 44 Weichenschlüsseln und 22 Fahrstrassenschlüsseln bekannt, damit können Anlagen in mittelgrossen Bahnhöfen bedient werden. Das Zentralschloss erfreute sich auf Nebenlinien grosser Beliebtheit wie 1990 im Stw 1 von Reutte in Tirol (**Abb. 25**). Auf Nebenlinien ebenfalls verbreitet war ein in die Hebelbank des S&H-Stellwerks 5007 seitlich integriertes Schlüsselwerk, wie im ungarischen Tiszalök (**Abb. 26** von 1998), mit den runden Fahrstrassenschaltern wurden die Weichenschlüssel verschlossen und die entsprechenden roten Signalhebel freigegeben.

Das österreichische Trommelschlüsselwerk ist eine Erfindung von Ing. F. Zuleger und unterscheidet sich durch seine Konstruktion deutlich von klassischen Schlüsselwerken. Den Kern bilden drehbare Walzen, auf welchen die Verschlussstücke aufgebracht sind.

The Austro-Hungarian key locks

The Austrian central lock has many similarities with the Bouré lock: vertical bars of the point keys, horizontal bars of the route/signal keys and a compact design due to small keys. Systems with up to 44 switch keys and 22 route keys were known, so systems in medium-sized stations can be served. The central lock enjoyed great popularity on branch lines such as 1990 in Stw 1 of Reutte in Tyrol (**Fig. 25**). Also widely used on branch lines was a key mechanism integrated into the side of the lever bank of the S&H interlocking 5007, as in Tiszalök in Hungary (**Fig. 26** from 1998), with the round route switches the points keys were locked and the corresponding red signal levers released.

The Austrian drum key lock was invented by Ing. F. Zuleger and differs significantly from classic key locks in its design. The core is formed by rotatable rollers on which the locking pieces are mounted. The route is selected by turning the roller, a display window shows the name of the route and the switch keys required for the setting. If all the required keys

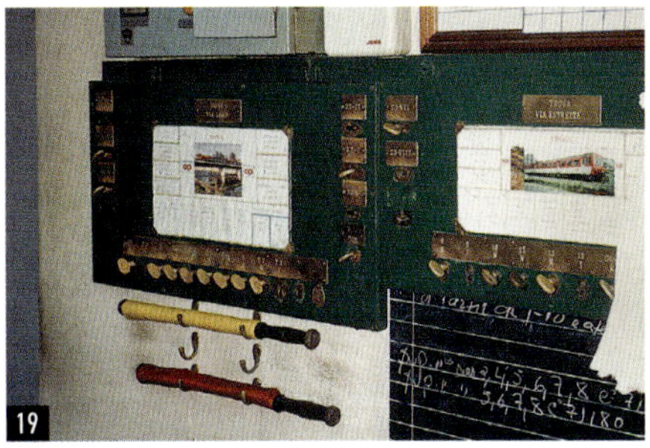

19

20

22

21

23

24

25

26

27

28

29

30

31

32

Die Fahrstrasse wird dabei durch Drehen an der Walze ausgewählt, in einem Schaufenster werden die Bezeichnung der Fahrstraße sowie die für die Einstellung benötigten Weichenschlüssel angezeigt. Falls alle benötigten Schlüssel eingesperrt sind, kann die Walze anschließend nach innen verschoben werden. Durch die Verschiebung werden ein oder mehrere Signalschlüssel freigegeben. Im Gegensatz zu den Fahrstrassenschlüsseln des Zentralschlosses kann dabei ein Signalschlüssel von mehreren verschiedenen Fahrstrassen freigegeben werden. Es können bis zu 20 Weichenschlüssel mit bis zu zehn Signalschlüsseln verknüpft werden, pro Walze sind sechs Fahrstrassen möglich. Zudem kann das Werk mittels aufgesetzten Blockfeldern von anderen Stellwerken oder Schlüsselwerken abhängig gemacht werden. Damit gehört das Trommelschlüsselwerk zu den Ausgereiftesten seiner Art, z. B. 1986 in Vordernberg als Wärterstellwerk mit integriertem Bahnhofsblock (**Abb. 27**) und 1989 in Mining in Kombination mit einem Mittelstellwerk 12 SA (**Abb. 28**).

Das deutsche Einheitsschlüsselwerk

Das 1939 patentierte Einheitsschlüsselwerk der Firma Weinitschke war eine weit verbreitete Sicherungstechnik vor allem auf kleinen Bahnhöfen und zur Überbrückung von Umbauzuständen. Es besteht aus 16 Schlössern, von denen maximal 10 für Fahrstrassen verwendet werden können, die Schlösser sind horizontal unten am Schieberkasten angeordnet und bewegen vertikale Schieber mit der Schlüsseldrehung. Die ebenfalls vertikalen Fahrstrassenschieber sind via Winkelhebel mit den anderen Schiebern verknüpft wie 1985 in Kassel-Unterstadt (**Abb. 29**), im Verbund mit einem Einheitsweichenhebelwerk (**Abb. 30**). Zusätzlich gibt es noch 16 weitere Schieber, die von oben angeschlossen werden. Auf diese Art und Weise können über dem Verschlussregister zusätzliche Weichenschlösser oder auch Blockfelder für Bahnhofs- oder Streckenblock aufgebaut werden. Ein entsprechendes Schlüsselstellwerk war im polnischen Gubin 1943 installiert worden (**Abb. 31**), mit Kopplung des Bahnhofs- und Streckenblocks (Fenster mit Blocksperren). Im selben Jahr wurde im Nachbarbahnhof Wałowice ein Schlüsselstellwerk der Bauart VES errichtet (**Abb. 32**): links die blauen Weichenschlüssel, unten die roten Signalfreigabeschlüssel, rechts grüne Schlüssel, welche Zustimmungsfunktionen haben. Für sehr einfache Betriebsverhältnisse kommen auch Schlüsselsperren der Bauart Daum zur Anwendung.

are locked in, the roller can then be moved inwards. By moving it, one or more signal keys are released. In contrast to the route keys of the central lock, a signal key can be released from several different routes. Up to 20 point keys can be linked with up to ten signal keys, six routes are possible per roller. In addition, the movement can be made dependent on other interlockings or key locks by means of attached block fields. This makes the drum key system one of the most sophisticated of its kind. Plants were in operation in 1986 at Vordernberg with integrated station block (**Fig. 27**) and in 1989 in Mining in combination with a central interlocking type SA 12 (**Fig. 28**).

The German standardised key lock

The Weinitschke company's standardised key lock, patented in 1939, was a widely used security technology, especially at small stations and for bridging conversion states. It consists of 16 locks, of which a maximum of 10 can be used for routes, the locks are arranged horizontally at the bottom of the slide box and move vertical bars with the turn of the key. The likewise vertical route bars are connected to the other bars via angle levers, such as 1985 in Kassel-Unterstadt (**Fig. 29**), in combination with a standardised point lever bank (**Fig. 30**). In addition, there are 16 more sliders that can be connected from above. In this way, additional point locks or also block fields for station or line block can be added above the lock register. A corresponding system had been installed in Gubin, Poland, in 1943 (**Fig. 31**), with coupling of the station and line block (windows with block locks). In the same year, a VES-type key interlocking was built in the neighbouring station of Wałowice (**Fig. 32**): on the left the blue point keys, below the red signal release keys, on the right green keys, which have enabling functions. For very simple operating conditions, key locks of the Daum type are also used.

Wenn ein Schlüsselwerk die Sicherheit gezielt ausser Kraft setzt

*Der ehemalige Grenzbahnhof Oebisfelde der Deutschen Reichsbahn (Linie Hannover–Stendal–Berlin) ist längst Geschichte, bis 1989 war er jedoch ein strategischer Grenzübergang im Ost-West-Verkehr zwischen der BRD und der DDR. Mitten im schwerbewachten Bahnhof stand das Befehlsstellwerk B3 (der seltenen mechanischen Bauart ‹Weinitschke›), welches die Einfahrten, vor allem aber die Ausfahrten Richtung Westen steuerte. In den Grenzbahnhöfen waren Offiziere der DDR-Grenztruppen stationiert, welche den «ordnungsgemässen» Betriebsablauf überwachten. So kam es, dass im B3 ein Einheitsschlüsselwerk installiert wurde (***Abb. 33** von 1992), aber nicht etwa zur Sicherung von Zugfahrten, im Gegenteil: es wurde die Möglichkeit geschaffen, im «Notfall» ausfahrende Züge Richtung Westen mit einer sog. Weichennotauflösung und einer entsprechenden Schlüsselfreigabe für eine Weichenumlegung bzw. der Umlegung einer Gleissperre (Entgleisungsschuh) von der Hauptstrecke auf ein Nebengleis zu leiten oder in dem Sumpf entgleisen zu lassen, von daher auch der Begriff ‹Sumpfweichen›.*

Polen: mechanische Einheits-Schlüsselstellwerke P46

Der Wiederaufbau nach dem Krieg ab 1946, wie auch die Ausrüstung von Nebenlinien, erforderte eine kostengünstige Lösung für die Sicherungsanlagen. Diese wurde in der Bauform des mechanischen Einheitsstellwerks P46 gefunden (die Fahrstrassenhebel sind abgeleitet vom deutschen Einheitsbahnhofsblock M43), allerdings ohne Verschlussregister, sondern mit blauen Weichen- und roten Signalschlüsseln wie 1962 in Głuchołazy in Betrieb genommen (**Abb. 34** und **35**). Die eingestellten Weichen werden mit den blauen Schlüsseln im Blockwerk mechanisch und mit der Blocktaste elektrisch festgelegt (Fahrstrassenfestlegung) und dadurch die roten Signalschlüssel zur Bedienung der Signalhebel freigegeben. Eine entsprechende Grossanlage war im nordostpolnischen Bahnhof Białystok in Betrieb.

Schlüsselwerke in Italien

Auch in Italien wurden auf Nebenstrecken vielfach vereinfachte Schlüsselanlagen verwendet (Apparati semplificati a chiave ASC). Zum Beispiel die mechanischen Mittelstellwerke der Bauart Innocenti Scipione aus Bologna (später SASIB) 1991 auf der Linie Sacile-Gemona (**Abb. 36**), mit Einfach-Drahtzügen der Signale. Mittlere Schlüsselstellwerke (Apparati per deviatoi manuali ADM) waren 1996 in Avezzano (**Abb. 37**

When a key lock deliberately overrides safety

*The former border station Oebisfelde of the Deutsche Reichsbahn (Hanover–Stendal–Berlin line) has long been history, but until 1989 it was a strategic border crossing for East-West traffic between the FRG and the GDR. In the middle of the heavily guarded station stood the command signal box B3 (of the rare mechanical type 'Weinitschke),' which controlled the entrances, but above all the exits to the west. Officers of the GDR border troops were stationed in the GDR border stations, to monitor "proper" operations. This is how a standardised key lock was installed in the B3 (**Fig. 33**), but not to secure train movements, on the contrary: in an "emergency" it was possible to divert westbound trains from the main line to a siding or to derail them in the sump with a so-called emergency point release and a corresponding key release for a switch relocation or the relocation of a track block (derailment shoe), hence the term 'sump point'.*

Poland: P46 mechanical standardised key interlockings

The reconstruction after the war from 1946 onwards, as well as the equipment of branch lines, required a cost-effective solution for the safety installations. This was found in the design of the mechanical unit interlocking P46 (the route levers are derived from the German standardised station block M43), however without a locking register, but with blue point and red signal keys as can be seen since 1962 in Głuchołazy (**Fig. 34** and **35**). The set points are fixed mechanically with the blue keys in the blockwork and electrically with the block button (route fixing) and, thereby, the red signal keys are released to operate the signal levers. A corresponding large-scale system was in operation at the Białystok station in north-eastern Poland.

Key locks in Italy

In Italy, too, simplified key systems (Apparati semplificati a chiave ASC) were often used on branch lines. This was the case for small mechanical key interlockings of the Innocenti Scipione type from Bologna (later SASIB) 1991 on the Sacile-Gemona line (**Fig. 36**), with single wires for the signals. Medium key interlockings (Apparati per deviatoi manuali ADM) could be seen 1996 in Avezzano (**Fig. 37** and

33

34

35

36

und **38**) und 1988 in Mantova (**Abb. 39**) zu sehen, in welchen die Signale elektrisch gestellt wurden. Weit entfernte Weichenschlüssel wurden auch mit elektrischen Kontakten fernverschlossen. Die Bedeutung der Schlüsselanlagen zeigt sich noch 1985 am Anteil der insgesamt 811 ADM-Stellwerke mit 34.6 % an den total 2344 Stellwerken.

38) and 1988 in Mantova (**Fig. 39**), where the signals were set electrically. Far away point keys were also remotely locked with electrical contacts. The importance of the key systems can still be seen in 1985 in the proportion of the total of 811 ADM signal boxes or 34.6 % of the total of 2344 signal boxes.

Die modernsten Schlüsselstellwerke

*Das äussere Erscheinungsbild der italienischen Standard-Schlüsselstellwerke ADM unterschied sich von den elektro-mechanischen Stellwerken ACE (Apparato centrale elettrico) nur insofern, als die Weichen zum grossen Teil nicht elektrisch gestellt wurden, sondern oberhalb der Fahrstrassen- und Signalhebel ein mechanisches Weichenschlüsselwerk installiert war, wie 1994 in Verona Porta Nuova (**Abb. 40**) und 1996 in Termoli (**Abb. 41**). In der Cabina A von Termoli ist das obenliegende Weichenschlüsselwerk der ortsgestellten Weichen gut zu sehen, darunter sind zwei schwarze elektrische Weichenhebel, graue Fahrstrassenhebel und für die beiden Strecken gelbe Vorsignal- sowie rote Signalhebel (je für Ein- und Ausfahrten). Die ADM-Stellwerke waren anderseits mit elektrischer Weichenkontrolle und optischen Gleistafeln (quadro luminoso) ausgerüstet. Der im kombinierten Verkehr wichtige italienisch-schweizerische Grenzbahnhof Luino wurde noch Anfang der 2000er-Jahre mit zwei Occasions-ADM-Stellwerken ausgerüstet, welche die bisherigen veralteten Schlüsselanlagen (**Abb. 42**) durch modernere ersetzten, teilweise auch mit elektrifizierten Weichen. Mit der Inbetriebnahme eines elektronischen Stellwerks ACC (Apparato centrale computerizzato) endete 2017 schliesslich das Schlüsselzeitalter im Nord-Süd-Verkehr zwischen der Schweiz und Italien.*

The most modern key interlockings

*The external appearance of the Italian standard key interlockings ADM differed from the electro-mechanical interlockings ACE (Apparato centrale elettrico) only insofar as the points were for the most part not set electrically, but a mechanical switch key lock was installed above the route and signal levers, such as 1994 in Verona Porta Nuova (**Fig. 40**) and 1996 in Termoli (**Fig. 41**). In cabina A of Termoli, the overhead points key mechanism of the locally positioned points can clearly be seen. Below are two black electric points levers, grey route levers and, for the two lines, yellow pre-signalling levers and red signalling levers (for arrivals and departures). On the other hand, the ADM signal boxes were equipped with electric point control and track panel (quadro luminoso). The Italian-Swiss border station Luino, which is important for combined traffic, was still equipped with two second-hand ADM interlockings at the beginning of 2000, which replaced the previous outdated key systems (**Fig. 42**) with more modern ones, partly also with electrified points. With the commissioning of an electronic interlocking ACC (Apparato centrale computerizzato), the key era in the north-south traffic between Switzerland and Italy finally came to an end in 2017.*

Wenige Weichenschlüssel in der Schweiz

In der Schweiz waren den Weichen- und Signalschlössern keine weite Verbreitung beschieden. Gemäss ‹Wägli› kam das Annett'sche Weichenschloss nur vereinzelt in der Westschweiz zur Anwendung, wie auch das Zentralschloss von ‹Bouré›, welches nur von der Jura-Simplon-Bahn ab 1899 auf der Linie entlang des Genfersees angewandt wurde und nach der Verstaatlichung 1902 von der SBB sukzessive durch mechanische Stellwerke ersetzt wurde. Dagegen verwendete die PLM ‹Bouré›-Schlösser auf der Strecke Lyon – Genf ab Grenze auf dem schweizerischen Streckenabschnitt (La Plaine, Satigny und Vernier-Meyrin). In Einzelfällen kamen kleine Bouré-ähnliche Zentralschlösser für Weichen und Signalkurbeln der Maschinenfabrik Bruchsal/Stellwerkfabrik Wallisellen zum Einsatz.

Few point keys in Switzerland

In Switzerland, the point and signal locks were not widely used. According to 'Wägli', Annett's point lock was only used sporadically in western Switzerland, as was the 'Bouré' central lock, which was used by the Jura-Simplon Railway from 1899 onwards on the line along Lake Geneva and was successively replaced by mechanical signal boxes by SBB after nationalisation in 1902. In contrast, the PLM used 'Bouré' locks on the Lyon – Geneva line from the border on the Swiss section (La Plaine, Satigny and Vernier-Meyrin). In individual cases, small 'Bouré'-like central locks were used for points and signal cranks made by Maschinenfabrik Bruchsal/ Stellwerkfabrik Wallisellen.

37

38

39

40

41

42

Ein Grenzbahnhof ohne signalabhängige Sicherung der Weichen

Neben den Bahnhöfen mit Schlüsselsicherung und Stellwerken gab es seltene Fälle von Bahnhöfen ohne vollständige Abhängigkeiten zwischen Weichen und Signalen und dies nicht nur auf Nebenstrecken, wie man meinen könnte: ein singuläres, aber markantes Beispiel auf dem Netz der SBB war neben Rapperswil der Grenzbahnhof St. Margrethen (Linie St. Gallen–Chur/Bregenz–Lindau) mit 74 Weichen. Er hatte bis zur Inbetriebnahme eines elektronischen Stellwerks 1996 nur örtlich gestellte Weichen und Einfahr- und Gruppenausfahrsignale (Ausfahrsignale Seite Au und Seite Rheineck erst ab 1967 bzw. 1981 im Rahmen der Einführung des Gleichstrom-Streckenblocks). Der rudimentäre Vorstandsapparat (1934–1991, ***Abb. 43****) hatte drei Einfahrsignalhebel (immerhin mit drahtgesteuerter Kontrollverriegelung für spitzbefahrene Weichen) und rechts einen Drehschalter für die Fahrstrassenfreigabe (Aufträge) an die Wärterposten (****Abb. 44*** *mit W1). Es gab ausser einer Verschlüsselung von einzelnen Weichen, der erwähnten Kontrollverriegelung und der Abhängigkeit eines Rangiersignals keine mechanischen Sicherungen. Die Verständigung zwischen dem Fahrdienstleiter und den Weichenposten erfolgte mittels Rufmeldeanlagen der Bauart Zettler. Der Grund für den langen Verbleib dieses Bahnhofs in der betrieblichen Eisenbahnpionierzeit liegt unter anderem im Status als Grenzbahnhof, dessen Planung und Finanzierung als Gemeinschaftsbahnhof zweier Staatsbahnen sich nicht immer einfach gestaltete. Es wird dem bis 1995 zuständigen Verkehrsminister Bundesrat Adolf Ogi zugeschrieben, diesem anachronistischen Zustand ein Ende bereitet zu haben.*

A border station without signal dependence for the points

In addition to the stations with key safety devices and signal boxes, there were rare cases of stations without complete dependencies between points and signals, and not only on branch lines, as one might think: a singular but striking example on the SBB network was the border station St.Margrethen (line St. Gallen–Chur/Bregenz–Lindau) with 74 points. It had only local set points and entry and group starter signals until the commissioning of an electronic interlocking in 1996 (starter signals on the Au side and Rheineck side only from 1967 or rather 1981 in the context of the introduction of the DC line block). The rudimentary command apparatus (1934–1991, ***Fig. 43****) had three home signal levers (at least with wire-controlled control interlocking for points with pointed traffic) and on the right a rotary switch for the route release (orders) to the guard posts (****Fig. 44*** *with W1). There were no mechanical safeguards apart from some key locks of individual points, the mentioned wire-controlled points and the dependence of a shunting signal. The communication between the dispatcher and the signalmen was done by means of call signalling systems of the Zettler type. The reason why this station remained in the operational railway pioneer era for so long is, among other things, its status as a border station, the planning and financing of which as a joint station of two state railways was not always easy. Federal Councillor Adolf Ogi, the transport minister in charge until 1995, is credited with helping to put an end to this anachronistic state of affairs.*

Schweden: Centralapparate für kleine Bahnhöfe

Kompakte Stellwerke für kleine Bahnhöfe mit Lichtsignalen und elektrischem Streckenblock, aber mit einem mechanischen Verschluss für schlüsselgesicherte (oder elektrische) Weichen waren in Schweden zur Ablösung der vielfach mechanischen Kurbelstellwerke früh gefragt. Erste Anlagen wurden bereits in den 1930er- und 1940er-Jahren installiert, fanden jedoch noch keine Verbreitung. Ab Mitte der 1950er-Jahre nahm ÅSSA die Produktion eines ausgereifteren Kompaktstellwerks wieder auf und lieferte innerhalb von 20 Jahren über 50 Anlagen, wie 1961 in Mariestad (**Abb. 45**). In der Mitte sind fünf Weichenschlösser erkennbar, welche mittels einem mechanischen Verschlussregister mit den darunterliegenden 4 Fahrstrassenknebeln verknüpft sind. Diese wiederum können 8 Fahrstrassen (4x2) bilden.

Sweden: Central apparatus for small stations

Compact interlockings for small stations with light signals and electric line block, but with a mechanical lock for key locked (or electric) points were in early demand in Sweden to replace the often mechanical crank interlockings. The first systems were installed as early as the 1930s and 1940s, but were not yet widespread. From the mid-1950s onwards, ÅSSA resumed the production of a more sophisticated compact interlocking and delivered over 50 installations within 20 years, such as in Mariestad in 1961 (**Fig. 45**). In the middle, five-point locks can be seen, which are linked by means of a mechanical locking register to the 4 route levers below. These in turn can form 8 routes (4x2). In the vernacular, the interlocking boxes, which

43

44

45

46

Im Volksmund wurden die vorwiegend im Freien aufgestellten Stellwerkkasten «Wurststände – korvståndet» genannt.

Elektrisches Schlüsselstellwerk in Luxemburg

Eine interessante hybride Anlage einer Mischform alter und neuer Technik war bei der CFL in Kautenbach bis 1989 in Betrieb (**Abb. 46**). Alle Weichen wurden örtlich von Hand gestellt und mit Schlüsseln gesichert. Der französische Hersteller CSEE lieferte dazu eine zentrale Einheit, welche die Weichenschlüssel für den nördlichen Bahnhofsteil (links) oberhalb des Gleisbilds elektrisch festhielt. Beim südlichen Bahnhofskopf (rechts) wurden die Weichen in zwei Wärterstellwerken mit einem Schlüsselwerk und einer Hebelbank fahrstrassenmässig gesichert und mit dem elektro-mechanischen Bahnhofsblock neben dem Gleisbild festgelegt (Zustimmungen). Nach elektrischer Prüfung aller Bedingungen konnten die entsprechenden Signale mit einer simultanen Start-/Ziel-Tastenbedienung aktiviert werden.

were mainly placed outdoors, were called "sausage stands – korvståndet".

Key electrical interlocking in Luxembourg

An interesting hybrid plant of a mixture of old and new technology was in operation at CFL in Kautenbach until 1989 (**Fig. 46**). All points were set locally by hand and secured with keys. The French manufacturer CSEE supplied a central unit for this purpose, which electrically held the point keys for the northern part of the station (left) above the track diagram. At the southern station head (right), the points were secured in terms of the route with a key lock and a lever row in two dependent signal boxes and fixed with the electro-mechanical station block next to the track diagram (consents). After electrical testing of all conditions, the corresponding signals could be activated with a simultaneous start/destination push-button operation (NX).

FERME
FERME
FERME
FERME
FERME
FERME
OUVERT
OUVERT
OUVERT
OUVERT
26
27
28
29
31
25
27
28
29

2. MECHANISCHE STELLWERKE

Mechanische Stellwerke charakterisieren sich durch die zentralisierte, menschengesteuerte Weichen- und Signalbedienung, welche untereinander durch ein sog. mechanisches Verschlussregister in eine zwingende Abhängigkeit gebracht werden und so die eingestellten Fahrwege – sog. Fahrstrassen – gegen ‹feindliche› Fahrwege und unzeitiges Stellen einer Weiche unter dem fahrenden Zug sichern. Sie bildeten den Kern des sicheren Bahnbetriebs in Bahnhöfen und Verzweigungen auf offener Strecke im sich rasch entwickelnden Bahnzeitalter ab der 2. Hälfte des 19. Jahrhunderts. Kombiniert mit der Streckensicherung (Streckenblock) erreichen sie ein hohes Sicherheitsniveau. Ihre robuste Bauform verlieh den mechanischen Stellwerken eine ungeahnte durchschnittliche Langlebigkeit von 90 bis 100 Jahren (in vielen Fällen weit darüber hinaus), was mit der Lebenserwartung eines Menschen vergleichbar ist. Dank der Handbedienung und der logisch nachvollziehbaren Hebelbewegungen sind sie äusserst authentisch und ein visuell eindrückliches Zeugnis menschlichen Erfindungsgeistes. Von einer solchen Perspektive können elektronische Stellwerke bei all ihrer Potenz nur träumen.

2.1 DIE MECHANISCHEN KASKADEN-STELLWERKE (ENGLAND UND FRANKREICH) MIT VERSCHLOSSENEN WEICHEN

ENGLAND – ITALIEN: DIE GEBURT DES BLOCK-TELEGRAPHEN

Die Block-Telegraphen ohne Signalverschluss

In England, dem Mutterland der Eisenbahn, wurde 1830 im aufstrebenden industriellen Midland die erste (bereits doppelspurige) Bahnstrecke zwischen Liverpool und Manchester mit einem regelmässigen Fahrplan eröffnet. Die rasch fortschreitende Industrialisierung

2. MECHANICAL INTERLOCKINGS

Mechanical interlockings are characterised by centralised, human-controlled point and signal operation, which are brought into a compulsory dependency with each other by a so-called mechanical locking register and thus secure the set routes against 'hostile' routes and untimely setting of a point under the moving train. They formed the core of safe railway operation in stations and junctions on open lines in the rapidly developing railway age from the 2nd half of the 19th century. Combined with the line safety device (line block), they achieved a high level of safety. Their robust design gave mechanical interlockings an unimagined average longevity of 90–100 years (in many cases far beyond), which is comparable to the life expectancy of a human being. Thanks to the manual operation and the logically comprehensible lever movements, they are extremely authentic and visually impressive testimony to human ingenuity. Electronic interlockings, for all their potential, can only dream of such a perspective.

2.1 THE MECHANICAL CASCADE INTERLOCKINGS (ENGLAND AND FRANCE) WITH LOCKED POINTS

ENGLAND – ITALY: THE BIRTH OF THE BLOCK TELEGRAPH

The block telegraphs without signal locking

In England, the motherland of the railway, the first railway line (already double track) was opened in 1830 in the emerging industrial Midland between Liverpool and Manchester with a regular timetable. The rapidly advancing industrialisation caused the liess das Bahnnetz innerhalb von nur 40 Jahren (1850–1890) um rund 16 000 km anwachsen, mit der Folge einer starken Zunahme des Verkehrs. Damit war die Entwicklung der Eisenbahn in ihrer Ausdehnung und Intensität dem europäischen Festland um Jahrzehnte voraus. Ein sicherer Eisenbahnbetrieb wurde rasch zu einer unvermeidlichen ‹conditio sine qua non›. In den 1840er-Jahren fand die aufkommende Telegrapheninindustrie Gefallen an der Errichtung von kommerziellen Telegraphenverbindungen entlang der Eisenbahnlinien, welche jedoch auf Einspurstrecken und Tunneln bald auch zur Koordination des Zugverkehrs genutzt wurden. Bereits 1844 waren acht Hauptlinien mit den Cooke'schen elektro-magnetischen Telegraphen (tele = fern/graphos = schreiben) ausgerüstet, welche Nachrichten anzeigen konnten. Mit steigendem Zugverkehr und höheren Geschwindigkeiten wurde die Methode der Zugfolgeregelung immer wichtiger. Die in den ersten Jahrzehnten praktizierte Methode der Regelung mit Zeitintervallen zwischen zwei Zügen genügte nicht mehr, es brauchte eine verlässlichere Methode zur Sicherung der Raumfolge. Die Cook'schen Zuganzeiger wurden von Edwin Clark zu einem 2-Meilen-Telegraph weiterentwickelt, so 1855 auf der Strecke London – Rugby mit einer ‹Blockstelle› alle zwei Meilen.

Schliesslich führte Edward Tyer (1830–1912) den Zwei-Nadel-Telegraphen mit 2-Positionen (line clear – train on line) zu einem ausgereiften kombinierten Zugmeldesystem, welches über 100 Jahre Bestand haben sollte. Sein Patent von 1862 bot klare Vorteile: Verwendung von nur einem Draht (vorher waren mehrere notwendig) mit integriertem Glockensignal im Stromkreis zwischen zwei Signalstationen und Anwendung des Ruhestromprinzips, d. h. Strom wurde nur durch die Aktivierung der Glockensignale (bell codes) der verschiedenen Zugarten und des Nadelzeigers benötigt, wodurch Batteriekapazität gespart werden konnte.

Der Fletcher Block-Telegraph: ein ausgereifter Kommunikator

*G.E. Fletcher entwickelte den Tyer-Telegraphen bei den LNWR zu einem 3-Positions-Instrument weiter (line closed – line clear – train on line), dessen Prinzip von späteren Entwicklungen übernommen und zum Standard des elektro-mechanischen Blocks in England und Italien wurde. Züge werden von Stellwerk zu Stellwerk mit verschiedenen Läutesignalen (bell codes) angekündigt und der Empfang des Signals wird bestätigt. Um 1888 wurde er bei Neuanlagen zum Standard, 1903 waren bei der LNWR bereits 1700 dieser Fletcher-Instrumente in Betrieb. Original-Exemplare des Fletcher-Drei Nadel-Telegraphen waren noch 1991 im Stellwerk 2 von Stockport (1890, **Abb. 47**) zu bestaunen. Gut sichtbar ist*

railway network to grow by about 16 000 km within only 40 years (1850–1890), resulting in a strong increase in traffic. Thus, the development of the railways was decades ahead of mainland Europe in terms of its extent and intensity. Safe railway operation quickly became an unavoidable 'conditio sine qua non'. In the 1840s, the nascent telegraph industry found favour with the establishment of commercial telegraph links along the railway lines, but these were soon used on single-track lines and tunnels to coordinate train traffic. By 1844, eight main lines were equipped with Cooke's electro-magnetic telegraphs (tele = far/graphos = write), which could display messages. With increasing train traffic and higher speeds, the method of train succession control became more and more important. The method of control with time intervals between two trains, which had been practised in the first decades, was no longer sufficient; a more reliable method of ensuring the space sequence was needed. Cook's train indicators were further developed by Edwin Clark into a two-mile telegraph, so in 1855 on the London – Rugby line with a 'block station' every 2 miles.

Finally, Edward Tyer (1830–1912) developed the two-needle telegraph with 2 positions (line clear – train on line) into a sophisticated combined train reporting system that was to last for over 100 years. His patent of 1862 offered clear advantages: The use of only one wire (previously several were necessary) with integrated bell signal in the circuit between two signal stations and application of the quiescent current principle, e. g. current was only required by activating the bell codes of the different train types and the needle pointer, thus, saving battery capacity.

The Fletcher block telegraph: a sophisticated communicator

*G.E. Fletcher further developed the Tyer telegraph at the LNWR into a 3-position instrument (line closed – line clear – train on line), the principle of which was adopted by later developments and became the standard for the electro-mechanical block in England and Italy. Trains are announced from signal box to signal box using different bell codes and the receipt of the signal is confirmed. Around 1888 it became the standard for new installations, by 1903, 1700 of these Fletcher instruments were in operation at the LNWR. Original examples of the Fletcher three-needle telegraph were still on display in Stockport signal box 2 (1890, **Fig. 47**) in 1991. The black needle of*

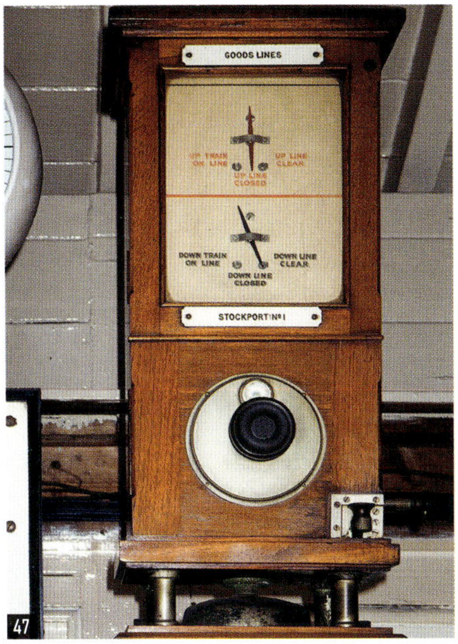

47

48

dabei die Stellung der schwarzen Nadel der down-line (nach London) auf <line clear> (Strecke offen, Signal auf Fahrt, d. h. Zug hat die Strecke noch nicht belegt), während die obere Nadel der up-line (von London) in der Grundstellung <line closed> steht. Dieser Telegraph stellt die Verbindung (Kommunikation) zu Stellwerk 1 von Stockport sicher und entspricht grundsätzlich (ohne Sicherheitsverschluss) den bahnhofsinternen Zustimmungen des Bahnhofsblocks im deutschen System (der Bahnhofsblock bzw. der Bahnhofsbegriff im deutschen Sinn ist im englischen System unbekannt, der Zugverkehr wird auch innerhalb von <Bahnhöfen> selbständig von Stellwerk zu Stellwerk geregelt). Für Güterlinien, Zufahrten zu Rangierbahnhöfen und auch für Personenbahnhöfe mit mehreren Zügen auf demselben Bahnsteig (anstelle der <besetzten Einfahrt> im deutschen System) wurde zusätzlich zum absoluten Block (nur 1 Zug pro Abschnitt) auch der sog. permissive Block (mehrere Züge zwischen zwei Stellwerken oder Blockstationen möglich) eingerichtet, was beim Telegraphen in ***Abb. 47*** *durch die seitliche Taste unten und dem kleinen runden Fenster oberhalb des schwarzen Läuteknopfs erkennbar ist. In Stockport ist der permissive Block zwischen den Stellwerken 1 und 2 vorhanden. Diese Regelung war weit verbreitet, wurde allerdings erst Ende der 1880er-Jahre eingeführt, vorher bestand keine technische Abhängigkeit zwischen <bahnhofinternen> Stellwerken, ausser Läutesignalen.* ***Abb. 48*** *von 1999 zeigt analoge Nadel-Zeigertelegraphen der GNR (Great Northern Railway) der <bahnhofsinternen> Telegraphen in Lincoln Pelham Street Junction zu Lincoln High Street. Unter den Block-Anzeigern sind die Hebel zur Übermittlung der nach Zuggattung unterschiedlichen Glockensignale angeordnet.*

the down-line (to London) is clearly visible in the position 'line clear' (line open, signal on -> train has not yet occupied the line), while the upper needle of the up-line (from London) is in the basic position 'line closed'. This telegraph ensures the communication to Stockport's signal box 1 and corresponds in principle (without safety functions) to the station-internal consents of the station block in the German system (the station block or the station term in the German sense is unknown in the English system, train traffic is also regulated independently from signal box to signal box within 'stations'). For freight lines, approaches to marshalling yards and also for passenger stations with several trains on the same platform (instead of the 'occupied entry' in the German system), the so-called permissive block (several trains possible between two signal boxes or block stations) was also established in addition to the absolute block (only 1 train per section), which is recognisable in the telegraph in ***Fig. 47*** *by the lateral button at the bottom and the small round window above the black bell button. At Stockport the permissive block is present between signal boxes 1 and 2. This arrangement was widely used, but it was only introduced at the end of the 1880s, before that there was no technical dependence between 'station-internal' signal boxes, except for bell signals.* ***Fig. 48*** *from 1999 shows similar GNR (Great Northern Railway) needle pointer telegraph from the 'station internal' telegraphs at Lincoln Pelham Street Junction to Lincoln High Street. Below the block indicators are the levers for transmitting the bell codes, which vary according to the type of train.*

Die Block-Telegraphen mit Signalverschluss

Jedoch ist zu beachten, dass die bisher beschriebenen Zugmelde-Telegraphen noch keine Abhängigkeit mit den Stellwerken bzw. den Signalhebeln hatten (im Unterschied zum Siemens & Halske-Felderblock), daher ist der englische Begriff ‹block instruments› für Kontinentaleuropäer teilweise irreführend. Bei der Signalbedienung kam es aufgrund der fehlenden Abhängigkeiten wiederholt zu Fehlöffnungen für den nächsten Zug, bevor der erste Zug im benachbarten Stellwerkbereich angekommen war, daraus entstanden Auffahrunfälle wie 1910 in Northampton. Letzterer war Anlass, die Ausfahrsignalhebel (starting signal lever) durch eine elektro-magnetische Hebelsperre (electric lock) mit dem Block-Telegraphen so abhängig zu machen, dass dieser erst bei ‹line clear› gezogen werden konnte. 1911 wurden bei der LNWR die ersten 14 Stellwerke exponierter Betriebsorte damit ausgerüstet und 1920 eine entsprechende Betriebsvorschrift eingeführt.

Der von William Robert Sykes (1840–1913) entwickelte gleichnamige Drei-Positions-Block-Telegraph war mit Signalabhängigkeit (‹lock and block›) ausgerüstet und erfuhr die grösste Verbreitung, insbesondere in Südengland und in den britischen Kolonien. **Abb. 49** zeigt ihn 1989 im Stevens-Stellwerk von Poole (1897–2014). Der Telegraph wird immer vom abgehenden Blockabschnitt aus bedient, d. h. die obere Anzeige stellt die Besetzung des entgegenkommenden Abschnitts dar, während unten mit dem schwarzen Knopf (Kommutator) der abgehende Block bedient wird. Bei der Great Western Railway (GWR) entwickelte der Telegraphenvorstand Charles Ernest Spagnoletti (1832–1915) einen signalabhängigen 2-Felderblock (line clear – train on line), welcher auf grossen Teilen des Netzes Anwendung fand. Mit dem GWR-1947-Block-Telegraph wechselte auch die GWR zum Drei-Positions-Instrument, so in Truro (1971, **Abb. 50** von 2002).

Er wandelte sich nach der Nationalisierung der Länderbahnen 1948 zum British Rail-Standardblock (Kettering Station, **Abb. 51** von 1987), vermochte jedoch die Telegraphen der Vorläuferbahnen nie ganz abzulösen. Auch der Drei-Positions-Standardblock der BR kannte den permissiven Block mit bis zu 9 möglichen Zügen im gleichen Blockabschnitt (**Abb. 52**), die Anzahl permissive Züge musste vom Signalman von Hand mit einem Zählschalter laufend aktualisiert werden. Für Fahrten auf dem falschen Gleis bei Bauarbeiten oder kurzfristigen Unterbrüchen des Regelgleises musste auf das telefonische Zugmeldeverfahren (ohne Fahrstrassen- und signalmässige Sicherung) umgestellt werden, was die Streckenkapazität auf einen Bruchteil reduzierte.

The block telegraphs with signal locking

However, it should be noted, that the block telegraphs described had no dependency with the signal boxes or the signal levers for a long time (in contrast to the Siemens & Halske field block), therefore the English term 'block instruments' is partly misleading for continental Europeans. Due to the lack of dependencies, signal operation repeatedly resulted in false openings for the next train before the first train had arrived in the neighbouring signal box area, resulting in rear-end collisions such as the one in Northampton in 1910. The latter was the reason for making the starting signal lever dependent on the block telegraph by means of an electro-magnetic lever lock so that it could only be pulled when the line was clear. In 1911, the first 14 signal boxes at exposed operating locations were equipped with this system at the LNWR and a corresponding operating rule was introduced in 1920.

The same-named three-position telegraph developed by William Robert Sykes (1840–1913) was equipped with signal dependency ('lock and block') and experienced the largest distribution, especially in southern England and in the British colonies. **Fig. 49** shows it in 1989 in the Stevens signal box at Poole (1897–2014). The telegraph is always operated from the outgoing block section, e. g. the upper display represents the occupation of the oncoming section, while the black button (commutator) at the bottom operates the outgoing block. At the Great Western Railway (GWR), telegraph executive Charles Ernest Spagnoletti (1832–1915) developed a signal-dependent 2-field block (line clear – train on line), which was used on large sections of the network. With the GWR 1947 block telegraph, the GWR also changed to the three-position instrument, as in Truro (1971, **Fig. 50** of 2002).

After the nationalisation of the state railways in 1948, it became the British Rail standard block (Kettering Station, **Fig. 51** from 1987), but was never able to completely replace the telegraphs of the predecessor railways. The three-position standard block of the BR also knew the permissive block with up to 9 possible trains in the same block section (**Fig. 52**), the number of permissive trains had to be constantly updated manually by the signalman with a counter switch. For journeys on the opposite track during construction work or short-term interruptions of the standard track, it was necessary to switch to the telephone train reporting procedure (without locking routes and signals), which reduced the line capacity to a fraction.

49

50

51

52

53

Der Streckenblock auf eingleisigen Strecken

Zur Vermeidung von Kollisionen (Gegenfahrten) auf Einspurstrecken kamen die Block-Telegraphen für Einspurstrecken aufgrund des fehlenden Signalverschlusses nicht in Frage. Daher wurden spezielle «Token» (physischer Gegenstand)-Systeme entwickelt, bei welchen mit einer mechanischen oder elektro-mechanischen Sicherung jeweils nur 1 Token pro Blockabschnitt verwendet werden konnte. Ein klassisches System auf der britischen Insel war der Tyers Schlüssel-Apparat (Tyer's electric key token instrument), wie 1987 in Poppleton (**Abb. 53**), bei welchem mehrere

The line block on single-track lines

To avoid head-on collisions (oncoming traffic) on single-track lines, the block telegraphs without locked starter signals were not an option for single-track lines. Therefore, special «token» (physical object) systems were developed, in which only 1 token per block section could be used at a time with a mechanical or electro-mechanical safety device. A classic system on the British Isles was the Tyer's Electric Key Token Instrument with key-token as at Poppleton in 1987 (**Fig. 53**), where several keys were locked to allow subsequent journeys in the same di-

Schlüssel verschlossen waren, um auch Folgefahrten in derselben Richtung zu ermöglichen, während ein anderer Klassiker, die Tyer-Tablets, münzenähnliche gelochte Scheiben wie 1991 in Bridlington Quay (**Abb. 54**, Tablet Nr. 6) zum gesicherten Austausch verwendeten; links der Hebel zur Ausgabe der Scheiben. Schlüssel und Scheiben wurden dem durchfahrenden Lokführer in speziellen Ringbeuteln (hoop-pouch) zur fahrenden Mitnahme an Stangen gehängt. Der Token-block fand aufgrund seiner einfachen und sicheren Handhabung auch auf dem indischen Subkontinent, in Südasien und Ozeanien weite Verbreitung, u.a. mit dem Webb and Thomson Electric Staff System sowie dem Neale's Ball-, Voucher- oder Tablet-Instrument (**Abb. 55**) der Westinghouse Brake & Signal Company. In Kontinentaleuropa war der Token-block weitgehend unbekannt.

Der manuelle Streckenblock in Italien (Blocco manuale elettrico BME)

In Italien wurde die erste Versuchsstrecke 1893 zwischen Genova Piazza Principe und Genova Brignole mit dem System Cardani (konzipiert durch Achille Cardani, gebaut von Servettaz-Bavesi) ausgerüstet, einem elektro-mechanischen Block-Telegraphen nach englischen Vorbildern als Zeiger-Telegraph, aber mit Signalverschluss gestaltet und mit den drei Stellungen ‹normale› (Strecke frei), ‹consenso› (Zustimmung erteilt) und ‹bloccato› (Strecke belegt). Die Haltestellung des Ausfahrsignals wurde durch das zugbewirkte Überfahren eines Pedals erreicht, wie auch das Verlassen der Blockstrecke wiederum durch einen Pedalimpuls angezeigt wurde (noch ohne Kontrolle der Zuglänge durch eine mindestens wagenlange Fühlschiene). Bis zur Verstaatlichung der Bahnen 1905 wurden rund 250 km vor allem im Rete Mediterranea installiert. Die junge FS weitete den Aktionsradius des Cardani-Blocks bis 1938 auf 2933 km aus. 1938 erblickte der manuelle FS-Standard-Block (Blocco manuale elettrico) das Licht der Welt. Er war eine Weiterentwicklung des Cardani-Telegraphen und übernahm das Drei-Positionen-Prinzip. Anhand der Blockkasten zum ACEI-Relaisstellwerk 1991 im Bahnhof Udine (**Abb. 56**) kann die Bedienung wie folgt beschrieben werden: Mit dem Rotationshebel links (maniglia richiesta) und der darunterliegenden Taste verlangt A die Fahrerlaubnis von B. B kann in der Grundstellung ‹normale› seinen Rotationshebel rechts (maniglia consenso) nach rechts in die Position ‹concesso› (zugestimmt) drehen und die Zustimmung mit der Taste an B erteilen. Dadurch wird das Blockfeld oben rechts bei B grün und das Feld oben links bei A weiss. A kann das Ausfahrsignal stellen, der Zug fährt in die Blockstrecke, das Ausfahrsi-

rection, while another classic, the Tyer tablets, used coin-like perforated discs as at Bridlington Quay in 1991 (**Fig. 54**, Tablet № 6) for secure exchange; the lever for issuing the discs is on the left. Keys and discs were hung on poles in special hoop-pouches for the passing train driver to take on the move. The token-block was also widely used on the Indian subcontinent, in South Asia and Oceania due to its simple and safe handling, among others with the Webb and Thomson Electric Staff System and the Neale's Ball, Voucher or Tablet instrument (Fig. 55) of the Westinghouse Brake & Signal Company. The token-block was largely unknown in continental Europe.

The manual line block in Italy (Blocco manuale elettrico BME)

In 1893, the first experimental line in Italy between Genova Piazza Principe and Genova Brignole was equipped with the Cardani system (designed by Achille Cardani and built by Servettaz-Bavesi), an electro-mechanical block telegraph designed after English models as a pointer telegraph, but with signal locking, and with the three positions 'normale' (line free), 'consenso' (consent given) and 'bloccato' (line occupied). The stop position of the starter signal was reached by the train-actuated crossing of a pedal, just as the leaving of the block section was again indicated by a pedal impulse (still without control of the train length by a feeler rail of at least wagon length). Until the nationalisation of the railways in 1905, about 250 km were installed, mainly in the Rete Mediterranea. The young FS extended the radius of action of the Cardani block to 2933 km by 1938, the border section Como (FS) – Chiasso (SBB) was also equipped with the Cardani block until electrification and double track expansion in 1939. In 1938, the FS standard manual block (Blocco manuale elettrico) saw the light of day. It was a further development of the Cardani telegraph and adopted the three-position principle. Based on the block boxes for the 1991 ACEI relay interlocking in Udine station (**Fig. 56**), the operation can be described as follows: with the rotation lever on the left (maniglia richiesta) and the button below it, A requests from B permission to drive. B can turn his rotation lever on the right (maniglia consenso) to the right into the 'concesso (consented)' position and give consent to B with the button. This turns the block field at the top right of B green and the field at the top left of A white. A can set the

54

55

56

57

gnal geht durch Pedaleinwirkung in die Haltestellung und blockiert den Zustimmungshebel (consenso) von B so lange, bis der Zug am Ende der Blockstelle wiederum ein Pedal befahren hat und B den Hebel rechts von ‹bloccato› auf ‹normale› zurückgestellt hat, nun kann A wieder eine Fahrterlaubnis verlangen. Der FS-Standardblock erstreckte sich in seiner maximalen Verbreitung auf rund 13 000 km und konnte mit allen elektro-mechanischen und Relais-Stellwerken zusammenarbeiten, so auch 2003 mit dem elektro-mechanischen ADM-Weichenschlüsselstellwerk in Maccagno bei Luino (**Abb. 57**). Bei Fahrten auf dem falschen Gleis auf Doppelspurstrecken musste ebenfalls auf das telefonische Zugmeldeverfahren umgestellt werden.

starter signal, the train moves into the block section, the starter signal goes into the stop position by pedal action and blocks B's consent lever (consenso) until the train has again passed a pedal at the end of the block section and B has returned the lever on the right from 'bloccato' to 'normale', now A can again request permission to drive. The FS standard block extended in its maximum distribution to about 13 000 km and could work with all electro-mechanical and relay interlockings, including the electro-mechanical ADM point key interlocking in Maccagno near Luino in 2003 (**Fig. 57**). For movements on the opposite track on double-track lines, it was also necessary to switch to the telephone train reporting procedure.

ENGLAND: DIE GENESE DES KASKADEN-STELLWERKS

Nachdem die Zugfolgeregelung gelöst war, musste die nächste wachsende Herausforderung angegangen werden: die Sicherung des Fahrwegs bzw. die Verknüpfung der Weichen mit den Signalen in Bahnhöfen und Abzweigstellen. Das ‹lose› Stellen der Weichen in den immer grösseren Ausmassen annehmenden Bahnhofsanlagen erforderte ein kleines Heer an Weichenwärtern, war zeitaufwändig und wurde zu einem nicht mehr tragbaren Risiko. Die Schaffung einer ersten Abhängigkeit zwischen Signalen 1841 für die London and Croydon Railway wird Gregory zugeschrieben. Das war jedoch nur der Anfang, nun mussten noch die Weichen in Abhängigkeit gelangen. Dieses Verdienst kommt wohl dem Ingenieur der North London Railway (NLR), Austen Chambers, zu, der 1859 in Kentish Town Junction erstmals eine Anlage mit mechanischen Verschlussbalken konstruierte, welche Weichen und Signale (ohne Fahrstrassenhebel) in eine direkte Folgeabhängigkeit (zwingende Reihenfolge der Hebelbedienung) brachte: Das war die Geburtsstunde des sog. ‹Kaskaden›-Stellwerks. Die im gleichen Zeitraum ähnliche Lösungen suchenden und prägenden Figuren des englischen Stellwerkbaus, John Stevens und John Saxby (1821–1913), stützten sich in der Folge auf das Patent von Chambers und entwickelten es weiter. Bereits etwas früher, 1855, entwickelte in Frankreich der spätere Ingenieur der Westbahn, Pierre-Auguste Vignier (1811–1891), vier signalabhängige Weichenstellanlagen, welche nicht patentiert wurden. Es ist davon auszugehen, dass die Erfindung Vigniers, welche 1855 an der Weltausstellung in Paris bekannt wurde, sowohl Stevens wie auch Saxby inspiriert hat. Beide daraus entstandenen Signalbaufirmen, Stevens & Sons wie auch Saxby & Farmer, setzten von nun an den Industriestandard und waren mit ihren Patenten in Frankreich, Belgien, Nordamerika wie auch im Rahmen des British Empire sehr erfolgreich. Konkurrenz erwuchs ihnen im Heimmarkt zeitweise durch McKenzie & Holland und der Railway Signal Co (RSCo). Viele Länder- und Privatbahnen stellten in Signalwerkstätten auch Eigenbauten her, einige mit der Zeit sogar ausschliesslich: Great Western Railway (GWR), London & North West Railway (LNWR) und Midland Railway (MR).

Stevens & Sons

Mit dem Patent von 1870 (Stevens tappet locking) fabrizierte Stevens & Sons in Glasgow bis 1923 über 1000 Anlagen. Typische Vertreter sind das originale Stellwerk von Ely North Station (1880–1992, **Abb. 58**) und das Modernisierte im schottischen Insch (1969, **Abb. 59** von 2022)

ENGLAND: THE GENESIS OF THE CASCADE SIGNAL BOX

Once the train succession control had been solved, the next growing challenge had to be tackled: securing the track or linking the points to the signals in stations and junctions. The 'loose' setting of points in the increasingly large station complexes required a small army of pointmen, was time-consuming and became an unsustainable risk. The creation of the first interdependence between signals in 1841 for the London and Croydon Railway is credited to Gregory. However, this was only the beginning, now the points still had to become dependent. This is probably due to the engineer of the North London Railway (NLR), Austen Chambers, who in 1859 constructed the first system with mechanical locking bars at Kentish Town Junction, which brought points and signals (without route levers) into a direct sequence dependency (compulsory sequence of lever operation): This was the birth of the so-called 'cascade' interlocking. John Stevens and John Saxby (1821–1913), who were looking for similar solutions in the same period and were influential figures in English interlocking design, subsequently relied on Chambers' patent and developed it further. A little earlier, in 1855, Pierre-Auguste Vignier (1811–1891), later engineer of the French Western Railway, developed four signal-dependent point machines, which were not patented. It can be assumed that Vignier's invention, which was presented at the World Exhibition in Paris in 1855, inspired both Stevens and Saxby. Both of the resulting signal companies, Stevens & Sons and Saxby & Farmer, set the industry standard and were very successful with their patents in France, Belgium, North America and within the British Empire. They faced competition in their home market from McKenzie & Holland and the Railway Signal Co (RSCo). Many national and private railways also produced their own designs in signal workshops, some even exclusively over time: Great Western Railway (GWR), London & North West Railway (LNWR) and Midland Railway (MR).

Stevens & Sons

With the patent of 1870 (Stevens tappet locking) Stevens & Sons in Glasgow manufactured over 1000 installations until 1923. Typical examples are the original signal box at Ely North Station (1880–1992, **Fig. 58**) and the modernised one at Insch, Scotland

58

60

59

mit unter dem Boden liegenden Schiebebalken (tappets) pro Hebel, welche mit beweglichen Längsbalken (bars) und Nocken verbunden sind. Die Patente von Stevens wurden 1873 nicht erneuert, so dass viele Produzenten sein Verschlussregister übernahmen und die Firma 1923 ihre Produktion einstellte. Ab 1882 konnte Stevens rund 50 Anlagen nach Spanien an die Minenbahn Rio Tinto liefern, u. a. nach Zarandas-Naya Norte (**Abb. 60**). Später wurde der Begriff ‹Stevens-Verschluss› auch für ein System sich rechtwinklig kreuzender Schiebebalken (cross-locking) verwendet, dessen Ursprung in der Anpassung des Stevens-Register an die Saxby-Hebel in Nordamerika (1899 durch James T. Hambay, US&S) zu liegen scheint. Ein Vorzug des cross-locking-Registers bestand u. a. darin, dass für einen Signalhebel/-schalter unterschiedliche Weichenstrassen flexibel verknüpft werden konnten (conditional locking). In der Folge wurden auch die elektro-mechanischen Stellwerke der

(1969, **Fig. 59** of 2022), with underfloor tappets per lever connected to movable bars and cams. Stevens' patents were not renewed in 1873, so many manufacturers adopted his locking register and the company ceased production in 1923. From 1882, Stevens was able to deliver around 50 interlockings to the Rio Tinto mine railway in Spain, including to Zarandas-Naya Norte (**Fig. 60**). Later, the term 'Stevens locking' was also used for a system of right-angled cross-locking, the origin of which seems to have been the adaptation of the Stevens locking to the Saxby levers in North America (1899 by James T. Hambay, US&S). One of the advantages of the cross-locking register was that different point routes could be flexibly linked for one signal lever/switch (conditional locking). Subsequently, the electro-mechanical interlockings of the North American manufacturers US&S and GRS were also fitted with nordamerikanischen Hersteller US&S und GRS mit verkleinerten Stevens-Verschlussregistern versehen. In Frankreich und Italien wurde eine solche Verschlussmechanik in den mechanischen Stellwerken Vignier 1890 der PLM, den hydrodynamischen Stellwerken Bianchi-Servettaz, den elektro-mechanischen Stellwerken von Aster, Mors, Saxby 62, Westinghouse, FS-ACE sowie im Poste électromécanique unifié (EMU) weiterverwendet. Stevens hat damit die wohl weltweit verbreitetsten mechanischen Verschlussregister für Stellwerke mit verschlossenen Weichen geschaffen.

Saxby & Farmer

Saxby & Farmer wurde zwischen 1870 und 1890 zum führenden Anbieter von mechanischen Stellwerken. Seinem Patent 1874 (rocker- & grid-iron, **Abb. 61**) lagen 2500 zwischen 1874 und 1888 in Grossbritannien und 3000 bis 1883 weltweit gelieferte Anlagen zugrunde. Das Stellwerk von Sleaford East (1882, **Abb. 62**) war noch 1999 ein Zeitzeuge, allerdings mit reduzierter Funktion (die weissen Hebel sind ausser Betrieb). Saxby war aber nicht nur Ingenieur, sondern auch Kaufmann: 1888 patentierte S&F eine Nachahmung des Stevens tappet-frame (duplex tappet), welche auch in Lincoln Pelham Street Junction (1918–2008, **Abb. 63**) für ursprünglich 100 Hebel gebaut wurde. Die schwarzen Weichenhebel, die blauen Riegelhebel (zum Verschluss der Weichenzungen), die roten Signalhebel (1 Hebel pro Signal und Richtung) und die gelben Vorsignalhebel (wenn vorhanden) müssen in einer genauen Reihenfolge (insbesondere die notwendigen und die sich ausschliessenden Weichen) gezogen werden, was in grossen Stellwerken komplexe Verschlussregister und eine individuelle und zeitaufwändige Instruktion pro Stellwerk erforderte. Im Verschlussregister ist pro Signalhebel eine Längsverschubstange zur Festlegung der Riegel- und Weichenhebel (locking) notwendig. Fahrstrassenhebel sind in diesem System unbekannt, da die Weichen einer Weichenstrasse in Zwangsreihenfolge untereinander mit dem erforderlichen Signal verknüpft werden müssen. Die Weichen werden durch zwei Metall-Gestänge bzw. zwei Hebel angetrieben: ein Gestänge in der Mitte für die Weichenstellung und ein zweites Gestänge seitlich für die Verriegelung (Lincoln High Street, **Abb. 64**). Die Signale wurden durch Einfach-Drahtleitungen mit kleinen Gegengewichten an den Signalmasten zur Unterstützung der Signalhaltstellung gesteuert. Das Kaskadenstellwerk unterscheidet grundsätzlich nicht zwischen Zug- und Rangierfahrstrassen wie die Deutsche Schule, daher sind auch alle Rangierfahrten stellwerkmässig gesichert. Gegen Ende des Jahrhunderts nahm der Marktanteil von Saxby kontinuierlich ab, nicht zu-

scaled-down Stevens locking registers. In France and Italy, such a locking mechanism continued to be used in PLM's Vignier 1890 mechanical interlockings, the Bianchi-Servettaz hydrodynamic interlockings, the Aster, Mors, Saxby 62, Westinghouse, FS-ACE electro-mechanical interlockings, and in the Poste électromécanique unifié (EMU). Thus, Stevens created what are probably the world's most widespread mechanical locking registers for interlockings with locked points.

Saxby & Farmer

Saxby & Farmer became the leading supplier of mechanical interlockings between 1870 and 1890. Its 1874 patent (rocker & grid-iron, **Fig. 61**) was based on 2500 interlockings supplied in Britain between 1874 and 1888 and 3000 worldwide by 1883. The Sleaford East signal box (1882, **Fig. 62**) was still a contemporary witness in 1999, but with reduced function (the white levers are out of use). Saxby was not only an engineer but also a merchant: in 1888 S&F patented an imitation of the Stevens tappet-frame (duplex tappet), which was also built at Lincoln Pelham Street Junction (1918–2008, **Fig. 63**) for originally 100 levers. The black point levers, the blue lock levers (for locking the point tongues), the red signal levers (one lever per signal and direction) and the yellow advance signal levers (if any) have to be pulled in a precise sequence (especially the necessary and the mutually exclusive points), which in large interlockings required complex locking registers as well as individual and time-consuming instruction per interlocking. In the locking register, one longitudinal displacement rod is necessary per signal lever to define the point locking and the point levers. Route levers are unknown in this system, as the points of a turnout route must be linked to each other in forced sequence with the required signal. The points are driven by two metal rods or two levers: one rod in the middle for point setting and a second rod on the side for locking (Lincoln High Street, **Fig. 64**), the signals by single wire lines with small counterweights on the signal masts to support the signal holding position. The cascade interlocking does not fundamentally distinguish between train and shunting routes like the German school, so all shunting movements are also interlocked. Towards the end of the century, Saxby's market share steadily declined, not least due to the increasing in-house production of the railway companies, which sometimes criticised the high prices of the S&F interlockings. In 1903 the

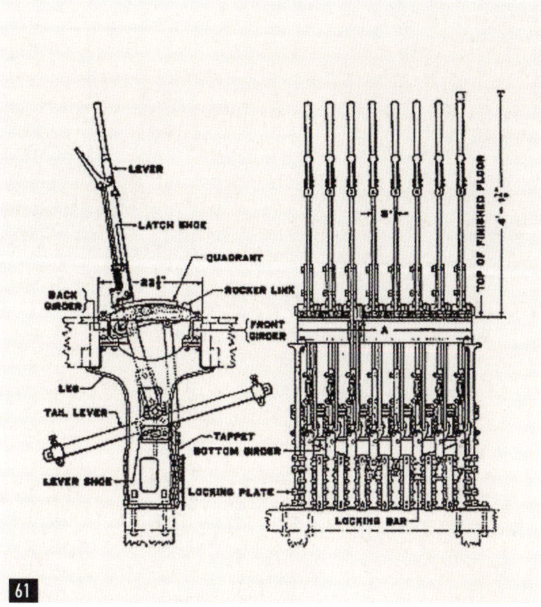

61

62

63

64

letzt aufgrund der zunehmenden Eigenproduktion der Bahngesellschaften, welche mitunter die hohen Preise der S&F-Stellwerke kritisierten. 1903 wurde das Hauptwerk in London Kilburn geschlossen, Saxby konzentrierte sich in der Folge auf die Auslandmärkte.

Beide Stellwerkbauarten, S&S und S&F, wurden ab 1870 auch in Nordamerika in Lizenz hergestellt: Saxby & Farmer-Apparate mit hintenliegenden horizontalen Verschlussbalken Typ Stevens durch die Union Signal and Switch Co und die General Railway Signal Co. Die Apparate mit einem senkrechten untenliegenden Verschlussregister (cross-locking) Typ Stevens durch die Union Signal and Switch Co und jene des ähnlichen Typs Johnson durch die General Railway Signal Co. Die Weichen wurden wie in England durch Gestänge angetrieben, während die Signale analog der deutschen Schule Doppeldrahtleitungen mit Temperaturkompensation (Ausgleichsgewichte) aufwiesen.

main factory in London Kilburn was closed and Saxby concentrated on foreign markets.

Both types of interlocking, S&S and S&F, were also manufactured under licence in North America from 1870: Saxby & Farmer apparatus with horizontal locking bars at the rear, type Stevens, by the Union Signal and Switch Co and the General Railway Signal Co. The apparatus with a vertical locking register (cross-locking) at the bottom, type Stevens, by the Union Signal and Switch Co and those of the similar type Johnson by the General Railway Signal Co. The points were driven by rods, as in England, while the signals had double-wire lines with temperature compensation (balance weights), similar to the German school.

65

66

67

McKenzie & Holland

McKenzie & Holland war der Dritte im Bunde, welcher sich in England mit dem Werk in Worcester einen gewissen Marktanteil erarbeiten konnte, allerdings mit dem Verschlussregister von Stevens.

Das Stellwerk von Lincoln High Street (1892–2008, **Abb. 65**) verströmte 1986 immer noch Gründer-Charme, speziell auch die Aussenansicht mit dem für Grossbritannien typischen Bahnübergangstor, mit welchem die Bahnstrecke in der Grundstellung geschlossen war (**Abb. 66**). In **Abb. 67** rechts der dazugehörige elektrische Stellschalter für das Tor und links der mechanische Verriegelungshebel zur Herstellung der Signalabhängigkeit. McKenzie & Holland etablierte sich mit einem Werk auch in Australien.

McKenzie & Holland

McKenzie & Holland were the third to gain some market share in England with their Worcester works, but with the Stevens locking register.

The Lincoln High Street signal box (1892–2008, **Fig. 65**) still exuded a founder's charm in 1986, especially the exterior with the typical British level crossing gate that closed the line in the home position (**Fig. 66**). In **Fig. 67**, the associated electrical actuating switch for the gate on the right and the mechanical locking lever for establishing signal dependency on the left. McKenzie & Holland also established itself with a factory in Australia.

Dutton

Ein ehemaliger Mitarbeiter von McKenzie & Holland, Samuel Dutton, gründete 1888 seine eigene gleichnamige Firma und konnte seine Stellwerke vorwiegend

Dutton

A former McKenzie & Holland employee, Samuel Dutton, founded his own same-named company in 1888 and was able to install his signal boxes mainly

68

69

70

auf den Cambrian Railways installieren. Ein Exemplar der seltenen Bauart überlebte als Museumsanlage in Welshpool Caereinion (**Abb. 68** von 1986). Das ursprüngliche ‹Direct-tappet›-Verschlussregister wurde durch ein ‹GW-vertical tappet› ersetzt.

on the Cambrian Railways. One example of the rare design survives as a museum installation at Welshpool Caereinion (**Fig. 68** from 1986). The original 'direct-tappet' locking register was replaced by a 'GW-vertical tappet'.

Railway Signal Co

Die Lancashire & Yorkshire Railway (L&YR) beschaffte von 1881–1889 Stellwerke der Railway Signal Co (RSCo, RS Tap) in Fazakerley bei Liverpool, danach stellte sie diese in Lizenz (LY tap) selbst her, so ein 72-Hebelwerk in Nr. 2 von Blackpool North (1896–2017, **Abb. 69**). In **Abb. 70** ein dazu gehöriger Signalmast mit Ausfahrsignal, Vorsignal (gelb) und Rangiersignal. In Blackpool North war noch die britische Praxis der nicht streckenblockabhängigen Bahnsteigausfahrsignale zu betrachten, erst die ca. 200 m später folgenden Gruppenausfahrsignale waren blockabhängig.

Railway Signal Co

The Lancashire & Yorkshire Railway (L&YR) procured signal boxes from the Railway Signal Co (RSCo, RS tap) at Fazakerley near Liverpool from 1881–1889, after which it manufactured them itself under licence (LY tap), such as a 72-lever box in № 2 at Blackpool North (1896–2017, **Fig. 69**). In **Fig. 70**, an associated signal mast with exit signal, advance signal (yellow) and shunting signal. At Blackpool North, the British practice of platform starter signals not depending on the line block was still to be observed, only the group outbound signals following approx. 200 m later were block-dependent.

Sykes & Co

Die South Eastern & Chatham (SEC) entwickelte 1907 zusammen mit Sykes & Co einen eigenständigen Stellwerktyp (SE NP tappet), welcher im eleganten Reiterstellwerk von Canterbury West (1928, **Abb. 71** von 1986) anzutreffen war.

Sykes & Co

The South Eastern & Chatham (SEC), together with Sykes & Co, developed a separate type of signal box in 1907 (SE NP tappet), which was found in the elegant bridge signal box at Canterbury West (1928, **Fig. 71** from 1986).

71

72

73

Westinghouse Brake & Saxby Signal Company

Die jüngste Produzentin von mechanischen Stellwerken war die Westinghouse Brake & Saxby Signal Company, welche um 1915–1920 aus einer Anzahl kleinerer Hersteller entstand und ab 1924 qualitativ langlebige Apparate mit untenliegenden Verschlussbalken (tappets) lieferte, bis die Produktion 1977 eingestellt wurde. Die Westinghouse-Stellwerke wurden hauptsächlich in der Southern Region eingesetzt, zum Beispiel in Hastings (1930, **Abb. 72** von 1991) die noch aktive Bauform A2–1924 (von den Bauformen A1–A3). In **Abb. 73** ist das untenliegende schräg angeordnete Verschlussregister ersichtlich und in **Abb. 74** der in englischen Stellwerken unverzichtbare Wasserkocher in der Ecke für tea time.

Great Western Railway

Die Great Western Railway (GWR) war eine der grossen Gesellschaften, welche die Stellwerke fast ausschliesslich in ihrem Werk in Reading selber herstellte. Die ersten Verschlussmethoden des ‹single and double twist› (einfache und doppelte Drehung) bis Anfang des 20. Jahrhunderts erwiesen sich als zu schwerfällig. Bei Grossanlagen mit 222 Hebeln wie in Reading West waren die Hebel unverhältnismässig lang, so dass die Hebelwege zu umständlich als auch die Kosten im Vergleich zu anderen Verschlussmethoden zu hoch wurden. Deshalb übernahm die GWR in der Folge das Prinzip von Stevens mit den beweglichen Schiebebalken (horizontal tappet HT3), so im Stellwerk von St Erth (1929, **Abb. 75** von 1999), hier mit dem typischen Tuch zum

Westinghouse Brake & Saxby Signal Company

The most recent producer of mechanical interlockings was the Westinghouse Brake & Saxby Signal Company, which grew out of a number of smaller manufacturers around 1915–1920 and supplied long-lasting quality apparatus with bottom locking bars (tappets) from 1924 until production ceased in 1977. Westinghouse interlockings were mainly used in the Southern Region, e. g. at Hastings (1930, **Fig. 72** from 1991) the still active A2-1924 design (from designs A1–A3). **Fig. 73** shows the sloping locking register at the bottom and **Fig. 74** shows the indispensable kettle in the corner for the teatime in English signal boxes.

Great Western Railway

The Great Western Railway (GWR) was one of the large companies that manufactured its own signal boxes almost exclusively at its Reading factory. The first locking methods of 'single and double twist' until the early 20th century proved too cumbersome. In large 222 lever plants such as Reading West, the levers were disproportionately long, making lever travel too cumbersome and the cost too high compared to other locking methods. The GWR therefore subsequently adopted Stevens' principle of movable sliding beams (horizontal tappet HT3), as in the St Erth signal box (1929, **Fig. 75** of 1999), here with the typical cloth to protect the lever handles from oxidation. In **Fig. 76** the corresponding classic double rod

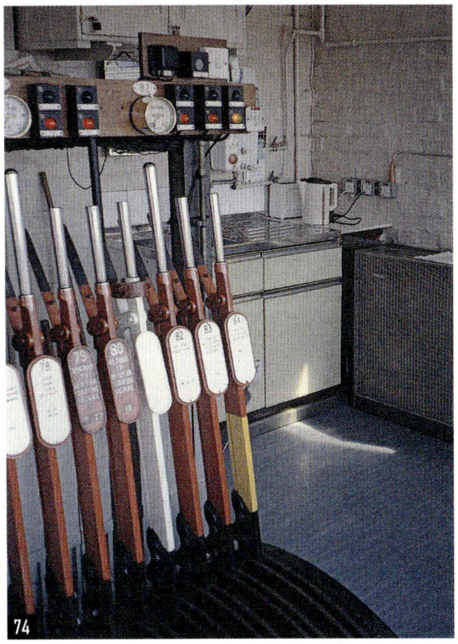
74

75

78

76

79

77

Oxidations-Schutz der Hebelgriffe. In **Abb. 76** die entsprechenden klassischen Doppel-Gestängeleitungen zu den Weichen und die einfachen Signaldrahtleitungen. 1923–1926 wurde die Standardform des ‹5-bar vertical tappet VT5› (senkrecht liegende Verschlussbalken) entwickelt und bis 1962 produziert. Die **Abb. 77** und **78** von 2002 zeigen die Aussen- und Innensicht des 1971 erneuerten VT5-Stellwerks von Truro, in Anwesenheit eines Betriebsinspektors. Im Jahr 1938 löste das VT5-Stell-

lines to the points and the simple signal wire lines. In 1923–1926 the standard form of the '5-bar vertical tappet VT5' (vertically lying locking bars) was developed and produced until 1962. **Fig. 77** and **78** of 2002 show the exterior and interior views of Truro's VT5 signal box, renewed in 1971, in the presence of an operations' inspector. In 1938 the VT5 signal box at Hereford (ex-Aylestone Hill, **Fig. 79** of 1991) replaced a Saxby & Farmer signal box (rocker frame) of 1884.

werk in Hereford (ex-Aylestone Hill, **Abb. 79** von 1991) ein Saxby & Farmer-Stellwerk (rocker frame) von 1884 ab. Die Anlage wurde in den 70er- und 80er-Jahren teilweise elektrifiziert (Weichen, Signale, Gleisstromkreise – track circuits), was an den kürzeren Hebeln ersichtlich ist. Allerdings verblieben die nahegelegenen Weichen mechanisch angetrieben (**Abb. 80**).

Am Beispiel der GWR kann veranschaulicht werden, dass das Kaskadenstellwerk mit den untereinander abhängigen Weichen-, Riegel- und Signalhebeln (ohne zwischengeschaltete Fahrstrassenhebel) in Knotenbahnhöfen eine enorme Zahl an Hebeln, Dimensionierung der Hebelbänke und Verschlussregister sowie entsprechend grosse Stellwerkgebäude erforderte.

(L= Anzahl Hebel/Levers): Cardiff Queen Street North 200L, Exeter Middle 91L, Exeter West 131L, Newton Abbott East 206L, Newton Abbott West 153L, Norton Fitzwarren 131L, Old Oak Common East 160L, Oxford North 99L, Plymouth North Road East 185L, Reading Main East 115L, Reading Main West 222L, Severn Tunnel Junction West 163L, Swindon West 174L, Taunton West Station 135L, Taunton East Junction 147L, Tiseley South 136L, Westbury North 99L, Westbury Middle 47L, Westbury South 99L. Diese grosse Hebelzahl wurde von den Knotenstellwerken deutscher Schule nie erreicht, sie betrug weniger als die Hälfte.

London, Brighton & South West Coast Railway

Die London, Brighton & South West Coast Railway (LBSC) zeigt bei ihrer selbstgefertigten modernsten Standardbauart ‹1905 pattern› Ähnlichkeiten mit dem GWR-Tappet-Stellwerk, allerdings mit senkrechten Hebeln wie im Stellwerk Barnham (1911–2008, **Abb. 81**). Charakteristisch für die Southern Region war der 1986 vorhandene elektrische Zuganzeiger (**Abb. 82**).

London & North Western Railway

Die grosse London & North Western Railway (LNWR) mit der West Coast Main Line (WCML) beschaffte ihre Stellwerke von 1862 bis 1873 bei Saxby & Farmer, zu diesem Zeitpunkt standen bereits 60 % aller Weichen und Signale unter Verschluss eines Stellwerks. Allerdings waren die S&F-Anlagen im Vergleich zur Eigenproduktion bei der GWR und den Midland Railways deutlich teurer, so dass 1872 ein zur Überprüfung eingesetztes Committee zum Schluss kam, die Eigenproduktion (‹make› statt ‹buy›) im Werk von Crewe selber an die Hand zu nehmen. Der damit beauftragte erfinderische Francis William Webb machte sich an die Arbeit und entwickelte 1876 einen robusten und unterhaltsfreund-

The layout was partially electrified (points, signals, track circuits) in the 1970s and 1980s, evident from the shorter levers. But the nearby points remained mechanically driven (**Fig. 80**).

The example of the GWR can be used to illustrate that the cascade interlocking with the interdependent point, point lock and signal levers (without intermediate route levers) in nodal stations required an enormous number of levers, dimensioning of the lever banks and locking registers as well as correspondingly large interlocking buildings.

(L= number of levers): Cardiff Queen Street North 200L, Exeter Middle 91L, Exeter West 131L, Newton Abbott East 206L, Newton Abbott West 153L, Norton Fitzwarren 131L, Old Oak Common East 160L, Oxford North 99L, Plymouth North Road East 185L, Reading Main East 115L, Reading Main West 222L, Severn Tunnel Junction West 163L, Swindon West 174L, Taunton West Station 135L, Taunton East Junction 147L, Tiseley South 136L, Westbury North 99L, Westbury Middle 47L, Westbury South 99L. This large number of levers was never achieved by the German school nodal interlockings, they accounted for half as many levers at most.

London, Brighton & South West Coast Railway

The London, Brighton & South West Coast Railway (LBSC) shows similarities with the GWR Tappet signal box in its self-made most modern standard '1905 pattern', but with vertical levers as in Barnham signal box (1911–2008, **Fig. 81**). Characteristic of the Southern Region was the electric train describer present in 1986 (**Fig. 82**).

London & North Western Railway

The great London & North Western Railway (LNWR) with the West Coast Main Line (WCML) procured its signal boxes from Saxby & Farmer from 1862 to 1873, by which time 60 % of all points and signals were under locking of a signal box. But the S&F systems were much more expensive than those produced by the GWR and Midland Railways, so that in 1872 a committee set up to review the situation came to the conclusion that the company should take charge of its own production ('make' instead of 'buy') at the Crewe works. The inventive Francis William Webb set to work and in 1876 developed a robust and easy to maintain 'tumbler frame' (Bar & Stud – B&S, NW

80

81

82

83

84

lichen ‹Tumbler frame› (Bar & Stud - B&S, NW Tum) mit einem senkrechten Verschlussregister unter Boden (Stockport № 2, 1890, **Abb. 83**) und charakteristischen Hebelhandfallen (catch handles, vergleichbar mit einem Steigbügel). **Abb. 84** zeigt ein kleines Stellwerk in Huyton (1899–2014) fast im Originalzustand, für das einfache Layout wurden ursprünglich 36 Hebel gebaut. Ab 1906, nach der Pensionierung von Webb, wurden Anlagen mit rechtwinkligen Schiebebalken à la Stevens (cross-locking) fabriziert. Die Stellwerke von Stockport südlich Manchester (4-Spur-Linie Richtung London) zeigten sich moderner Technik gegenüber besonders resistent: Die geplante Inbetriebnahme eines ESTW 2007 wurde aufgrund von unüberbrückbaren Inkompatibilitäten des Lieferanten abgebrochen, für den weiteren Unterhalt der aus der viktorianischen Zeit stammenden mechanischen Teile, insbesondere des Verschlussregis-

Tum) with a vertical locking register underneath (Stockport № 2, 1890, **Fig. 83**) and characteristic lever handles (catch handles, comparable to a stirrup). **Fig. 84** shows a small signal box at Huyton (1899–2014) almost in its original condition, 36 levers were originally built for the simple layout. From 1906, after Webb's retirement, layouts with right-angled sliding beams à la Stevens (cross-locking) were fabricated. The interlockings of Stockport south of Manchester (4-track-line towards London) were particularly resistant to modern technology: the planned commissioning of an ESTW in 2007 had to be cancelled due to irresolvable incompatibilities of the supplier. For the further maintenance of the mechanical parts dating from the Victorian period, in particular the locking register, engineers from the Indian State Railways had to be called in. The sprightly jubilari-

85

86

87

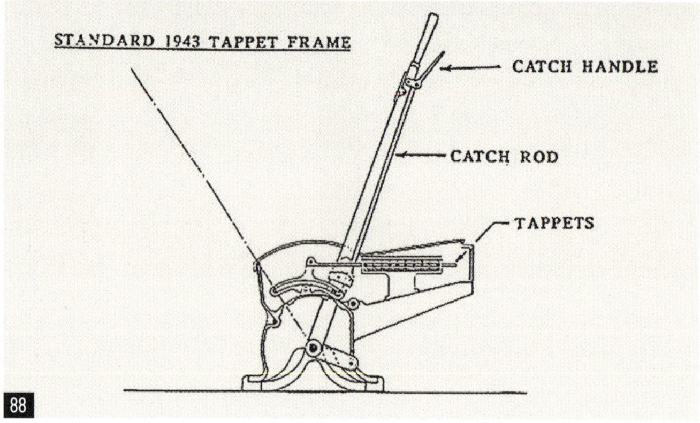

88

ters, mussten Ingenieure der Indischen Staatsbahn beigezogen werden. Die rüstigen Jubilare, die Stellwerke Nr. 1 + 2 von 1884/1890 (**Abb. 85, 86 und 87** von 1991) mit 96/90 Hebeln, Fletcher-Blocktelegraphen und -Zuganzeiger (und Lichtsignalen, Gleisstromkreisen als Konzession an die Moderne), erfreuten sich zur Zeit der Drucklegung dieses Buches einer erstaunlichen Frische.

London Midland Railway

Die London-Midland Railway (LMR) war konsequent und ging im Stellwerkbau eigene Wege: Ab 1870 produzierte sie ausschliesslich in einer eigenen, sehr kompakten Bauweise mit einem hintenliegenden,

ans, signal boxes № 1 + 2 from 1884/1890 (**Fig. 85, 86** and **87** from 1991) with 96/90 levers, Fletcher block telegraphs and train indicators (and light signals, track circuits as a concession to modernity), were enjoying an astonishing freshness at the time this book went to press.

London Midland Railway

The London-Midland Railway (LMR) was consistent and went its own way in interlocking construction: from 1870 onwards, it exclusively produced its own, very compact design with a rear-mounted, horizon-

89

90

91

horizontalen und relativ kleinen Verschlussregister, anfänglich eine Tumbler-Version und ab 1909 eine vergleichbar kompakte Tappet-Version MR Tap (vgl. die Typenskizze des LMR-Tappet-Verschlussregisters in **Abb. 88**). Das Stellwerk von Newark Castle Station (1912–2016, **Abb. 89**) ist ein Beispiel eines kleinen Bahnhofs. Dank den kurzen Wegen sind die Hebel leicht zu bedienen. Ein mittelgrosser ‹Midland Tappet› mit 44 Hebeln war in Kettering Station (1913–1987, **Abb. 90**) in Betrieb. Bereits 1921 empfahl das nationale ‹Railway Executive Committee›, den kompakten Midland Tappet als künftige nationale Einheitsbauform einzuführen, was von den grossen Gesellschaften geflissentlich ignoriert wurde.

British Railways

Aufgeschoben heisst jedoch nicht aufgehoben: Nach der Nationalisierung 1948 erhob British Railways den Midland Tappet faktisch zur Einheitsform, indem sie Ersatz- und Neubauten mit dem neuen ‹BR-Standard› versah wie 1955 an der WCML südlich von Manchester das Abzweigestellwerk Heaton Norris Junction mit 120 Hebeln und überwiegend mechanisch gesteuerten Weichen. Das Stellwerk 4 von Stafford erhielt im Zuge der Elektrifizierung 1960 eine brandneue BR-Standard-Anlage mit 105 Hebeln (**Abb. 91** von 1997). Durch die überwiegend elektrisch angetriebenen Weichen und Signale, den Gleisstromkreisen und dem automatischen Block war es faktisch ein elektro-mechanisches Stellwerk. Es wurde 2015 durch ein ESTW abgelöst.

tal and relatively small locking register, initially a Tumbler version and from 1909 a comparably compact Tappet version MR Tap (cf. the type scheme of the LMR Tappet locking register in **Fig. 88**). The signal box at Newark Castle Station (1912–2016, **Fig. 89**) is an example of a small station. Thanks to the short distances, the levers are easy to operate. A medium-sized 'Midland Tappet' with 44 levers was in operation at Kettering Station (1913–1987, **Fig. 90**). As early as 1921, the national Railway Executive Committee recommended that the compact Midland Tappet should be introduced as the future national standard design, which was studiously ignored by the large companies.

British Railways

But postponed does not mean cancelled: after the nationalisation in 1948, British Railways raised the Midland Tappet to a de facto standard form by providing replacement and new buildings with the new 'BR standard' like the branch signal box at Heaton Norris Junction on the WCML south of Manchester in 1955 with 120 levers and mainly mechanically controlled points. Stafford interlocking 4 received a brand new BR standard 105 lever system as part of electrification in 1960 (**Fig. 91** from 1997). The predominantly electrically operated points and signals, track circuits and automatic block meant that it was effectively an electro-mechanical signal box. It was replaced by an ESTW in 2015.

92

93

94

95

«Manual Excess»: die grössten mechanischen Stellwerke aller Zeiten

*Gegen Ende des viktorianischen Zeitalters um die Jahrhundertwende erreichte das mechanische Stellwerk seine Blütezeit. Insbesondere die laufende Erweiterung der Londoner Bahnhöfe wie auch die britische Wegesignalisierung mit mehreren Richtungssignalen pro Gleis (**Abb. 92**) erforderte immer grössere und komplexere Anlagen. 1891 wurde Euston Station mit dem grössten LNWR-Tumbler-Apparat von 288 Hebeln à zwei Reihen mit 144 Hebeln ausgerüstet (mit einem 5 m hohen und ca. 35 m langen Stahlrahmen unter Boden mit 4 senkrechten miteinander gekoppelten Verschlussregistern). Waterloo Station erhielt 1892 ein Stevens-Stellwerk mit 236 Hebeln (2 gegenüberliegende Reihen von je 118 Hebeln) und wurde bis zum Ersatz (durch ein elektrisches Westinghouse-Stellwerk L) 1936 auf 262 Hebel erweitert. 1896 wurden in Reading die West Box mit einem*

"Manual Excess": the largest mechanical interlockings of all time

*Towards the end of the Victorian era at the turn of the century, the mechanical signal box reached its heyday. In particular, the ongoing expansion of London stations, as well as British wayside signalling with multiple directional signals per line (**Fig. 92**), required ever larger and more complex installations. In 1891, Euston Station was equipped with the largest LNWR tumbler apparatus of 288 levers of two rows of 144 levers (with a 5 m high and approx. 35 m long steel frame under floor with 4 vertical locking registers coupled together) Waterloo Station received a Stevens signal box of 236 levers (2 opposite rows of 118 levers each) in 1892 and was extended to 262 levers by the time it was replaced (by a Westinghouse L electric signal box) in 1936. In 1896 at Reading the West Box was fitted with 222 GWR lever interlocking and in 1898 at Ed-*

96

97

98

222-GWR-Hebelwerk und 1898 in Edinburgh die Waverly East Box mit einem 260-Hebelwerk von RSCo ausgerüstet. London Liverpool Street West erhielt 1907 ein zweireihiges 244-Hebel-Stellwerk von McKenzie & Holland. Zwei Jahre später lieferte dieselbe Firma das wohl grösste je gebaute mechanische Stellwerk für den Locomotive South Yard von York mit sage und schreibe 295 Hebeln in einer Reihe. Das alle Weichen jeder Weichenstrasse untereinander mit einem Signalhebel verschliessende Kaskadenstellwerk stiess an seine Grenzen. In Nordamerika wurden diese Grenzen rasch erkannt, daher war um die Jahrhundertwende das elektro-pneumatische Stellwerk in den grossen Bahnhöfen bereits im Vormarsch. Ein unverwüstlicher Zeitzeuge dieser mechanischen Giganten ist das noch aktive Stellwerk <Severn Bridge Junction> in Shrewsbury von 1903 (**Abb. 93**), das in Richtung rechts Fahrt zeigende <Starter signal> repräsentiert die britische Wegesignalisierung, die beiden Wegesignale erfordern entsprechend 2 Signalhebel mit unterschiedlich verschlossenen Weichenhebeln. Das ursprünglich installierte LNWR-Tumbler-Verschlussregister wurde 1952 durch ein GWR-VT5-Tappet-Register (**Abb. 94**) ersetzt, ein Meisterwerk der Ingenieur- und Metallverarbeitungskunst. Dem Verschlussregister stehen die mechanischen Aussenanlagen, insbesondere die Weichen-Gestängeleitungen in nichts nach (**Abb. 95**), die ebenfalls umfangreichen Einfach-Drahtleitungen zu den Signalen sind leider nicht sichtbar. Die ganze Anlage wird mit einem 180-Hebel-Werk (**Abb. 96**) gesteuert. Interessante Zeitzeugen sind auch die 1986 noch in Betrieb gestandenen elektro-mechanischen Tyer- und Fletcher-Zuganzeiger (**Abb. 97** und **98**).

inburgh the Waverly East Box was fitted with 260 lever RSCo interlocking. London Liverpool Street West received a double-row 244 lever signal box from McKenzie & Holland in 1907. Two years later the same company supplied what was probably the largest mechanical interlocking ever built for York's Locomotive South Yard, with a whopping 295 levers in a single row. The cascade interlocking system, which locked all the points in each turnout line together with a signal lever, had reached its limits. In North America, these limits were quickly recognised, so around the turn of the century, the electro-pneumatic interlocking was already gaining ground in the large railway stations. An indestructible contemporary witness of these mechanical giants is the signal box 'Severn Bridge Junction' in Shrewsbury from 1903 (**Fig. 93**), the 'starter signal' pointing in the direction of right travel represents the British way signalling, the two-way signals accordingly require 2 signal levers with differently locked point levers. The originally installed LNWR tumbler locking register was replaced in 1952 by a GWR VT5 tappet-register (**Fig. 94**), a masterpiece of engineering and metalwork. The locking register is in no way superior to the external mechanical installations, especially the point linkage rods (**Fig. 95**), unfortunately, the single wire lines to the signals, which are also extensive, are not visible. The whole system is controlled by a 180-lever machine (**Fig. 96**). Interesting contemporary witnesses are also the electro-mechanical Tyer and Fletcher train describer, still operating in 1986 (**Fig. 97** and **98**).

FRANKREICH: ELEKTRO-MECHANISCHER BLOCK FÜR HAUPTSTRECKEN

Auch in Frankreich erfolgte die Zugfolgeregelung in der Frühzeit der Eisenbahn durch definierte Zeitabstände (z. B. 10 min), nach deren Verlauf ein Signal erst wieder auf Fahrt gestellt werden durfte. Schon bald aber wurde das Zeitregime sukzessive durch die Raumfolge bzw. durch Block-Systeme abgelöst, die letzten Strecken hielten sich allerdings bis 1939. Im Unterschied zu England wurde die Signalabhängigkeit bei den französischen Bahnen relativ rasch zum Standard bei der Entwicklung der verschiedenen Block-Systeme. Die ersten Anwendungen orientierten sich noch an den Erfindungen der englischen Telegraphen-Anzeiger, so ein Tyer-Apparat, mit welchem die PLM bereits ab 1855 bis 1880 die Magistrale Paris–Marseille ausrüstete. Eine weitere Anwendung eines Zwei-Positions-Telegraphen war das ‹Cantonnement Regnault› (benannt nach Jules Regnault, Ingenieur der Westbahn), mit welchem nach einer Pionieranwendung zwischen 1867 und 1881 die Strecke Paris–Rouen und die Pariser Banlieue bestückt wurde. Weitere Telegraphen waren Bréguet (Uhrmacher)/Rodary bei der Westbahn sowie der Block 1903 bei der Etat-Bahn, welcher mit 800 km die drittgrösste Ausdehnung nach dem Lartigue- und Tyer-Block erfuhr.

Lartigue-Block

Die Tyer- und Regnault-Telegraphen hatten noch keine Signalabhängigkeit, daher gilt als erster signalabhängiger Block (‹Block enclenché›) der elektro-mechanische Lartigue-Semaphor (benannt nach Henry Lartigue, Ingenieur der Nordbahn). Die Nordbahn rüstete von 1874 bis 1900 die meisten ihrer Doppelspurstrecken (2000 km) damit aus. Die PO (Paris-Orléans) übernahm den Lartigue-Block ab 1877 und rüstete bis 1920 2400 km aus, während die Ostbahn ab 1880 (nach Versuchen mit Tyer-Telegraphen) startete und bis 1920 rund 2000 km Blockstrecken erreichte. Der Lartigue-Block erfuhr mit 6400 km die grösste Verbreitung bei den Bahngesellschaften vor der Verstaatlichung im Jahr 1938 zur SNCF. Typisch für den Lartigue-Block-Semaphor war seine Anordnung mitten im Bahnhof, wie die **Abb. 99** und **100** von Montlouis-Véretz und Montrichard (PO-Strecke St. Pierre-des-Corps–Vierzon) von 1991 zeigen: Die grossen Flügelsemaphore oben zeigen in der Grundstellung nach unten (= Strecke frei) und werden mit einer Kurbel der Boîte Nr. 1 bedient. Nach der Durchfahrt eines Zuges in A wird die Kurbel der Boîte 1 der entspre-

FRANCE: ELECTRO-MECHANICAL BLOCK FOR MAIN LINES

In France, too, train succession control in the early days of the railway was based on defined time intervals (e.g. 10 min), after which a signal should only be set in motion again. Soon, however, the time regime was successively replaced by space sequence or block systems, but the last lines lasted until 1939. In contrast to England, signal dependency became the standard for the French railways relatively quickly in the development of the various block systems. The first applications were still based on the inventions of the English telegraph indicators, such as a Tyer apparatus with which the PLM equipped the Paris–Marseille magistrale from 1855 to 1880. Another application of a two-position telegraph was the 'Cantonnement Regnault' (named after Jules Regnault, engineer of the Western Railway), with which the Paris–Rouen line and the Paris banlieue were equipped after a pioneer application between 1867 and 1881. Other telegraphs of lesser extent were Bréguet (clockmaker)/Rodary on the Western Railway and the Block 1903 on the Etat Railway, which, at 800 kilometres, was the third largest after the Lartigue and Tyer blocks.

Lartigue block

The Tyer and Regnault telegraphs did not yet have signal dependency, so the first signal-dependent block ('block enclenché') is considered to be the electro-mechanical Lartigue semaphore (named after Henry Lartigue, engineer of the Northern Railway). The Northern Railway equipped most of its double track lines (2000 km) with it from 1874 to 1900. The PO (Paris-Orléans) adopted the Lartigue block from 1877 and equipped 2400 km by 1920, while the Eastern Railway started from 1880 (after trials with Tyer telegraphs) and achieved 2000 km of block lines by 1920. The Lartigue block thus experienced the largest spread among the railway companies before nationalisation in 1938 to the SNCF. Typical for the Lartigue block semaphore was its arrangement in the middle of the station, as shown in **Fig. 99** and **100** of Montlouis-Véretz and Montrichard (PO line St. Pierre-des-Corps–Vierzon) from 1991: the large wing semaphores at the top point downwards in the home position (= line clear) and are operated by a crank of boîte № 1. After the passage of a train in A, the crank of boîte 1 of the corresponding

99

100

101

chenden Fahrrichtung gedreht und dadurch der grosse Semaphor waagrecht gestellt und verschlossen und in B automatisch die Kurbel der Boîte 2 gedreht und der kleine Flügel auf waagrecht gestellt (= annonce/Ankündigung); nach Durchfahrt des Zuges in B wird die Kurbel Nr. 2 zurückgedreht, was den kleinen Flügel in A wieder senkrecht stellt und damit ermöglicht, den verschlossenen Semaphor in A mit der Kurbel der Boîte 1 wieder in die Grundstellung (Strecke frei) zu bringen. Eine Wiederholungssperre verhinderte eine irrtümliche Bedienung. Allerdings ist festzuhalten, dass die Lartigue-Blocksignale nicht mit den Weichen- und Einfahrsignalen (in der Regel eine ‹disque rouge›) gekuppelt bzw. verschlossen waren, sondern die Blockdistanz unabhängig davon regelten, eine Parallelität von Strecken- und Bahnhofssicherung, welche dem deutschen System vor Einführung des integrierten Bahnhofs- und Felderstreckenblocks auch eigen war. Da das Blocksignal mitten im Bahnhof aufgestellt war, musste für endende oder startende Züge die dem Blocksystem inhärente Zugfolgeabhängigkeit bzw. zwingende Fahrstrassenreihenfolge (enclenchement de continuité) aufgehoben werden, was die Sicherheitsverantwortung dem Stationsvorstand (chef de gare) übertrug (PO und Nordbahn). Bei der Ostbahn war bei der ersten Generation des Lartigue-Blocks die zwingende Fahrstrassenreihenfolge nicht vorhanden (keine Wiederholungssperre), diese wurde erst später mit einem modernisierten Lartigue-Block mit Gleisstromkreisen realisiert. Im Rahmen der Vereinheitlichung der zahlreichen unterschiedlichen regionalen Block-Systeme zwischen 1952 und 1966 führte die

direction of travel is operated and, thus, the large semaphore is set horizontally and locked and in B the crank of boîte 2 is automatically turned and the small semaphore is set to horizontal (= annonce/announcement); after the train has passed through in B, the crank № 2 is turned back, which sets the small semaphore in A to vertical again, thus enabling the locked semaphore in A to be returned to the home position (line free) with the crank of boîte 1. A repeat lock prevented erroneous operation. But it should be noted that the Lartigue block signals were not coupled or locked to the point and home signals (usually a 'disque rouge'), but controlled the block distance independently of them, a parallelism of line and station control known to the German system before the introduction of the integrated station and field line block. As the block signal was placed in the middle of the station, the train sequence dependency or compulsory train route sequence (enclenchement de continuité) inherent in the block system had to be cancelled for ending or starting trains, which placed the safety responsibility on the station manager (chef de gare). Therefore, the first generation of the Lartigue block on the eastern railway did not have a mandatory train route sequence (no repeat lock). In the context of the unification of the numerous different regional block systems between 1952 and 1966, the standardisation of the Lartigue block led to the abolition of the Lartigue semaphore in the middle of the station, especially for sidings where run-in trains had to perform manoeuvres, which simplified the can-

102

103

104

Standardisierung des Lartigue-Blocks zur Aufhebung der Lartigue-Semaphore mitten im Bahnhof, vor allem in Betriebsstellen, bei welchen eingefahrene Züge Manöver ausführen mussten, was die Aufhebung der Zugfolgeabhängigkeit vereinfachte. Ein solchermassen vereinheitlichter Block war 1992 in Beauvais (**Abb. 101**) in Betrieb, der entsprechende Block-Semaphor wurde am Ende des Weichenkopfs aufgestellt (**Abb. 102 und 103**). In Stellwerken grösserer Bahnhöfe der Nordbahn wurde ab Mitte der Zwanzigerjahre eine verkleinerte Form (Boîte Lartigue réduite) wie noch 1985 in Laon verwendet (**Abb. 104**).

Tyer-Block

Der Uhrmacher Bréguet und die PLM ihrerseits entwickelte den Tyer-Apparat von 1855 zum PLM-Block Nr. 1 mit Verschluss des Blocksemaphors weiter und rüsteten die Tyer-Telegraphen der 1. Generation mit einem Verschluss nach (PLM-Block Nr. 2) aus. Bis 1890 wurden 2080 km mit dem Tyer-Block 1 + 2 ausgerüstet. In der kurzen Zeit von 1899 bis 1901 stattete die PLM ihre Doppelspurstrecken mit dem standardisierten Block PLM Nr. 3 (Typ 1899) aus. Die noch bei den Blocks 1 + 2 verwendeten telegraphischen Jousselin-Zuganzeiger (Zahlenscheibe) wurden nun sukzessive durch das aufkommende Telefon ersetzt. Gegen 1930 waren fast alle Doppelspurstrecken von rund 5000 km bestückt, womit der PLM-Block Nr. 3 die zweitgrösste Ausdehnung nach dem Lartigue-Block erfuhr. In Montchanin (1960, **Abb. 105**) war er 1987 noch in Form des «Block manuel de double voie uniformisé 1954, type Sud-Est» in Be-

cellation of the train sequence dependency. Such a unified block was in operation in Beauvais in 1992 (**Fig. 101**), the corresponding block semaphore was placed at the end of the point head (**Fig. 102** and **103**). In interlockings of larger stations on the northern railway, a reduced form (Boîte Lartigue réduite) was used from the mid-1920s onwards, as seen in Laon in 1985 (**Fig. 104**).

Tyler block

For their part the watchmaker Bréguet and the PLM further developed the Tyer apparatus of 1855 into PLM block № 1 with locking of the block semaphore and retrofitted the 1st generation Tyer telegraphs with a locking (PLM block № 2). By 1890, 2080 km were equipped with Tyer block 1 + 2. In the short period from 1899 to 1901 the PLM equipped its double track lines with the standardised block PLM № 3 (type 1899). The telegraphic Jousselin train indicators (number disc) still used on blocks 1 + 2 were now gradually replaced by the emerging telephone. Towards 1930, almost all double-track lines of about 5000 km were equipped, making PLM Block № 3 the second largest after the Lartigue Block. In Montchanin (1960, **Fig. 105**), it was still operating in 1987 in the form of the "Block manuel de double voie uniformisé 1954, type Sud-Est" (lower window closed).

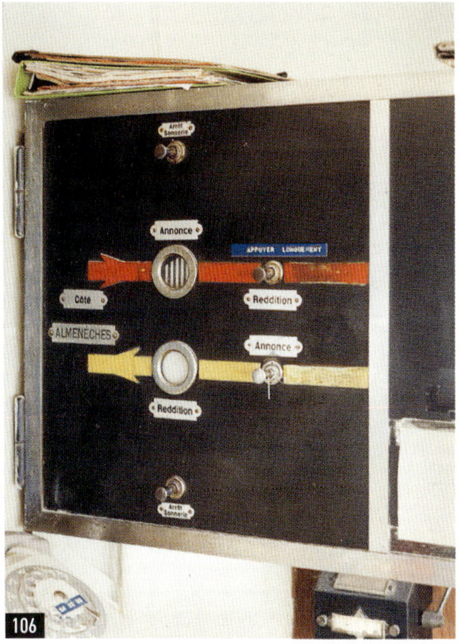

trieb (unteres Fenster geschlossen). Der PLM-Block war in seiner technischen Konzeption (direkter Blockverschluss auf dem Stellwerkrahmen mit den Ausfahrsignalhebeln) als einziger ansatzweise vergleichbar mit dem homogenen, ins Stellwerk integrierten Siemens & Halske-Felderblock, bei allen anderen Blockarten mussten separate elektro-mechanische Sperren geschaltet werden oder es war keine Abhängigkeit zu den Weichen und Signalen des Bahnhofs vorhanden.

SNCF-Block

Die SNCF versuchte ab 1950 die sehr heterogene Block-Landschaft der Länderbahnen durch die Entwicklung eines vereinheitlichten manuellen Blocks für Doppelspuren (Block manuel unifié BMU) zu vereinfachen. Auf der Strecke Argentan–Surdon wurde die erste Anwendung (Relaisblock mit Vor- und Rückmeldung) in Betrieb genommen, seine Bedienung orientierte sich noch am Layout des ‹Blocks 1941› der Westbahn wie in Argentan (**Abb. 106** von 1987). 1955 erschien eine Version ‹formule préfabriquée›, bis sich schliesslich die Standardversion ‹formule 59› verbreiten konnte, wie in Lourches (**Abb. 107** von 1995). 1965 wurde der Etat-Block 1903 als ‹Block manuel Nantes-Bordeaux› modernisiert **wie Abb. 108** in La Roche-sur-Yon zeigt. Beim Etat-Block war die Kombination der telefonischen Verständigung zur koordinierten Bedienung der Blockvorgänge entscheidend, da er die Streckenbelegung nicht direkt widerspiegelte, jedoch sehr zuverlässig funktionierte. Schliesslich fand 1980 der Hand-Relaisblock in miniaturisierter

The PLM block was the only one roughly comparable in its technical conception (direct block connection on the block-shelf with the starter signal levers) with the homogeneous Siemens & Halske field block integrated into the interlocking; with all other types of block, separate electro-mechanical interlocks had to be switched or there was no dependence on the points and signals of the station.

SNCF block

From 1950, the SNCF attempted to simplify the very heterogeneous block landscape of the state railways by developing a unified manual block for double tracks (Block manuel unifié BMU). On the Argentan–Surdon line, the first application (relay block with pre- and feedback) was put into operation, its operation still oriented on the layout of the 'Block 1941' of the Western Railway as in Argentan (**Fig. 106** of 1987). In 1955 a version 'formule préfabriquée' with relay S1 appeared, until finally the standard version 'formule 59' became widespread, as in Lourches (**Fig. 107** of 1995). In 1965, the 1903 Etat-block was modernised as the 'Block manuel Nantes-Bordeaux', as shown in **Fig. 108** in La Roche-sur-Yon. The combination of telephone communication to coordinate the block processes was crucial for the Etat-block, as it did not directly reflect the line occupancy, but it worked very reliably. Finally, in 1980, the hand-held relay block in miniaturised form (NS1 relay) as an interface to relay interlockings found its conclu-

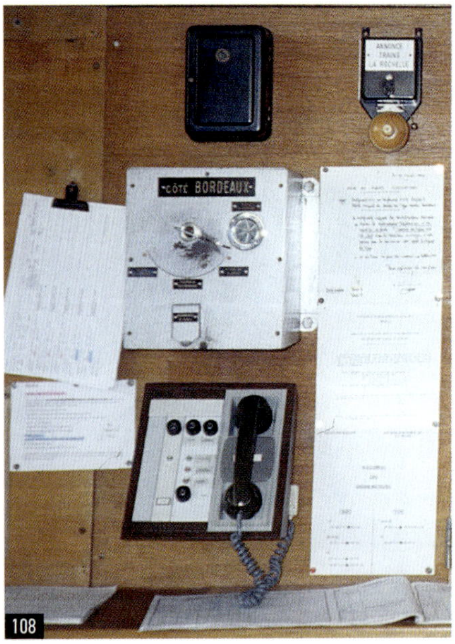

108

109

Form (NS1-Relais) als Schnittstelle zu mechanischen und Relais-Stellwerken seinen Abschluss, so in Rothau (1914), wo er in Symbiose mit dem Siemens & Halske-Felderblock (Alsace-Lorraine) seit 1995 wirkte (**Abb. 109**).

Erwähnenswert sind auch die frühen Anwendungen des automatischen Blocks mit Gleisstromkreisen und Formsignalen insbesondere der Midi-Bahn (1902 Hall-Banjo Bordeaux-Langon und -Lamothe, 1907–1921 Hall-PD Bordeaux-Sête und -Dax, 660 km) und der Ostbahn (1918–1933, Abschnitte Paris-Culmont-Chalindrey und -Nancy, 360 km), letzterer permissiv, d. h. bei gestörtem Blocksignal konnte auf Sicht (marche à vue) weitergefahren werden.

«Telefon-Block» für Einspurstrecken

So fortschrittlich die Doppelspurstrecken mit dem Streckenblock ausgestattet wurden, war er auf einspurigen Strecken eher eine Randerscheinung. Dazu haben verschiedene Umstände beigetragen: fehlende gesetzliche Verpflichtung (im Unterschied zu den Doppelspurstrecken) und die frühe Praxis der einfachen Betriebsführung mit einem fixen Buchfahrplan (livret de marche) und Läuteglocken führte zu einer restriktiven Anwendung von Signalen. Die Regel war eine rote Scheibe (disque rouge) als Deckungssignal der Station, mit Fahrt auf Sicht bis zum ersten Hindernis (Weiche, Merkzeichen, Carré). Im Vergleich zu den Stellwerken deutscher Art, welche Strecken-, Weichen- und Bahnhofssicherung mit Vor- und Hauptsignalen in einer zentralen Anlage integrierten, eine langsame Betriebsweise. In

sion, as in Rothau (1914), where it was working in symbiosis with the Siemens & Halske field block (Alsace-Lorraine) since 1995 (**Fig. 109**).

Also worth mentioning are the early applications of the automatic block with track circuits and form signalling, especially on the Midi Railway (1902 Hall-Banjo Bordeaux-Langon and -Lamothe, 1907–1921 Hall-PD Bordeaux-Sête and -Dax, 660 km) and the Eastern Railway (1918–1933, sections Paris-Culmont-Chalindrey and -Nancy, 360 km), the latter permissive, e. g. if the block signal was disturbed, it was possible to continue on sight (marche à vue).

"Telephone block" for single-track lines

As progressive as the double-track lines were equipped with the line block, it was rather a marginal feature on single-track lines. Various circumstances contributed to this: the lack of a legal obligation (in contrast to the double-track lines) and the early practice of simple operational management with a fixed book timetable (livret de marche) and ringing bells led to a restrictive use of signals, usually in the form of a red disc (disque rouge) as the station's covering signal. Compared to the German-style signal boxes, which integrated line, points and station protection with advance and home signals in a centralised system, this was a slow mode of operation. As a result, a confusing landscape of almost 30 different operating regimes for crossing stations (voie directe, voie de der Folge entstand eine unübersichtliche Landschaft von ca. 30 verschiedenen Betriebsregimes für Kreuzungsstationen (voie directe, voie de gauche) flächendeckend bei allen Gesellschaften, welche die SNCF ab 1948 nur teilweise zu harmonisieren vermochte. Einziger gemeinsamer Nenner war die Weichensicherung durch das Bouré-Zentralschloss. So statteten nur die Nordbahn (420 km) und die PLM (500 km) zumindest einen Teil ihrer Einspurstrecken mit dem Lartigue- und dem PLM-Block aus. Die SNCF installierte den manuellen Streckenblock (Block manuel unifié de voie unique) in Etappen von 1948 bis 1990 auf einer Länge von rund 4000 km. Bis 1998 erhielten die verbleibenden Einspurstrecken mit Personenverkehr ohne Block (cantonnement téléphonique) auf 2700 km ein computergestütztes Meldesystem CAPI (Cantonnement assisté par informatique), weiterhin ohne Signalverschluss. Schliesslich brachte der zunehmende Systemwechsel zur ferngesteuerten Betriebsführung mit Relaisstellwerken (Commande centralisée de voie banalisée) das gleiche Sicherheitsniveau und die Leistungsfähigkeit wie auf Doppelspurstrecken.

gauche) emerged across the board at all companies, which the SNCF was only partially able to harmonise from 1948 onwards. The only common denominator was the protection of the points by the Bouré central lock. Thus, only the Northern Railway (420 km) and the PLM (500 km) equipped at least part of their single-track lines with the Lartigue and the PLM block. The SNCF installed the manual line block (Block manuel unifié de voie unique) in stages from 1948 to 1990 over a length of around 4000 km. By 1998, the remaining single-track lines with passenger traffic without block (cantonnement téléphonique) received a computerised reporting system CAPI (Cantonnement assisté par informatique) on 2700 km, still without signal locking. On certain lines, the partially system change to remote-controlled operation with relay interlockings (Commande centralisée de voie banalisée) brought the same level of safety and performance as on double-track lines.

FRANKREICH: DAS ENGLISCHE KASKADENSTELLWERK FINDET AUF DEM KONTINENT WÜRDIGE NACHFOLGER

Das französische Eisenbahnnetz entwickelte sich naturgemäss sternförmig von Paris ausgehend. So lag es auf der Hand, dass auch die ersten Schritte in der technischen Sicherung des Betriebs vom Pariser Raum ausgingen.

Vignier

Es war Pierre-Auguste Vignier (1811–1891), der spätere Ingenieur der Westbahn, welchem eine grosse Ehre zukam. Vermutlich ist er mit seinen 1855 geschaffenen vier Abzweigestellen in der westlichen Banlieue der wirkliche Pionier des ersten Weichen-Signal-Verschlusses, noch vor dem Engländer Austen Chambers mit seiner ersten Anlage 1859 im Norden Londons. Die erste Generation Vignier-Stellwerke – ‹Vignier primitif› – waren überwiegend Bodenanlagen mit einem flachen Verschlussregister und gekrümmten Signal-Stellhebeln, welche um 1870 entstanden, vergleichbar mit Montlouis-Véretz (bis 1998, **Abb. 110** von 1991). In diesem Fall wurde die Weichen-/Signalabhängigkeit mit einem Zentralschloss von Bouré hergestellt. Vignier-Stellwerke-1889 mit vertikalen Verschlussregistern wurden auch von West- und Ostbahn

FRANCE: THE ENGLISH CASCADE INTERLOCKING FINDS WORTHY SUCCESSORS ON THE CONTINENT

The French railway network developed in a star shape from Paris. Therefore, it was obvious that the first steps in the technical safeguarding of operations started in the Paris area.

Vignier

It was Pierre-Auguste Vignier (1811–1891), who later became the engineer of the Western Railway, who received a great honour. With his four branch points created in 1855 in the western suburbs of Paris, he is probably the real pioneer of the first point-signal locking device, even before the Englishman Austen Chambers with his first installation in North London in 1859. The first generation of Vignier interlockings – 'Vignier primitif' – were predominantly floor systems, with a flat locking register and curved signal setting levers, which were established around 1870, comparable to Montlouis-Véretz (until 1998, **Fig. 110** from 1991), in which case the points/signals dependency was established with a central lock of Bouré. Vignier interlockings 1889 with vertical locking registers and curved levers were also installed by the

110

installiert. Ab 1890 verwendete die PLM die Bauform ‹Vignier 1890› für kleine und mittlere Bahnhöfe wie 1988 in Autun (**Abb. 111** und **112**), mit Einrichtung zum Temperaturausgleich der Signaldrähte (compensateurs unifié SNCF) und 1987 im Stellwerk 1 von Delle (**Abb. 113**), allerdings mit einem hintenliegenden, senkrechten Verschlussregister Typ Stevens (barres croisées/cross-locking). Es war die Midi-Bahn im Süden Frankreichs, welche ihre Bahnhöfe ab 1882 mit der ausgereiftesten Form ‹Vignier à verrous courbes›, Verschlüssen mit gewellten beweglichen Längsbalken (**Abb. 114**), ausstattete. Das ausgefeilte Verschlussregister erlaubte auch sog. ‹bedingte› Verschlüsse (conditional locking), welche es erlaubten, für verschiedene Weichenstrassen in derselben Richtung einen gemeinsamen Signalhebel zu benutzen, um damit entsprechende Hebelplätze einzusparen. Zu den letzten Zeitzeugen dieser speziellen Bauform gehörten bis 1990 die Stellwerke von Béziers, in **Abb. 115** Stellwerk 4 und in **Abb. 116** Stellwerk 3, man beachte die weite Krümmung der langschäftigen Hebel.

Saxby

Mit Ausnahme der PLM- und der Westbahn setzten jedoch alle Gesellschaften im Wesentlichen auf die Saxby & Farmer-Stellwerke der Bauform 1874 (rocker- & grid-iron) und deren Weiterentwicklungen. Daher eröffnete S&F 1878 eine Filiale in Creil, welche John Saxby nach seinem Ausstieg aus der englischen Company selbstständig weiterführte. Bei der Midi-Bahn war in Carcassonne 1990 ein gegenüber der Bauform 1874 leicht angepasstes Saxby-Stellwerk mit etwas massiveren Schiebern (rocker/coulisses), seltenen schrägen Langhebeln und kleinen Signalhebeln mit zwei Positionen in Betrieb (**Abb. 117**). Bei der Westbahn waren Saxby-Stellwerke die Ausnahme wie 1990 in Evreux P1

Western and Eastern Railways. From 1890, the PLM used the 'Vignier 1890' design for small and medium-sized stations, such as in Autun in 1988 (**Fig. 111** and **112**), with a device for temperature compensation of the signal wires (SNCF standard compensators) and in signal box 1 at Delle in 1987 (**Fig. 113**), also with a rear-mounted, vertical locking register of the Stevens type (barres croisées/cross-locking). It was the Midi Railway in the South of France that equipped its stations from 1882 with the most sophisticated form, 'Vignier à verrous courbes', locking devices with wavy movable longitudinal bars (**Fig. 114**). The sophisticated locking register also allowed for so-called 'conditional' locking, which made it possible to use a common signalling signal lever for different point routes in the same direction; thus, saving corresponding lever positions. The last witnesses of this special design until 1990 were the signal boxes of Béziers, in **Fig. 115** signal box 4 and in **Fig. 116** signal box 3, note the wide curvature of the long-shafted levers.

Saxby

With the exception of the PLM and the Western Railway, however, all companies essentially relied on the Saxby & Farmer interlockings of the 1874 design (rocker- & grid-iron) and their further developments. Therefore, S&F opened a branch in Creil in 1878, which John Saxby continued independently after leaving the English company. On the Midi railway, a Saxby interlocking with a design adapted from the 1874 model was in operation in Carcassonne in 1990, with slightly more massive valves (rocker/coulisses), rare angled long levers and small signal levers with two positions (**Fig. 117**). On the Western Railway, Saxby interlockings were the exception, as in Evreux

111

112

113

114

115

116

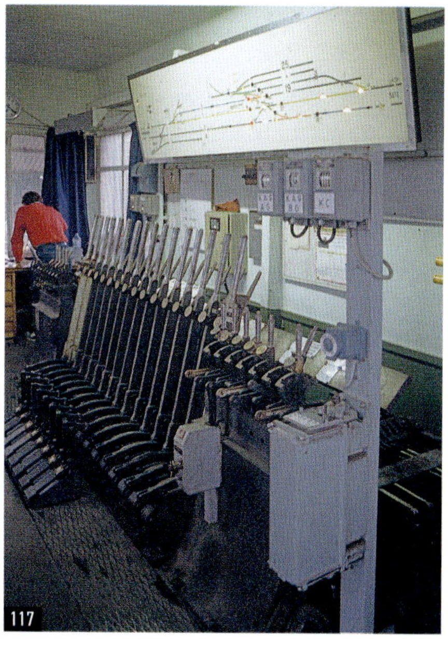
117

118

119

120

(**Abb. 118**, untenliegendes Verschlussregister). **Abb. 119** zeigt in Evreux auch eine mechanische Rangierhebelbank mit freien, unverschlossenen Weichen (drahtgesteuert), welche ausserhalb der signalisierten Bereiche zahlreich in mittelgrossen Rangier- und Abstellanlagen vorhanden waren und noch sind. Im südlichen Abzweigstellwerk der Etat-Bahn von La Roche-sur-Yon war 1997 noch eine französische Spezialität einer beim Signal installierten Petarde (avance-pétard à commande mécanique, **Abb. 120**, bis 2008) zu bestaunen, welche beim Überfahren des Signals in Haltestellung detonierte (Knallpetarden wurde bei fehlender Zugsicherung und beim Überfahren permissiver Blocksignale verwendet). Die Petarde wurde vor der Fahrtstellung des Signals mit einem Hebel verschlussmässig von der Schiene weggehoben. Die Etat-Bahn entwickelte die Bauform Saxby 1890 mit bedingten Verschlüssen. Ein klassischer Vertreter war das Stellwerk 2 von Argentan (**Abb. 121** von 1987), mit einer optischen Gleistafel.

Die Paris-Orléans-, die Nord- und die Ostbahn verwendeten mit wenig Anpassungen die S&F-Bauform 1874, welche in Frankreich die grösste Verbreitung fand. Ein originaler Apparat der PO mit den in Frankreich ebenfalls üblichen Gestängeweichen und Einfach-Draht-Signalen (**Abb. 122** und **123** von Ussel) war 1988 auf der Westseite von Aurillac (bis 1994, **Abb. 124**) in Betrieb (ohne Streckenblock). Bemerkenswert ist der Umstand, dass bei der PO als einziger Länderbahn die Doppeldrahtsteuerung (mouvement bifilaire) für Signale weite Verbreitung fand. In frequentierten Bahnhöfen wie im Poste A von Neussargues (1911, **Abb. 125**) und 1990 im Südkopf von Limoges-Bénédictins (bis 1994, **Abb. 126**) sind neben den mechanischen

P1 in 1990 (**Fig. 118**, underground locking register). **Fig. 119** also shows a mechanical shunting lever bank in Evreux with free, unlocked points (wire-controlled), which were and still are numerous outside the signalled areas in medium-sized shunting yards and sidings. In 1997, a French specialty could still be seen in the southern junction of the Etat railway at La Roche-sur-Yon: a petard (avance-pétard à commande mécanique, **Fig. 120**, until 2008) installed at the signal, which detonated when the signal was overrunned in the stop position (petards were used when there was no train protection and when permissive block signals were overridden). Before the signal was set to the clear position, the petard was lifted away from the rail with a lever using a lock. The Etat railway developed the Saxby 1890 design with conditional locking. An example of this is signal box 2 from Argentan (**Fig. 121** from 1987), with an optical track panel.

The Paris-Orléans, Northern and Eastern Railways used the S&F 1874 design with few adjustments, which found the largest distribution in France. An original apparatus of the PO with the rod points and single-wire signals (**Fig. 122** and **123** of Ussel), which were also common in France, was in operation on the west side of Aurillac in 1988(–1994, **Fig. 124**, without line block). It is worth noting that the PO was the only one of the 'Länder' railways to make widespread use of double-wire control (mouvement bifilaire) for signals. In busy stations such as Poste A at Neussargues (1911, **Fig. 125**) and in the south head of Limoges-Bénédictins in 1990(–1994, **Fig. 126**), but in addition to the mechanical rod

121

122

123

124

125

126

Gestängeweichen (lange Hebel) allerdings el. Antriebe für die Signale (kleine Hebel mit elektr. Hebelsperren) und in Limoges Gleisstromkreise (Gleistafel) sowie kleine Hebel für zwei Positionen nachgerüstet worden. **Abb. 127** zeigt 1990 die modernisierte regionale Stellwerkbauart auf der Nordseite von Capdenac mit elektrisch gesteuerten Formsignalen (Carrés mit kleinen Hebeln) und optischer Gleistafel mit Gleisstromkreisen. Beim Stellwerk der Ostbahn 1990 in Conflans-Jarny (**Abb. 128**) und dem klassischen horizontalen S&F-Verschlussregister 1874 (**Abb. 129** mit den Nocken auf den Längsstangen) ist die Weiterführung von Weichengestängen/Signal- und Weichendrähten im Untergeschoss des Stellwerks (**Abb. 130**) wie auch die eher seltene Doppeldrahtleitung zur Weichensteuerung (**Abb. 131**) ersichtlich. Standard war auch bei der Nordbahn die Gestängesteuerung bei Weichen und Einfach-Drahtsteuerung der Signale wie 1992 beim Stellwerk 3 in Beauvais (**Abb. 132**). Bei der Nordbahn waren vielfach grosse und beinahe puristisch anmutende Saxby 1874-Stellwerke am Werk, so das Stellwerk 1 von Aulnoye (1922–2010, **Abb. 133**) mit direkter Einmündung von 3 Doppelspurstrecken (**Abb. 134**) sowie jenes von Creil (**Abb. 135** von 1988) mit rund 80 Hebeln, es war bis 2019 in Betrieb. Die S&F-Bauform 1874 verwendete keine bedingten Verschlüsse (enclenchements conditionnels), d. h. für Fahrstrassen in mehrere Richtungen ab einem Gleis musste die entsprechende Anzahl Signalhebel (leviers multiples) installiert werden, was den Umfang der Hebelbänke erhöhte. Im Unterschied zu England, wo die Verschlussregister mit Ausnahme der Midland Railway unter dem Fussboden angeordnet waren,

points (long levers), electric drives for the signals (small levers with electric lever locks) and in Limoges also track circuits (track panel) and small levers for 2 positions have been retrofitted. **Fig. 127** shows in 1990 the modernised regional signal box design on the north side of Capdenac with electrically controlled form signals (Carrés with small levers) and an optical track panel with track circuits. The signal box of the Eastern Railway at Conflans-Jarny in 1990 (**Fig. 128**) and the classic horizontal S&F locking register from 1874 (**Fig. 129** with the cams on the longitudinal rods) show the continuation of point rods/signal and point wires in the underground level of the signal box (**Fig. 130**) as well as the rather rare double-wire line for point control (**Fig. 131**). As in 1992, the Northern Railway standard was also rod control for points and single-wire control for signals, as in signal box 3 in Beauvais (**Fig. 132**). In many cases, large and almost puristic Saxby 1874 interlockings were in use on the Northern Railway, such as signal box 1 at Aulnoye (1922–2010, **Fig. 133**) with three double-track lines (**Fig. 134**) directly entering it, and that at Creil (**Fig. 135** from 1988) with around 80 levers, it was in operation until 2019. The S&F design in 1874 did not use conditional locking (enclenchements conditionnels), i.e. for routes in several directions from one track, the corresponding number of signalling signal levers (leviers multiples) had to be installed, which increased the size of the lever banks. In contrast to England, where the locking registers were located under the floor, with the exception of the Midland Railway, in France they were placed vertically or horizontally

131

132

130

133

134

135

136

137

wurden sie in Frankreich senk- oder waagrecht hinter der Hebelbank platziert, um den Unterhalt sowie Umbauten bei Anpassung des Gleisplans zu erleichtern.

Auch in Belgien konnte S&F sein Patent von 1874 vermarkten, die Herstellung übernahmen jedoch die ACEC in Charleroi. **Abb. 136** zeigt 1987 in Quièvrain eines der letzten Saxby-Stellwerke, welche den Stellwerken der französischen Ost- und Nordbahn sehr ähnlich waren. Bemerkenswerte Ausnahme war allerdings das Blockwerk in der Mitte: Die belgischen Bahnen wandten eine Mischform zwischen der englischen und der deutschen Praxis an. Sowohl beim Bahnhofsblock wie auch beim Streckenblock fanden die Siemens & Halske-Blockwerke Anwendung (**Abb. 137**). Ebenfalls bemerkenswert war der Umstand, dass ab 1904 die Signale (**Abb. 138**) und ab 1930 sogar die Weichen (Ersatz der Gestänge) mit Doppeldrahtzug betrieben wurden, eine Ausnahme für Saxby-Stellwerke, wohl auf den Einfluss der deutschen Schule zurückzuführen. Anfang 1979 waren noch 26 Anlagen in Betrieb.

In den Niederlanden kam Saxby nicht zum Zug, da die Alkmaar'sche Eisen- und Metallgiesserei das Feld besetzte. Alkmaar produzierte mit seiner frühen kurzen Hebelform auch Kaskadenstellwerke für den Export, insbesondere nach Südafrika, wo 1996 auf der berühmten Garden-Route in Oudtshoorn (**Abb. 139** und **140**) ein perfekt erhaltener Apparat operativ war. Bemerkenswert ist der Doppeldrahtzug für Weichen und Signale mit britischer Signalisierung.

behind the lever row to make it easier to maintain and to make changes when adapting the track plan.

S&F was also able to market its 1874 patent in Belgium, but production was taken over by ACEC in Charleroi. **Fig. 136** shows one of the last Saxby interlockings in Quièvrain in 1987, which were very similar to the interlockings on the French Eastern and Northern railways. But a notable exception was the blockwork in the middle: the Belgian railways applied a hybrid between the English and the German practice. Both the station block and the line block used the Siemens & Halske blockworks (**Fig. 137**). Also noteworthy was the fact that from 1904 the signals (**Fig. 138**) and from 1930 even the points (replacing the rods) were operated with double wire, an exception for Saxby signal boxes, probably due to the influence of the German school. At the beginning of 1979, 26 installations were still in operation.

Saxby did not make its mark in the Netherlands, as Alkmaar's iron and metal foundry occupied the field. Alkmaar, with its early short lever form, also produced cascade interlockings for export, especially to South Africa, where a perfectly preserved apparatus was operational in 1996 on the famous Garden Route in Oudtshoorn (**Fig. 139** and **140**). Remarkable are the double wires for points and signals with British signalling.

Die Saxby 1900-Stellwerke der PLM: Krönung des Kaskadenstellwerks

*Die Gründung einer Filiale von Saxby in Creil lohnte sich auch in Bezug auf die PLM. Deren Studienchef Dujour modifizierte das Verschlussregister von 1874 (rocker- & grid-iron) in die senkrechte Form und ergänzte es mit bedingten Verschlüssen (in Anlehnung an Stevens) zwischen verschiedenen Hebeln zur Optimierung der Hebelplätze zu einer kompakten Form, wie im Stellwerk 2 von Nevers ersichtlich (**Abb. 141** und **142** von 1987). Eine originale Form war 1983 in Stellwerk 2 des Grenzbahnhofs Pontarlier (**Abb. 143**) in Betrieb. Hervorzuheben sind die akkuraten Holzfassungen der Signalrückmelder sowie der Gleichstromblock der SBB. In Roanne (**Abb. 144**) war 1990 noch ein Apparat mit dem vereinheitlichten PLM 3-Block und den SNCF-Standard-Signalrückmeldern in Funktion. Entlang der <Ligne impériale> Paris–Marseille hingegen wurden die Saxby-Stellwerke mit modernen elektrischen Einrichtungen (automatischer Block BAL, Gleisstromkreise und Gleistafel) versehen, wie im Stellwerk 1 von Valence (bis 2022, **Abb. 145** von 1985). Im Rahmen der Elektrifizierung der Magistrale Paris–Lyon*

PLM's Saxby 1900 interlockings: crowning glory of the cascade interlocking

*The establishment of a branch of Saxby in Creil also paid off in terms of PLM. Their head of studies, Dujour, modified the 1874 locking register (rocker- & grid-iron) into the vertical form and supplemented it with conditional locks (following Stevens) between different levers to optimise the lever places into a compact form, as can be seen in Nevers interlocking 2 (**Fig. 141** and **142** from 1987). An original form was in operation in 1983 in signal box 2 of the Pontarlier border station (**Fig. 143**). The accurate wooden frames of the signal repeaters and the SBB DC block are worthy of note. At Roanne (**Fig. 144**), an apparatus with the unified PLM 3 block and the SNCF standard signal repeaters was still in operation in 1990. Along the 'Ligne impériale' Paris–Marseille, on the other hand, the Saxby signal boxes were fitted with modern electrical equipment (automatic block BAL, track circuits and track panel), as in signal box 1 at Valence (until 2022, **Fig. 145** from 1985). In the context of the electrification of the Paris–Lyon main line in 1949–1952, not only were the*

138

139

140

141

142

144

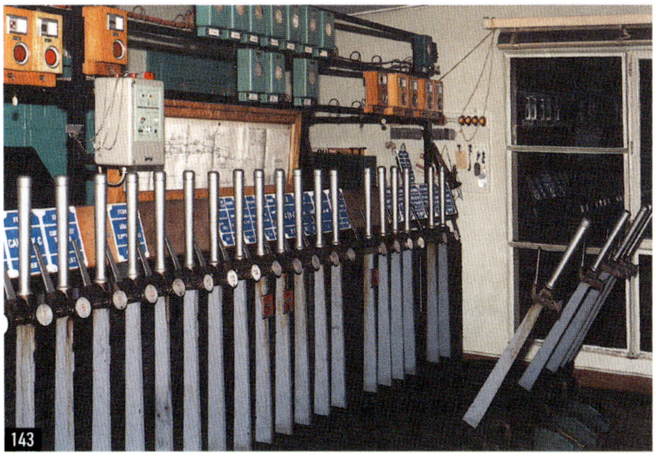
143

145

*1949–1952 wurden nicht nur die ersten Relaisstellwerke gebaut, sondern auch einige neue Saxby-Stellwerke wie 1951 in Chagny, welches im Jahr 1986 revidiert und zusammen mit der modernen Gleistafel perfekt instand gestellt wurde (bis 2016, **Abb. 146**). Die Bedeutung der PLM-Stellwerke wurde durch die Stellwerk-Architektur wie in Sens (**Abb. 147** von 1993) unterstrichen, auch der Innenraum versprühte das Gefühl, einen Grossbahnhof zu steuern (1929, **Abb. 148**). Das Stellwerk kennt für die Durchfahrtsgleise der Vierspur den Betriebsmodus des ‹Tracé permanent› auf Basis des Block automatique lumineux BAL, vergleichbar mit dem automatischen Durchgangsbetrieb bei den SBB und dem Selbststellbetrieb bei der DB.*

*first relay interlockings built, but also some new Saxby interlockings, such as at Chagny in 1951, which was overhauled in 1986 and perfectly repaired together with the modern track panel (until 2016, **Fig. 146**). The importance of the PLM interlockings was underlined by the interlocking architecture as in Sens (**Fig. 147** from 1993), also the interior exuded the feeling of controlling a large station (1929, **Fig. 148**). The interlocking knows the operating mode of 'Tracé permanent' based on the Block automatique lumineux BAL for the through tracks of the four-track line, comparable to the automatic transit operation at the SBB and the self-setting operation at the DB.*

Saxby – mechanische Stellwerke demi-révolution

Nach der Reife der Entwicklung der mechanischen Stellwerke um 1900, insbesondere der Saxby-Apparate, lag der Schwerpunkt bis 1937 bei der Ergänzung mit elektrischen Komponenten, wie elektr. Signalantrieben und elektro-mechanischen Hebelsperren (verrous électro-magnétiques), Gleisisolierungen (v. a. Weichenbereiche) sowie dem automatischen Block auf Hauptstrecken. Die PO ging dabei eigene Wege und prüfte Stellwerke mit kurzen Hebeln und Drehachse auf Höhe des hintenliegenden Verschlussregisters (analog den Stellwerken deutscher Prägung), sog. ‹demi-révolution›. Die Firmen Pozzy et Potron und Saxby entwickelten eine Reihe von entsprechenden Anlagen, welche jedoch weitgehend Einzelanwendungen blieben. Eines der wohl letzten sich noch in Betrieb befindlichen Potron-Stellwerke (B2) in Saint-Amand-Montrond – Orval (1947, **Abb. 149** von 2024) hat ein vertikales Verschlussregister Stevens und eine Hebeldrehung der Signalhebel von 111 Grad. Die Kreuzungsstation wird im Regime ‹Voie de gauche type simplifié Sud-Ouest› betrieben, d. h. im reinen Linksbetrieb mit ortsgestellten, verschlüsselten und aufschneidbaren Weichen. Da die Weichen nicht verriegelt sind, beträgt die V/max. 30 km/h mit zwingendem Halt (arrêt général). Die Station ist mit dem Block manuel à voie unique (ohne Fahrstrassenreihenfolge/sans enclenchement de continuité) ausgerüstet. Das Stellwerk ‹Saxby A6› von Châteaudun (1934, **Abb. 150**, ohne Block) nutzt Riemenscheiben zur Doppeldrahtsteuerung der Weichen und eine Hebeldrehung von 160 Grad, während die Ostbahn ihre Bauform ›Saxby 1925› (analog PO-Saxby A4/A5) im Stellwerk 1 von Onville (bis 2015, **Abb. 151** von 1996) mit Lichtsignalen installierte. Diese wie auch die Bauform ‹Saxby 30/33› der Ostbahn wiesen Elemente (Wei-

Saxby – mechanical interlockings demi-révolution

After the development of mechanical interlockings had matured around 1900, especially the Saxby apparatus, the focus until 1937 was on the addition of electrical components, such as el. signal drives and electro-mechanical lever interlockings (verrous électro-magnétiques), track isolation (especially point areas) and the automatic block on main lines. The PO went its own way and tested interlockings with short levers and a rotary axis at the height of the rear locking register (similar to the German interlockings), so-called 'demi-révolution'. The companies Pozzy et Potron and Saxby developed a number of corresponding systems, which, however, remained largely single applications. One of the last Potron interlockings (B2) still in operation in Saint-Amand-Montrond – Orval (1947, **Fig. 149** of 2024) has a vertical locking register Stevens and a lever rotation of the signal lever of 111 degree. The crossing station operates in the 'Voie de gauche type simplifiée Sud-Ouest' mode, i.e. in pure left-hand operation with locally set, key-locked and cuttable points. Since the points are not locked, the maximum speed is 30 km/h with a mandatory stop (arrêt général). The station is equipped with the 'block manuel à voie unique' (without mandatory route sequence/sans enclenchement de continuité). Nevertheless, the demi-révolution interlockings have some interesting features: the interlocking 'Saxby A6' of Châteaudun (1934, **Fig. 150**, without line block) uses pulleys for double wire control of the points and lever rotation of 160 degree, while the Eastern Railway installed their design 'Saxby 1925' (similar to PO-Saxby A4/A5) in the interlocking 1 of Onville (until 2015, **Fig. 151** of 1996) with light signals. This as well as the 'Saxby 30/33' design of the Eastern Rail

146

149

148

147

150

151

chenhebel) der späteren mechanischen Einheitsstellwerke MU45 ab 1945 auf. Das spezielle Stellwerk 1 von Onville widerspiegelte 3 Stellwerk-Generationen: Neben dem ‹Saxby 1925› fanden sich in einer Reihe nach links ein einreihiges elektrisches Fahrstrassen-Stellwerk ‹Descubes› wie auch ein kleines Relaisstellwerk ‹PRS› der 1. Generation zur Steuerung einer Verbindungslinie.

way had elements (point levers) of the later MU45 mechanical standard interlockings from 1945 onwards. The special interlocking 1 at Onville reflected three generations of interlockings: besides the 'Saxby 1925', there was a single-row electric route interlocking 'Descubes' in a row to the left as well as a small 1st generation relay interlocking 'PRS' for controlling a connecting line.

Die elektro-mechanischen Prototypen der PO: Perfektionierung der Mechanik

Die PO im Südwesten entpuppte sich unter allen Bahngesellschaften als emsigste Vertreterin der Mechanik, daher auch eine ausgeprägte Experimentierbereitschaft, und war bekannt für ihre Sparsamkeit. Kraftstellwerke waren im Vergleich mit den anderen Regionen untervertreten, die Weiterentwicklung des sog. ‹Poste électro-mécanique type régional› wurde nirgendwo intensiver gepflegt. Die elektrische Steuerung der Signale mit kleinen Hebeln wurde bei Neuanlagen bereits ab 1911 zur Reduktion des Stellwerkkörpers eingeführt, so dass faktisch ein Schritt Richtung elektro-mechanischer Stellwerke gemacht wurde. Ein sehr repräsentativer Vertreter dieser Philosophie war die regionalisierte Form des Saxby-Stellwerks A5 (demi-révolution) im Poste 1 von Lourdes (1947, ***Abb. 152*** *von 1990) mit den kleinen senkrechten Signalhebeln (mit zwei Stellmöglichkeiten) und den grösseren Weichenhebeln mit 151 Grad-Drehung, total 82 Hebel. Das Verschlussregister ‹Saxby-grils› war senkrecht unter Boden angeordnet (****Abb. 153****). Neben der PO hat auch die Etat-Bahn rund 20 Stellwerke mit demi-révolution installiert. Einer ihrer letzten Vertreter ist Poste 1 von Conflans-Sainte-Honorine (1935,* ***Abb. 154*** *und* ***155****, Saxby A4 demi-révolution) mit noch fünf grossen mechanischen Gestängeweichenhebeln und 63 kleinen Hebeln mit elektrischer Steuerung der Weichen (schwarz), Rangiersignale (violett) und Hauptsignale (rot-weiss, nur für eine Signalstellung) sowie senkrechtem Verschlussregister Saxby-grils. Die spätere SNCF schreckte allerdings nicht davor zurück, die PO-Mechanik 1987 radikal zu elektrifizieren, wie z. B. der Poste B von Etampes (1939, Saxby A4 demi-révolution,* ***Abb. 156****) zeigt. Dabei sind nur noch die elektrifizierten kleinen Weichenhebel vorhanden, die Signale werden auf der linken Seite mit PRS-Drucktasten bedient. Wie andere Gesellschaften zielte auch die PO auf die Reduktion der Anzahl Hebel in Knotenstellwerken ab. Der Bahnhof Vierzon wäre bei den anderen Länderbahnen angesichts seiner Grösse und Bedeutung wohl mit einem elektro-mechanischen Fahrstrassenstellwerk ausgerüstet worden, nicht so bei der PO: Für das Stellwerk C von Vierzon (1929, Saxby A2 demi-révolution,* ***Abb. 157****) wurde ein spezieller Fahrstrassenwähler in Form rotierender Zylinder (System Lebeau,* ***Abb. 158****) entwickelt, mit welchem die Signale mit bis zu 10 gewünschten Weichenstrassen mechanisch in Abhängigkeit gebracht wurde, womit eine Reduktion von 160 auf 105 Hebel erreicht werden konnte (anstelle der Ausstattung jeder abhängigen Weichenfolge mit einem separaten Signalhebel). Dieses Konzept des mechanischen Fahrstrassenwählers (levier sélecteurs) näherte sich dem Konzept des Stellwerks deutscher Prägung an, bei welchem die Fahrstrassenhebel den Kern der Verschlusslogik bilden. Anderseits wurde auch Raum eingespart dank einer inte-*

The electro-mechanical prototypes of the PO: perfecting the mechanics

Of all the railway companies, the PO in the southwest turned out to be the most diligent representative of mechanics, hence a pronounced willingness to experiment, and was known for its frugality. Power signal boxes were underrepresented compared to the other regions, and nowhere was further development of the so-called 'Poste électro-mécanique type régional' more intensively pursued. The electrical control of signals with small levers was introduced in new installations as early as 1911 to reduce the size of the signal box, effectively taking a step towards electro-mechanical signal boxes. A very representative example of this philosophy was the regionalised form of the Saxby A5 signal box (demi-révolution) in Poste 1 in Lourdes (1947, ***Fig. 152*** *from 1990) with the small vertical signal levers (with 2 setting options) and the larger points levers with 151 degree rotation, a total of 82 levers. The Saxby-grils locking register was arranged vertically under the floor (****Fig. 153****). In addition to the PO, the Etat Railway also installed around 20 signal boxes with demi-révolution. One of the last examples is Poste 1 of Conflans-Sainte-Honorine (1935,* ***Fig. 154*** *and* ***155****, Saxby A4 demi-révolution) with five large mechanical point levers and 63 small levers with electrical control of the points (black), shunting signals (violet) and main signals (red-white, only for signalling) and a vertical locking register Saxby-grils. However, the later SNCF did not shy away from radically electrifying the PO mechanism in 1987, as the example of the Poste B in Etampes (1939, Saxby A4 demi-révolution,* ***Fig. 156****) shows. Only the electrified small points levers remain; the signals are operated on the left-hand side with PRS push buttons. Like other companies, the PO also aimed to reduce the number of levers in junction signal boxes. Given its size and importance, Vierzon station would probably have been equipped with an electro-mechanical interlocking system by the other companies, but not by the PO: a special route selector in the form of rotating cylinders (Lebeau system,* ***Fig. 158****) was developed for signal box C (1929, Saxby A2 demi-révolution,* ***Fig. 157****), which the signals were mechanically linked to up to 10 desired points routes. Thus, reducing the number of levers required from 160 to 105 (instead of equipping each dependent points sequence with a separate signal lever). This concept of the mechanical route selector (levier sélecteurs) was similar to the concept of the German-style signal box, in which the route levers form the core of the locking logic. On the other hand, space was saved thanks to an integrated arrangement of the small signal levers and the larger points levers (****Fig. 159****). With the C signal box at Vierzon, the development of the me-*

152

153

154

155

156

157

158

159

*grierten Anordnung der kleinen Signal- und der grösseren Weichenhebel (**Abb. 159**). Mit dem Stellwerk C von Vierzon war die Entwicklung der Mechanik auf die Spitze getrieben worden, eine ingenieur-technische Meisterleistung, sie fand jedoch keine Verbreitung mehr. Die Aktivitäten des Poste C von Vierzon werden nach Plan 2026 enden. Einzig die Etat-Bahn hat 1931 die drei Stellwerke (Saxby A5) ihres Kopfbahnhofs von Paris St-Lazare mit analogen Fahrstrassenwählern und elektrischem Antrieb für die Unterstützung der mechanischen Weichen ausgestattet, welche 1966 von einem Relaisstellwerk abgelöst wurden.*

chanical system had been taken to extremes, a feat of engineering, but it was no longer used. The activities of the C signal box at Vierzon will end in 2026 according to plan. Only the Etat Railway in 1931 equipped the three signal boxes (Saxby A5) of its terminus station at Paris St-Lazare with analogue route selectors and electric drives to support the mechanical points, which were replaced by a relay interlocking in 1966.

Bis zum Zeitpunkt der Verstaatlichung zur SNCF 1938 geht man von 2000 gebauten Vignier-Stellwerken aus, während anderseits die Anzahl der Saxby-Apparate höher auf rund 3000 geschätzt wird, ergänzend dazu kommen noch 700 Bruchsal-Stellwerke ex-Alsace-Lorraine aus der Zeit bis 1914 mit Verschlussregistern der deutschen Schule (Fahrstrassenhebel und freie Weichenstellung für Rangierfahrten). Im Vergleich zu Deutschland mit bereits 7000 Stellwerken 1914 erscheint die Gesamtzahl von rund 5500–6000 Anlagen 1938 als relativ gering, was u.a. auf die Ausrüstung der Unterwegsbahnhöfe auf Hauptstrecken

Up to the time of nationalisation to the SNCF in 1938, it is assumed that 2000 Vignier signal boxes were built, while the number of Saxby apparatus is estimated to be higher at around 3000, supplemented by 700 Bruchsal signal boxes ex-Alsace-Lorraine from the period up to 1914 with locking registers of the German school (route lever and free point setting for shunting). Compared to Germany with already 7000 interlockings in 1914, the total number of about 5500–6000 installations in 1938 seems to be relatively low, which is partly due to the equipment of the en route stations on main lines with simple

160

161

mit einfachen Schlüsselanlagen ohne spitzbefahrene Weichen zurückzuführen ist (für Zugsüberholungen wurden die Züge rückwärts in ein Ausweichgleis geschoben), während die deutsche Konzeption des integrierten Stellwerks auch auf den Unterwegsbahnhöfen Anwendung fand (Doppelspur- und die Mehrzahl der Einspurstrecken). Per Ende 2022 waren noch 210 Stationen auf Einspur- und 60 Stationen auf Doppelspurstrecken mit Schlüsselanlagen ausgerüstet.

SNCF – MU 45

Die SNCF erstellte nach ihrer Gründung ein Programm zur Ablösung der ältesten Stellwerkgenerationen. Neben den Forschungen in Richtung der ersten Relaisstellwerke wurde Saxby mit der Entwicklung eines mechanischen Einheitsstellwerks (analog der Deutschen Reichsbahn 1911) beauftragt, woraus der ‹Poste mécanique unifié 45 (MU 45)› für kleine und mittlere Bahnhöfe (10–70 Hebel) resultierte. Ungeplant stieg der Bedarf an Ersatzstellwerken durch die während des Zweiten Weltkrieges zerstörten Anlagen zusätzlich an. Grundlegende Elemente des MU 45-Stellwerks bilden das Verschlussregister Saxby 1874 wie 1987 im Stellwerk 1 von Montchanin (1962, **Abb. 160**) ersichtlich, es erlaubt eine einfache Anpassung an eine Veränderung der Gleisanlage. In **Abb. 161** dessen Hebelbank, welche sich an der Ostbahn-Bauart Saxby 1930/33 mit den Saxby 1912-Hebeln und den kleinen Hebel für die elektrisch gesteuerten Signale, Weichen und Zustimmungen zu Nachbarstellwerken und Anschlussgleisen orientiert. Ein grosses MU 45-Stellwerk mit über

key systems (for train overtaking, the trains were pushed backwards into a passing siding), whereas the German concept of the integrated interlocking was used on en route stations on both double and most of single-track lines. At the end of 2022, 210 stations on single-track lines and 60 stations on double-track lines were still equipped with key systems.

SNCF – MU 45

After its foundation, the SNCF drew up a programme to replace the oldest generations of interlockings. In addition to researching the first relay interlockings, Saxby was commissioned to develop a mechanical standard interlocking (similar to the German Reichsbahn in 1911), resulting in the 'Poste mécanique unifié 45 (MU 45)' for small and medium-sized stations (10–70 levers). Unplanned, the need for replacement interlockings increased additionally due to the facilities destroyed during WWII. Basic elements of the MU 45 interlocking are the Saxby 1874 locking register, which allows easy adaptation to a change in the track system, as seen in the Montchanin interlocking in 1987 (**Fig. 160** from 1987). In **Fig. 161** its lever row, which is based on the Saxby 1930/33 Eastern Railway design with the Saxby 1912 levers and the small levers for the electrically controlled signals, points and consents to neighbouring signal boxes and sidings. A large MU 45 interlocking with over 60 levers was installed in 1957(–2003) at Poste 5

60 Hebeln wurde 1957(–2003) im Poste 5 von Epinal (**Abb. 162**) installiert. Das MU 45-Stellwerk erfuhr mit 350 Anlagen zwischen 1947 und 1966 eine recht grosse Verbreitung, die letzten Anlagen wurden noch bis Anfang der 1970er-Jahre gebaut. Die Region Sud-Ouest (ex-PO) baute als einzige eine regionalisierte Form für 20 kleinere Bahnhöfe mit max. 30 Hebeln (kleine Hebel des MU 45 und grosse Hebel mit Riemenscheiben für drahtgesteuerte Weichen) als ‹BV 50› (= Bâtiment voyageurs, d. h. Perron- oder Mittelstellwerke) mit obenliegendem Verschlussregister. Beispiele in **Abb. 163/164** von 1990/1988 sind Nexon und Aurillac (man beachte die von England übernommene, aber eher seltene Praxis der Hebelbedienung mit Handtuch zum Schutz der Hebelgriffe vor Oxidation). Die MU 45-Stellwerke erwiesen sich als sehr robust und zuverlässig.

SNCF – EMU

Parallel zum MU 45 entwickelten SNCF und Saxby auch ein elektro-mechanisches Einheitsstellwerk EMU (Poste électro-mécanique unifié) als Zentralstellwerk für mittelgrosse Bahnhöfe und mehrheitlich elektrischer Steuerung. Die Verschlusslogik entspricht einem senkrechten Verschlussregister Stevens (cross-locking), die grossen und kleinen Hebel dem MU 45, ergänzt durch eine obenliegende Reihe kleiner rein elektrischer Hebel mit nur halber Stellplatzbreite, so dass im Vergleich zum MU 45 die dreifache Hebelzahl pro Einheit erreicht werden konnte (max. 180 Hebel). Zwei gut unterhaltene EMU-Stellwerke wurden 1966 in Laon (Poste 1, **Abb. 165** von 1985) errichtet, mit einem perfektionierten Gestängesystem für die Weichensteuerung (**Abb. 166**). Die Region Sud-Ouest wiederum kombinierte das EMU-Stellwerk in Mont-de-Marsan 1969 mit den Drahtzugweichenhebeln des BV 50-Stellwerks (**Abb. 167**). Dieses löste ein elektro-mechanisches Fahrstrassen-Stellwerk ‹Bleynie-Ducousso› der 1. Generation von 1913 ab. Schliesslich wurde bei den jüngsten EMU-Stellwerken vollständig auf die mechanische Weichensteuerung verzichtet wie 1963 im Poste 1 von Persan-Beaumont (**Abb. 168** von 1992) mit 150 Hebeln und 1970 im Stellwerk von Montréjeau (**Abb. 169** von 1985). Letzteres löste zwei Generationen von moderneren Fahrstrassenstellwerken ‹Thomson-Houston› ab (1913–1935 und 1935–1970). Insgesamt wurden zwischen 1946 und 1976 144 EMU-Stellwerke in Betrieb genommen.

Es mag erstaunen, dass in den 1960er- und 70er-Jahren für Bahnhöfe dieser Grössenordnung nicht das zu dieser Zeit längst bewährte PRS-Stellwerk (Poste tout relais à transit souple) zur Anwendung kam. Ger-

in Epinal (**Fig. 162**). The MU 45 interlocking experienced a wide distribution with 350 installations between 1947 and 1966, the last installations were built until the 1970s. The Sud-Ouest region (ex-PO) was the only one to build a regionalised form for 20 smaller stations with a maximum of 30 levers (small levers of the MU 45 and large levers with pulleys for wire-controlled points) as 'BV 50' (= Bâtiment voyageurs, i.e. perron or middle signal boxes) with a locking register at the top. Examples are Nexon and Aurillac, note the practice, adopted from England, but rather rare, of lever operation with towel to protect against oxidation of the lever handles (**Fig. 163 / 164** of 1990/1988). The MU 45 signal boxes proved to be sturdy and reliable.

SNCF – EMU

Parallel to the MU 45, SNCF and Saxby also developed an electro-mechanical standard interlocking EMU (Poste électro-mécanique unifié) as a central interlocking for medium-sized stations and mostly electric control. The locking logic corresponds to a vertical Stevens locking register (cross-locking), the large and small levers to the MU 45, supplemented by an overhead row of small exclusively electric levers with only half the operating position width, so that compared to the MU 45 three times the number of levers per unit could be achieved (max. 180 levers). Two well-maintained EMUs were built in Laon in 1966 (Poste 1, **Fig. 165** from 1985), with a perfected rod linkage system for switch control (**Fig. 166**). The Sud-Ouest region, in turn, combined the EMU interlocking at Mont-de-Marsan in 1969 with the wire draw point levers of the BV 50 interlocking (**Fig. 167**). This replaced an electro-mechanical route interlocking 'Bleynie-Ducousso' of the 1st generation from 1913. Finally, the most recent EMU interlockings completely abandoned mechanical point control, such as Poste 1 of Persan-Beaumont in 1963 with 150 levers (**Fig. 168** from 1992) and the Montréjeau interlocking in 1970 (**Fig. 169** from 1985). The latter replaced two generations of more modern 'Thomson-Houston' route interlockings (1913–1935 and 1935–1970). A total of 144 EMU interlockings were commissioned between 1946 and 1976.

It may be surprising that in the 1960s and 70s the PRS (Poste tout relais à transit souple) interlocking, which had long been tried and tested at the time, was not used for stations of this size. Gernigon attributes this on the one hand to a certain "culte de

162

163

164

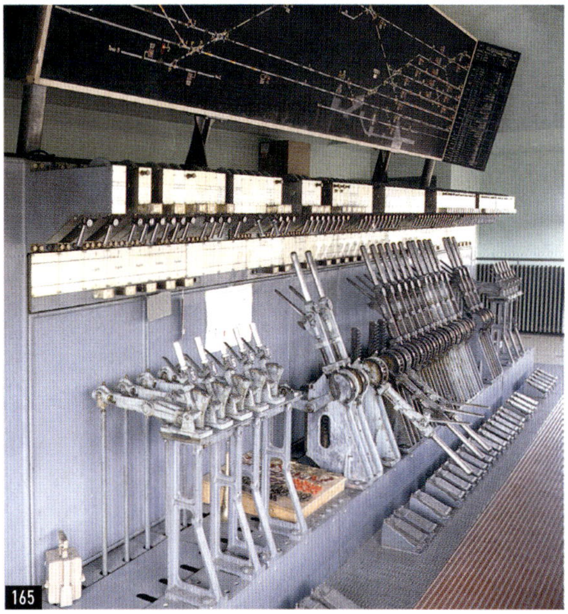
165

166

167

168

169

nigon führt dies einerseits auf einen gewissen «culte de la signalisation mécanique» (speziell der Region Sud-Ouest), aber anderseits auch auf eine «Zurückhaltung (réticence)» der Regionen (Ausnahme Ostbahn) bei der Umsetzung der zentralen Direktiven für die elektrischen Stellwerke zurück. Eine mitentscheidende Rolle spielten auch die hohen Kosten des PRS und eine Lücke im Stellwerk-Katalog (MU 45, EMU, PRS-Relaisstellwerk), welche erst Anfang der Siebzigerjahre mit dem Aufkommen von Relaisstellwerken für mittlere Bahnhöfe (PRG – Poste tout relais à cablage géographique) und Rangieranlagen (PMV – Poste électrique à manettes de voie) geschlossen wurde.

la signalisation mécanique" (especially in the Sud-Ouest region), but on the other hand also to a "reticence (restraint)" of the regions (with the exception of the Ostbahn) in the implementation of the central directives for the electrical interlockings. The high costs of the PRS and a gap in the interlocking catalogue (MU 45, EMU, PRS relay interlocking), which was only closed at the beginning of the 1970s with the emergence of relay interlockings for medium-sized stations (PRG – Poste tout relais à cablage géographique) and shunting systems (PMV – Poste électrique à manettes de voie), also played a decisive role.

2.2 DIE MECHANISCHEN FAHRSTRASSENSTELLWERKE MIT FREIER WEICHENSTELLUNG (DEUTSCHE SCHULE)

DER STRECKENBLOCK: ENTWICKLUNG DER STRECKENSICHERUNG

Wie in England und Frankreich stand am Beginn der Entwicklung des Signal- und Stellwerkwesens die Nutzung der Telegraphie. Im Unterschied zum industriell fortgeschrittenen und sich auf dem Weg zur führenden Handelsnation befindlichen England, dessen Bahninfrastruktur (Unter- und Oberbau, kreuzungsfreie Trassen auf Hauptstrecken, Bahnsteigzugänge ohne Gleisquerung) sich auf einem für die damalige Zeit modernsten Stand befand, präsentierte sich die Ausgangslage in Deutschland in der Pionierzeit wesentlich anders: Das Land war durch die Folgen der Napoleonischen Kriege Anfang des 19. Jahrhunderts wirtschaftlich geschwächt, die Industrie noch kaum ausgeprägt, der Verkehr noch gering. Die ersten Eisenbahnlinien mussten daher kostengünstig gebaut werden, zur Vermeidung von Erdarbeiten und Brückenwerken kreuzte man Strassen und Wege in Schienenhöhe. Dies führte zur Notwendigkeit einer intensiven Streckenbewachung mit zahlreichen Wärterposten, welche entlang der Strecke durch optische oder akustische Zeichen weitergegeben wurden. Gemäss Ministerialblatt der Königlich Preussischen Staaten von 1850 mussten die Bahnwärter zur Sicherung der Züge gegen Auffahren von nachfolgenden Zügen einem herannahenden Zug ein Signal zum Halten oder Langsamfahren geben, sobald der Abstand zwischen zwei Zügen unter 1900 m betrug. Max Maria Freiherr von Weber (1822–1881),

2.2 THE MECHANICAL ROUTE INTERLOCKINGS WITH FREE POINT SETTING (GERMAN SCHOOL)

THE LINE BLOCK: DEVELOPMENT OF THE LINE SAFETY

As in England and France, the development of signalling and interlocking began with the initial use of telegraphy. In contrast to England, which was industrially advanced and on its way to becoming the leading trading nation, and whose railway infrastructure (substructure and superstructure, crossing-free tracks on main lines, platform access without track crossing) was the state of the art for the time. The initial situation in Germany in the pioneering period was considerably different: the country was economically weakened by the consequences of the Napoleonic wars at the beginning of the 19th century, industry was still barely developed, and traffic was still low. The first railway lines Therefore, the first had to be built at low cost; to avoid earthworks and bridge works, roads and paths were crossed at track level. This led to the need for intensive line surveillance with numerous guard posts, which were communicated along the line by optical or acoustic signs. According to the Ministerialblatt der Königlich Preussischen Staaten (Ministerial Gazette of the Royal Prussian States) of 1850, the railway guards had to give a signal to an approaching train to stop or slow down as soon as the distance between two trains was less than 1900 m. Max Maria Freiherr von Weber (1822–1881), Saxon railway director and one of the most well-read railway experts sächsischer Eisenbahndirektor und einer der belesensten Eisenbahnkenner seiner Zeit, schildert die Unterschiede des deutschen und englischen Signalwesens wie folgt: «Die deutsche Signalisierung läuft dem Zuge, dessen Erscheinen ein verhältnismässig seltenes und gefahrbringendes Ereignis ist, als Warnsignal sowohl für die Bediensteten wie auch für die aussenstehenden Personen beschleunigt voraus, wobei die Strecke selber im Allgemeinen als frei anzusehen, d. h. mit der Besetzung derselben durch einen andern Zug nicht gerechnet wird. Die englische Signalgebung dagegen erwartet den Zug an Ort und Stelle und schliesst ihm die einzelnen Streckenabschnitte der Reihe nach auf, soweit sie der voraufgehende Zug verlassen hat.» Mit der stetig zunehmenden Entwicklung und Vergrösserung des Eisenbahnnetzes, der dichteren Zugfolge sowie der grösseren Fahrgeschwindigkeiten genügte das Meldesystem von Wärterposten zu Wärterposten unterwegs nicht mehr. Die Erfindung der elektrischen Telegraphen und des elektrischen Läutewerks sowie der in Deutschland frühe Übergang zur Regelung der Zugfolge mittels Raumabstand statt Zeitintervall (§25 Bahnpolizeireglement von 1875) stärkte die Bedeutung der auf Höhe des Bahnhofsgebäudes installierten Telegraphen-Flügelsignale als Block-Telegraphen. Ihre Funktion wurde in der Eisenbahn-Signal-Ordnung (ESO) von 1892 durch die Bezeichnung ‹Signal› verdeutlicht. Die Perronsignale hatten eine ähnliche Funktion wie diejenigen des französischen Lartigue-Blocks (**Abb. 99**), sie hatten jedoch auch keine Abhängigkeit mit Weichen und übrigen Signalen.

Schweiz: Der Block-Telegraph von Rod (ohne Signalverschluss)

Während die Bahngesellschaften in der Deutschschweiz von Beginn weg den siemensschen Wechselstrom-Felderblock übernahmen, ging die Westschweizer Jura-Simplon-Bahn JS zunächst eigene Wege. Deren Telegrapheninspektor Emile Rod (1855-1935), gestützt auf die 1892 vom Bund beschlossene Pflicht zum «Fahren der Züge im gesicherten Raumabstand», entwickelte und patentierte 1894 einen Elektro-Semaphor-Telegraphen, welcher mittels Zeigerkasten und kleinem Semaphor-Flügel an der Aussenseite des Bahnhofgebäudes die freie oder geschlossene Strecke anzeigte. Die Kommunikation zwischen zwei Bahnhöfen erfolgte mittels induktiven Stromgeberkurbeln, bei welchen Station B nach Ankunft des Zuges mit einem Schlüssel die Blocktaste entriegelte und gleichzeitig die Induktionskurbel bediente. Darauf wechselte in Station A der Blocksempahor auf ‹freie Bahn (Schrägstellung)›, was die damit gekoppelte Freigabe für das

of his time, described the differences between German and English signalling as follows: "The German signalling runs ahead of the train, whose appearance is a relatively rare and dangerous event, as a warning signal both for the employees and for outsiders, whereby the line itself is generally regarded as free, e. g. the occupation of it by another train is not expected. English signalling, on the other hand, waits for the train on the spot and opens up the individual sections of track to it in turn, insofar as the preceding train has left them." With the steadily increasing development and expansion of the railway network, the denser sequence of trains and the higher travelling speeds, the signalling system from guard post to guard post on the way was no longer sufficient. The invention of the electric telegraph and the electric bell as well as the early transition in Germany to the regulation of the train sequence by means of space interval instead of time interval (§25 Railway Police Regulations of 1875) strengthened the importance of the telegraph wing signals installed at the height of the station building as block telegraphs. Their function was clarified in the Railway Signal Order (ESO) of 1892 by the designation 'signal'. The platform signals had a similar function to those of the French Lartigue block (**Fig. 99**), but they also had no dependency with points and other signals.

Switzerland: Rod's block telegraph (without signal locking)

While the railway companies in German-speaking Switzerland adopted the Siemens alternating current field block right from the start, the Jura-Simplon Railway JS in western Switzerland initially went its own way. Its telegraph inspector Emile Rod (1855-1935), supported by the obligation to "run trains at a safe distance from each other" decided by the federal government in 1892, developed and patented an electric semaphore telegraph in 1894, which used a pointer box and a small semaphore wing on the outside of the station building to indicate the free or closed line. Communication between two stations was by means of inductive current transmitter cranks, where station B unlocked the block button with a key after the train arrived and operated the induction crank at the same time. The block sensor in station A then changed to 'free track (inclined position)', which caused the coupled release for the bell

Glockensignal der nächsten Zugfahrt bewirkte. Die JS rüstete 360 km mit dem Rod-Telegraphen aus. Nach der Verstaatlichung begann die SBB mit dem sukzessiven Ersatz durch den signalabhängigen Felderblock oder dem Gleichstromrelaisblock. Der letzte Streckenabschnitt Martigny–Riddes überlebte bis 1954.

signal of the next train journey. The JS equipped 360 km with the rod telegraph. After nationalisation, the SBB began the successive replacement with the signal-dependent field block or the DC relay block. The last section from Martigny to Riddes survived until 1954.

Das Wechselstromblockfeld von Siemens & Halske

Die ab 1842 in Deutschland eingeführten rein telegraphischen Meldeverfahren, insbesondere auch mittels Morseschreiber, hatten gegenüber dem englischen Blocktelegraphen den Nachteil, dass die Anzeige der freien oder besetzten Strecke nicht augenfällig erkennbar war und überdies bei kurzen Blockstrecken und rascher Zugfolge deren Bearbeitung zu lange dauerte und so den Betriebsfluss hemmte. Diese Ausgangslage bei der Zugfolgeregelung wie auch die uneinheitliche Signalisierung der Länderbahnen standen somit der Geburtsstunde des Siemens'schen Wechselstromblocks Pate. Siemens & Halske war zu dieser Zeit das erste deutsche Unternehmen, welches sich forschungsmässig und industriell dem Eisenbahn-Signalwesen widmete. So war es kaum Zufall, dass in diesem Hause mit der Erfindung des Wechselstromblockfelds durch Ing. Carl Ludwig Frischen (1830–1890) ab 1870 Geschichte geschrieben wurde, es gehört zu den bahnbrechendsten Erfindungen auf dem Gebiet des Sicherungswesens. Im Kern ist das Wechselstromblockfeld ein elektro-magnetisches Schloss, welches in der Grundstellung (stromlos) ruht und durch handerzeugten Induktionsstrom einer Kurbel mit gleichzeitigem Drücken einer Federtaste diese senkrecht in einen mechanischen Verschluss klinkt und solange festhält, bis das Gegenfeld bzw. die Klinke auf der nachstehenden Blockstation wiederum durch entsprechendes Kurbeln und Drücken der Federtaste freigelassen bzw. entblockt wird und wieder nach oben in die Grundstellung springt. Es arbeiten immer zwei Blockfelder paarweise zusammen. Von diesen befindet sich eines in geblockter und das andere in entblockter Lage. Bedienbar ist nur das entblockte Feld, der induzierte Wechselstrom betätigt die Magnete beider Felder gleichzeitig. Das Wesen der Konstruktion besteht hauptsächlich in einer ausgeklügelten mechanischen Übersetzung zwischen der Sperrstange und der Achse des Blockrechens, so dass die sehr kleinen damals verfügbaren Induktionsströme zur einwandfreien Auslösung genügten. Die Verwendung von Wechselstrom machte nicht nur fremde Stromquellen (Batterien) entbehrlich, sondern schützte auch vor Einflüssen atmosphärischer Elektrizität. In **Abb. 170** ist ein offenes Blockwerk ersichtlich, wie es bis 1914 auf den elsässisch-lothringi-

The alternating current block field from Siemens & Halske

The exclusively telegraphic announcement procedures introduced in Germany from 1842 onwards, especially by means of Morse code, had the disadvantage compared to the English block telegraph that the indication of the free or occupied line was not conspicuously recognisable and, moreover, in the case of short block lines and rapid train sequences, their processing took too long and, thus, impeded the flow of operations. This initial situation with train succession control as well as the inconsistent signalling of the state railways were the inspiration for the birth of the Siemens AC block. At that time, Siemens & Halske was the first German company to devote itself to railway signalling in terms of research and industry. So, it was hardly a coincidence that history was made in this company with the invention of the AC block field by engineer Carl Ludwig Frischen (1830–1890) from 1870 onwards; it is one of the most groundbreaking inventions in the field of safety engineering. In essence, the AC block field is an electro-magnetic lock which rests in the basic position (currentless) and by means of manually generated induction current of a crank with simultaneous pressing of a spring button latches this vertically into a mechanical lock and holds it until the counter field or the latch on the following block station is in turn released or unblocked by corresponding cranking and pressing of the spring button and jumps back up into the basic position. Two block fields always work together in pairs. One of these is in the blocked position and the other in the unblocked position. Only the unblocked field can be operated, the induced alternating current actuates the magnets of both fields simultaneously. The essence of the design is mainly an ingenious mechanical transmission between the blocking bar and the axis of the block rake, so that the very small induction currents available at the time were sufficient for perfect release. The use of alternating current not only made external power sources (batteries) unnecessary, but also protected against the effects of atmospheric electricity. **Fig. 170** shows an open block system as it was installed on the Alsace-Lorraine

170

172

171

schen Bahnen installiert wurde. Links das Anfangsblockfeld im Stellwerk 3 von St. Louis (SNCF, 1913–1995) nach Basel St. Johann (SBB) und rechts das End- bzw. Gegenblockfeld von Basel St. Johann nach St. Louis, die Zeiger im Bereich des weissen Teils der (entblockten) Blockfelder weisen darauf hin, dass beide Streckenrichtungen frei sind. Beim Gegenblockfeld rechts ist die Einrastklinke deutlich erkennbar. Bei Mittelstellwerken auf Doppelspurstrecken waren Blockfeld und Gegenblockfeld für beide Fahrrichtungen in einem Kasten mit vier Blockfeldern vereint, wie im SBB-Stellwerk Nottwil (1939–2002, **Abb. 171**), die Strecke Nottwil nach Sempach ist geblockt (Blockzeiger im roten Feld). Das Prinzip des Zwei-Felder-Blocks der zwangsweisen Mitwirkung von zwei verschiedenen Dienststellen liegt auch dem Stations- oder Bahnhofsblock zugrunde. **Abb. 172** zeigt anhand des Wärterstellwerks von DB-Metzingen links den Kasten des Streckenblocks und rechts denjenigen des Bahnhofsblocks.

railways until 1914. On the left the initial block field in signal box 3 from St. Louis (SNCF, 1913–1995) to Basel St. Johann (SBB) and on the right the final or counter block field from Basel St. Johann to St. Louis, the pointers in the area of the white part of the (unblocked) block fields indicate that both line directions are free. On the counter-block field on the right, the latching pawl is clearly visible. In middle signal boxes on double track lines, block field and counter block field for both directions of travel were combined in one box with four block fields, as in the SBB signal box Nottwil (1939–2002, **Fig. 171**), the line Nottwil to Sempach is blocked (block pointer in the red field). The principle of the two-field block of forced involvement of two different services also underlies the station or station block. **Fig. 172** shows, on the basis of the DB-Metzingen dependent interlocking, the box of the line block on the left and that of the station block on the right.

173

174

176

175

Der Vier-Felder-Wechselstromblock von Siemens & Halske für Doppelspurstrecken: ein Meilenstein der Streckensicherung

*1871 brachte S&H eine erste noch vereinfachte Version eines Zwei-Felder-Blocks für doppelspurige Strecken auf den Markt, welche vorerst nur den vorauslaufenden Blockabschnitt, nicht aber den rückliegenden anzeigte. Den endgültigen Durchbruch schaffte dann ab 1891 der Vier-Felder-Block der Bauform D (**Abb. 173** von 1996 in Ummendorf), welcher bis Anfang der Jahrhundertwende seine Vollkommenheit erlangte. Der Blockapparat zeigt von links End- und Anfangsfeld von und nach Biberach sowie Anfangs- und Endfeld nach und von Essendorf. Integraler Bestandteil des Blockwerks wurden die oberhalb der Tasten angeordneten Tasten- oder elektr. Druckknopfsperren, welche verhinderten, dass die Bedienung der Endfeldtaste bzw. die Rückblockung (Streckenfreigabe) nicht vor der festgestellten Zug-*

The four-field AC block from Siemens & Halske for double-track lines: a milestone in line safety

*In 1871, S&H launched the first simplified version of a two-field block for double-track lines, which initially only displayed the block section ahead, but not the one behind. The final breakthrough came in 1891 with the four-field block of type D (**Fig. 173** from 1996 in Ummendorf), which reached perfection by the turn of the century. The block apparatus shows, from the left, the end and beginning fields to and from Biberach as well as the beginning and end fields to and from Essendorf. An integral part of the block apparatus were the key or el. push-button interlocks arranged above the keys, which prevented the operation of the end field key or the back blocking (line clearance) from taking place in series before operating the train, in order to exclude an unauthorised re-set-*

*fahrt erfolgen konnte, um ein unerlaubtes Wiedereinstellen des Einfahrsignals vor der gesicherten Zugeinfahrt auszuschliessen. Zu diesem Zweck wurden ab 1885 zwischen Einfahrsignal und der ersten Weiche sog. Schienendurchbiegungskontakte zwischen zwei Schwellen für die erste Achse eingerichtet, ab 1895 auch durch eine isolierte Schiene für eine Wagenlänge. Für die Zugsausfahrt wurden die Ausfahrsignale ab 1890 mit einer elektrischen Flügelkupplung versehen (**Abb. 174**, DB), durch welche die Signalflügel bei der Zugsdurchfahrt (Schienendurchbiegungskontakt, Pedal oder isolierte Schiene) automatisch auf Halt fallen und in einer Wiederholungssperre festgehalten werden, dadurch kann das Ausfahrsignal erst wieder nach dem Rückblocken der Strecke durch die Nachbarblockstation (Gegenfeld) auf Fahrt gestellt werden und damit das unerlaubte Einfahren eines zweiten Zuges verhindert werden. Entscheidender Mosaikstein waren vor allem auch die Blocksperren unterhalb des Blockwerks (**Abb. 175**, Bauart Bruchsal, SBB Sursee), welche den Streckenblock mit den Signalen und Fahrstrassen der Stellwerke in zwingende Abhängigkeit brachten. Bis Ende 1910 hatten die Preussisch-Hessischen Staatsbahnen bereits 14 500 km von ihrer 15 800 km Netzlänge mit dem Felderblock ausgestattet. Im Jahr 1922 belief sich die Anzahl der gelieferten S&H-Blockwerke auf rund 40 000 und diejenige der Blockfelder auf 300 000 (ein weltweiter Rekordwert) in Deutschland, Frankreich (Elsass-Lothringen), Niederlande (inkl. Indonesien), Belgien, Dänemark, Norwegen, Schweden, Schweiz, Österreich, Ungarn, Tschechien, Slowakei, Polen, Rumänien und Russland. Auf der Hochrheinstrecke Erzingen–Beringen (Schweizer Teilstrecke, betrieben durch die DB) wurde der Einspurblock 1953 eingeführt und – als wohl letzte Installation der DB – 2013 im Rahmen des Doppelspurausbaus auf die Bauform D für Doppelspurstrecken umgerüstet (Neunkirch, **Abb. 176** von 2021).*

*ting of the entry signal before the secured train entry. For this purpose, from 1885 onwards, so-called rail deflection contacts were installed between the entry signal and the first point between two sleepers for the first axle, and from 1895 onwards also by means of an insulated rail for one carriage length. For the train exit, the starter signals were equipped with an electric wing coupling from 1890 (**Fig. 174**, DB), by which the signal wings automatically fall to a stop when a train passes (rail deflection contact, pedal or isolated rail) and are held in a repetition lock, thus, the starter signal can only be set to run again after the line, thus, has been blocked back by the neighbouring block station (opposite field) and, thus, the unauthorised entry of a second train can be prevented. A decisive piece in the mosaic were above all the block locks below the station block (**Fig. 175**, Bruchsal design, SBB Sursee), which brought the line block into mandatory dependency with the signals and routes of the signal boxes. By the end of 1910, the Prussian-Hessian State Railways had already equipped 14 500 km of their 15 800 km network length with the field block. In 1922, the number of S&H block units delivered amounted to about 40 000 and the number of block fields to 300 000 (a world record) in Germany, France (Alsace-Lorraine), the Netherlands (incl. Indonesia), Belgium, Denmark, Norway, Sweden, Switzerland, Austria, Hungary, the Czech Republic, Slovakia, Poland, Romania and Russia. On the Hochrhein line from Erzingen to Beringen (Swiss section, operated by DB), the single line block was introduced in 1953 and – as probably the last installation of DB – was converted to type D for double track lines in 2013 as part of the double track expansion (Neunkirch, **Fig. 176** von 2021).*

Der Felder-Block für Einspurstrecken

War der Vier-Felder-Block für viele Jahrzehnte die Standardlösung für Doppelspurstrecken, so musste auch eine vergleichbare Lösung für Einspurstrecken zum zusätzlichen Schutz vor Gegenfahrten gefunden werden. Diese wurde – auch von S&H – in Form des drei-feldrigen Blocks mit einem zusätzlichen Feld für die Fahrterlaubnis geschaffen. Bei der anfänglichen Bauform B (SBB-Maienfeld 1937–1993, **Abb. 177**) war die Taste des Fahrterlaubnisfeldes (Zustimmung) noch mit dem Anfangsfeld bzw. der Fahrrichtung gekuppelt, dies hatte den Nachteil, dass die einmal erteilte Fahrterlaubnis nicht mehr gewechselt werden konnte, bis eine entsprechende Zugfahrt erfolgt war. Die Bauform B wurde 1905 in Deutschland teilweise durch die 5-feldrige flexible Bauform A abgelöst.

The field block for single-track lines

While the four-field block was the standard solution for double-track lines for many decades, a comparable solution also had to be found for single-track lines for additional protection against two-way traffic. This was created – also by S&H – in the form of the three-field block with an additional field for the driving permit. In the initial design B (SBB-Maienfeld 1937–1993, **Fig. 177**), the button of the driving permit field (consent) was still coupled with the initial field or the direction of travel, this had the disadvantage that once the driving permit had been issued, it could not be changed again until a corresponding train movement had taken place. In 1905, type B was partially replaced in Germany by the 5-field flexible type A.

In **Abb. 178** ist die von 1938–2004 betriebene Bauform A für den eingleisigen Betrieb auf der zweigleisigen Strecke zwischen Gehlberg und Oberhof (Thüringen) im Blockwerk von Gehlberg Xw zu sehen: Erlaubnisabgabe- und Erlaubnisempfangsfeld sind doppelt ausgeführt, so dass die Richtung freizügig gewechselt und bei Kreuzungen bereits vor Eintreffen des Zuges die zweite Erlaubnisabgabe erteilt werden kann, so dass ‹spitze› Kreuzungen möglich sind. Das fünfte Feld ‹Rückgabesperre› wird durch die Auffahrtstellung eines Ausfahrsignals automatisch geblockt und verhindert so einen unzeitigen Erlaubniswechsel (Richtungswechsel) vor dem Blocken des Anfangsfelds.

Mitte der Dreissigerjahre entstand die drei-feldrige Bauform C mit freizügigem Wechsel der Fahrterlaubnis, bei welcher das Fahrterlaubnisfeld zum Richtungswechsel unabhängig von den Anfangs- und Endfeldern funktioniert (DB-Philippsburg, 1967–2022, **Abb. 179**). Von 1946 bis 1951 wurde bei der DB die Bauform B in die Bauform C umgerüstet. Der Felderblock für Einspurstrecken ermöglichte im Verbund mit Stellwerken eine spürbare Steigerung der Leistungsfähigkeit als auch das gleiche Sicherheitsniveau wie für Doppelspurstrecken.

Schweiz – Elsass-Lothringen – Niederlande – Belgien

In der Schweiz erfolgte die erste Anwendung des zwei-feldrigen Blocks 1886 durch die Schweizerische Centralbahn auf der Strecke Basel Birsbrücke–Pratteln. Bereits 1894 folgt dann die Einführung des Vier-Felder-Blocks mit dem ersten Abschnitt Bern–Zollikofen. Auf Einspurstrecken wurde die anfängliche Blockform B (mit Ausnahme der Strecke Ziegelbrücke–Chur) zur Form C umgebaut. Ab 1909 löste die einheimische Hasler AG schrittweise S&H als Lieferant ab und produzierte bis 1952 (danach Umstellung auf Gleichstromblock) rund 400 Strecken- und Stationsblockanlagen mit 2500 Blockfeldern.

In Elsass-Lothringen (ex-AL) kam auf den meistens doppelspurigen Hauptstrecken ebenfalls die Bauform D zur Anwendung wie **Abb. 180** im Befehlsstellwerk Molsheim (vor 1914–1996) zeigt. Der letzte Abschnitt Molsheim – Rothau war 2022 noch in Betrieb. Auf Einspurstrecken herrschte das ‹Cantonnement téléphonique› (telefonisches Meldeverfahren) vor, auf wenigen Strecken wurde die Bauform B verwendet.

In den Niederlanden war der Felder-Streckenblock bei mechanischen Stellwerken ebenfalls Standard. Allerdings war er – im Unterschied zu Deutschland und der Schweiz – lange Zeit in das zentrale Bahnhofsblockwerk (Freigabewerk) integriert, sowohl Anfangs-

Fig. 178 shows type A in operation from 1938–2004 for single-track operation on the double-track line between Gehlberg and Oberhof (Thuringia) in the blockwork of Gehlberg Xw: Permission giving and permission receiving fields are double, so that the direction can be changed freely and at crossings the second permission giving can already be given before the train arrives so that 'pointed' crossings are possible. The fifth field 'return block' is automatically blocked by the running position of a starter signal and, thus, prevents an untimely change of permission (change of direction) before the initial field is blocked.

In the mid-1930s, the 3-field type C with free change of running permission was developed, in which the running permission field for the change of direction functions independently of the starter and final fields (DB-Philippsburg, 1967–2022, **Fig. 179**). From 1946 to 1951, DB converted the type B to the type C. The field block for single-track lines, in combination with interlockings, allowed a noticeable increase in performance as well as the same safety level as for double-track lines.

Switzerland – Alsace-Lorraine – Netherlands – Belgium

In Switzerland, the two-field block was first used in 1886 by the Swiss Central Railway on the line Basel Birsbrücke–Pratteln. This was followed as early as 1894 by the introduction of the four-field block with the first section Bern–Zollikofen. On single-track lines, the initial block form B (with the exception of the Ziegelbrücke–Chur line) was converted to form C. From 1909 onwards, the local Hasler AG gradually replaced S&H as supplier and produced about 400 line and station block systems with 2500 block fields until 1952 (thereafter conversion to DC block).

In Alsace-Lorraine (ex-AL), type D was also used on the mostly double-track main lines, as shown in **Fig. 180** in the Molsheim master signal box (before 1914–1996). The last section, Molsheim–Rothau, was still in operation in 2022. On single-track lines, the 'Cantonnement téléphonique' (telephone announcement procedure) prevailed, Type B was used on a few lines.

In the Netherlands, the Felder line block was also standard for mechanical interlockings. But in contrast to Germany and Switzerland, it was for a long time integrated into the central station interlocking (master interlocking), and both initial fields (pre-blocking) and end fields (back-blocking) were

177

178

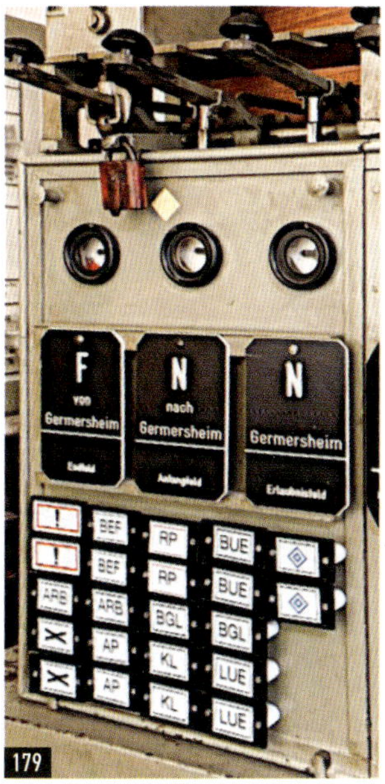

179

180

felder (Vorblockung) wie auch Endfelder (Rückblockung) wurden durch den Fahrdienstleiter bedient. Ab 1960 wurde der Streckenblock in die Wärterstellwerke verlegt. Fabriziert wurde er in Lizenz S+H von der Nederlandse Machinefabriek «ALKMAAR» N.V.

Auch in Belgien war der Felder-Streckenblock bei den mechanischen Stellwerken Standard. Aufgrund der anfänglichen Orientierung an der englischen Praxis (zuerst Saxby-Stellwerke, erst später Siemens & Halske-Stellwerke) war – in Umkehrung der deutschen Praxis – wie in England im Grundzustand die Strecke geblockt, sie wurde erst kurz vor der Zugfahrt entblockt. Jedes Blocksignal lag daher in der Grundstellung (Sperrstellung) unter Verschluss der vorliegenden Blockstelle, die dieses nur aufheben konnte, wenn der zugehörige Blockabschnitt unbesetzt war.

operated by the stationmaster. From 1960 onwards, the line block was relocated to the dependent interlocking. It was manufactured under licence S&H by the Nederlandse Machinefabriek "ALKMAAR" N.V.

In Belgium, too, the Felder line block was standard for mechanical interlockings. Due to the initial orientation on the English practice (first Saxby interlockings, only later Siemens & Halske interlockings), the line was – in reversal of the German practice – blocked in the basic state as in England, it was only unblocked shortly before the train movement. Therefore, each block signal was in the basic position (locked position) under locking of the block section ahead, which could only release this if the associated block section was unoccupied.

181

Österreich-Ungarn

Mit Wirkung ab 1. Mai 1899 wurde auch in Österreich die Zugfolgeregelung im Raumabstand auf verkehrsreichen Strecken gesetzliche Pflicht. Die Anordnung und Funktionsweise der Blockfelder im Einzugsbereich der österreichisch-ungarischen Monarchie unterschied sich ebenfalls von der Praxis in Deutschland und der Schweiz insofern, als der Streckenblock eng mit dem Bahnhofsblock verknüpft ist. Hintergrund ist die Auffassung, dass der Fahrdienstleiter, unter dessen Aufsicht alle Hauptsignale eines Bahnhofs liegen, auch allein für die Zugfolge verantwortlich ist (nach deutscher, schweizerischer und späterer holländischer Praxis liegt die Verantwortung für den Streckenblock bei Wärterstellwerken beim Stellwerkwärter bzw. sind Bahnhofs- und Streckenblock schaltungsmässig getrennt). Daher wird in der österreichischen Praxis das Anfangsfeld des Streckenblocks in den Bahnhofsblock integriert und mit der Befehlsabgabe für die Ausfahrt (Einleitung der Vorblockung) gekoppelt. Die Rückblockung erfolgt durch das Blocken des Be-Feldes (Befehlsempfangsfeld) im Wärterstellwerk, d. h. bei der Rückgabe des Fahrstrassenauftrags an die Fahrdienstleitung. Eine entsprechend typische Blockfeldanordnung im Einzugsgebiet der Monarchie ist 1983 einerseits im Bahnhofsblockwerk von Linz Vbf West (**Abb. 181**) zu sehen: Deutlich sind die Anfangsfelder und die Felder für die Erlaubnisabgabe (Richtungswechsel bei Einspurstrecken) zu erkennen. Anderseits ist die Blockfeldanordnung 1990 in einem Wärterstellwerk im slowakischen Plaveč (**Abb. 182**) ersichtlich: von links das schwarze Tastensperrfeld, welches (siehe Taste oberhalb der Blockfelder) mit dem ro-

Austria-Hungary

In effect from May 1st, 1899, train succession control in spatial spacing also became a legal obligation on busy lines in Austria. The arrangement and functioning of the block fields in the territory of the Austro-Hungarian monarchy also differed from the practice in Germany and Switzerland in that the line block is closely linked to the station block. The background to this is the understanding that the stationmaster, under whose supervision all the main signals of a station are located, is also solely responsible for the train sequence (according to German, Swiss and later Dutch practice, the responsibility for the line block in dependent interlockings lies with the signalman or the station block and line block are separated in terms of circuitry). Therefore, in Austrian practice, the initial field of the line block is integrated into the station block and coupled with the command for start (initiation of pre-blocking). Re-blocking takes place by blocking the B-field (command receiving field) in the dependent interlocking, e. g. when the track order is returned to the stationmaster. A typical block field arrangement in the area covered by the monarchy can be seen in 1983 in the Linz Vbf West master station block system (**Fig. 181**): the starting block fields and the fields for the permission release (change of direction for single-track lines) are clearly recognisable. On the other hand, the block field arrangement can be seen in 1990 in a dependent interlocking in Plaveč, Slovakia (**Fig. 182**): from the left the black key blocking field, which (see button above the block fields) is coupled

182

183

184

ten Endfeld des Streckenblocks von Plávnice gekuppelt ist, daneben ein grünes Fahrstrassenfestlegungsfeld (verschliesst die darunterliegenden Fahrstrassenknebel und gibt dadurch das Ausfahrsignal frei), weiter das weisse Feld für die Erlaubnis des Richtungswechsels für Einspurstrecken und schliesslich rechts das rote Anfangsfeld Richtung Plávnice, welches mit dem schwarzen Tastensperrfeld gekuppelt ist. Der Felderblock breitete sich auf Doppelspurstrecken rasch aus, während er auf Einspurstrecken seltener zur Anwendung kam. Selbstverständliche Ausnahme bildete in der Monarchie der eingleisige Streckenabschnitt Attnang-Puchheim-Bad Ischl, welcher zur adäquaten Sicherung der Fahrten des kaiserlichen Hofzuges von Wien zur Sommerfrische den Streckenblock erforderte. Im italienischen Südtirol (ex-K.+K. Monarchie) waren 1939, kurz nach Übernahme durch die FS (Dipartimento Venezia), 150 km Felderblock in Betrieb, neben 320 km Cardani-Block. Insbesondere die Brenner-Südrampe zwischen Brennero-Trento war damit noch bis 1963 ausgerüstet.

Der Felderblock in Kombination mit elektro-mechanischen Stellwerken

In Folge der schrittweisen Einführung von elektro-mechanischen und elektrischen Stellwerken trat das Erfordernis auf, diese mit dem Felderblock zu verknüpfen, dies geschah auf verschiedene Art und Weise. Bei älteren elektromechanischen Stellwerken wurde ebenfalls der Felderblock angewendet. Jedoch mussten die nicht vorhandenen mechanischen Abhängigkeiten der Blocksperren durch elektrische Abhängigkei-

with the red end field of the line block of Plávnice, next to it a green route fixing field (closes the route toggles underneath and, thereby, releases the exit signal), further the white field for permission to change direction for single track lines and finally on the right the red start field towards Plávnice, which is coupled with the black key blocking field. The field block spread rapidly on double-track lines, while it was used less frequently on single-track lines. The single-track section Attnang-Puchheim-Bad Ischl, which required the line block to adequately secure the journeys of the imperial court train from Vienna to the summer resort, was an obvious exception in the monarchy. In the Italian South Tyrol (ex-K.+K. Monarchy), 150 km of field block were in operation in 1939, shortly after takeover by FS (Departement Venice), in addition to 320 km of Cardani block. Especially the Brenner south ramp to Bolzano from Trento was equipped with it until 1963.

The field block in combination with electro-mechanical interlockings

As a result of the gradual introduction of electro-mechanical and electrical interlockings, the need arose to link them with the field block, and this was done in various ways. Older electromechanical interlockings also used the field block. However, the non-existing mechanical dependencies of the block interlocks had to be reproduced by electrical dependencies (so-called interlockless block). The block box of the field ten nachgebildet werden (sog. sperrenloser Block). Der Blockkasten des Felderblockes wird dabei neben dem Hebelwerk oder Gleisbildtisch aufgestellt. Die Verwendung von Lichtsignalen in mechanischen Stellwerken mit Tastensteuerung (insbesondere Ausfahrsignale) erfordert ebenfalls die Umstellung auf den sperrenlosen Block. Bei der DB zeigt **Abb. 183** in Stw 1 von Tuttlingen den sperrenlosen Felderblock zusammen mit einem VES 1912-Stellwerk (1933–2004) und in **Abb. 184** in Regensburg Hbf zusammen mit einem VES-4-Reihen-Stellwerk (1939–1988, Bfstw 1). In Freiburg i.Br Hbf war das VES-1912 Befehlsstellwerk 3 (1931–1998) sowohl mit dem Felderblock Richtung Höllentalbahn (Freiburg–Wiehre) wie auch mit dem automatischen SEL-Block auf der Rheintalbahn gekoppelt (**Abb. 185**).

block is set up next to the lever mechanism or track formation table. The use of light signals in mechanical interlockings with push-button control (especially starter signals) also requires the conversion to the lockless block. At DB, **Fig. 183** in Tuttlingen Stw 1 shows the lockless field block together with a VES 1912 interlocking (1933–2004) and in **Fig. 184** in Regensburg Hbf together with a VES-4 row interlocking (1939–1988, Bfstw 1). In Freiburg i.Br Hbf, the VES-1912 master interlocking 3 (1931–1998) was coupled with both the field block towards the Höllentalbahn (Freiburg-Wiehre) and the automatic SEL block on the Rheintalbahn (**Fig. 185**).

Der Relaisblock

Im Jahr 1935 wurde bei den VES-4-Reihen-Stellwerken blocktechnisch Neuland betreten, indem an Stelle des zunehmend störenden Blockkastens die Blockschaltung in Form eines elektro-magnetischen Wechselstrom-Relaisblocks (auch Magnetschalterblock genannt) in Zusammenarbeit mit einem Felderblock auf der Nachbarstation eingeführt und in das Bedienungspult des Stellwerks integriert wurde. Das Vor- und Rückblocken des handbedienten Relaisblocks erfolgt wie beim Felderblock durch den Bediener. Beim elektro-mechanischen Stellwerk wird in der Regel mittels Drehschalter (VES 1912) und Taste (VES 4-Reihen) vorgeblockt. Dazu muss vorher der Fahrstraßensignalhebel um- und zurückgelegt werden, das Ausfahrsignal auf Halt stehen und der Zug mitgewirkt haben. Manuell rückgeblockt werden kann erst, nachdem der Vorblock eingegangen ist, das Einfahrsignal auf Halt steht, der Zug mitgewirkt hat und der Zugschluss erkannt wurde. Bei Relaisstellwerken, zusätzlich auch bei modernisierten mechanischen oder elektro-mechanischen Stellwerken mit Lichtsignalen, wurde häufig der halbautomatische Relaisblock (automatische Vorblockung mit der Signalfahrtstellung) verwendet. Eine der ersten Anwendungen des handbedienten Relaisblocks erfolgte u. a. 1936 bei dem für Zürich HB gelieferten VES 4-Reihen-Stellwerk.

The relay block

In 1935, VES-4 row interlockings broke new ground in terms of block technology by introducing block switching in the form of an electro-magnetic AC relay block (also known as a magnetic switch block) in cooperation with a field block at the neighbouring station and integrated into the interlocking's control panel in place of the increasingly troublesome block box. The forward and reverse blocking of the manually operated relay block is done by the operator, as with the field block. With the electromechanical interlocking, pre-blocking is usually done by means of a rotary switch (VES 1912) and a button (VES-4 row). To do this, the route-signal lever must first be reversed and returned, the starter signal must be at stop and the train must have joined in. Manual re-blocking is only possible after the pre-block has been received, the entry signal is at stop, the train has participated and the end of the train has been detected. In relay interlockings, and in modernised mechanical or electro-mechanical interlockings with light signals, the semi-automatic relay block (automatic pre-blocking with the signal running position) was often used. One of the first applications of the manually operated relay block was in the VES-4 row interlocking supplied for Zurich HB in 1936.

Der Relaisblock in Kombination mit mechanischen Stellwerken

Im Einzugsgebiet der Deutschen Bundesbahn behielten die mechanischen Stellwerke bis zuletzt weitgehend den Felderblock bei, während bei anderen Bahnen im Zuge von Modernisierungen und Umbauten der Relaisblock als Schnittstelle zu elektrischen Stellwerken zum Zuge kam. In Österreich wird der Relaisblock ‹Zeichenga-

The relay block in combination with mechanical interlockings

In the area covered by the German Federal Railways, the mechanical interlockings largely retained the field block until the end, while on other railways the relay block was used as an interface to electric interlockings in the course of modernisations and conversions. In Austria, the relay block is called 'signs block ZG'. By

185

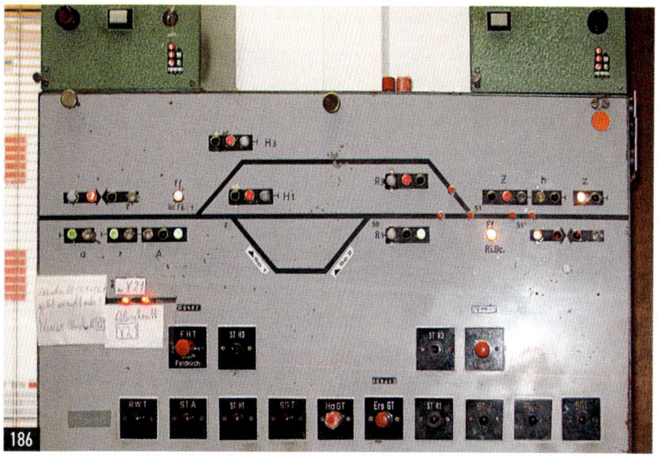
186

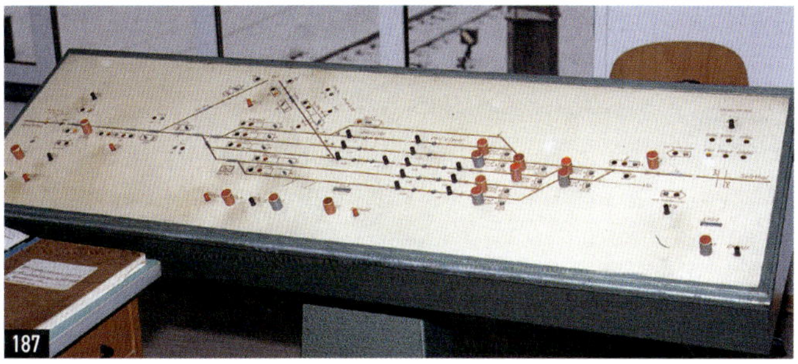
187

188

be-Streckenblock ZG› genannt. Durch Zugeinwirkung oder Bedienungshandlung werden über ein Impulscodeverfahren (morsezeichenartige Impulse – ‹Zeichen›) die entsprechenden Informationen wie Vorblock, Rückblock und Richtungswechsel zwischen den Betriebsstellen übertragen. Die Vorblockung erfolgt nach der Haltstellung des Ausfahrsignals automatisch und die Rückblockung per Bedienung der Rückblocktaste (nach festgestelltem Zugschlusssignal). Im liechtensteinischen Nendeln (**Abb. 186**) ist der ZG-Block für Einspurstrecken noch zusammen mit einem mechanischen Mittelstellwerk S&H-5007 in Betrieb, während er im Befehlsstellwerk Hieflau 1986 in Kombination mit einem mechanischen DRG-Einheitsstellwerk funktionierte, Streckenblock und Lichtsignale wurden auf einem separaten Gleisbildpult bedient (**Abb. 187**). Der ZG-Block entspricht in der Schweiz funktional dem SBB-Gleichstromblock mit Rückmeldung, welcher ebenfalls mit der Übertragung unterschiedlicher Gleichstromimpulse arbeitet. **Abb. 188** zeigt ein 1968 elektrifiziertes mechanisches Mittelstellwerk Bauart Bruchsal G in Küssnacht an der Rigi mit den Blocktasten (Rückmeldung, Richtungswechsel, Nottasten) Bauart Signum-Integra unterhalb

train action or operating action, the corresponding information such as pre-block, back block and change of direction is transmitted between the operating points via an impulse code procedure (Morse code-like impulses – 'signs'). The pre-blocking takes place automatically after the stop position of the starter signal and the back-blocking by operation of the back-block button (after the train closure signal has been detected). In Nendeln in Liechtenstein (**Fig. 186**) the ZG block for single track lines is still in operation together with a mechanical middle signal box S&H-5007, whereas in 1986 it functioned in combination with a mechanical DRG standard interlocking in the Hieflau master interlocking, line block and light signals were operated on a separate track display console (**Fig. 187**). In Switzerland, the ZG block corresponds functionally to the SBB direct current block with feedback, which also works with the transmission of different direct current pulses. **Fig. 188** shows a 1968 electrified mechanical middle signal box type Bruchsal G in Küssnacht an der Rigi with the block buttons (feedback, direction change, emergency buttons) type Signum-Integra below the track diagram (yellow sections with track des Gleisbilds (gelbe Abschnitte mit Gleisstromkreisen). In **Abb. 189** ist der analoge Gleichstromblock der Bauart Hasler im mechanischen Wärterstellwerk Bruchsal G (mit mechanischem Kugel-Bahnhofsblock) in Kerzers (1901–2004) zu sehen. Die Kombination des SBB-Gleichstromblocks im S+H 1912-Befehlsstellwerk des schweizerischen Hafenbahnhofs Basel-Kleinhüningen (1925–2017) mit dem Bruchsal I-Stellwerk 16 von DB-Basel Bad Rbf (1913–2019) zeigt **Abb. 190**. Sowohl der ZG-Block der ÖBB wie auch der Gleichstromblock der SBB bildeten die Grundlage zur Weiterentwicklung zum automatischen Block durch Ausrüstung der Blockabschnitte mit Gleisstrom- oder Achszählkreisen. Davon wurden auch mechanische Stellwerke nicht verschont, wovon **Abb. 191** vom SBB-Stellwerk Puidoux-Chexbres (1905–1997, Bauart Bruchsal G) mit dem im Jahr 1953 installierten automatischen Achszählerblock Richtung Palézieux zeugt.

Einspurbetrieb auf Doppelspurstrecken

Eine sicherheitsmässige und betriebliche Herausforderung bildet auf Doppelspurstrecken der periodische Einspurbetrieb bei Bauarbeiten oder anderen Unterbrechungen eines Gleises. Der Einspurbetrieb reduziert die Leistungsfähigkeit bei fehlenden Sicherheitseinrichtungen (Streckenblock, signalmässige Fahrstrassen) für das Gegengleis durch Umstellung auf das telefonische Zugmeldeverfahren um deutlich mehr als die Hälfte (Gleiswechselbetrieb war bei mechanischen Stellwerken nur in Ausnahmefällen vorhanden). Die DB und die DR (ex-DDR) kennen dafür das Verfahren des ‹zeitweise eingleisigen Betriebs auf zweigleisigen Strecken›, welches bei geplantem vorübergehendem Einspurbetrieb angewendet wird. Dabei wird die Stellwerkanlage für die minimal notwendigen gesicherten signalmässigen Gegenfahrten angepasst und der vorhandene Felder-Doppelspurblock D auf den Einspurblock Bauform C umgewandelt. Ein zweites Ersatzverfahren ist der ‹signalisierte Falschfahrbetrieb SFB›, welcher permanent eingerichtet wird und daher auch für kurzfristigen Einspurbetrieb vorgesehen ist. Beim SFB werden die Stellwerkanlagen nicht angepasst, sondern Hilfsfahrstrassen mit manuell an den zu sichernden Weichen und Fahrstrassenhebeln angebrachte Sicherungen eingestellt. Die Ausfahrt erfolgt mit Ersatzsignal und die Einfahrt auf der nächsten Blockstation mit einem Lichtsperrsignal, die Zugsicherung (Indusi-PZB) ist wirksam.

Die SBB gingen noch einen Schritt weiter und errichteten auf Doppelspurstrecken die permanente blockmässige Umschaltung auf signalmässigen Einspurbetrieb bei Bauarbeiten oder kurzfristiger Ausserbetriebnahme eines Gleises. Dabei wurde beim Felder-

circuits). **Fig. 189** shows the similar DC block of the Hasler type in the mechanical dependent interlocking Bruchsal G (with mechanical ball station block) in Kerzers (1901–2004). The combination of a more modern Domino relay block in the S&H 1912 master interlocking from the Swiss harbour station Basel-Kleinhüningen (1925–2017) with the Bruchsal I interlocking 16 of DB-Basel Bad Rbf (1913–2019) is shown in **Fig. 190**. Both the ZG block of the ÖBB and the DC block of the SBB formed the basis for further development to the automatic block by equipping the block sections with track current circuits or axle counters. Mechanical interlockings were not spared from this, as shown in **Fig. 191** of the SBB Puidoux-Chexbres interlocking (1905–1997, Bruchsal G design) with the automatic axle counter block installed in 1953 in the direction of Palézieux.

Single-track operation on double-track lines

A safety and operational challenge on double-track lines is the periodic single-track operation during construction work or other interruptions of a track. Single-track operation reduces the performance in the absence of safety devices (line block, signalised routes) for the opposite track considerably by more than half by switching to the telephone train reporting procedure (track change operation was only available in exceptional cases with mechanical interlockings). The DB and the DR (ex-GDR) know the procedure of 'temporary single-track operation on double-track lines', which is used for planned temporary single-track operation. In this case, the interlocking system is adapted for the minimum necessary secured signal counter-traffic and the existing field double track block D is converted to the single-track block design C. A second substitute procedure is the 'signalised wrong-way operation SFB', which is set up permanently and is also intended for short-term single-track operation. With SFB, the interlocking systems are not adjusted, but auxiliary routes are set with fuses manually attached to the points and route levers to be secured. The exit takes place with a substitute signal and the entry at the next block station with a light blocking signal, the train protection (Indusi-PZB) is effective.

The SBB went one step further and installed permanent block switching to signalised single-track operation on double-track lines during construction work or short-term decommissioning of a track. A changeover device was fitted above the block box on the field block, so that the block section functioned

189

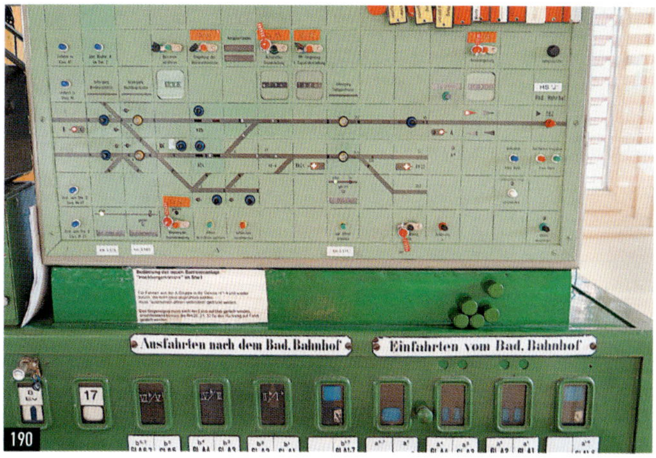

190

191

block über dem Blockkasten eine Umstellvorrichtung angebracht, womit die Blockstrecke wie die einspurige Blockform B funktionierte und die Signale des gesperrten Gleises für das Nachbargleis galten. Entsprechend mussten im Verschlussregister des Stellwerks die Fahrstrassenverschlüsse ergänzt werden. Die blockmässige Umschaltung auf Einspurbetrieb wurde auch mit dem automatischen Block praktiziert wie zwischen Turgi (mechanisches Stellwerk Bauart Bruchsal I, 1911–1996) und Baden (Gleisbildstellwerk Integra-Domino 55, 1962–2009). **Abb. 192** aus dem Jahr 1984 zeigt im Wärterstellwerk 1 von Turgi den Domino-Blockaufsatz mit dem Achszählerblock und den Blockpfeilen für beide Gleise und Fahrrichtungen (der weisse Pfeil oben rechts zeigt die freie Strecke Richtung Baden; die weiss-roten Pfeile unten rechts bedeuten, dass das Blocksignal von Baden freie Fahrt zeigt, der Zug den Blockabschnitt aber noch nicht belegt hat). Anderseits sind in **Abb. 193** des Ausschnitts aus dem Blockkasten des Wärterstellwerks Turgi in roter Schrift rechts im Befehlsempfangsfeld und direkt darunter ebenfalls in Rot die entsprechend einzustellende Fahrstrasse («auf dem falschen Gleis») gekennzeichnet, die Zugsicherung (Signum) ist wirksam.

like the single-track block form B and the signals of the blocked track were valid for the neighbouring track. Accordingly, the route locks had to be added to the locking register of the signal box. The block switching to single-track operation was also practised with the automatic block between Turgi (mechanical interlocking type Bruchsal I, 1911–1996) and Baden (track diagram interlocking Integra-Domino 55, 1962–2009). **Fig. 192** from 1984 shows in the dependent interlocking 1 of Turgi the Domino block panel with the axle counter block and the block arrows for both tracks and directions of travel (the white arrow on the top right shows the free line towards Baden; the white-red arrows on the bottom right mean that the block signal from Baden shows line clear, but the train has not yet occupied the block section). **Fig. 193** shows a detail from the block box of the Turgi signal box, the route to be set ("on the opposite track") is marked in red lettering on the right in the command reception field and directly below it also in red, the train protection (signum) is effective. With the progressive modernisation of the interlocking systems, the so-called signalised

192

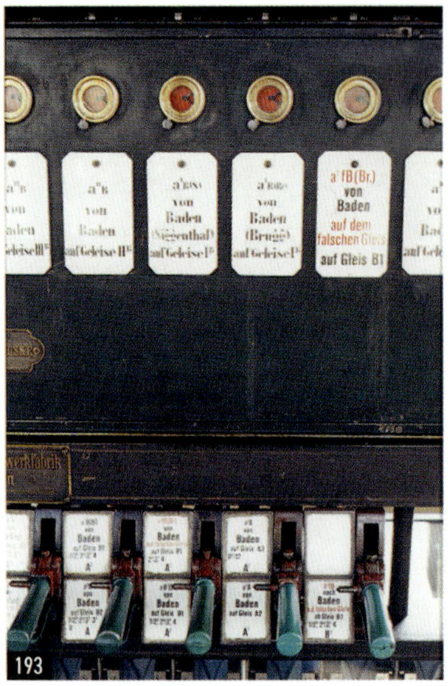

193

Mit fortschreitender Modernisierung der Stellwerkanlagen wurde der sogenannte signalmässige Einspurbetrieb sukzessive durch den freizügigen Gleiswechselbetrieb (französisch «banalisation») ersetzt. Bei den SBB ergab sich 1982 für die mehrspurigen Strecken folgender Ausrüstungsstand für den Betrieb auf dem Gegengleis: 21 % nicht signalmässiger Einspurbetrieb, 43 % signalmässiger Einspurbetrieb und 36 % Gleiswechselbetrieb (banalisation).

single-track operation was gradually replaced by the bi-directional operation (French: "banalisation"). In 1982, the SBB had the following equipment status for multi-track lines for operation on the opposite track: 21 % non-signalised single-track operation, 43 % signalised single-track operation and 36 % bi-directional operation (banalisation).

DER BAHNHOFSBLOCK: ENTWICKLUNG DER BAHNHOFSSICHERUNG

Der Bahnhofsblock steuert die Zugfahrten in Bahnhöfen mit mehr als einem Stellwerk. Im Unterschied zum englischen System, bei welchem die Zugfahrten im ‹Bahnhofsbereich› ebenfalls mit dem Streckenblock (absolut oder permissiv) zwischen den Stellwerken gesichert werden, geht die deutsche Schule von der zentralen Sicherung der Zugfahrstrassen durch die Fahrdienstleitung aus. Bei den norddeutschen Bahnen, insbesondere der preussisch-hessischen Bahnen, und in Polen wird ab zwei und mehr Stellwerken eines Bahnhofs das betrieblich wichtigste zum Fahrdienstleiterstellwerk bzw. zum Befehlsstellwerk und umfasst die Hoheit über die Freigabe/Anordnung der einzustellenden Fahrstrassen. Bei den skandinavischen, niederländischen, süddeutschen, schweizerischen und österreich-ungarischen Bahnen wird die Fahrdienstleitung in der Regel im Bahnhofsgebäude mit einem separaten Freigabewerk (ohne Weichen- und Signalbedienung) angeordnet. Die signaltechnischen Abhängigkeiten zwischen Befehlsstelle und Wärterstellwerk

THE STATION BLOCK: DEVELOPMENT OF STATION CONTROL

The station block controls train movements in stations with more than one signal box. In contrast to the English system, where the train movements in the 'station area' are also secured with the line block (absolute or permissive) between the signal boxes, the German school assumes the central securing of the train movements by the stationmaster. On the northern German railways, especially the Prussian-Hessian railways, whenever there are two or more interlockings at a station, the most important interlocking for operational purposes becomes the dispatcher's interlocking or the master interlocking and includes sovereignty over the release/arrangement of the routes to be set. On the Scandinavian, Dutch, Southern German, Swiss and Austro-Hungarian railways, the stationmaster is usually located in the station building with a separate master interlocking (without point and signal operation). The signalling dependencies between the master control box and the dependent interlocking are established werden mit den Bahnhofsblockfunktionen ‹*Befehlsabgabe* und *Befehlsempfang*›, ‹*Zustimmungsabgabe* und *Zustimmungsempfang*› und ‹*Fahrstrassenfestlegung* und *Fahrstrassenauflösung*› hergestellt. Diese sind in allen Stellwerksbauformen anzutreffen.

Deutschland: zentrale Bahnhofssicherung durch den Bahnhofsblock

In England führte die frühe Einführung von Block-Telegraphen in Kombination mit der ebenfalls frühen Zentralisierung der Weichen- und Signalsteuerung in Stellwerken zu einer selbständigen Betriebsführung von Stellwerk zu Stellwerk, auch in grossen Bahnhöfen. Die Notwendigkeit eines betrieblichen Bahnhofsbegriffs im deutschsprachigen Sinn war daher nicht erforderlich. Anders die Entwicklung in Deutschland. Die anfänglich als Block-Telegraphen funktionierenden Perronsignale auf Höhe des Bahnhofgebäudes erhielten im Lauf der Zeit eine immer wichtigere Bedeutung zur Steuerung des gesamten Bahnhofverkehrs. Da Weichen, Signale und Rangiermanöver meistens noch örtlich durch Wärter gesteuert wurden, dienten die Perron-Blocksignale nicht nur der Regelung der Zugfolge, sondern zunehmend auch der Verständigung zwischen Fahrdienstleiter und Wärter. Die Zugfahrt wurde wie folgt gesichert: Der Fahrdienstleiter prüfte mit Augenschein das Freisein der Fahrstrasse (daher waren die Weichensignale viel wichtiger als bei den verschlossenen Weichen im englischen System), danach stellte er das Perron-Blocksignal auf freie Fahrt, was für den Wärter das Zeichen war, das Einfahrsignal auf Fahrt zu stellen. In diesem Ablauf ist bereits eine Vorgabe zur Signalbedienung zu ersehen bzw. ein erster Schritt zur Bahnhofsblockung.

Diese sicherheitsmässig unbefriedigende Konstellation veranlasste den Erfinder des Wechselstromfeldes, Carl Frischen, dieses auch zur Bahnhofssicherung zu verwenden. So wurden ab 1870 erste Bahnhofsblockapparate gebaut, welche die Koordination des Verkehrs durch den Fahrdienstleiter nun auch in signal-technische Abhängigkeit brachten. Zu den ersten Anwendungen gehörte der Ersatz von drahtgesteuerten Riegelleitungen und -hebeln, statt deren die Handweichen mit einem speziellen örtlichen Schubriegel und einem Zustimmungsabgabefeld festgeblockt wurden und im Zentralapparat das entsprechende Zustimmungsempfangsfeld die Freiblockung der Signalbedienung erwirkte. Der grosse Mehrwert, welcher nun mit der Kombination der Streckensicherung (Streckenblock) und der Bahnhofssicherung (Bahnhofsblock) entstand, war im ersten Schritt ein kompaktes ‹Blockstellwerk› von S&H für Bahnhöfe mit örtlich bedienten und gesicherten Weichen. Im Unterschied zu England und Frankreich entfaltete die Zen-

within the station block functions *'command delivery* and *command reception,' 'consent delivery* and *consent reception'* as well as *'route fixing* and *route cancellation'*. These are found in all interlocking designs.

Germany: centralised station control through the station block

In England, the early introduction of block telegraphs combined with the equally early centralisation of point and signal control in signal boxes led to independent operational control from signal box to signal box, even in large stations. Therefore, the need for an operational station concept in the German-speaking sense was not necessary. The development in Germany was different. The platform signals at the level of the station building, which initially functioned as block telegraphs, became increasingly important over time for controlling all station traffic. As points, signals and shunting manoeuvres were still controlled locally by stationmasters, the perron block signals not only served to regulate the train sequence, but also increasingly to provide communication between the pointsmen and stationmasters. The train movement was secured as follows: the stationmaster checked by eye that the route was clear (therefore, the point signals were much more important than with the locked points in the English system), then he set the platform block signal to clear, which was the signalman's signal to set the entry signal to clear. In this sequence, a preset for signal operation can already be seen, or a first step towards station blocking.

This unsatisfactory situation in terms of safety prompted the inventor of the alternating current field, Carl Frischen, to use it for station control. Thus, from 1870 onwards, the first station blocking devices were built, which made the coordination of traffic by the stationmaster now dependent on signalling technology. One of the first applications was the replacement of wire-controlled bar lines and levers. The first applications included the replacement of wire-controlled interlocking lines and levers, instead of which the manual points were firmly blocked with a special local push bolt and a consent output field, and the corresponding consent reception field in the central apparatus effected the free blocking of the signal operation. The great added value that now arose with the combination of the line block and the station safety device (station block) was, in the first step, a compact 'block interlocking' from S&H for stations with locally operated and secured points. In contrast to England and France, the centralisation of points

194

195

tralisierung der Weichen und Signale in Deutschland erst rund 20 Jahre später um 1880–1900 ihre volle Wirkung. Dies erforderte für die Bahnhofssicherung entsprechend angepasste Block- und Befehlsapparate.

Der mechanische Bahnhofsblock in Deutschland und der Schweiz

Die Länderbahnen Süddeutschlands (Baden-Württemberg, Bayern, Rheinland-Pfalz), Elsass-Lothringens und der Schweiz gingen dabei vorerst eigene Wege, indem sie die Bahnhofssicherung bzw. den Bahnhofsblock auf mechanische Weise mit Freigabekurbeln über Doppeldrahtzüge zu den Wärterstellwerken realisierten. Mechanische Anlagen waren im Vergleich zu elektrischen kostengünstiger und zudem bereits ab Anfang der 1880er-Jahre verfügbar (Firma Jüdel). Dagegen bevorzugten die norddeutschen Bahnen, insbesondere die Preussisch-Hessischen Staatsbahnen, die Königlich Sächsischen Staatseisenbahnen sowie die Bahnen der Österreichisch-Ungarischen Monarchie von Beginn weg elektro-mechanische Blockformen.

Die einfachste Form des mechanischen Bahnhofsblocks stellten Kurbelstellwerke mit Weichen-, Block- und Signalkurbeln dar, wie im württembergischen Essendorf (1912–1992, **Abb. 194**) als Mittel- und Befehlsstellwerk im Bahnhofsgebäude. In Lizenz hergestellt durch die Maschinenfabrik Esslingen, bediente das Kurbelwerk der Bauart Bruchsal mit den beiden grünen Freigabekurbeln per Doppeldrahtzug ein kleines Wärterstellwerk 2 zur Einstellung der Weichen und danach deren Festlegung durch die senkrechten Fahrstrassenhebel (**Abb. 195**), was wiederum die Freigabe der entsprechenden roten Signalkurbel rechts beim Kurbelwerk bewirkte.

and signals in Germany did not take full effect until about 20 years later, around 1880–1900. This required a correspondingly adapted block and command apparatus for station control.

The mechanical station block in Germany and Switzerland

The state railways of southern Germany (Baden-Württemberg, Bavaria, Rhineland-Palatinate), Alsace-Lorraine and Switzerland initially went their own way by implementing station control or the station block in a mechanical way with release cranks via double wires to the dependent interlockings. Mechanical systems were cheaper than electrical ones and were also available from the beginning of the 1880s (by Jüdel). In contrast, the northern German railways, in particular the Prussian-Hessian state railways, the Royal Saxon state railways and the railways of the Austro-Hungarian monarchy preferred electro-mechanical block forms from the beginning.

The simplest form of mechanical station block was the crank interlocking with point, block and signal cranks, as in Essendorf, Württemberg, (1912–1992, **Fig. 194**) as a central and master interlocking in the station building. Manufactured under licence by Maschinenfabrik Esslingen, the crank interlocking of the Bruchsal type with the two green release cranks operated a small dependent interlocking 2 by double wire for setting the points and then fixing them by the vertical route levers (**Fig. 195**), which in turn caused the release of the corresponding red signal crank to the right of the crank interlocking.

196

199

197

198

Die Kurbelwerke von Jüdel und Bruchsal: mechanische Meisterwerke

*Für mittlere Bahnhöfe entwickelte die Firma Jüdel aus Braunschweig Kurbelwerke, welche bei den Königlich Bayerischen Staatseisenbahnen im nordöstlichen Bayern verbreitet waren und nach Patent Jüdel/System Büssing durch die Firma Noell in Würzburg gefertigt wurden. **Abb. 196** zeigt in Bodenwöhr Nord ein als Mittel- und Befehlsstellwerk konzipiertes Kurbelwerk (1908–1994) für die eine Bahnhofshälfte und mit drei Freigabekurbeln für das Wärterstellwerk 1 (**Abb. 197**) mit senkrechten Fahrstrassenhebeln. Die Bahnhofsanlage in Deggendorf Hbf erforderte zwei Wärterstellwerke und ein separates Freigabe-Kurbelwerk (1908–1991, **Abb. 198**) im Bahnhofsgebäude. Die Freigabekurbeln des Hauptblocks wirken über Doppeldrahtzüge auf die senkrechten Fahrstrassenhebel des Nebenblocks im Wärterstellwerk (**Abb. 199**), die in Grundstellung und eingestellt immer verschlossen sind. Zu jeder Freigabekurbel im Hauptblock gehört ein Fahrstras-*

The crank interlockings of Jüdel and Bruchsal: mechanical masterpieces

*The Jüdel company from Braunschweig developed crank interlockings for medium-sized stations, which were widely used by the Royal Bavarian State Railways in north-eastern Bavaria and were manufactured by the Noell company in Würzburg according to the Jüdel/System Büssing patent. **Fig. 196** shows in Bodenwöhr Nord a master interlocking designed as a middle and command interlocking (1908–1994) for one half of the station and with three release cranks for the dependent interlocking 1 (**Fig. 197**) with vertical route levers. The station layout in Deggendorf Hbf required two dependent interlockings and a separate release crank interlocking (1908–1991, **Fig. 198**) in the station building. The release cranks of the main block act via double wires on the vertical route levers of the subsidiary block in the signal box 1 (**Fig. 199**), which are always locked in the home position and set.*

200

201

202

203

204

205

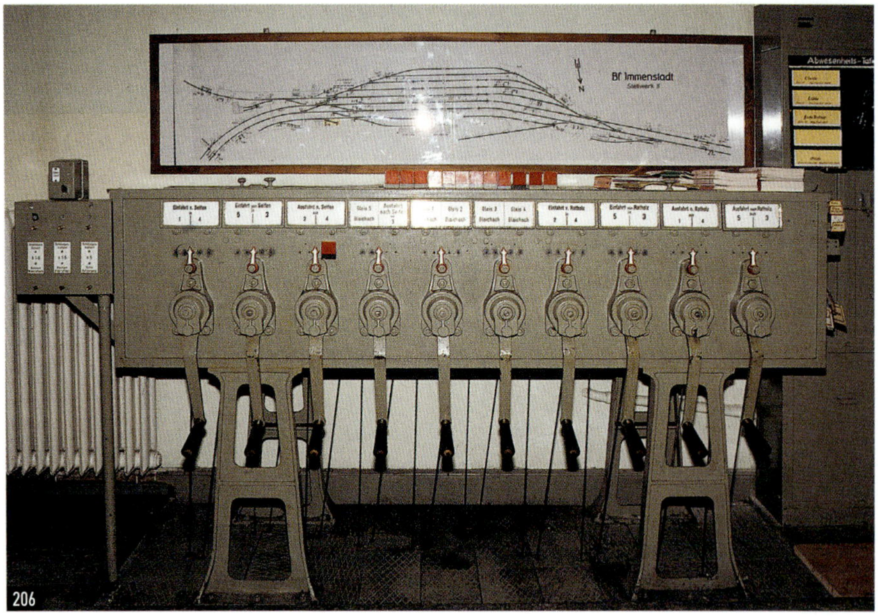

206

207

208

209

210

211

212

213

214

senhebel im Nebenblock. Bei der Signalfreigabe durch die Kurbeldrehung des Fahrdienstleiters wird der Fahrstrassenhebel mit Glockenzeichen entsperrt (Wechsel vom roten auf weissen Pfeil) und der Wärter kann die in die erforderliche Lage gebrachten Weichen durch Bewegen des Fahrstrassenhebels in der Pfeilrichtung verschliessen. Gleichzeitig verschliesst sich auch der Fahrstrassenhebel und gibt den Signalhebel frei. Nach erfolgter Zugfahrt und Signalhaltestellung kann der Signalhebel durch den Wärter zurückgelegt werden, was dem Fahrdienstleiter ermöglicht, zur Fahrstrassenauflösung die Freigabekurbel wieder in die Grundstellung zu bringen, worauf der Wärter den Fahrstrassenhebel zurückstellen kann, welcher sich sofort wieder verschliesst. Bei dieser zwangsgeführten Ablauflogik, welche alle Formen des mechanischen Bahnhofsblocks umfasste, muss sich der Wärter nicht am Bahnhofsblock beteiligen, sondern kann sich voll und ganz auf die Weichen-, Fahrstrassen-, Signal- und Streckenblockbedienung konzentrieren. Für die Schweiz konnte Jüdel zwischen 1893 und 1907 sieben analoge Anlagen liefern, die letzte für den Bahnhof Sulgen, welche bis 1973 in Betrieb stand.

Genauso ingeniös wie die Kurbelwerke von Jüdel gestalteten sich diejenigen von Bruchsal. Erste Freigabe-Kurbelwerke wurden bereits mit der noch frühen Stellwerk-Bauform E in den 1880er-Jahren hergestellt, so wurde 1887 eine Anlage für die Suisse Occidentale et Simplon-Bahn im Bahnhof Lausanne geliefert. Doch bereits ein Jahr später erhielt der Hauptbahnhof Frankfurt am Main ein Freigabewerk mit vier Wärterstellwerken der weiterentwickelten Bauart G. Zu dieser frühen Generation von Kurbel-Freigabewerken gehörte dasjenige von Dorfen Bahnhof (1900–2004, **Abb. 200**), welche in Südbayern mit Patent Schnabel & Henning durch die Lokomotivfabrik Krauss & Cie in München hergestellt wurden. Mit Doppeldrahtleitungen werden im Nebenblock senkrechte Fahrstrassenhebel freigeschaltet (**Abb. 201**). Ein kombiniertes Befehlsstellwerk mit Signal- und Freigabekurbeln war in Gessertshausen (1904–1992, **Abb. 202**) in Betrieb und erteilte die Freigaben für vier Fahrstrassen im Wärterstellwerk (**Abb. 203**). Der weisse Pfeil beim rechten Fahrstrassenhebel zeigt an, dass eine Einfahrt von Diedorf auf Gleis 2 einzustellen ist. Für die Bauart G erfand der technische Leiter der Firma Bruchsal, Wilhelm Henning, 1887 einen spezifischen mechanischen Bahnhofsblock in Form des sog. <Kugelblocks>. Dabei nutzt ein ausgeklügelter Mechanismus im abhängigen Stellwerk die Gravitationskraft von Stahlkugeln im Zusammenspiel mit Blockrollen und Fahrstrassenlinealen. Ein originales Beispiel war das Befehlsstellwerk (Lizenz Krauss) im bayerischen Langenbach (1893–2007, **Abb. 204**) mit 4 Freigabekurbeln für den Kugelblock im Wärterstellwerk (**Abb. 205**) mit dem typischen Blockkasten. Ein reines Freigabewerk (Lizenz Krauss) war von 1905–2001 im allgäuischen Immenstadt (**Abb. 206**) in Betrieb, die freigegebene Fahrstrasse im Wärterstellwerk ist gut erkennbar (**Abb. 207**). Der

Each release crank in the main block has a route lever in the subsidiary block. When the signal is released by the stationmaster's crank rotation, the route lever is unlocked with a bell signal (change from red to white arrow) and the signalman can lock the points brought into the required position by moving the route lever in the direction of the arrow. At the same time, the route lever also closes and releases the signal lever. After the train movement has been completed and the signal has been stopped, the signal lever can be returned by the signalman, which enables the stationmaster to return the release crank to the home position to release the route, whereupon the signalman can return the route lever, which immediately closes again. With this force-guided sequence logic, which included all forms of mechanical station block, the signalman does not have to participate in the station block, but can concentrate fully on the point, route, signal and line block operation. For Switzerland, Jüdel was able to deliver seven similar systems between 1893 and 1907, the last one for Sulgen station, which was in operation until 1973.

Just as ingenious as Jüdel's crank interlockings were those of Bruchsal. The first release crank interlockings were already produced with the still early interlocking type E in the 1880s, e. g. a system was delivered in 1887 for the Suisse Occidentale et Simplon railway in Lausanne station. But already one year later the central station Frankfurt am Main received a master interlocking with four dependent interlockings of the further developed type G. To this early generation of cranked interlockings belonged the one of Dorfen station (1900–2004, **Fig. 200**), which were manufactured in Southern Bavaria with patent Schnabel & Henning by the locomotive factory Krauss & Cie in Munich. With double wire lines, vertical route levers are released in the subsidiary block (**Fig. 201**). A combined master interlocking with signal and release cranks was in operation in Gessertshausen (1904–1992, **Fig. 202**) and issued the releases for four routes in the keeper's interlocking (**Fig. 203**). The white arrow at the right route lever indicates that an entry from Diedorf to track 2 is to be set. For type G, the technical manager of the Bruchsal company, Wilhelm Henning, invented a specific mechanical station block in 1885 in the form of the so-called 'ball block'. Here, an ingenious mechanism in the dependent interlocking uses the gravitational force of steel balls in interaction with block rollers and route rulers. An original example is the master interlocking (Krauss licence) in Langenbach, Bavaria (1893–2007, **Fig. 204**) with 4 release cranks for the ball block in the dependent interlocking (**Fig. 205**) with the typical block box. An exclusively master interlocking (Krauss licence) was in operation from 1905–2001 in Immenstadt in the Allgäu region (**Fig. 206**), the released route in the dependent interlocking is clearly visible (**Fig. 207**).

215

216

217

218

219

220

221

*Kugelblock war auch bei den Schweizer Bahnen gefragt, zwischen 1887 und 1906 wurden gegen 40 Anlagen geliefert, so in Yverdon-les-Bains (1897–1983, **Abb. 208** und **209**) sowie in Kerzers (1901–2004): in **Abb. 210** das Freigabewerk mit 16 Kurbeln und das Fabrikschild der Maschinenfabrik Bruchsal (**Abb. 211**); gut sichtbar links das rote Feld der mechanischen Fahrstrassenbelegung und oben auf der Gleistafel die in den 1950er-Jahren ergänzten gelben Weichen- und Gleisisolierungen. **Abb. 212** zeigt das obenliegende Verschlussregister, welches die feindlichen Fahrstrassenfreigaben mechanisch ausschliesst. Im Wärterstellwerk ist in **Abb. 213** die entsprechende Fahrstrasse aus dem mechanischen Auftrag des Freigabewerks (weisser Pfeil) eingestellt. Beispiele grösserer Blockanlagen sind diejenigen von SBB-Eglisau (1897–1992, **Abb. 214**) und von DB-Grünstadt (1898-2004, **Abb. 215** und **216**). Einige Bahnen blieben dem mechanischen Bahnhofsblock auch noch bei der neueren Stellwerkbauart Bruchsal I treu, wohl aus Kostengründen wie auch aufgrund der geringen Störungsanfälligkeit. **Abb. 217** zeigt das Befehlsstellwerk Lampertsmühle-Otterbach (1911–2005) in der Pfalz mit vier grünen Freigabekurbeln links und oben drei kleine runde Belegtfenster für die mechanische Fahrstrassenreihenfolge Einfahrt-Ausfahrt, welche auf den bayerischen Einfluss in Rheinland-Pfalz hindeutet. Im Wärterstellwerk (**Abb. 218**) sind die typischen Blockfeld-Paare der Fahrstrassenanforderungen ersichtlich. Die Kombination mit Bruchsal I-Stellwerken wurde auch bei den SBB in Uznach (1910–2004, **Abb. 219** und **220**) und 1912–1978 in Gümligen praktiziert (**Abb. 221**).*

*The ball block was also in demand on the Swiss railways, between 1887 and 1906 about 40 installations were delivered, e.g. in Yverdon-les-Bains (1897–1983, **Fig. 208** and **209**) as well as in Kerzers (1901–2004): in **Fig. 210** the release mechanism with 16 cranks and the factory plate of the Bruchsal machine factory (**Fig. 211**); clearly visible on the left is the red field of the mechanical track occupation and on the top of the track panel the yellow point and track circuits added in the 1950s. **Fig. 212** shows the overhead locking register, which mechanically excludes hostile track clearances. **Fig. 213** shows the corresponding route from the mechanical release of the master interlocking (white arrow). Examples of larger block installations are those of SBB-Eglisau (1897–1992, **Fig. 214**) and of DB-Grünstadt (1898–2004, **Fig. 215** and **216**). Some railways remained faithful to the mechanical station block even with the newer Bruchsal I interlocking design, probably for cost reasons as well as due to its low susceptibility to faults. **Fig. 217** shows the master interlocking Lampertsmühle-Otterbach (1911–2005) in the Palatinate with four green release cranks on the left and three small round occupancy windows at the top for the mechanical train route sequence entrance-exit, which indicates the Bavarian influence in Rhineland-Palatinate. In the dependent interlocking (**Fig. 218**), the typical block field pairs of the train path requirements can be seen. The combination with Bruchsal I interlockings was also practised at SBB in Uznach (1910–2004, **Fig. 219** and 220) and 1912–1978 in Gümligen (Fig. 221).*

Im bayerischen Franken waren auch einige mechanische Bahnhofsblockanlagen der Bauart Johann Wilhelm Spaeth (Nürnberg-Dutzendteich) im Verbund mit Stellwerken der alt-Bauart Zimmermann & Buchloh in Betrieb, u.a. auf der Strecke Nürnberg-Schwandorf. **Abb. 222** zeigt ein Kurbelwerk (1913–1995) im Bahnhof Hersbruck links Pegnitz und die dazugehörige Blockanlage im Wärterstellwerk 2 (1913–1999, **Abb. 223**). Rechts der zwei senkrechten Riegelhebel zur Verriegelung von Weichen sind drei kurbelabhängige Fahrstrassenhebel (früher Zwischenhebel) mit waagrechten Handfallen und Glocken angeordnet.

In Bavarian Franconia, some mechanical station block systems of the Johann Wilhelm Spaeth type (Nuremberg-Dutzendteich) were also in operation in combination with signal boxes of the old Zimmermann & Buchloh type, e.g. on the Nuremberg-Schwandorf line. **Fig. 222** shows a crank interlocking (1913–1995) in the station Hersbruck links Pegnitz and the corresponding block system in the station signal box 2 (1913–1999, **Fig. 223**). To the right of the two vertical lock levers for locking points are three crank-dependent route levers (formerly intermediate levers) with horizontal hand latches and bells.

Der elektro-mechanische Bahnhofsblock in Deutschland – Polen – Schweiz

Anstelle von Drahtzugleitungen zur Übertragung der Fahrstrassenfreigaben an die Wärterstellwerke werden beim elektro-mechanischen Bahnhofsblock die Freigaben mit zweiseitigen Wechselstrom-Blockfeldern (analog dem Streckenblock) oder mit Gleichstrom und entsprechenden Blocksperren durchgeführt.

The electro-mechanical station block in Germany – Poland – Switzerland

Instead of wire cables for transmitting the track clearances to the signal boxes, the clearances of the electro-mechanical station block are carried out with two-sided alternating current block fields (similar to the line block) or with direct current and corresponding block interlockings.

222

223

224

225

Wechselstrom-Bahnhofsblock

Einzelblockung Siemens & Halske
Bei der Einzelblockung wird im Befehlsstellwerk oder Freigabewerk jeder Zugfahrstrasse ein Befehlsabgabefeld zugeordnet, welches in den Wärterstellwerken dem Befehlsempfangsfeld entspricht, wie im Befehlsstellwerk If von Iserlohn (1912–1997, **Abb. 224**). Unter den elektrischen Befehlsabgabefeldern im Blockapparat ist der verbundene mechanische Teil angeordnet: Die waagrechten Fahrstrassenhebel, welche mit der Fahrstrassenschubstange die Abhängigkeit zwischen den Weichen-, Signalhebel und den Sperren der Bahnhofblockung herstellt. In kleineren Bahnhöfen kamen auch Befehlsstellen (ohne Weichen und Signale) mit Einzelblockung im Aufnahmegebäude zur Anwendung wie in Querfurt, Sachsen-Anhalt (1905–2005, **Abb. 225**) mit Befehlsab-

Alternating current station block

Individual blocking Siemens & Halske
In the case of individual blocking, a command emission field is assigned to each train route in the master interlocking or release unit, which corresponds to the command reception field in the dependent interlockings, as in the If master interlocking of Iserlohn (1912–1997, **Fig. 224**). Below the electrical command emission fields in the block apparatus, the connected mechanical part is arranged: the horizontal route levers, which establish with the route push rod the dependency between the point and signal levers and the blocking of the station. In smaller stations, master control boxes (without points and signals) with individual blocking in the reception building were also used, such as in Querfurt, Saxony-Anhalt (1905–2005, **Fig. 225**), with command release and approv-

226

227

228

gabe- und Zustimmungsfelder für zwei Wärterstellwerke. Die Form der Einzelblockung pro Fahrstrasse wurde vor allem von den norddeutschen Bahnen und später bei den Einheitsstellwerken angewendet. In Grossbahnhöfen führte die Einzelblockung zu ausgedehnten Blockanlagen, wie in den Befehlsstellwerken Lübeck Lp (1908–2003, **Abb. 226**) mit 42 und Lehrte Lpf mit 78 Blockfeldern (1895–1986, **Abb. 227**). In den Befehlsstellwerken kann die Befehlsabgabe (Freigabe) zum Wärterstellwerk erst erfolgen, wenn im eigenen Stellbereich die Voraussetzungen (richtige Stellung der Weichen, eingestellte Fahrstrasse) vorliegen und ggfs. Zustimmungen von weiteren erforderlichen Wärterstellwerken direkt an das Freigabewerk erfolgt sind; die Zustimmungen von Wärterstellwerken können auch direkt an das Signalstellwerk erfolgen (Zustimmungsabgabe- und empfang).

Die Einzelblockung kam auch in Ländern mit Siemens & Halske-Stellwerken 3414 zur Anwendung, so war sie in den Niederlanden weit verbreitet, wie im Freigabewerk (Post T) von Simpelveld (**Abb. 228** von 2010). In der oberen Reihe die Blockfelder der Einzelblockung pro Fahrstrasse und unten die entsprechen-

al fields for two dependent interlockings. The form of individual blocking per route was mainly used by the North German railways (including Prussia). In large stations, single blocking led to extensive block systems, as in the master interlockings Lübeck Lp (1908–2003, **Fig. 226**) with 42 and Lehrte Lpf with 78 block fields (1895–1986, **Fig. 227**). In the master interlockings, the command (release) to the dependent interlocking can only take place when the prerequisites (correct position of the points, set route) have been met in the own interlocking area and, if applicable, consents from other required dependent interlocking systems have been sent directly to the release mechanism; the consents from dependent interlocking systems can also be sent directly to the dependent signalling interlocking system (consent submission and receipt).

Individual blocking was also used in countries with Siemens & Halske interlockings 3414, it was widely used in the Netherlands, as in the master interlocking (Post T) of Simpelveld (**Fig. 228** of 2010). In the upper row the block fields of the single block per route and below the corresponding small release

den kleinen Freigabeknebel. Analoge Freigabewerke waren u. a. in den skandinavischen Ländern Dänemark (für S&H-, Bruchsal- und Jüdelstellwerke), Norwegen (für S&H-Stellwerke) und Schweden (für Jüdel- und Södertälje-Stellwerke) verbreitet.

Gruppenblockung Siemens & Halske (S&H)

Die Einzelblockung bei Grossanlagen erforderte erheblichen Platzbedarf und war weniger übersichtlich, so dass der Betriebsablauf dadurch verlangsamt werden konnte. Dies führte zum Konzept der Gruppenblockung, bei welchem die Befehlsabgabefelder nur noch für die Anzahl der Fahrrichtungen pro Strecke (Einfahrt und Ausfahrt) oder auch pro Gleisgruppe angeordnet wurden (nicht mehr pro mögliche Fahrstrasse und Gleis). Die Wahl der Fahrstrassen wurde unterhalb der Blockfelder mittels kleiner Knebel vor der Bedienung des Befehlsabgabefelds vorgenommen, welche die dadurch auszuschliessenden Fahrstrassen mechanisch blockierte, wie im württembergischen Sigmaringen (1932–1993, **Abb. 229**), wo das Freigabewerk der Bauart S&H mit einem Wärterstellwerk der Bauart Bruchsal G (**Abb. 230**) und einem Jüdel-Stellwerk zusammenarbeitete. Im Unterschied zum mechanischen Bahnhofsblock wirken die Stellwerkwärter bei der Fahrstrassenfestlegung (nach freigegebenem und eingestelltem Fahrstrassenhebel) sowohl bei Einfahrt und Ausfahrt aktiv mit, dies hat den Vorteil, dass eingestellte Fahrstrassenhebel vor Bedienung der Fahrstrassenfestlegungstaste bei Bedarf wieder zurückgenommen werden können, was beim mechanischen

toggles. Similar master interlockings were common in the Scandinavian countries of Denmark (for S&H, Bruchsal and Jüdel interlockings), Norway (for S&H interlockings) and Sweden (for Jüdel and Södertälje interlockings).

Group blocking Siemens & Halske (S&H)

Individual blocking on large systems required considerable space and was less clear, so that operational procedures could be slowed down as a result. This led to the concept of group blocking, where the command emission fields were only arranged for the number of directions per line (entrance and exit) or also per track group (no longer per every single route and track). The choice of routes was made below the block fields by means of small toggles in series before operating the command emission field, which mechanically blocked the routes to be excluded by this, as in Sigmaringen in Württemberg (1932–1993, **Fig. 229**), where the S&H type dependent release interlocking worked together with a Bruchsal G type dependent interlocking (**Fig. 230**) and a Jüdel interlocking. In contrast to the mechanical station block, the signalmen actively participate in route fixing (after the route lever has been released and set) both on entrance and exit, this has the advantage that set route levers can be withdrawn again, if necessary, before operating the route fixing button, which is not possible with the mechanical and the electro-mechanical Erlanger block. The train itself (via the contact with the rails) causes the route to

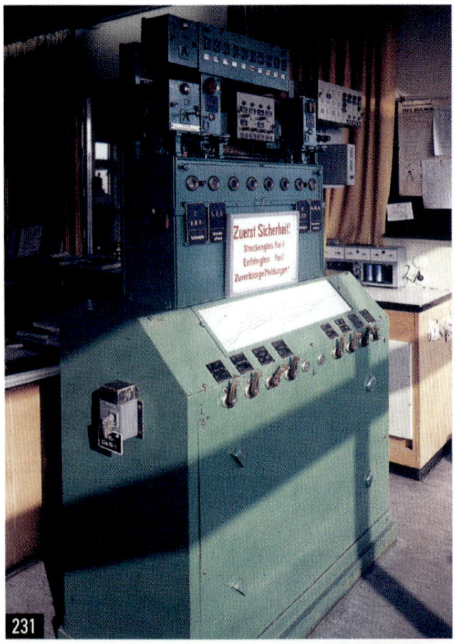

231

232

233

234

235

236

und beim elektro-mechanischen Erlanger-Block nicht möglich ist. Die Auflösung der Fahrstrasse sowohl bei Einfahrt und Ausfahrt (Entblockung Festlegefeld) erfolgt in der Regel durch den Zug (Schienenkontakt). Auch bei der späteren Inbetriebnahme von DRG-Einheitsstellwerken behielten die württembergischen und die bayerischen Bahnen vielfach die Gruppenblockung mit separaten S&H-Freigabewerken bei, so im bayerischen Obernburg-Elsenfeld (1936–1988, **Abb. 231**), im württembergischen Metzingen (1934–1988, **Abb. 232 und 233**) und im bayerischen Furth im Wald (1932–2010, **Abb. 234**), hier ohne Induktionskurbel. Im badischen Waldshut hingegen wurde der zentrale Gruppenblock mit klassischen Fahrstrassenhebeln anstelle von Knebeln ausgestaltet (1926–2001, **Abb. 235**). Bei den SBB kam zur Reduktion der Blockfelder beim Einzelblock in grossen Bahnhöfen auch eine alternative Methode zur Anwendung, indem jedem Gleis für Ein- und Ausfahrten ein Blockfeld zugeordnet und zusätzlich mit einem Richtungsfeld pro angeschlossene Strecke ergänzt wurde. Dadurch konnte die Anzahl der Fahrstrassenhebel halbiert werden. Im Wärterstellwerk 1 des Rangierbahnhofs Biel/Bienne (1916–2021, **Abb. 236**) sind die beiden roten Richtungshebel rechts gut erkennbar.

Gruppenblockung Bruchsal

Die zentrale Gruppenblockung der Bauart Bruchsal funktioniert analog derjenigen von S&H. Vor der Rückblockung des Streckenblocks durch den Stellwerkwärter nach einer Einfahrt erfolgt die Auflösung der Fahrstrasse nach der Grundstellung des Freigabeknebels, bis dann bleiben im Wärterstellwerk der Fahrstrassenhebel und der Einfahrsignalhebel (dieser in zurückgelegter Stellung) gesperrt. Die Bauart Bruchsal war bei den badischen, elsass-lothringischen, rheinland-pfälzischen, bayerischen und Schweizer Bahnen verbreitet. In Konstanz im Verbund mit einem Wärterstellwerk Bruchsal G (1928–1988, **Abb. 237** und **238**), im badischen Personenbahnhof in Basel im Verbund mit 9 Wärterstellwerken Bruchsal I (1913–1980, **Abb. 239**) und im rheinland-pfälzischen Armsheim zusammen mit Wärterstellwerken der Bauart Stahmer (1930–2007, **Abb. 240** und **241**). Die Anlagen für die bayerischen Bahnen wurden von Krauss in Lizenz u. a. für Lindau-Reutin (1912–2020), **Abb. 242** und **243**) sowie für Garching (1919–2021, **Abb. 244**) im Verbund mit Krauss G-Stellwerken geliefert. In der Schweiz kamen die Bruchsal-Freigabewerke ebenfalls zur breiten Anwendung, so in Sursee (1913–2002, **Abb. 245**), in Moutier (1915–2001, **Abb. 246**) und als Grossanlage mit zwei Apparaten in Olten (1904–1980, **Abb. 247, 248** und **249**).

be cancelled when entering and leaving (unblocking the fixing field). Even with the later commissioning of DRG standard interlockings, the Württemberg and Bavarian railways often retained group blocking with separate S&H master interlockings, e. g. in Obernburg-Elsenfeld in Bavaria (1936–1988, **Fig. 231**), in Metzingen in Württemberg (1934–1988, **Fig. 232** and **233**) and in Furth im Wald in Bavaria (1932–2010, **Fig. 234**), here without induction crank. In Waldshut in Baden, on the other hand, the central group block was designed with classic route levers instead of toggles (1926–2001, **Fig. 235**). SBB also used an alternative method to reduce the number of block fields for individual blocks in large stations by assigning a block field to each track for entrances and exits and additionally adding a direction field for each connected line. This enabled the number of route levers to be halved. In dependent interlocking 1 of the Biel/Bienne marshalling yard (1916–2021, **Fig. 236**), the two red direction levers on the right are easily recognisable.

Group blocking Bruchsal

The central group blocking of the Bruchsal type works similar to that of S&H. Before the line block is blocked back by the signalmen after an entrance, the route is released after the basic position of the release toggle, until then the route lever and the home signal lever (the latter in returned position) remain blocked in the dependent signal box. The Bruchsal type was common on the Baden, Alsace-Lorraine, Rhineland-Palatinate, Bavarian and Swiss railways. In Konstanz in combination with a dependent interlocking Bruchsal G (1928–1988, **Fig. 237** and **238**), in the Baden passenger station in Basel in combination with 9 dependent interlocking Bruchsal I (1913–1980, **Fig. 239**) and in Armsheim in Rhineland-Palatinate together with dependent interlocking Stahmer (1930–2007, **Fig. 240** and **241**). The systems for the Bavarian railways were supplied by Krauss under licence for Lindau-Reutin (1912–2020, **Fig. 242** and **243**) and for Garching (1919–2021, **Fig. 244**) in combination with Krauss G interlockings. Bruchsal master interlockings were frequently used in Switzerland, e. g. in Sursee (1913–2002, **Fig. 245**), in Moutier (1915–2001, **Fig. 246**) and as a large-scale installation with two apparatus in Olten (1904–1980, **Fig. 247, 248** and **249**).

237

238

239

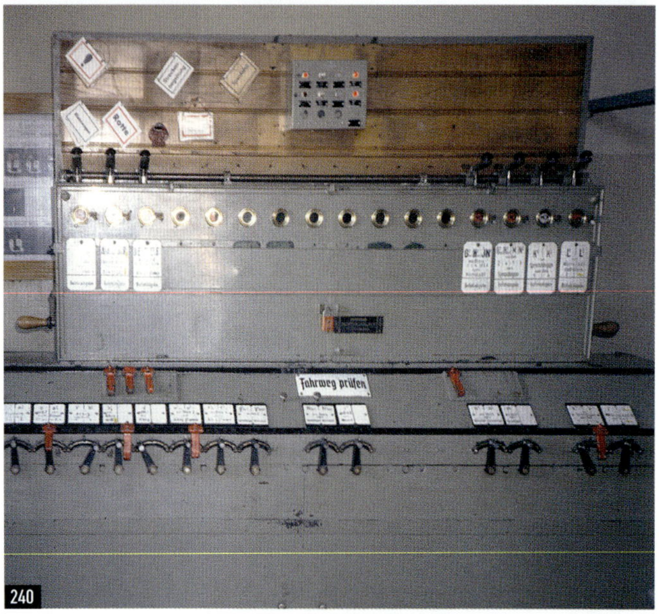

240

241

242

243

244

245

246

247

248

249

Gruppenblockung Hasler

Bei den SBB wurde die Hasler AG ab 1909 Hauptlieferant von Stations- und Streckenblockanlagen und lieferte bereits 1914 ein Freigabewerk für den Bahnhof Bern. Im Unterschied zu den S&H-/Bruchsal-Freigabewerken sperrt sich bei Einfahrten im Wärterstellwerk der Fahrstrassenhebel selbsttätig (ohne Festlegefeld) und gibt den Signalhebel direkt frei, dagegen wirkt die Befehlsstelle bei der Auflösung der Fahrstrassen bei Einfahrten (mit Entblockung des Freigabeempfangsfeldes) mit. Die letzte Anlage der SBB war von 1918–1990 in Gossau (**Abb. 250**) in Betrieb.

Einzel- und Gruppenblockung Jüdel

Einige Standard-Freigabewerke der SBB wurden von der Firma Jüdel zusammen mit den entsprechenden Wechselstromblockfeldern geliefert. Sie funktionierten analog den S&H/Bruchsal-Freigabewerken. Repräsentative Beispiele waren in den Bahnhöfen von Rorschach (1902–1983, **Abbildung 251**, Gruppenblockung) und von Zofingen (1913–1982, **Abb. 252** und **253**, Einzelblockung) in Betrieb.

Gruppenblockung Jüdel – der halbautomatische ‹Erlanger Block›

Dem sog. ‹Erlanger› Block lag wie beim mechanischen Bahnhofsblock die Überlegung zugrunde, dass der zentrale Fahrdienstleiter den Prozess der Fahrstrassenfreigaben und -auflösungen allein bedient und überwacht, während der Stellwerkwärter in zwingender Folge die Weichen, Fahrstrassenhebel und Signale betätigt. Die Fahrstrassenhebel und Signale lassen sich nur bei Freigabe durch den Fahrdienstleiter bewegen und verschliessen sich automatisch sowohl in der umgelegten Stellung wie auch zurück in der Grundstellung. Im nordöstlichen Bayern fand der Erlanger Block weite Verbreitung, so war in Wunsiedel-Holenbrunn ein originales Freigabewerk in Lizenz Fa. Nöll & Cie in Betrieb (1914–1997, **Abb. 254**). Die Wahl und Freischaltung einer Fahrstrasse an das Wärterstellwerk erfolgte durch vertikale Einstellung des kleinen Knebels unter dem Blockwerk und durch anschliessende Betätigung der entsprechenden Gruppenfreigabetaste (Befehlsabgabe) oben am Blockwerk. Im Wärterstellwerk (**Abb. 255**) ist der links des Streckenblockkastens für den Erlanger Block charakteristische tiefere und langgezogene Bahnhofsblockkasten angeordnet. Langgezogen daher, weil pro Fahrstrasse zwei Blocksperrfelder notwendig sind, welche dem Wärter die wechselseitigen Zustände von Freigabe und Rückgabe der Fahrstrasse (rot – weiss) anzeigen. Im Stellwerk 1 von Plattling (1904–2000, **Abb. 256** und **257**) wurde 1945 das Freigabewerk vom kriegsgeschädigten Aufnahmegebäude integriert, es wurde dadurch

Group blocking Hasler

At the SBB, Hasler AG became the main supplier of station and line blocking systems from 1909 and supplied a master interlocking for Bern station as early as 1914. Unlike the S&H/Bruchsal master interlockings, the route lever in the signal boxes automatically blocks itself (without a fixed field) when it is entering a station and directly releases the signal lever. Whereas the master station is involved in the cancellation of the routes (unblocking of the release receipt field). The last SBB plant was in operation from 1918–1990 in Gossau (**Fig. 250**).

Individual and group blocking Jüdel

Some standard SBB master interlockings were supplied by the Jüdel company together with the corresponding AC block fields. They operated similar to the S&H/Bruchsal master interlocking. Representative examples were in operation in the stations of Rorschach (1902–1983, **Fig. 251**, group blocking) and of Zofingen (1913–1982, **Fig. 252** and **253**, individual blocking).

Jüdel group blocking – the semi-automatic 'Erlanger Block'

As with the mechanical station block, the so-called 'Erlanger' block was based on the idea that the central stationmaster alone operates and monitors the process of releasing the tracks, while the signalmen operate the points, route levers and signals in mandatory sequence. The route levers and signals can only be moved when released by the stationmaster and lock automatically both in the down position and back in the home position. The Erlangen block was widely used in north-eastern Bavaria, and an original master interlocking was in operation in Wunsiedel-Holenbrunn under licence from Nöll & Cie (1914–1997, **Fig. 254**). The selection and release of a route to the dependent interlocking was done by vertically adjusting the small toggle under the block mechanism and then pressing the corresponding group release button (command release) at the top of the block mechanism. In the dependent interlocking (**Fig. 255**), the deeper and extended station block box characteristic of the Erlangen block is located to the left of the track block box. Extended because two blocking fields are necessary per route, which indicate to the signalman the alternating states of release and return of the route (red – white). In 1945, the master interlocking of the war-damaged reception building was integrated into Plattling's interlocking 1 (1904–2000, **Fig. 256** and **257**), which functionally became a master interlock-

250

251

252

253

254

255

256

257

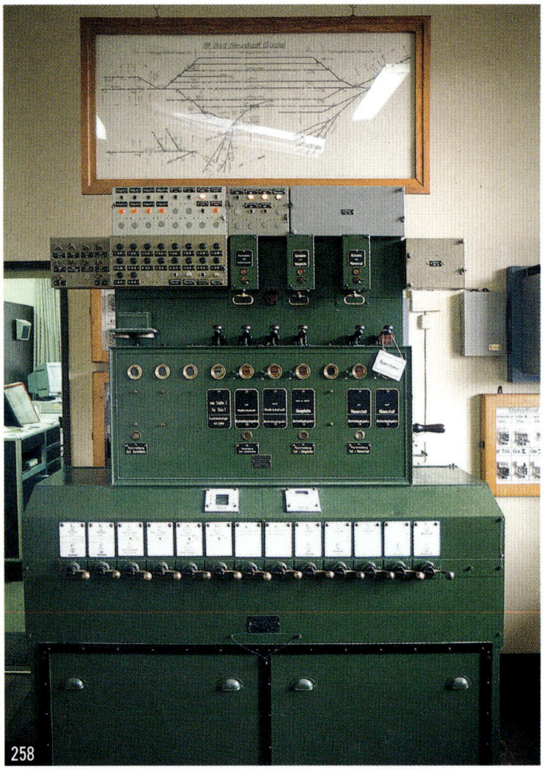
258

259

260

261

263

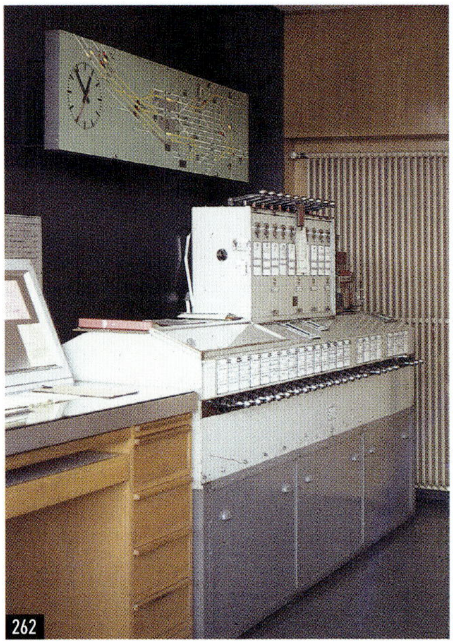
262

264

265

266

267

funktional zum Befehlsstellwerk nach norddeutschem Muster. Die Fa. Nöll & Cie lieferte in Bad Neustadt (Saale) in Lizenz ein Freigabewerk der Bauart Jüdel (1923–1994, **Abb. 258** und **259**) und für das Wärterstellwerk Bauart Vögele den Erlanger Block (**Abb. 260**). Eine gut erhaltene Anlage war auch in Würzburg Rbf anzutreffen: das Wärterstellwerk Wrw (1924–2010, **Abb. 261**), ebenfalls mit dem tieferen Kasten des Erlanger-Bahnhofsblocks (ohne Fahrstrassenfestlegungen). Der Erlanger Block gelangte auch bei der Ostschweizer Kreisdirektion III der SBB zu Ehren. Die Anlage im Bahnhof Wil (1916–2011) mit dem Freigabewerk (**Abb. 262**) und dem langgezogenen Bahnhofsblock im Wärterstellwerk (**Abb. 263**) ist praktisch 1:1 mit derjenigen in Wunsiedel-Holenbrunn vergleichbar. Der Erlanger Block wurde auch für Grossanlagen wie das Freigabewerk in St. Gallen HB (1911–1994, **Abb. 264**) und in Romanshorn (1913–2003, Wärterstellwerk II, **Abb. 265**) verwendet.

Gleichstrom-Bahnhofsblock

Bayerische Gruppenblockung

In Bayern wurde 1920 der erste Gleichstrom-Bahnhofsblock in Betrieb genommen. Der Gleichstrom wird von einer Akkumulatorenbatterie gespiesen, induktive Stromgeberkurbeln wurden nicht mehr benötigt. In kleineren Bahnhöfen wie in Moosburg (1928–2007, **Abb. 266**) wurde das Mittelstellwerk (Bauart Bruchsal I, Lizenz Krauss) als Befehlsstellwerk ausgestaltet: Die Einstellung eines Fahrstrassenhebels bewirkt zugleich eine Freigabe an das Wärterstellwerk, welche dort mit einer Farbscheibe (**Abb. 267**) und Wechsel von rot auf

ing according to the North German model. In Bad Neustadt (Saale), Noell & Cie supplied under licence a Jüdel-type master interlocking (1923–1994, **Fig. 258** and **259**) and the Erlangen block for the Vögele-type signal box (**Fig. 260**). A well-preserved system was also found at Würzburg Rbf: the dependent interlocking Wrw (1924–2010, **Fig. 261**) with the lower box of the Erlangen station block (without route fixing fields). The Erlangen block was also honoured by the SBB's Kreisdirektion III in Eastern Switzerland. The layout at Wil station (1916–2011) with the master interlocking (**Fig. 262**) and the extended station block in the depot interlocking (**Fig. 263**) is practically 1:1 comparable with that at Wunsiedel-Holenbrunn. The Erlangen block was also used for large installations such as the master interlocking in St. Gallen HB (1911–1994, **Fig. 264**) and in Romanshorn (1913–2003, dependent interlocking II, **Fig. 265**).

Direct current station block

Bavarian group blocking

In Bavaria, the first direct current station block was put into operation in 1920. The direct current is fed by an accumulator battery, inductive current generator cranks were no longer needed. In smaller stations like Moosburg (1928–2007, **Fig. 266**), the central interlocking (type Bruchsal I, licence Krauss) was designed as a master interlocking: the setting of a route lever simultaneously causes a release to the dependent interlocking, which is indicated there with a coloured disc (**Fig. 267**) and change from red

268

269

271

270

272

273

weiss angezeigt wird. Dadurch wird der entsprechende Fahrstrassenhebel freigeschaltet und nach erfolgter Einstellung der Fahrstrasse wieder durch eine Gleichstromsperre festgelegt. Die Auflösung der Einfahrten erfolgt nach Feststellung des Zugschlusses durch den Wärter oder den Fahrdienstleiter mit Auflösetaste. Besonders eindrückliche Beispiele mechanischer Befehlsstellwerke (Bauart Jüdel) mit dem Gleichstrom-Bahnhofsblock sind Stw 2 von Nördlingen (1929–2024), **Abb. 268**) und Wraf von Würzburg Rbf (1924–2004, **Abb. 269**). Beachtenswert sind dabei auch die roten Schalter der mechanischen Fahrstrassenbelegtanzeige (bei fehlenden Gleisstromkreisen). Bei beginnenden Zügen muss die Belegtsperre mittels der wie S&H 1912 aussehenden Drehschalter aktiviert werden, um die Ausfahrsignale freizugeben, gleichzeitig wurden damit auch die Einfahrsignalhebel zur Verhinderung einer Einfahrt gesperrt. Bei Bahnhöfen mit reinen Befehlsstellen im Aufnahmegebäude kamen auch Freigabewerke der Bauart VES 1912 mit Farbscheiben zur Anwendung, so in Roding im Verbund mit korrespondierenden Blockfeldern in zwei mechanischen Einheitsstellwerken (1939–1994, **Abb. 270** und **271**). In Simbach war von 1943–1989 ein VES 1912-Freigabewerk (**Abb. 272**) mit ebenfalls korrespondierender Farbscheibenüberwachung im Wärterstellwerk (**Abb. 273**) in Betrieb.

Badische Gruppenblockung

Bereits ab 1893, also einige Zeit vor Bayern, entwickelte Bruchsal einen Gleichstrom-Bahnhofsblock, welcher in einigen Bruchsal G-Anlagen gebaut wurde, ab 1926/28 kam eine verbesserte Version für die Bahnhöfe Bruchsal und Tuttlingen im Verbund mit Bruchsal I-Stellwerken als Bauform L zur Anwendung.

Als Bauform M wurde die nachträgliche Umrüstung von Bruchsal I-Stellwerken mit dem Gleichstrom-Bahnhofsblock und elektrischer Signalsteuerung bezeichnet, die letzte Anlage mit 3 Stellwerken war in Schwetzingen bis 1977 in Betrieb. Vor dem Hintergrund, dass der bayerische Stellwerkhersteller Krauss die Bruchsal-Stellwerke in Lizenz gebaut hat, ist nicht auszuschliessen, dass sich Baden und Bayern bei der Entwicklung des Gleichstrom-Bahnhofsblocks gegenseitig inspiriert haben. Im Unterschied zu Bayern hat er aber in Baden weniger Verbreitung gefunden.

Wechselstrom-/Gleichstrombahnhofsblock

Sächsische Gruppenblockung

In Sachsen ist der Bahnhofsblock mit Ausnahme der Gruppenblockung von Beginn weg eigene Wege gegangen. Das gründete im Umstand, dass das Sicherungswesen nicht wie bei den meisten Bahnen in der Verant-

to white. This releases the corresponding route lever and, once the route has been set, it is fixed again by a DC block. The release of the entries is done with a release button after the signalman or the stationmaster determines the end of the train. Particularly impressive examples of mechanical master interlockings (Jüdel type) with the DC station block are Stw 2 of Nördlingen (1929–2023), **Fig. 268**) and Wraf of Würzburg Rbf (1924–2004, **Fig. 269**). Also worth noting are the red switches of the mechanical track occupancy indicator (in the absence of track circuits). Whenever trains start from a station, the occupancy indicator must be activated by means of the rotary switches that look like S&H 1912 in order to release the starting signals; at the same time, the home signal levers were also locked to prevent entry. In stations with exclusive master control boxes in the reception building, VES 1912 type master interlockings with coloured discs were used, as in Roding in combination with corresponding block fields in two mechanical standard interlockings (1939–1994, **Fig. 270** and **271**). In Simbach, a VES 1912 master interlocking (**Fig. 272**) was in operation from 1943–1989 with corresponding coloured disc monitoring in the dependent interlocking (**Fig. 273**).

Baden group blocking

As early as 1893, some time before Bavaria, Bruchsal developed a DC station block, which was built in some Bruchsal G systems. From 1926/28, an improved version was used for the Bruchsal and Tuttlingen stations in combination with Bruchsal I interlockings as type L. The retrofitting of Bruchsal I interlockings with the DC station block and electric signal control was referred to as type M.

The last M-system with 3 interlockings was in operation in Schwetzingen until 1977. In view of the fact that the Bavarian interlocking manufacturer Krauss built the Bruchsal interlockings under licence, it cannot be ruled out that Baden and Bavaria inspired each other in the development of the DC station block. In contrast to Bavaria, it was less widespread in Baden.

AC/DC station block

Saxon group blocking

In Saxony, the station block, with the exception of the group blocking, went its own way from the beginning. This was due to the fact that the safety system was not the responsibility of the civil engiwortung des Bauingenieurs lag, sondern von Anfang an in den Händen des Maschinen- und Elektroingenieurs. Dies führte im Vergleich zum Einheits-Wechselstromblock zu einer wesentlichen Abkehr vom Prinzip der wechselseitigen Blockfelder hin zu vorwiegend einseitig wirkenden Gleich- und Wechselstromschaltungen. Anderseits sind die Fahrstrassenhebel der Wärterstellwerke im sächsischen Bahnhofsblock in der Grundstellung frei, d. h. nicht unter zentraler Kontrolle des Fahrdienstleiters und können so flexibel auch für die Sicherung der Weichen bei Rangierfahrten genutzt werden. Eine Fahrstrasseneinstellung im Wärterstellwerk zu Rangierzwecken durfte jedoch nicht mit den Signalhebeln (wie sonst die Regel) automatisch oder durch Bedienung des Fahrstrassenfestlegefeldes freischalten, daher wurde zur Freigabe des Signalhebels ein separater Signalverschluss (Blocksperre mit Signalfestlegefeld) notwendig. Zu den ersten Freigabeeinrichtungen, noch Zustimmungskontakte genannt, gehörte das System ‹Ulbricht›, hier am Beispiel vom Befehlskurbelwerk Neusalza-Spremberg (1900–2003, **Abb. 274**). In einem grünen Schaltkasten konnten mit Schlüssel je 2 Fahrstrassen freigegeben werden, die Übertragung an die Wärterstellwerke erfolgte mit über dem dortigen Blockkasten angeordneten Klingelzeichen (**Abb. 275**). In Pockau-Lengefeld war bereits die für sächsische Bahnhöfe übliche Anordnung vorhanden (bis 2006, **Abb. 276, 277** und **278**): Befehlsstelle System Ulbricht draussen auf der Bahnsteigseite, im Telegraphenraum der Blockkasten für die Signalfreigaben (Befehlsabgaben) und Fahrstrassenauflösungen und im Wärterstellwerk 1 die grünen Fahrstrassen- und die roten Signalverschlusshebel zur Signalfreigabe. Für grössere Bahnhöfe wurde die Anzahl der grünen Schaltkasten bald einmal unübersichtlich und schaltungsmässig kompliziert, daraus entstand ein elektro-mechanisches Befehls- bzw. Freigabewerk wie in Wilthen (bis 2008, Abb. 279), welches kleine elektrische Drehschalter zur Freigabe der Einfahrten (grün) und Ausfahrten (rot) aufwies, deren Relais mit einem mechanischen Verschlussregister zum Ausschluss feindlicher Fahrstrassen gekuppelt waren. Die Übertragung der Freigabe ins Wärterstellwerk erfolgte ebenfalls per Klingelzeichen. Nach Einstellung des grünen, senkrechten Fahrstrassenhebels **(Abb. 280)** und Bedienung des Fahrstrassenfestlegefeldes sowie dessen Übermittlung per Klingelzeichen in die Telegraphendienststelle im Aufnahmegebäude, blockte diese das Signalfreigabefeld (Befehlsabgabe), dadurch wurde das Signalfestlegefeld im Wärterstellwerk entblockt und damit die für die Jüdel alt-Stellwerkbauart 6000 typischen senkrechten, roten Signalverschlusshebel freigegeben. Erst danach konnte der normale Ausfahrsignalhebel bedient werden.

neer, as was the case with most railways, but was in the hands of the machine and electrical engineer from the very beginning. Compared to the standard AC block, this led to a significant departure from the principle of alternating block fields to predominantly unidirectional DC and AC circuits. On the other hand, the route levers of the dependent interlockings in the Saxon station block are free in the home position, e. g. not under central control of the stationmaster, and can be used flexibly for securing the points during shunting movements. However, a track setting in the dependent interlocking for shunting purposes was not allowed to release the signal lever (as was otherwise the rule) automatically or by operating the track fixing field, so a separate signal locking lever (block interlocking with signal fixing field) was necessary to release the signal lever. One of the first enabling devices, still called enabling contacts, was the 'Ulbricht' system, here exemplified by the Neusalza-Spremberg command crank mechanism (1900–2003, **Fig. 274**). In a green switch box, 2 routes each could be released with a key, the transmission to the dependent interlockings took place with bell signals arranged above the block box there (**Fig. 275**). In Pockau-Lengefeld, the usual arrangement for Saxon railway stations was already in place (until 2006, **Fig. 276, 277** and **278**): Ulbricht system master control box outside on the platform side, in the telegraph room the block box for signal releases (command releases) and route releases and in the dependent interlocking 1 the green route and the red signal locking levers for signal release. For larger stations, the number of green switchboxes soon became confusing and complicated in terms of circuitry, resulting in an electro-mechanical command or release system as in Wilthen (until 2008, **Fig. 279**), which had small electrical rotary switches for releasing the entrances (green) and exits (red), the relays of which were coupled with a mechanical locking register to exclude hostile routes. The transmission of the release to the dependent interlocking was also done by bell signal. After setting the green, vertical route lever (**Fig. 280**) and operating the route fixing field and transmitting it by bell signal to the telegraph office in the reception building, the latter blocked the signal release field (command release), thereby, unblocking the signal fixing field in the dependent interlocking and, thus, releasing the vertical, red signal locking levers typical of the Jüdel alt interlocking type 6000. Only then could the normal exit signal lever be operated.

274

275

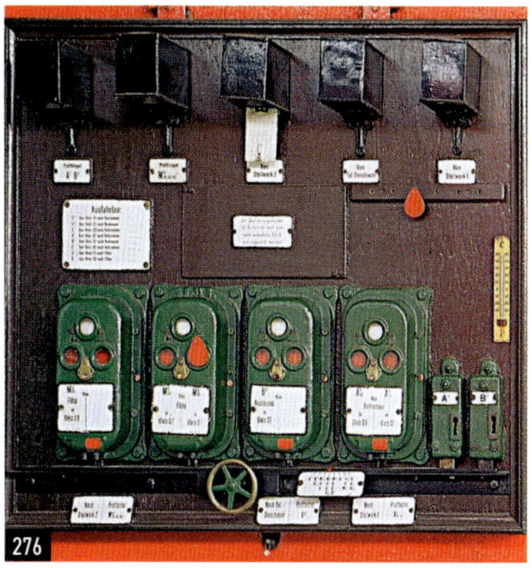
276

277

278

279

280

281

282

283

284

285

286

287

Mit den Schaltungen von ‹Möllering› erreichte der sächsische Bahnhofsblock schliesslich schrittweise seine ausgereifte Form. Ziel war die komplette Eliminierung der Blockfelder, um die Bedienung zu vereinfachen. Im Bahnhof Nossen wurde das weiterentwickelte Freigabewerk errichtet (1907, **Abb. 281**). Ein wichtiger Schritt war der Ersatz der Klingelzeichen durch optische Auftragsmelder (**Abb. 282**) wie im Wärterstellwerk 1 (einzustellende Fahrstrasse A27) ersichtlich. Die Bahnhofsorganisation war noch klassisch: Das Freigabewerk im Vorbau des Bahnsteigs 1 u. a. zur optischen Fahrwegprüfung, der Telegraphenraum zur Entblockung der Signalfreigabe und Fahrstrassenauflösung (**Abb. 283**) und das Wärterstellwerk

With the circuits of 'Möllering', the Saxon station block finally reached its mature form step by step. The aim was to completely eliminate the block fields in order to simplify operation. The further developed master interlocking was built at Nossen station (1907, **Fig. 281**). An important step was the replacement of the bell signals by optical order indicators (**Fig. 282**) as can be seen in the dependent interlocking 1 (route A27 to be set). The station organisation was still classical: the master interlocking in the front of platform 1 for, among other things, optical route checking, the telegraph room for unblocking signal release and route unblocking (**Fig. 283**), and the dependent interlocking for point, route, signal and line

288

289

zur Weichen-, Fahrstrassen-, Signal- und Streckenblockbedienung (**Abb. 284**). Sind mehrere Stellwerke an der Fahrstrassenbildung beteiligt, erhält das erste zustimmende Stellwerk über den Auftragsmelder vom Fahrdienstleiter den Auftrag. Hat dieses Stellwerk die Zustimmungsabgabe geblockt, leuchtet der Auftrag beim nächsten Stellwerk auf. Sämtliche Blockvorgänge erfolgen durch einfaches Niederdrücken der Blocktasten. Im Befehlsstellwerk B2 von Zittau wurden schliesslich das Freigabewerk und das Blockwerk (Signalfreigabe und Fahrstrassenauflösung) im selben Raum zusammengeführt (1910–2017, **Abb. 285** und **286**). In Glauchau (bis 2003, **Abb. 287**) war das Freigabewerk in Form des VES 1912-Apparats in Betrieb. Eine besondere Grossanlage bildete das Befehlsstellwerk B5 von Chemnitz Hbf mit ebenfalls einem Freigabewerk Bauart VES 1912 (1936–2011, **Abb. 288**) mit den grünen und roten Freigabeschaltern sowie dem Wärterstellwerk W6 im selben Raum (1906–2011, Jüdel 6000, **Abb. 289**) mit 27 senkrechten Fahrstrassen- und 4 roten Signalverschlusshebeln. Oben sind die zahlreichen Auftragsmelder angeordnet.

block operation (**Fig. 284**). If several interlockings are involved in the formation of the route, the first consenting interlocking receives the order from the stationmaster by the order annunciator. If this interlocking has blocked the consent, the order lights up at the next interlocking. All blocking operations are carried out by simply pressing down the block buttons. In the B2 master interlocking of Zittau, the master interlocking and the blocking (signal release and route resolution) were finally combined in the same room (1910–2017, **Fig. 285** and **286**. In Glauchau (until 2003, **Fig. 287**), the master interlocking was in operation in the form of the VES 1912 apparatus. A special large installation was the master interlocking B5 of Chemnitz Hbf with a release mechanism type VES 1912 (1936–2011, **Fig. 288**) with the green and red release switches as well as the dependent interlocking W6 in the same room (1906–2011, Jüdel 6000, **Fig. 289**) with 27 vertical route and four red signal locking levers. The numerous order indicators are arranged above.

Der halb-automatische sächsische Bahnhofsblock

*Die fortgeschrittenste automatisierte Blockform war in den Befehlsstellwerken von Dresden-Neustadt (1906–2008, B6, **Abb. 290**) in Betrieb: Die Blockfelder sind entfallen, die Zustimmungen der Wärterstellwerke erfolgen nach dem Umlegen des Befehlsschalters gleichzeitig, die Zustände und Rückmeldungen werden mit Glühlampen angezeigt. Nach der Zugfahrt stellt der Wärter das Signal auf Halt und blockt das Signalfestlegefeld. Der Fahrdienstleiter legt den Befehls-*

The semi-automated Saxon station block

*The most advanced automated block form was in operation in the master interlockings of Dresden-Neustadt (1906–2008, B6, **Fig. 290**): the block fields are omitted, the consents of the dependent interlockings are given simultaneously after turning the command switch, the states and feedbacks are indicated by incandescent lamps. After the train movement, the signalman sets the signal to stop and blocks the signal fixing field. The stationmaster*

290

291

*schalter zurück. Durch die Rücknahme des Befehls werden bei allen Wärtern die Fahrstrassen- bzw. Zustimmungsfelder entblockt. Die Grundstellung der Anlage ist wiederhergestellt. Konsequenterweise entfallen dadurch auch die roten Signalverschlusshebel bei der Jüdel alt-Bauart 6000 (**Abb. 291**).*

Der elektro-mechanische Bahnhofsblock (Gruppenblockung) in Österreich-Ungarn

Die Bahnhofsblockung im Einzugsgebiet der österreichisch-ungarischen Monarchie basiert auch auf dem Prinzip der Gruppenblockung. Im Unterschied zu den Gruppenblockungen in Süddeutschland und der Schweiz sind Gruppenblockfelder nicht nur im Freigabewerk pro Strecke und Richtung angeordnet, sondern auch in den Wärterstellwerken, was zu einer sehr schlanken und übersichtlichen Anordnung beiträgt. Charakteristisch ist zudem, analog der sächsischen Praxis, dass die Befehlsabgabefelder nicht auf die Fahrstrassenhebel, sondern auf die Signalhebel wirken bzw. Gruppen-Signal-Festlegefelder freigeben. Die Fahrstrassenhebel sind daher frei und können auch zur Sicherung von Rangierfahrten genutzt werden. Schliesslich wurde die Verantwortung für den Streckenblock dem Fahrdienstleiter übertragen, so dass das Anfangsfeld des Felderblocks (Vorblockung) in den Bahnhofsblock integriert ist, d. h. an der Befehlsabgabe an das Wärterstellwerk (Signalfreigabe) ist gleichzeitig auch die Vorblockung des Streckenblocks gekoppelt. Eine wiederholte Signalfreigabe kann daher erst nach der Entblockung des Anfangsfeldes beim Fahrdienstleiter durch die nächste Blockstelle erfolgen.

*resets the command switch. By resetting the command, the route or consent fields are unblocked for all signalmen. The home position of the system is restored. Consequently, the red signal locking levers on the Jüdel old type 6000 are also omitted (**Fig. 291**).*

The electro-mechanical station block (group blocking) in Austria-Hungary

Station blocking in the area covered by the Austro-Hungarian Monarchy is also based on the principle of group blocking. In contrast to the group blocking in Southern Germany and Switzerland, group block fields are not only arranged in the master interlocking per line and direction, but also in the dependent interlocking, which contributes to a very lean and clear arrangement. It is also characteristic, similar to the Saxon practice, that the command emission fields do not act on the route levers but on the signal levers or release group signal fixing fields. Therefore, the route levers are free and can also be used to secure shunting movements. Finally, the responsibility for the line block was transferred to the stationmaster so that the initial field of the field block (pre-blocking) is integrated into the station block, e. g. the pre-blocking of the line block is simultaneously coupled to the command to the dependent interlocking (signal release). Therefore, a repeated signal release can only take place after the unblocking of the initial field at the stationmaster by the next block station.

292

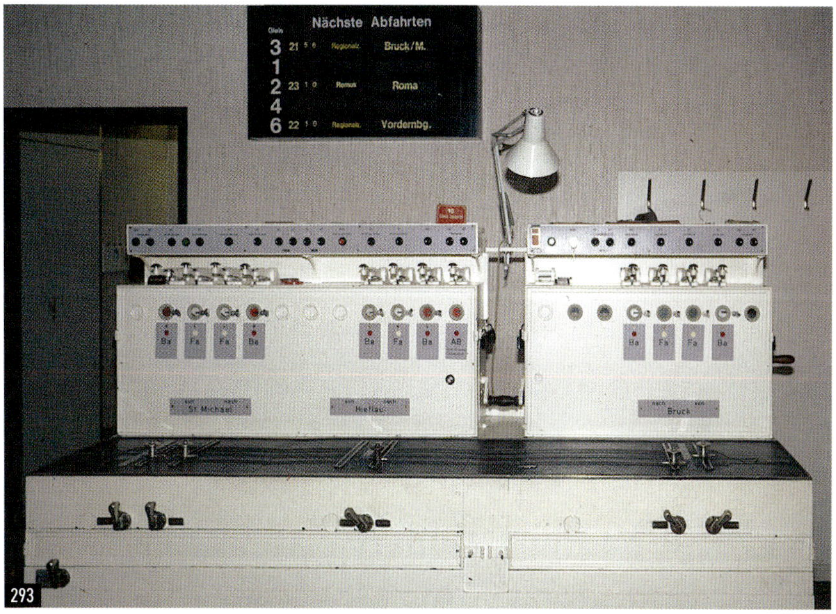

293

Der Rank-Schubknopfapparat – das kommunikativste Freigabewerk

*Oberingenieur Georg Rank (1855–1938), damaliger Leiter der Abteilung Signal-, Melde- und Schwachstromanlagen des Eisenbahnministeriums, brachte 1891 ein Freigabewerk zur Anwendung, welches eine weite Verbreitung innerhalb der Monarchie erfahren sollte und die frühen Reihen-Knebelfreigabewerke, welche mit 100-150 Fahrstrassen an die Grenze der Übersichtlichkeit gelangten, ablöste. Der Rank-Schubknopf-Apparat zeichnet sich gegenüber allen anderen Knebel-Freigabewerken durch seine kompakte und übersichtliche Bauart (3175) aus (**Abb. 292** von 1986 in Vordernberg). Horizontal ist das Gleisbild für die Zugfahrten dargestellt, auf welchem für jede Bahnhofshälfte ein sog. Schubknopf für die Gleiswahl ersichtlich ist. Nach der Gleiswahl wird mittels der vorne darunter angeordneten Knebel die Fahrrichtung (Einfahrt oder Ausfahrt) eingestellt, dadurch werden alle feindlichen Fahrstrassen mechanisch ausgeschlossen. Anschliessend erfolgt mit der Blockung des Befehlsabgabefeldes an das Wärterstellwerk die Freigabe des entsprechenden Signalhebels. **Abb. 293** zeigt 1986 das Freigabewerk 3175 für den mittelgrossen Bahnhof Leoben. Für Doppelspurstrecken sind zwei Knebel pro Richtung (St. Michael und Bruck) vorhanden, pro Richtung sind nur zwei Befehlsabgabefelder notwendig (Einfahrt und Ausfahrt). Entsprechend sind im Wärterstellwerk auch nur zwei Befehlsempfangsfelder vorhanden (**Abb. 294**). Im Bahnhof Bludenz führte bis 1981 noch die ältere Bauart 3174 das Zepter (**Abb. 295** von 1979) wie auch im slowenischen Maribor Studenci (**Abb. 296**, SBW 500), deren Knebel ihre Abstammung vom S&H-3414-Stellwerk nicht kaschieren können. Der Rank-Schubknopf-Apparat hat durch seine*

The Rank apparatus – the most communicative master interlocking device

*Chief engineer Georg Rank (1855–1938), then head of the signalling, messaging and low-current systems department of the Ministry of Railways, introduced a master interlocking system that was to become widely used throughout the Monarchy and replaced the early series of toggle release systems, which had reached the limit of clarity with 100–150 routes. The Rank shifting release interlocking apparatus is distinguished from all other toggle release interlockings by its compact and clear design (**Fig. 292** from 1986 in Vordernberg). The track diagram for the train movements is shown horizontally, on which a so-called push button for track selection is visible for each station half. After track selection, the direction of travel (entrance or exit) is set by means of the toggles located at the front below, thereby, mechanically excluding all hostile routes. Subsequently, the blocking of the command emission field to the dependent interlocking releases the corresponding signal lever. **Fig. 293** shows the master interlocking 3175 for the medium sized station Leoben in 1986. For double track lines there are two toggles per direction (St. Michael and Bruck), only two command emission fields are necessary per direction (entry and exit). Accordingly, there are also only two command receiving fields in the dependent interlocking (**Fig. 294**). In Bludenz station, the older 3174 type was still in charge until 1981 (**Fig. 295** from 1979), as was in Studenci in Maribor, Slovenia (**Fig. 296**, SBW 500), whose toggles cannot conceal their descent from the S&H 3414 interlocking. The Rank shifting interlocking apparatus has found widespread use in the multilingual monarchy*

294

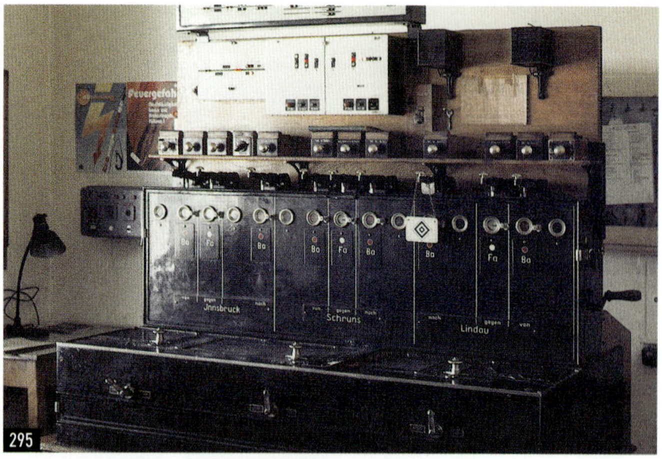

295

296

297

298

*leicht verständliche Bedienungsweise weite Verbreitung in der vielsprachigen Monarchie gefunden und auch die Betriebsabwicklung in Grossbahnhöfen wesentlich erleichtert. Das zeigt der eindrückliche Grossapparat 3175 im slowakischen Rangierbahnhof Žilina (**Abb. 297**). In Ungarn war ein besonders gut erhaltenes Exemplar für einen mittleren Bahnhof noch 2022 in Pápa zu bestaunen (**Abb. 298**).*

*due to its easy-to-understand operation and has also considerably facilitated the handling of operations in large stations. A respective impressive example was the big apparatus of the marshalling yard Žilina (**Fig. 297**) for Slovakia. In Hungary, a particularly well-preserved example for a medium-sized station could still be marvelled at in Pápa in 2022 (**Fig. 298**).*

299

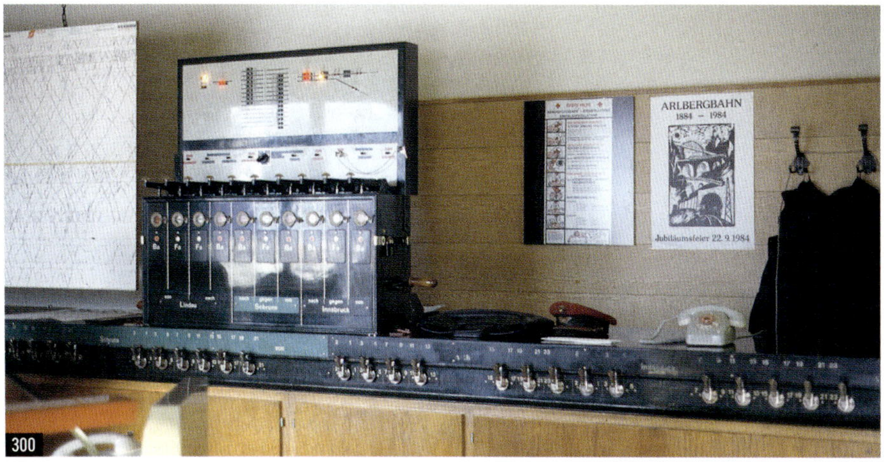

300

301

302

Weite Verbreitung hat auch die Bauform des einreihigen Knebel-Freigabewerks gefunden (analog den Freigabewerken für die süddeutschen Bahnen und die Schweiz). Nach den ersten Bauformen 3178/3179 von S&H, u.a. auf der Kaiser Ferdinands-Nordbahn (Wien–Krakov, Břeclav–Brno), kamen vor allem in der Nachkriegszeit die Bauform und Schieberkasten des mechanischen Standardstellwerks 5007 zum Zug. Ein Beispiel für einen kleineren Bahnhof stellt 2011 **Abb. 299** von Gmunden dar. In **Abb. 300** erstrahlt in Bludenz ein 1981 aufgrund von Umbauten neu erstelltes Knebel-Freigabewerk in vollem Glanz. Es löste den Rank-Apparat ab und war bis 1991 in Betrieb. In St. Valentin, einer Grossanlage mit rund 110 Weichen und 6 teilweise elektrifizierten Wärterstellwerken der Bauart 5007, war von 1972–1997 ein Knebel-Freigabewerk in Betrieb. Es gehörte zu den grössten einreihigen Freigabewerken der ÖBB (**Abb. 301**). Im Vergleich zu den Rank-Schubknopf-Apparaten war jedoch die Übersichtlichkeit der Bedienung deutlich geringer. Schliesslich zeigt **Abb. 302** den Freigabeapparat der Südbahnwerke (SBW 320a) von 1986 in Pottendorf-Landegg, deren Knebel die Abstammung

The single-row toggle release interlocking was also widely used (similar to the master interlockings for the Southern German railways and Switzerland). After the first 3178/3179 designs by S&H, among others on the Kaiser Ferdinands-Nordbahn (Vienna–Krakov, Břeclav–Brno), the design and slide box of the mechanical standard interlocking 5007 came into use, especially in the post-war period. An example of a smaller station is shown in **Fig. 299** of Gmunden in 2011. **In Fig. 300**, a toggle release interlocking newly built in 1981 due to modifications shines in all its glory in Bludenz. It replaced the Rank apparatus and was in operation until 1991. In St. Valentin, a large system with about 110 points and 6 partially electrified 5007-type dependent interlockings, a toggle release interlocking was in operation from 1972 to 1997. It was one of the largest single-row master interlockings of the ÖBB (**Fig. 301**). However, compared to the Rank shifting interlocking apparatus, the clarity of operation was significantly lower. Finally, **Fig. 302** shows the release device of the Südbahnwerke (SBW 320a) from 1986 in Pottendorf-Landegg, whose toggles cannot

303

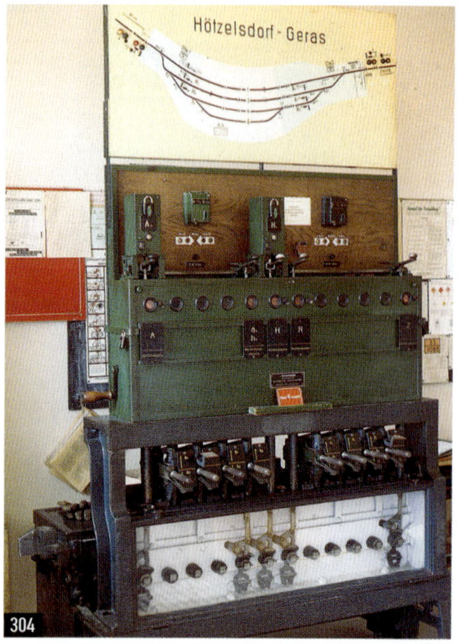

304

von den S&H-3414 Stellwerken nicht verbergen können und in der Monarchie ebenfalls verbreitet waren. Als Konkurrenzprodukt zum Rankapparat entwickelten die Südbahnwerke einen sog. Kettenapparat, bei welchem die Fahrstrassen durch Ziehen von Ketten im Gleisbild gewählt wurden, wie im Freigabewerk im slowenischen Divača (**Abb. 303**, Eisenbahnmuseum Ljubljana), die Bauart kam jedoch nicht über das Prototypstadium hinaus. Eine interessante Kombination der österreichischen Gruppenblockung mit DRG-Einheitsstellwerken war im Freigabewerk von Hötzelsdorf-Geras (**Abb. 304** von 1987) zu sehen, es wurden nur vier Blockfelder für die Befehlsabgabe (2 Einfahrten, 2 Ausfahrten) benötigt, das fünfte Feld dient dem Zustimmungsempfang aller Ein- und Ausfahrten.

Der Relais-Bahnhofsblock

Der laufenden Modernisierung der Stellwerkanlagen zur Erhöhung der betrieblichen Leistungsfähigkeit waren stets finanzielle und auch produktionsseitige Grenzen gesetzt, so dass in vielen Fällen nicht die ganze Anlage ersetzt werden konnte, sondern Teile davon erneuert wurden, in diesem Fall der Ersatz des mechanischen oder elektro-mechanischen Bahnhofsblocks durch rein elektrische Relaisanlagen.

Relais-Bahnhofsblock Italien

Die auch in Italien praktizierte Tradition des Bahnhofsblocks basierte bereits früh auf elektrischer Übertragung bzw. auf Relaistechnik. Quellen dazu sind leider kaum vorhanden. Drei Zeitzeugen stehen stellvertre-

hide their descent from the S&H-3414 signal boxes and were also used in the monarchy. As a competition product to the rank apparatus, the Southern Railway Works developed a so-called chain apparatus, in which the routes were selected by pulling chains in the track diagram, as in the master interlocking in Divača, Slovenia (**Fig. 303**, Ljubljana Railway Museum), but the design never made it past the prototype stage. An interesting combination of Austrian group blocking with DRG standard master interlocking could be seen in the Hötzelsdorf-Geras master interlocking (**Fig. 304** from 1987), only four block fields were required for issuing commands (two entrances, two exits), the fifth field serves to receive approval for all entrances and exits.

The relay station block

There were always financial and also production limits to the ongoing modernisation of interlocking systems to increase operational efficiency, so in many cases it was not possible to replace the whole system but to renew parts of it, in this case the replacement of the mechanical or electro-mechanical station block by exclusively electrical relay systems.

Relay station block Italy

The tradition of the station block, which was also practised in Italy, was based on electrical transmission or relay technology from an early stage. Unfortunately, there are hardly any sources available on

tend für diese Tradition: einerseits das Freigabewerk in Luino (bis 2003, **Abb. 305**), welches mit Drehschaltern die Fahrstrassenaufträge für die Schlüsselwärterstellwerke erteilte, und eine vergleichbare Anlage im slowenischen Grenzbahnhof Sežana (**Abb. 306**), welche aufgrund der charakteristischen Knebel und Schlüssel (Mittelweichen) auf italienische Provenienz hinweist und zudem mit dem FS-Streckenblock gekoppelt ist. Bei den elektromechanischen Stellwerken (ADM und ACE) war bei mehreren Stellwerken eines Bahnhofs ein Freigabewerk im Bahnhofsbüro (Ufficio movimento UM) die Regel, stellvertretend dafür 1994 der AEG (VES-OMS) Hebelapparat von Milano Certosa (**Abb. 307**) zur Freigabe der Fahrstrassen (consensi) an vier Wärterstellwerke gleicher Bauart.

Einheits-Bahnhofsblock M43/P46
Deutschland – Polen

Die elektro-mechanischen Blockwerke der Deutschen Reichsbahn wurden bis 1943 ausschliesslich durch S&H bzw. die Vereinigten Signalwerke VES für alle mechanischen Stellwerkbauarten geliefert, was zuweilen zu Schnittstellenproblemen mit den zahlreichen Stellwerkbauarten und zu Abhängigkeiten von einem einzigen Lieferanten führte. Die DRG entwickelte daher zusammen mit den VES Anfang der 1940er-Jahre einen Gleichstrom-Relaisblock, welcher sich an der bereits bewährten Block-Technik der elektro-mechanischen VES-Stellwerke, insbesondere des E43, orientierte. Der M43 genannte Einheitsblock sollte neben VES auch durch Pintsch und Scheidt & Bachmann fabriziert und

this subject. Three contemporary witnesses are representative for this tradition: on the one hand, the master interlocking in Luino (until 2003, **Fig. 305**), which issued the route orders for the key-keeper interlockings with rotary switches, and a comparable installation from the Slovenian border station Sežana (**Fig. 306**), which indicates Italian provenance due to the characteristic toggles and keys (middle points) and is also coupled with the FS line block. In the case of electro-mechanical interlockings (ADM and ACE), a release unit in the station office (Ufficio movimento UM) was the rule for several interlockings at a station, representative of this being the AEG (VES-OMS) release unit from Milano Certosa (**Fig. 307**) in 1994 for releasing the routes (consensi) to four dependent interlockings of the same design.

Standard station block M43/P46
Germany – Poland

Until 1943, the electro-mechanical block units of the Deutsche Reichsbahn were supplied exclusively by S&H or the VES for all mechanical interlocking types, which sometimes led to interface problems with the numerous interlocking types and to dependencies on a single supplier. Therefore, the DRG, together with the VES, developed a DC relay block in the early 1940s, which was based on the already proven block technology of the electro-mechanical VES interlockings, especially the E43. The standard block, called M43, was to be manufactured not only by VES but also by Pintsch and Scheidt & Bachmann, and was to be used from 1944 onwards for all new mechanical installa-

ab 1944 für alle mechanischen Neubauten wie auch für Ersatzanlagen verwendet werden. Bei der aus der Bauform Einheit entwickelten Bauform M43 werden für den Bahnhofsblock Bauteile und Abhängigkeitsschaltungen des elektro-mechanischen Stellwerkes S&H 1912 genutzt. Einen Blockaufsatz und damit Blockfelder und -induktoren gibt es nicht mehr, dafür drehbare Fahrstraßenhebel mit Magnetsystem. Wegen der notwendigen höheren Betätigungskräfte sind die Griffe größer als in elektro-mechanischen Stellwerken. In **Abb. 308** ist eine der letzten 2022 in Deutschland noch vorhandenen Anlagen im Befehlsstellwerk Bork (1948) ersichtlich. Die Blockfelder sind entfallen. Mit dem umgelegten Befehlsschalter ist eine Freigabe für eine Einfahrt an das Wärterstellwerk eingestellt. Die drei Schalter links haben die Funktion des Fahrstrassenhebels, bei elektrischen Signalantrieben konnten diese auch als Fahrstrassensignalhebel ausgebildet werden. Für den Streckenblock kam der Relaisblock (Magnetschalterblock VES) zur Anwendung. Die Funktionsüberwachungen erfolgen mittels Glühlampen oberhalb des Blockwerks. Der technische Stand des Einheitsblockwerks ist mit dem modernsten sächsischen Blockwerk (vgl. Dresden-Neustadt) vergleichbar. Der Einheitsblock M43 erreichte nicht mehr die geplante Verbreitung zur Vereinheitlichung, er wurde nach dem Krieg jedoch auch in Polen als P46 verwendet, wie das noch aktive Freigabewerk von Słupsk (**Abb. 309**, Hersteller Fiebrandt) zeigt. Weiterhin wurde meistens der traditionelle Wechselstrom-Bahnhofsblock bei Neuanlagen, insbesondere beim Wiederaufbau nach den Kriegsjahren, weiterverwendet.

Relais-Bahnhofsblock 51 der DR

Im Rahmen des Wiederaufbaus von mechanischen Stellwerken nach 1945 benötigte die DR entsprechende Bahnhofsblockanlagen, welche durch die bisherigen Hersteller aufgrund fehlender Devisen nicht geliefert

tions as well as for replacement installations. In the M43 design, which was developed from the Einheit design, components and dependency circuits of the S&H 1912 electro-mechanical interlocking were used for the station block. There is no longer a block top, and, thus, block fields and inductors, but instead rotatable route levers with a magnetic system. Because of the higher operating forces required, the handles are larger than in electro-mechanical interlockings. **Fig. 308** shows one of the last installations still existing in Germany in 2022 in the Bork master interlocking (1948). The block fields have been omitted. With the flipped command switch, a release for an entry to the dependent interlocking is set. The three switches on the left have the function of the route lever, with electric signal drives these could also be designed as route signal levers. For the line block the relay block (magnetic switch block VES) was used. The function monitoring was carried out by means of incandescent lamps above the block mechanism. The technical standard of the unit blockwork is comparable with the most modern blockwork in Saxony (cf. Dresden-Neustadt). However, the M43 unit block no longer achieved the planned distribution for standardisation, but it was used in Poland after the war as P46, as the still active Słupsk master interlocking (**Fig. 309**, manufacturer Fiebrandt) shows. In most cases, the traditional AC station block was continuously used in new installations, especially during reconstruction after WWII.

Relay station block 51 of the DR

As part of the reconstruction of mechanical signal boxes after 1945, the DR needed corresponding station block systems, which could not be supplied by the previous manufacturers due to a lack of foreign

310

311

werden konnten. Daher entwickelte die DR in ihrem Signal- und Fernmeldewerk im Verbund mit Einheitsstellwerken einen eigenen Relais-Block ‹Block 51›. Die Verbindung mit dem Verschlussregister wird durch eine kombinierte elektrische Fahrstrassenhebel- und Fahrstrassenfestlegesperre erreicht wie im Beispiel des W1 von Calau (1944–2021. **Abb. 310**). Das Umlegen des Fahrstrassenhebels aktiviert die entsprechenden Relais bis zur Freigabe des Signalhebels.

Relais-Bahnhofsblock der VES-Kraftstellwerke

In Knotenbahnhöfen wurden bei der DRG zur Leistungssteigerung vielfach die mechanischen Befehlsstellwerke durch elektro-mechanische VES-Stellwerke ersetzt, so in Regensburg Hbf. **Abb. 311** zeigt das Reiter-Befehlsstellwerk 1 in Form eines Vierreihenapparates (1939–1988), bei welchem im Schalterfeld links vorne eine Fahrstrasse freigegeben ist (Schalterstellung 45 Grad). Der Relais-Bahnhofsblock arbeitete im Wärterstellwerk 2 via Gleichstromblockfelder mit einem bayerischen Krauss G-Apparat zusammen.

Relais-Bahnhofsblock der SBB

Wie bei der DRG wurden auch bei den SBB etliche mittlere und grössere Bahnhöfe mit einem moderneren Freigabe- und Signalstellwerk auf Relaisbasis, aber unter Beibehaltung elektrifizierter mechanischer Wärterstellwerke, ausgerüstet. Ziel der Modernisierung war insbesondere auch, die Streckenleistungsfähigkeit zu erhöhen. In Palézieux wurde 1944(–1988) ein 12-Kurbelfreigabewerk Bruchsal (Kugelblock) durch ein elektrisches Relais-Freigabe- und Signalstellwerk Bauart Integra-Signum abgelöst (**Abb. 312** und **313**). Die Anlage wurde gleichzeitig mit elektrischen Weichenantrieben, Lichtsignalen und Gleisstromkreisen ausgerüstet. Pro Streckenrichtung wurden je zwei kombinierte Fahrstrassensignalschalter ange-

currency. Therefore, the DR developed its own relay block 'Block 51' in its signalling and telecommunications works in conjunction with standard mechanical interlockings. The connection to the locking register is achieved by a combined electric route lever and route locking block as in the example of the W1 from Calau (1944–2021. **Fig. 310**). Shifting the route lever activates the corresponding relays until the signal lever is released.

Relay station block of the VES power interlockings

In order to increase performance, the DRG often replaced mechanical master interlockings with electro-mechanical VES interlockings in junction stations, as in Regensburg Hbf. **Fig. 311** shows the bridge master interlocking 1 in the form of a four-row interlocking (1939–1988), with a route enabled in the front left switch panel (switch position 45 degree). The relay station block worked in the dependent interlocking 2 via DC block fields with a Bavarian Krauss G apparatus.

Relay station block at the SBB

As with the DRG, a number of medium and larger stations were equipped with a more modern relay-based release and signal interlocking, while retaining electrified mechanical signal boxes. The aim of the modernisation was to increase the line performance. At Palézieux in 1944(–1988), a 12-crank Bruchsal (ball block) release interlocking was replaced by an Integra-Signum type electrical relay release and signal interlocking (**Fig. 312** and **313**). The system was simultaneously equipped with electric point machines, light signals and track circuits. Two combined route signal switches were interposed per route direction, six switches in total. A route was ordered by simultaneously pressing the desired track

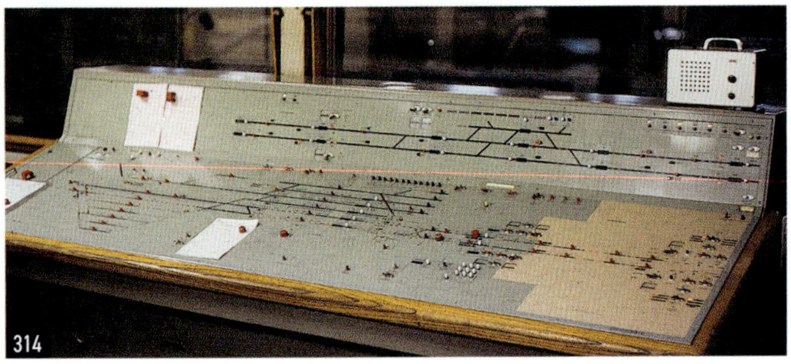

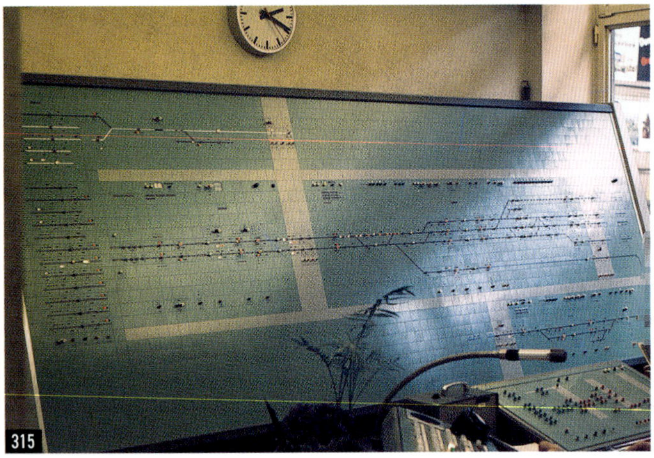

ordnet, insgesamt sechs Schalter. Der Auftrag einer Fahrstrasse erfolgte durch gleichzeitiges Drücken der gewünschten Gleistaste im Gleisbild und 45 Grad-Drehen des entsprechenden Fahrstrassensignalschalters, dadurch wurde im elektrifizierten Wärterstellwerk Bruchsal G der entsprechende Fahrstrassenhebel zur Einstellung der Fahrstrasse (Weichen, Umlegen des Fahrstrassenhebels) freigegeben. Nach erfolgter Einstellung und automatischer Festlegung des Fahrstrassenhebels wurde der Fahrstrassensignalschalter frei und konnte von der 45 Grad- in die 90 Grad-Stellung zur Freischaltung des Signals gedreht werden. Streckenseitig war die doppelspurige Hauptstrecke mit dem automatischen Achszählerblock mit signalmässi-

button in the track diagram and turning the corresponding route signal switch 45 degree. This released the corresponding route lever in the electrified dependent interlocking Bruchsal G for setting the route (points, moving the route lever). After setting and automatic fixing of the route lever, the route signal switch was released and could be turned from the 45 degree to the 90 degree position to release the signal. On the track side, the double-track main line was equipped with the automatic axle counter block with single-track signal operation, the single-track line had the DC block with feedback.

In Aarau (1967–1992, **Fig. 314**), for example, a Domino 55 track-panel interlocking was used with gem Einspurbetrieb eingerichtet, die eingleisige Strecke hatte den Gleichstromblock mit Rückmeldung.

Auch Gleisbildstellwerken wurde verschiedentlich die Aufgabe des Bahnhofblocks übertragen, so in Aarau (1967–1992, **Abb. 314**) mit einem Gleisbildstellwerk Domino 55, bei welchem mit der bekannten Zwei-Tasten-Bedienung (drücken der Gleistaste zusammen mit der Streckenrichtungstaste) der Fahrstrassenauftrag an die elektrifizierten Wärterstellwerke Bauart Jüdel und deren Hasler-Blockfeldern erfolgte. Das Gleisbildstellwerk umfasste auch den Gleiswechselbetrieb zur ferngesteuerten Nachbarstation Schönenwerd. Der Kopfbahnhof Luzern erhielt 1969 ein Spurplanstellwerk der Bauart Integra-Domino 67 (**Abb. 315**) zur Steuerung der vier Zulaufstrecken und der Fahrstrassenfreigabe an das elektrifizierte Hauptwärterstellwerk Bruchsal G (1898–1988, **Abb. 316**). Die Weichen- und Fahrstrassenbedienung erfolgte im Wärterstellwerk, während Signale und automatischer Streckenblock im Gleisbildstellwerk des Fahrdienstleiters integriert waren.

the familiar two-button operation (pressing the track button together with the direction button) to command the track to the electrified Jüdel type dependent interlockings and its Hasler block fields. The track diagram interlocking also included the bi-directional operation to the remote-controlled neighbouring station Schönenwerd. In 1969, the terminus station Lucerne received an Integra-Domino 67 interlocking (**Fig. 315**) to control the four feeder lines and the route release to the electrified main Bruchsal G signal box (1898–1988, **Fig. 316**). The points and routes were operated in the dependent interlocking, while the signals and automatic line block were integrated in the stationmaster's track diagram interlocking.

DIE MECHANISCHEN FAHRSTRASSEN-STELLWERKE DEUTSCHER SCHULE – BAUFORMEN

Der Unterschied der deutschen Schule zu den englisch-französischen Kaskadenstellwerken könnte nicht grundsätzlicher sein: Beim britisch-französischen System sind alle Weichen durch ein mechanisches Verschlussregister untereinander abhängig verschlossen, d. h. auch alle Rangierfahrten sind durch die mechanischen Verschlüsse gesichert. Die notwendige Abhängigkeit aller Weichen je einzustellenden ‹Fahrstrassen› mit Signalhebel je Fahrrichtung (ohne Fahrstrassenhebel) erfordert in grösseren Bahnhöfen eine umfangreiche Anzahl an Weichen- und Signalhebeln mit einem technisch aufwendigen Verschlussregister (Verschubstangen für jedes Signal) mit bis zu 200 Hebelplätzen. Die spezifische britische Wegesignalisierung, d. h. die Anordnung von separaten Signalen für gerade oder abzweigende Einfahrten, Gleisausfahrsignalen je Gleis und Richtung und Mehrfachsignalen bei Abzweigungen sowie Riegelhebel zum Verschluss von Weichenzungen, trugen zur weiteren Erhöhung der Anzahl Hebelplätze bei. Bei der Kraftübertragung von den Weichenhebeln zu den Weichen kommt ein metallisches Rohrgestänge zur Anwendung. Die Weichen erfordern in England zum Umstellen und zur Sicherung der Weichenzungen daher zwei Gestängeleitungen, was den Anlagenbau verteuert und verkompliziert. Von den Signalhebeln zu den Signalen genügt ein einfacher Drahtzug.

THE MECHANICAL ROUTE INTERLOCKINGS OF THE GERMAN SCHOOL – DESIGNS

The difference between the German school and the Anglo-French cascade interlockings could not be more fundamental: in the Anglo-French system, all points are interdependently locked by a mechanical locking register, e. g. all shunting movements are secured by the mechanical locks. The necessary interdependence of all points per 'route' to be set with signal levers per direction of travel (without route levers) requires in larger stations an extensive number of point and signal levers with a technically complex locking register (shifting rods for each signal) with up to 200 lever positions. The specific British way signalling, e. g. the arrangement of separate signals for straight or branching entrances, track exit signals per track and direction and multiple signals at junctions as well as lock levers for locking switch blades, contributed to the further increase in the number of lever places. A metal rod is used to transmit power from the point levers to the points. In England, the points require two linkage rods to switch and secure the point tongues, which makes the system construction more expensive and complicated. From the signal levers to the signals a simple wire pull is sufficient.

While in England the equipment with signal boxes already reached its heyday in the period 1870–

317

319

318

Während in England die Ausrüstung mit Stellwerken bereits in der Zeit von 1870–1890 ihre Blütezeit erreichte, stand sie in Deutschland und Kontinentaleuropa um 1880 erst am Anfang. Nach verschiedenen Exkursionen auf die britische Insel erachtete man in Deutschland den Einfachdrahtzug zu den Signalen als zu unsicher wie auch den Verschluss der Weichenzungen mittels Rohrgestänge und zusätzlichen Riegelhebeln im Stellwerk als zu aufwendig in der Bedienung und zu störungsanfällig bei ungenügendem Unterhalt. Die unterschiedlichen Betriebsverhältnisse in Deutschland mit regem Rangierverkehr riefen schliesslich auch nach einer Vereinfachung bzw. Redimensionierung des Verschlussregisters von Stevens/Saxby mittels Zwischenschaltung von Fahrstrassenhebeln zur Verknüpfung von Weichen und Signalen und Konzentration auf die Sicherung der Zugfahrstrassen. Daraus ergab sich die freie Stellung der Weichen zur Bedienung des Rangierverkehrs ohne gesicherte Fahrstrassen. Die Weichen werden nur für signalmässige Zugfahrten (Fahrten von Bahnhof A nach Bahnhof B) verschlossen, die sicherungsmässige Abhängigkeit zwischen Weichen und Signalen der Zugfahrstrassen wird durch zwischengeschaltete Fahrstrassenhebel hergestellt. Kombinierte Signale für gerade und abzweigende Fahrten werden durch umschaltbare, zweirollige Signalhebel ermöglicht. Durch diese Vereinfachung der Abhängigkeiten reduzierten sich die Anzahl Hebel in Grossanlagen auf 60–80 Plätze wie auch die Herstellungskosten wesentlich. Die Kraftübertragung bei den Weichen erfolgt durch Doppeldrahtzüge, bei den elsässisch-lothringischen, pfälzischen, badischen und schweizerischen

1890, in Germany and continental Europe it was only just beginning around 1880. After various excursions to the British Isles, the single-wire linkage to the signals was considered too unsafe in Germany, as was the locking of the points by means of tubular rods and additional lock levers in the interlocking, which was too complicated to operate and too prone to faults with insufficient maintenance. The different operating conditions in Germany with heavy shunting traffic finally also called for a simplification or re-dimensioning of the Stevens locking register by means of intermediate route levers for linking points and signals and concentration on securing the train routes. This resulted in the free position of the points to serve shunting traffic without secured routes. The points are only locked for signalled train movements (movements from station A to station B), the safety dependency between points and signals of the train routes is established by interconnected route levers. Combined signals for straight and branching runs are made possible by switchable signal levers. This simplification of the dependencies reduces the number of levers in large systems to 60–80 places as well as the manufacturing costs considerably. The power transmission for the points is done by double wires, on the Alsatian-Lorraine, Palatinate, Baden and Swiss railways partly also by rods (**Fig. 317** of SBB-Kiesen) and for the signals exclusively by double wires (**Fig. 318** of SBB-Eschenbach), which compensate temperature variations thanks to tension weights (**Fig. 319** of DB-Neunkirch). The development of perfected point

Bahnen teilweise auch durch Gestänge (**Abb. 317** von SBB-Kiesen) und bei den Signalen ausschliesslich durch Doppeldrahtzüge (**Abb. 318** von SBB-Eschenbach), welche dank Spanngewichten Temperaturschwankungen ausgleichen (**Abb. 319** von DB-Neunkirch). Zentral war auch die Entwicklung perfektionierter Weichenspitzenverschlüsse, mit welchen die anliegende Weichenzunge für den geraden und insbesondere auch ablenkenden Fahrweg eindeutig fixiert werden konnte, was vor allem bei höheren Geschwindigkeiten zwingend war.

tip locks was also central so that the adjacent point tongue could be clearly fixed for the straight and, in particular, the diverting track, which was mandatory at higher speeds.

Ein Heer von Lieferanten

Die ab 1880 steigende Nachfrage nach Eisenbahnsicherungsanlagen brachte eine Grosszahl von Herstellern und Lieferanten hervor, welche nachstehend kurz beschrieben sind (mit Schwerpunkt Bruchsal, Jüdel, Siemens & Halske). Von den meisten Herstellern waren gegen Ende des 20. Jahrhunderts noch Zeitzeugen vorhanden.

Am Anfang des deutschen Stellwerkbaus stand die Köllnische Maschinenbauanstalt in Bayenthal, welche 1867 für die Eisenbahndirektion Stettin die Aussenanlagen für ein Saxby-Stellwerk im Güterbahnhof Stettin und 1868 für die Braunschweigische Eisenbahn in Börssum eine dem Saxby-Stellwerk nachgebildete Anlage baute. Bei beiden Anlagen waren die Ingenieure Theodor Henning als Vertreter der Maschinenbauanstalt sowie Heinrich Büssing als Vertreter der Bahnverwaltung beteiligt, welche in der Folge die Entwicklung des mechanischen Stellwerks wesentlich prägten.

Bruchsal: Pionier

1869 verliess Henning die Maschinenbauanstalt Bayenthal und gründete mit seinem Studienfreund Adolf Schnabel die Firma Schnabel & Henning in Bruchsal und machte sich gleich ans Werk. Bereits ein Jahr später entwickelten sie ein erstes Stellwerk mit aus sich waagrecht vor den Hebeln kreuzenden Längsschieber der Signale und Querschubstangen der Weichenhebel, wodurch die Verschlüsse der Weichen- und Signalhebel einfacher als bei Saxby & Farmer realisiert werden konnten. Die Anfangszeit nach dem deutsch-französischen Krieg von 1870/71 war allerdings beschwerlich, die ersten Stellwerkaufträge gingen erst 1875 an die Magdeburg-Leipziger-Eisenbahn für den Bahnhof Halle (Saale) und 1876 an die Reichseisenbahnen in Elsass-Lothringen für Strassburg. Die Anordnung des vereinfachten Verschlussregisters waagrecht vor den Stellhebeln war jedoch noch nicht optimal, so dass Henning die Bauform Bruchsal A (als Startpunkt einer Typenreihe von A bis K) mit langschäftigen Stellhebeln

An army of suppliers

The increasing demand for railway safety equipment from 1880 onwards produced a large number of manufacturers and suppliers, which are briefly described below (with a focus on Bruchsal, Jüdel, Siemens & Halske). Contemporary witnesses of most of the manufacturers were still available at the end of the 20th century.

At the beginning of German interlocking construction was the Köllnische Maschinenbauanstalt in Bayenthal, which built the external installations for a Saxby interlocking in the Stettin goods station for the Stettin railway directorate in 1867 and a system modelled on the Saxby interlocking for the Braunschweig railway in Börssum in 1868. The engineers Theodor Henning, representing the mechanical engineering company, and Heinrich Büssing, representing the railway administration, were involved in both installations and subsequently had a significant influence on the development of the mechanical signal box.

Bruchsal: Pioneer

In 1869, Henning left the Bayenthal mechanical engineering institute and founded the company Schnabel & Henning in Bruchsal together with his student friend Adolf Schnabel and immediately set to work. Already one year later they developed a first signal box with longitudinal slides of the signals crossing horizontally in front of the levers and transverse push rods of the point levers, which made the locking of the point and signal levers easier to realise than with Saxby & Farmer. But the initial period after the Franco-German war of 1870/71 was arduous, the first interlocking orders were only placed in 1875 with the Magdeburg-Leipzig Railway for the Halle (Saale) station and in 1876 with the Reich's Railways in Alsace-Lorraine for Strasbourg. However, the arrangement of the simplified locking register horizontally in front of the setting levers was not yet optimal, so Henning developed the Bruchsal A design (as the starting point of a type series from A to K)

320

321

322

analog Saxby mit schräg hintenliegendem Verschlussregister entwickelte. Die Hebel erhielten nun Handfallen, welche vor der Hebelbedienung die Verschlussbalken bereits lösten. Damit waren die Hebel leichter zu bedienen, das Verschlussregister konnte konstruktiv verkleinert und dessen Abnutzung verlangsamt werden. 1879 konnte der erste Apparat wiederum nach Strassburg geliefert werden. Die Bauform kam auf dem Markt gut an, 1880 konnten 40 Apparate verkauft werden, u.a. nach Mulhouse, Molsheim, Metz-Sablon, Esslingen und Jagstfeld. Im Juni gleichen Jahres wurde das erste mechanische Stellwerk der Schweiz durch die Schweizerische Centralbahn in Bern mit 30 Stellhebeln in Betrieb genommen. 1886 installierte die Grossherzoglich Badische Staatseisenbahn im ersten Badischen Bahnhof in Basel 2 Apparate. Mit den Folgebauformen B, C und D bot Bruchsal Kleinstellwerke für einfache Betriebsverhältnisse an, welche jedoch keine weite Verbreitung fanden. Eine erste Anlage der Bauform C wurde in der Schweiz an die SCB in Basel Birsbrücke an der Stammlinie Basel–Olten zur Regelung der Abzweigung zum Güterbahnhof geliefert, weitere zehn Apparate 1882–1883 an die Gotthardbahn als Kompensationsgeschäfte für die Finanzierungsbeteiligung des Deutschen Reichs.

Der eigentliche Marktdurchbruch gelang Schnabel & Henning jedoch mit den Kurbelwerken für kleine Bahnhöfe. Diese fanden vor allem bei den süddeutschen Bahnen und der Schweiz frühe Akzeptanz, weil die Installation kompletter Stellwerke inkl. Weichensteuerung noch lange als nicht erforderlich betrachtet wurde. In Menziken (SBB) regelten bis 1999 einzelne Einfahr-Signalkurbeln (ohne Abhängigkeiten) den überschaubaren Verkehr auf der Stichlinie Beinwil am See–Beromünster (**Abb. 320**). Einfache 2- oder 3-Kurbelwerke regelten die Einfahrten von Stationen, vielfach mit gleichzeitigen Riegelkurbeln, welche

with long-shaft setting levers similar to Saxby with a locking register at an angle at the rear. The levers were now fitted with hand latches that released the locking bars before the lever was operated. This made the levers easier to operate, the locking register could be made smaller and its wearing slowed down. In 1879, the first apparatus was delivered to Strasbourg. The design was well received by the market, and 40 apparatus were sold in 1880, to Mulhouse, Molsheim, Metz-Sablon, Esslingen and Jagstfeld, among others. In June of the same year, the first mechanical signal box in Switzerland was put into operation by the Swiss Central Railway in Bern with 30 levers. In 1886, the Grand Ducal Baden State Railway installed 2 apparatus in the first Baden railway station in Basel. With the subsequent designs B, C and D, Bruchsal offered small interlockings for simple operating conditions, which, however, did not find widespread use. The first type C system was delivered in Switzerland to the SCB in Basel Birsbrücke on the Basel–Olten main line to control the branch to the goods station, and a further ten apparatuses were delivered to the Gotthard Railway in 1882–1883 as compensation business for the German Reich's financial participation.

However, Schnabel & Henning achieved the real market breakthrough with their crank interlockings for small stations. These found early acceptance, especially on the Southern German railways and in Switzerland, because the installation of complete interlockings including point control was not considered necessary for a long time. In Menziken (SBB), single home signal cranks (without dependencies) controlled the manageable traffic on the branch line Beinwil am See–Beromünster until 1999 (**Fig. 320**). Simple 2- or 3-crank interlockings controlled the entrances of stations, often with simultaneous lock-

323

325

324

ebenfalls mit Drahtzügen die örtlich gestellten Handweichen verschlossen, wodurch auf Weichenschlüssel verzichtet werden konnte, so im SBB-Bahnhof Wetzikon (1932–1984, **Abb. 321**). Im sächsischen Grünstädel war bis 1997 ein Kurbelwerk mit Signal- und Weichenriegelkurbeln mit seitlichen Fahrstrassenhebeln in Betrieb (**Abb. 322**), man beachte die Schlösser zur Sicherung der ortsgestellten Weichen. In **Abb. 323** ein vergleichbares Kurbelwerk im luxemburgischen Ettelbruck (bis 1985) mit blauen Weichenriegel- und roten Signalkurbeln, links und rechts oben mit kleinen schwarzen Weichenschlössern. Ab 1894 versahen Schnabel & Henning das Kurbelwerk mit vorne angebrachten Fahrstrassenhebeln wie in Gänsbrunnen (SMB, 1908–1986, **Abb. 324**), damit wurde es möglich, einem Signal Fahrstrassen für zwei Gleise zuzuordnen. Analoge Kurbelwerke mit Fahrstrassenhebeln fabrizierte die Maschinenfabrik Esslingen in Lizenz für die Königlich-Württembergischen Staatsbahnen, hier am Beispiel der schwäbischen Flachbahn Ulm–Friedrichshafen in Ummendorf (1912–1989, **Abb. 325**).

ing cranks, which also locked the locally set manual points with wire pulls, so that point keys could be forgone, as in the SBB station Wetzikon (1932–1984, **Fig. 321**). In Grünstädel, Saxony, a crank interlocking with signal and point interlocking cranks with lateral route levers was in operation until 1997 (**Fig. 322**), note the key-locks to secure the points in place. In **Fig. 323** a comparable crank interlocking in Ettelbruck, Luxembourg (until 1985), with blue point interlocking and red signal cranks, top left and right with small black route locks. From 1894 Schnabel & Henning provided the crank interlocking with front mounted route levers as in Gänsbrunnen (SMB, 1908–1986, **Fig. 324**), thus, making it possible to assign routes for two tracks to one signal. Similar crank interlockings with route interlocking were manufactured by Maschinenfabrik Esslingen under licence for the Royal Württemberg State Railways, shown here in Ummendorf (1912–1989, **Fig. 325**) as an example of the Swabian flat line Ulm–Friedrichshafen.

Bruchsal G / H
Ab 1884 erscheint das Hebelstellwerk der verbreiteten Regelbauform G, vorerst in noch einfacher Form ohne Fahrstrassenhebel und Blockzusätze wie in Eschenbach an der SBB-Seetallinie (1926–1998, **Abb. 326**), welches ein Riegel-Kurbelwerk der Bauart Vögele von 1896 ablöste. Das charakteristische vorne liegende Verschlussregister unter den Hebeln ist durch ein Schutzblech abgedeckt, die blauen Weichenhebel bedienen gekuppelt je zwei Weichen, die roten Signalhebel legen die Weichen fest und bedienen die beiden Einfahrsignale, Ausfahrsignale und Streckenblock fehlen. **Abb. 327** zeigt ein noch aktives frühes G-Hebelwerk von 1912 im sächsischen Moritzburg (Schmalspurbahn Radebeul Ost–Radeburg), ebenfalls nur mit Einfahrsignalen und ohne Streckenblock.

Bei Mittelstellwerken stellte sich die Frage, wie im Stationsgebiet zwischen Einfahr- und Ausfahrsignal eine zwingende Abhängigkeit der durchgehenden Zugfahrten geschaffen werden kann (analog dem Bahnhofsblock zwischen mehreren Stellwerken), so dass z. B. das Einfahrsignal für einen nächsten Zug nicht geöffnet werden kann, bevor der vorhergehende Zug das Ausfahrsignal passiert hat (zwingende Fahrstrassenreihenfolge). Das einfache Hebelstellwerk G erfüllte diese Anforderung noch nicht, daher entwickelten Schnabel & Henning die in der Schweiz bezeichnete Bauform H mit obenliegenden Fahrstrassenhebeln und einer mechanischen Fahrstrassenreihenfolge bzw. Belegtanzeige wie in Cham (1896–1997, **Abb. 328**). Die Anlage wurde 1979 elektrifiziert. In **Abb. 329** sind oben die Belegtanzeigen «frei» oder «belegt» ersichtlich. Die Fahrstrassenreihenfolge bewirkt bei einem durchfahrenden Zug die Sperrung des zurückgelegten Einfahrsignals, bis die Ausfahrfahrstrasse wieder aufgelöst ist. Bei einem in der Station endenden Zug kann die Belegteinrichtung nach Auflösung der Einfahrt separat wieder in die Grundstellung gebracht werden. Bei einem in der Station startenden Zug bewirkt die Fahrtstellung des Ausfahrsignals die Sperrung des Einfahrsignalhebels. Die Einrichtung der mechanischen Fahrstrassenreihenfolge war in der Schweiz und in Bayern Standard, teilweise auch in Rheinland-Pfalz.

Die in der Schweiz spezifische Bauform H mit obenliegendem Fahrstrassenhebel setzte sich jedoch als Mittelstellwerk nicht durch, sondern musste der Kombination von Signalkurbeln und Weichenhebel und vorneliegendem Verschlussregister als Mischform Bruchsal H (in der Schweiz Bruchsal G) weichen. In einfachen Kreuzungsstationen genügte ein Vierkurbelwerk ohne Fahrstrassenhebel wie in Hettlingen (SBB, 1933–2004, **Abb. 330**), hier mit 1961 oben aufgesetztem Tastenkasten Integra für den Gleichstromblock. Eine

Bruchsal G / H
From 1884 onwards, the lever interlocking of the widespread standard design G appears, initially in a still simple form without route lever and block additions as in Eschenbach on the SBB railway line (1926–1998, **Fig. 326**), which replaced a crank interlocking of the Vögele type from 1896. The characteristic front locking register under the levers is covered by a protective plate, the blue point levers operate coupled two points each, the red signal levers fix the points and operate the two home signals, starter signals and line block are missing. **Fig. 327** shows a still active early G-lever interlocking from 1912 in Moritzburg, Saxony (narrow-gauge railway Radebeul Ost–Radeburg), also only with home signals and without a line block.

In the case of central interlockings, the question arose as to how a mandatory dependency of through train movements could be created in the station area between the entrance and exit signals (similar to the station block between several interlockings) so that, for example, the home signal could not be opened for a next train before the previous train had passed the starter signal (mandatory route sequence). The simple lever interlocking G did not yet fulfil this requirement, so Schnabel & Henning developed the Swiss designated type H with overhead train route levers and with a mechanical train route sequence and occupancy indicator as in Cham (1896–1997, **Fig. 328**). The system was electrified in 1979. **Fig. 329** shows the occupancy indicators "free" or "occupied" at the top. The train route sequence causes the returned entry signal to be blocked for a train passing through until the exit route is cleared again. In the case of a train ending in the station, the occupancy device can be separately returned to the home position after the entrance has been resolved. In case of a train starting in the station, the running position of the starter signal causes the blocking of the entrance signal lever. The device of the mechanical train route sequence was standard in Switzerland and Bavaria.

However, the Swiss-specific design H with overhead route lever did not prevail as a middle signal box, but had to give way to the combination of signal cranks and point lever and forward locking register as a mixed form Bruchsal H (in Switzerland Bruchsal G). In simple crossing stations, a four-crank mechanism without route lever was sufficient, as in Hettlingen (SBB, 1933–2004, **Fig. 330**), here with 1961 Integra button box on top for the DC block. A special version of a Bruchsal H crank-interlocking can be found in Campillos (Spain), mainly

326

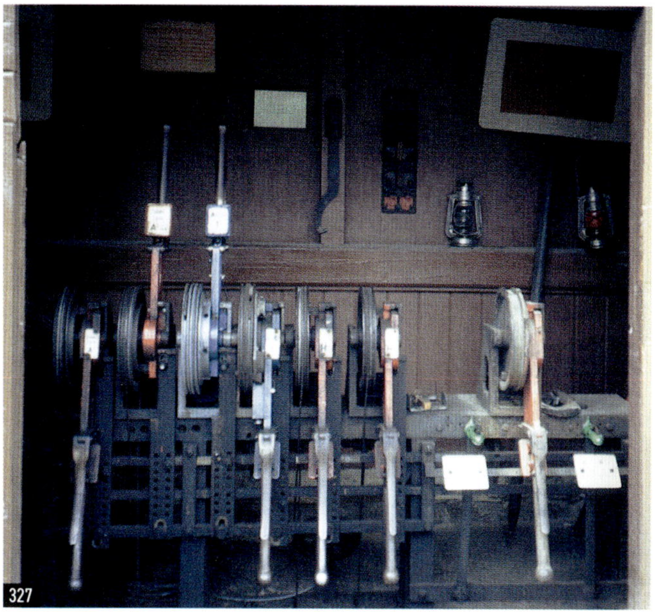
327

328

329

330

331

332

333

334

335

337

336

338

339

spezielle Version eines Bruchsal Kurbel-Stellwerks ist im spanischen Campillos anzutreffen, vorwiegend auf Nebenstrecken: Die Signalkurbeln sind in drei Blöcke (Einfahr-, Ausfahr- und Einfahrsignale) gegliedert und via Bouré-Schlösser mit den beiden Weichenhebeln der Bauart S&H-3414 verbunden (**Abb. 331** von 2010). In Bayern war das Mittelstellwerk Bruchsal H mit Fahrstrassenhebeln in kleinen Bahnhöfen populär, so in Hörlkofen (1900–2027, **Abb. 332**) und in Wessling (1928–1985, **Abb. 333**). In **Abb. 334** ist oben rechts die weisse Belegtanzeige der mechanischen Fahrstrassenreihenfolge sichtbar. Ein schönes Exemplar eines Sechs-Kurbel-Hebelwerks war der Apparat von Maienfeld auf der SBB-Strecke Sargans–Chur (1904–1993, **Abb. 335**) mit den Fenstern der Belegtanzeige oberhalb der Fahrstrassenhebel. Hebel und Kurbel liessen sich auf zwei Arten verbinden. Eher eine Ausnahme bildeten aussenliegende Signalkurbeln wie auf den nördlichen Zulaufstrecken der Gotthardbahn in Küssnacht an der Rigi (1897–1999, **Abb. 336** und **337**) mit etwas aufwendigeren Abhängigkeiten. Gut sichtbar wiederum die mechanischen Belegtfenster über den Fahrstrassenhebeln, die Anlage erhielt 1968 den Gleichstromblock und wurde 1974 elektrifiziert. Auf der südlichen Zulaufstrecke der Gotthardbahn wurde der Kurbelteil des Stellwerks in der Mitte angeordnet wie in Capolago Riva San Vitale (1900–1993, **Abb. 338** und **339**), welches 1974 elektrifiziert wurde und 1976 den automatischen Block bekam. Das gemischte Kurbel- und Hebelstellwerk H wurde auch in weitere Länder exportiert, so nach Spanien, wo es ab 1910 bei der Norte-Bahn und der MZA (Madrid-Zaragoza-Alicante) zum Zug kam wie 1989 noch in Pinto zu sehen (**Abb. 340**), ohne Streckenblock, jedoch mit Lichtsignalen (elektrische Hebelsperren über den Fahrstrassenhebeln). Eine geringe Zahl an Bruchsal-H-Stellwerken wurde um 1900 auch bei den Elsässisch-Lothringischen Bahnen installiert, so der

on branch lines: the signal cranks are divided into three blocks (home, starter and home signals) and connected via Bouré key-locks to the two-point levers of type S&H 3414 (**Fig. 331** of 2010). In Bavaria, the Bruchsal H centre signal box with crank lever was popular in small stations, such as Hörlkofen (1900–2027), **Fig. 332**) and Wessling (1928–1985, **Fig. 333**). In **Fig. 334** the white occupancy indicator of the mechanical train route sequence is visible in the upper right corner. A nice example of a six-crank lever mechanism was the apparatus at Maienfeld on the SBB line Sargans–Chur (1904–1993, **Fig. 335**) with the occupancy indicator windows above the route lever. Lever and crank could be connected in two ways. Rather an exception were external signal cranks as on the northern feeder lines of the Gotthard railway in Küssnacht an der Rigi (1897–1999, **Fig. 336** and **337**) with somewhat more elaborate lockings. Again, the mechanical occupancy windows above the track levers are clearly visible; the layout received the DC block in 1968 and was electrified in 1974. On the southern feeder line of the Gotthard railway, the crank part of the signal box was placed in the middle as in Capolago Riva San Vitale (1900–1993, **Fig. 338** and **339**), which was electrified in 1974 and got the automatic block in 1976. The mixed crank and lever interlocking H was also exported, e. g. to Spain, where it was used from 1910 onwards on the Norte railway and the MZA (Madrid-Zaragoza-Alicante), as in Pinto in 1989 (**Fig. 340**), without line block, but with light signals (electric lever locks above the track levers). A certain number of Bruchsal H interlockings were also installed on the Alsace-Lorraine railways around 1900, such as Poste 2 at Strasbourg Neudorf with a photograph taken shortly after decommissioning in 1988 (**Fig. 341**). Two installations of the same type

340

341

342

343

344

Poste 2 von Strasbourg Neudorf mit einer Aufnahme kurz nach der Ausserbetriebnahme 1988 (**Abb. 341**). Zwei typengleiche Anlagen auf Hauptstrecken bildeten das 1973 elektrifizierte SBB-Mittelstellwerk von Puidoux-Chexbres (1905–1997, **Abb. 342**) zwischen Lausanne und Fribourg sowie das DB-Befehlsstellwerk von Gessertshausen (1904–1992, **Abb. 343** und **344**) zwischen Augsburg und Ulm, mit senkrechten Fahrstrassenhebeln im Wärterstellwerk.

Ein typischer Vertreter eines elsässisch-lothringischen reinen Hebelstellwerks G war 1989 das Wärterstellwerk von Bischwiller (bis 1990, **Abb. 345**) auf der Strecke Vendenheim–Haguenau. Links der roten Drahtzug-Signalhebel sind die kleineren Weichen-

on main lines were the electrified SBB centre interlocking of Puidoux-Chexbres (1905–1997, **Fig. 342**) between Lausanne and Fribourg and the DB master interlocking of Gessertshausen (1904–1992, **Fig. 343** and **344**) between Augsburg and Ulm, with vertical track levers in the dependent interlocking.

A typical representative of an Alsace-Lorraine exclusively lever interlocking G was a Bischwiller signal box (until 1990, **Fig. 345**) on the Vendenheim–Haguenau line in 1989. To the left of the red wire pull signal levers are the smaller point levers to control the point rods, the green block box is divided into the station block (consents/assentiments) on the right and the line block towards Hoerdt on

345

346

347

348

hebel zur Steuerung der Weichengestänge, der grüne Blockkasten ist unterteilt in den Bahnhofsblock (Zustimmungen/assentiments) rechts und links den Streckenblock Richtung Hoerdt. In **Abb. 346** sind der im Elsass typische Gestängeantrieb für die Weichen sowie die Doppeldrahtzüge für den Signalantrieb zu sehen, während **Abb. 347** die Kontroll-Einrichtung des Signaldrahts zur Weichenstellung zeigt. Auf der badischen ICE-Rheintalstrecke Karlsruhe–Rastatt ist zum Zeitpunkt der Drucklegung noch ein originales Wärterstellwerk G in Durmersheim (1905–2026, **Abb. 348**) in Betrieb, Weichen und Hauptsignale sind drahtgesteuert.

the left. **Fig. 346** shows the rod drive for the points, which is typical in Alsace, as well as the double wires for the signal drive, while **Fig. 347** shows the control device of the signal wire for point setting. On the Baden ICE Rhine valley line Karlsruhe–Rastatt an original dependent interlocking G in Durmersheim (1905–2026, **Fig. 348**) is still in operation at the time of going to press, points and main signals are wire controlled.

349

350

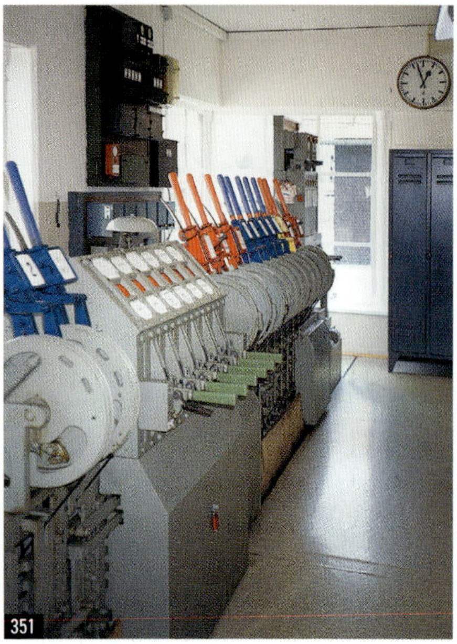
351

Die Stellwerke der Bauart G weisen länderbezogen besondere Merkmale auf, nachstehend eine Auswahl, welche die Vielfalt und auch Anpassungsfähigkeit an die technologische Entwicklung zeigt:

- DB-Dorfen Bahnhof (1900–2004, **Abb. 349**) Wstw 1 auf der Strecke München–Mühldorf mit senkrechtem Fahrstrassenhebel und mechanischem Bahnhofsblock (Lizenz Krauss).
- DB-Langenbach (1893–2007, **Abb. 350**) Wstw auf der Strecke München–Landshut mit dem mechanischen Kugel-Bahnhofsblock (Lizenz Krauss).
- DB-Immenstadt (1905–2001, **Abb. 351**) Wstw Io mit dem mechanischen Kugel-Bahnhofsblock (Lizenz Krauss).
- SBB-Yverdon-les-Bains (1897–1983, **Abb. 352**) Poste II mit dem mechanischen Kugel-Bahnhofsblock, 1962 wurde die Anlage im Kontext der Einführung des automatischen Blocks elektrifiziert (vgl. el. Hebelsperren).
- SBB-Eglisau (1897–1992, **Abb. 353**) Wstw mit dem mechanischen Kugel-Bahnhofsblock, 1980 wurde die Anlage im Zuge der Einführung des automatischen Blocks elektrifiziert (vgl. Gleistafel und Hebelsperren).
- SBB-Kerzers (1901–2004, **Abb. 354**) Wstw mit dem mechanischen Kugel-Bahnhofsblock, teilweise elektrifiziert.
- DB-Grünstadt (Pfalz, 1898–2004, **Abb. 355**) Wstw mit dem mechanischen Kugel-Bahnhofsblock
- DB-Lindau Reutin (1912–2020, **Abb. 356**) Wstw Lrw mit dem el.-mech. Bahnhofsblock Bruchsal und dem senkrechten Fahrstrassenhebel (Lizenz Krauss).

The G-type interlockings have special features depending on the country, the following is a selection showing the variety and adaptability to technological development:

- DB-Dorfen Bahnhof (1900–2004, **Fig. 349**) dependent box 1 on the Munich–Mühldorf line with vertical route lever and mechanical station block (Krauss licence).
- DB-Langenbach (1893–2007, **Fig. 350**) dependent box on the line Munich–Landshut with mechanical ball station block (licence Krauss).
- DB-Immenstadt (1905–2001, **Fig. 351**) dependent box Io with the mechanical ball station block (Krauss licence).
- SBB-Yverdon-les-Bains (1897–1983, **Fig. 352**) dependent box II with the mechanical ball station block. In 1962, the system was electrified in the context of the introduction of the automatic block (cf. electric lever locks).
- SBB-Eglisau (1897–1992, **Fig. 353**) dependent box with the mechanical ball station block. In 1980, the interlocking was electrified in the context of the introduction of the automatic block (cf. track panel and electric lever locks).
- SBB-Kerzers (1901–2004, **Fig. 354**) with the mechanical ball station block, partially electrified.
- DB-Grünstadt (Pfalz, 1898–2004, **Fig. 355**) dependent box 1 with the mechanical ball station block.
- DB-Lindau Reutin (1912–2020, **Fig. 356**) dependent box Lrw with the el.-mech. station block Bruchsal and vertical route lever (licence Krauss).

352

353

354

355

356

357

358

359

360

361

362

363

364

365

366

367

- DB-Garching (1919–2021, **Abb. 357** und **358**) Wstw 1 mit dem el.-mech. Bahnhofsblock Bruchsal und dem senkrechten Fahrstrassenhebel (Lizenz Krauss).
- DR-Werdau (bis 1999, **Abb. 359**) Wstw mit el.-mech. Bahnhofsblock Möllering und sächsischen Hebelknaufen.
- DR-Bischofswerda (1904–2001, **Abb. 360** und **361**) W4 mit el.-mech Bahnhofsblock VES, sächsischen Hebelknaufen und sächs. rote Signalverschlusshebel (ohne Streckenblock).
- RENFE-Castillejo (**Abb. 362** von 2000), Mittelstellwerk mit seitlich drehbaren Fahrstrassenhebeln (ohne Streckenblock).
- DB-Konstanz (1886–1988, **Abb. 363**) Wstw 3 mit el.-mech. Bahnhofsblock Bruchsal und seitlich drehbaren Fahrstrassenhebel.
- DB-Sigmaringen (1896–1993, **Abb. 364**) Wstw 2 mit el.-mech Bahnhofsblock Siemens & Halske und seitlich drehbaren Fahrstrassenhebel.
- SBB-Sonceboz-Sombeval (1909–1991, **Abb. 365**) Wstw mit Relais-Bahnhofsblock Integra-Domino und Elektrifizierung.
- SBB-Palézieux (1902–1988, **Abb. 366**) Wstw mit Relais-Bahnhofsblock Integra und Elektrifizierung 1944.
- SBB-Luzern (1898–1988, **Abb. 367**) Wstw mit Relais-Bahnhofsblock Integra-Domino und Elektrifizierung 1950.

- DB-Garching (1919–2021, **Fig. 357** and **358**) dependent box 1 with the el.-mech. station block Bruchsal and vertical route lever (licence Krauss).
- DR-Werdau (until 1999, **Fig. 359**) dependent box with el.-mech. station block Möllering and Saxon lever knobs.
- DR-Bischofswerda (1904–2001, **Fig. 360** and **361**) dependent box 4 with el.-mech. station block VES, Saxon lever knobs and red Saxon signal locking levers (without line block).
- RENFE-Castillejo (**Fig. 362** from 2000), central signal box with laterally rotatable route lever (without line block).
- DB-Konstanz (1886–1988, **Fig. 363**) dependent box 3 with el.-mech. station block Bruchsal and laterally rotatable route lever.
- DB-Sigmaringen (1896–1993, **Fig. 364**) dependent box 2 with el.-mech. station block Siemens & Halske and laterally rotatable route lever.
- SBB-Sonceboz-Sombeval (1909–1991, **Fig. 365**) dependent box with el. station block Integra-Domino and electrified.
- SBB-Palézieux (1902–1988, **Fig.** 366) dependent box with el. station block Integra and electrified in 1944.
- SBB-Luzern (1898–1988, **Fig. 367**) dependent box with el. station block Integra-Domino and electrified 1950.

Bruchsal I

Um die Jahrhundertwende stieg die Nachfrage nach flexiblen und mit der mittlerweile ausgefeilten Blockfeld-Technik kompatiblen Stellwerken. Die Maschinenfabrik Bruchsal ergriff die Gelegenheit zur Überarbeitung der Grundform ihres Stellwerks und nutzte dabei das Verschlussregister nach System Rüppell – Patent Büssing ihres Konkurrenten Jüdel, dessen Patent abgelaufen war. Es entstand die durchgebildete Bauart Bruchsal I als reines Hebelwerk mit hintenliegendem Verschlussregister (**Abb. 368**), welches seine Verwandtschaft mit dem Hebelwerk von Jüdel nicht verhehlen kann. Das Verschlussregister von Rüppell ab 1873, ergänzt durch Büssing 1875–1877, basiert auf horizontalen Verschlussbalken der Hebel, welche auf Verschlusselemente der längsseitigen Lineale einwirken und durch die Handfalle der Hebel angehoben und bewegt werden. Aus dieser mechanischen Matrix entstand eine wegweisende, weil übersichtliche und äusserst zuverlässige Sicherung der Zugfahrstrassen. Im Erlebnisbahnhof Brittnau-Wikon sind die Verschlüsse des SBB-Wärterstellwerks Sursee (1913–2002) noch original zu betrachten: der ganze (plombierte oder verschlüsselte) Verschlusskasten (**Abb. 369**), in **Abb. 370** die querliegenden Blockwellen, welche via Fahrstrassenhebel die längsseitigen Lineale mit den Signalen (**Abb. 371**) und Weichen (**Abb. 372**) verbinden bzw. verschliessen. Dank der (gut zugänglichen) Verschraubtechnik der Verschlusselemente konnten Änderungen in der Gleistopografie leicht angepasst werden. Die entsprechende Verschlussmatrix der Zugfahrstrassen wurde jeweils in einem Verschlussplan bzw. einer Verschlusstafel für das Fahrdienst- und technische Personal als Dienstvorschrift festgehalten. **Abb. 373** zeigt die Verschlusstafel der SBB-Station Schönbühl (1934–1991) mit gemischten Form- und Lichtsignalen. Auf der Skizze des Hebelwerks sind über den Signalhebeln A–D (mit Ausnahme des Durchfahrsignals Ad) Hebelsperren für den elektrischen Antrieb verzeichnet. Ein typisches Mittelstellwerk I wirkt als eines der letzten noch aktiven Exemplare auf der badischen Hochrheinbahn Basel Bad Bf–Schaffhausen auf dem schweizerischen Streckenabschnitt in Wilchingen-Hallau (1927–2027, **Abb. 374**). Sein Spiegelbild bei den SBB war der Apparat von Kiesen (1914–1988, **Abb. 375**). Bei zwei der roten Signalhebel sind kleine Umschalthebel vorhanden, durch welche eine zweite Seilrolle für die ablenkende Signalstellung gekoppelt wird und somit ein zusätzlicher Signalhebel eingespart werden kann. Von 1915 bis 2001 war auf der Ostseite des Bahnhofs Weinfelden das Befehlsstellwerk 1 (**Abb. 376**) mit später elektrifizierten Weichen, Lichtsignalen und einem Domino-Aufbau für den automatischen Streckenblock für die Be-

Bruchsal I

Around the turn of the century, the demand for flexible interlockings compatible with the now sophisticated block field technology increased. Maschinenfabrik Bruchsal seized the opportunity to revise the basic form of its interlocking and used the locking register according to the the Rüppell system – Patent Büssing of its competitor Jüdel, whose patent had expired. The result is the fully developed Bruchsal I design as an exclusively lever mechanism with a locking register at the rear (**Fig. 368**), which cannot conceal its relationship to the Jüdel lever mechanism. The locking register by Rüppell from 1873, supplemented by Büssing 1875–1877, is based on horizontal locking bars of the levers, which act on locking elements of the longitudinal rulers and are lifted and moved by the manual latch of the levers. This mechanical matrix resulted in a pioneering protection of train routes because of its clear arrangement and extrem reliability. The original locks of the SBB signal box Sursee (1913–2002) can still be seen in the heritage station Brittnau-Wikon: the whole (sealed or keyed) lock box (**Fig. 369**), in **Fig. 370** the transverse block shafts, which connect or lock the longitudinal bars with the signals (**Fig. 371**) and points (**Fig. 372**) via route levers. Thanks to the (easily accessible) bolting technology of the locking elements, changes in the track topography could easily be adapted. The corresponding locking matrix of the train paths was recorded in a lock plan or a lock table for the operational and technical staff as a service regulation. **Fig. 373** shows the locking plan of the SBB station Schönbühl (1934–1991) with mixed semaphore and light signals. On the shelf of the lever mechanism, lever locks for the electric drive are marked above the signal levers A–D (with the exception of the through signal Ad). A typical middle signal box I acts as one of the last still active examples (presumably until 2027) on the Baden high Rhine railway Basel Bad Bf–Schaffhausen–Singen on the Swiss section in Wilchingen-Hallau (1927–2027, **Fig. 374**). Its mirror image at the SBB was the apparatus at Kiesen (1914–1988, **Fig. 375**). On two of the red signal levers there are small switch-over levers by which a second wire pulley for the diverting signal position is coupled and, thus, an additional signal lever can be saved. From 1915 to 2001, the master interlocking 1 (**Fig. 376**) on the east side of Weinfelden station was responsible for operations. It later received electrified points, colour light signals and a Domino control box for the automatic line block. Until 1987, in the old marshalling yard of Zurich, the central interlocking IX (**Fig. 377**) still secured the

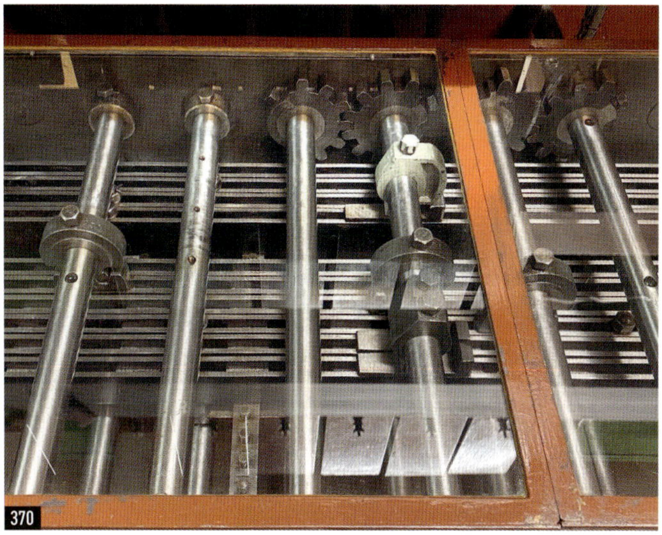
370

371

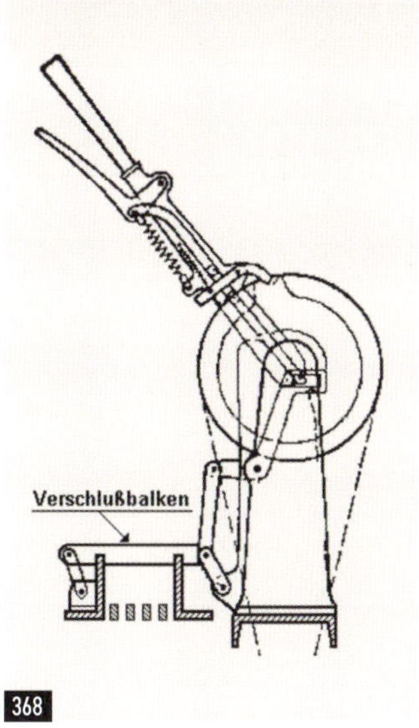

368

369

372

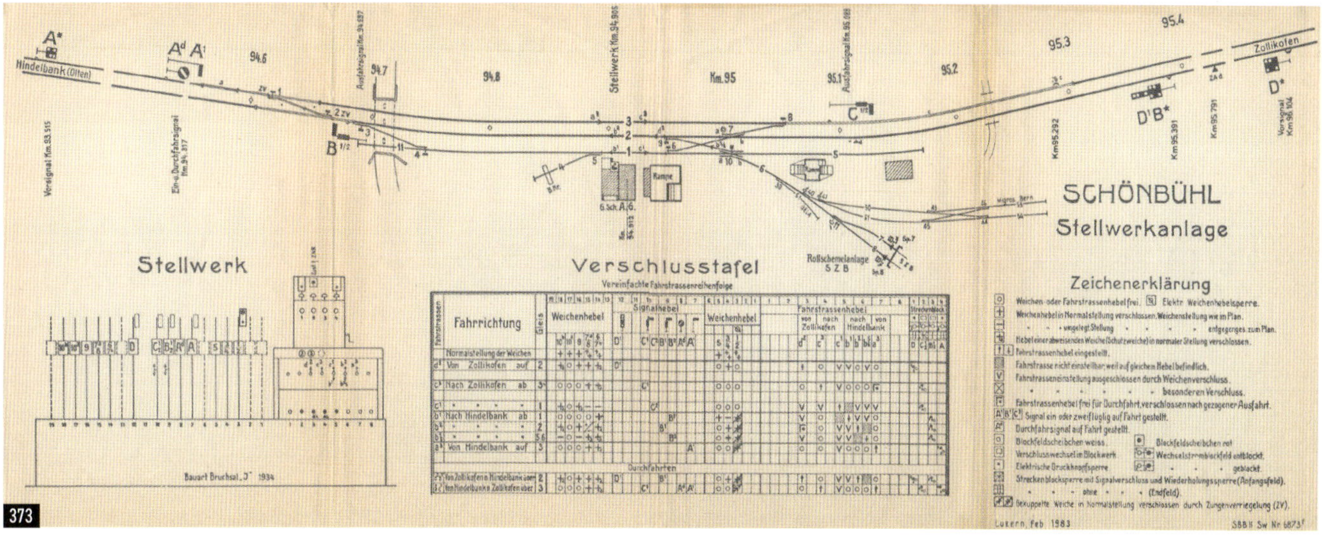

373

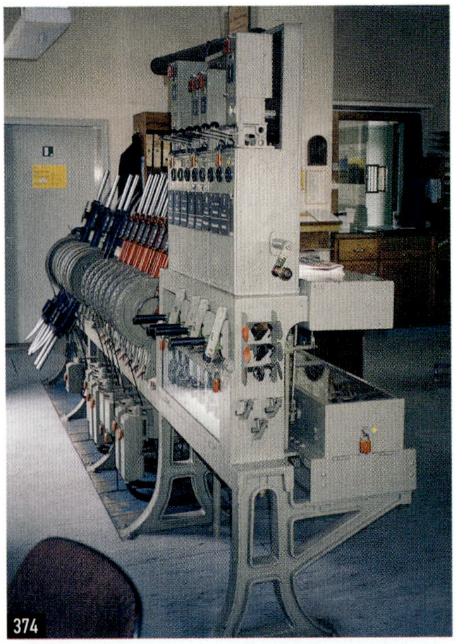
374

375

376

377

378

379

380

381

382

383

triebsabwicklung zuständig. Im alten Rangierbahnhof von Zürich sicherte bis 1987 noch das Mittelstellwerk IX (**Abb. 377**) die Verbindungslinie nach Wiedikon (Umfahrung des Kopfbahnhofs Zürich HB). Ein Bruchsal I-Mittelstellwerk wurde 1938 in Bad Ragaz als letztes neues mechanisches Stellwerk an die SBB geliefert. Auch die grossherzoglich luxemburgischen Bahnen statteten ihre mechanischen Anlagen weitgehend mit Fabrikaten von Bruchsal aus, so war ein Mittelstellwerk bis 1990 noch in Clervaux (**Abb. 378**) in Betrieb. Eines der letzten Eldorados der Bruchsal I-Stellwerke bei der DB war die Lahntalbahn von Wetzlar über Limburg nach Koblenz. Das Mittel-Befehlsstellwerk von Nassau (Lahn) Nf war von 1908 bis 2015 in Betrieb (**Abb. 379**), die letzten I-Anlagen der Strecke wurden bis Ende 2024 ersetzt. Die ersten Stellwerke der Bauart I wurden für den (heutigen) Grenzbahnhof Forst in der ostdeutschen Lausitz geliefert (1905–2011, W3, **Abb. 380**).

Eine Auswahl verschiedener Zeitzeugen ist nachfolgend dargestellt:
- DB-Oberlahnstein (1906–2008, **Abb. 381**), Wärterstw 2 mit VES 1912-Bahnhofsblock.
- DB-Basel Bad Rbf (1913–2018, **Abb. 382** und **383**), Bfstw 6 mit Spannwerk im Untergeschoss.

connecting line to Wiedikon (bypassing the Zurich main station terminus). A Bruchsal I central signal box was delivered to the SBB in Bad Ragaz in 1938 as the last new mechanical signal box. The Grand-Ducal Luxembourg railways also largely equipped their mechanical systems with Bruchsal products, and a central signal box was still in operation in Clervaux (**Fig. 378**) until 1990. One of the last Eldorados of the Bruchsal I interlockings at DB was the Lahntalbahn from Wetzlar via Limburg to Koblenz. The Nassau (Lahn) Nf master interlocking was in operation from 1908 to 2015 (**Fig. 379**), and the last I-interlockings on the line were replaced in late 2024. The first I-type interlockings were delivered for the (today's) border station Forst in the Lausitz region of eastern Germany (1905–2011, W3, **Fig. 380**).

A selection of various contemporary witnesses is shown below:
- DB-Oberlahnstein (1906–2008, **Fig. 381**), dependent box 2 with VES 1912 station block.
- DB-Basel Bad Rbf (1913–2018, **Fig. 382** and **383**), master interlocking 6 with tensioning system in the basement.

384

385

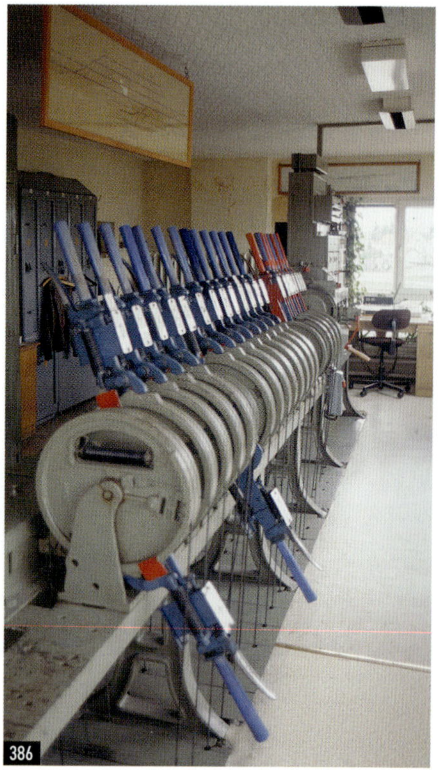
386

387

388

389

390

391

392

393

- DR-Böhlen (b. Leipzig) (bis 2001, **Abb. 384**), Bfstw Bs mit sächsischen Hebelknaufen und Befehlsabgabe Richtung Gaschwitz.
- DR-Ebersbach (1912–2008, **Abb. 385**), Wärterstw W4 mit el.-mech. Bahnhofsblock Möllering und sächsischen Hebelknaufen.
- DB-Moosburg (1928–2007, **Abb. 386**), Wärterstw 2 mit bayerischem Gleichstrom-Bahnhofsblock (Lizenz Krauss).
- SBB-Moutier (1915–2001), **Abb. 387**), Wärterstw II, mit el.-mech. Bahnhofsblock Bruchsal, elektrifiziert.
- SBB-Turgi (1911–1996, **Abb. 388**), Wärterstw I mit el.-mech. Bahnhofsblock Bruchsal, elektrifiziert 1966.
- CFL-Bettembourg Nord (bis 1982, **Abb. 389**), Befehlsstellwerk mit Lichtsignalen.
- SNCF-Molsheim (vor 1914–1996, **Abb. 390**), Befehlsstellwerk mit Original-S&H-Bahnhofsblock.
- SNCF-Bollwiller (**Abb. 391** von 1985) mit S&H-Bahnhofsblock, 1985 elektrifiziert und automatischer Block (BAL).
- SNCF-Richwiller (vor 1914, **Abb. 392** und **393** von 1989), Befehlsstellwerk, elektrifiziert und automatischer Block (BAL), S&H-Block ersetzt durch SNCF-Hebelsperren, Lichtsignale mit SNCF-Kipphebel und doppeldraht-gesteuerten Weichen.

- DR-Böhlen (b. Leipzig) (until 2001, **Fig. 384**), master interlocking Bs with Saxon lever knobs and command release in the direction of Gaschwitz.
- DR-Ebersbach (1912–2008, **Fig. 385**), dependent box W4 with el.-mech. station block Möllering and Saxon lever knobs.
- DB-Moosburg (1928–2007, **Fig. 386**), dependent box 2 with Bavarian DC station block (licence Krauss).
- SBB-Moutier (1915–2001, **Fig. 387**), dependent box II, with el.-mech. station block Bruchsal, electrified.
- SBB-Turgi (1911–1996, **Fig. 388**), dependent box I with el.-mech. station block Bruchsal, electrified in 1966.
- CFL-Bettembourg Nord (until 1982, **Fig. 389**), master interlocking with light signals.
- SNCF-Molsheim (before 1914–1996, **Fig. 390**), master interlocking with original S&H station block.
- SNCF-Bollwiller (**Fig. 391** from 1985) with S&H station block, electrified in 1985 and automatic block (BAL).
- SNCF-Richwiller (before 1914, **Fig. 392** and **393** from 1989), master interlocking, electrified and automatic block (BAL), S&H block replaced by SNCF electric lever locks, signals with SNCF switch leverand double wire controlled points.

394

396

395

Die Bruchsal-Stellwerke: Rückgrat für Knotenbahnhöfe

Die Produktion komplexer Verschlussregister für grosse Bahnhöfe beherrschten nicht alle Hersteller. In belasteten Knotenbahnhöfen kamen daher nicht viele Stellwerkbauarten zum Einsatz, zu den ersten gehörten die G-Anlagen aus Bruchsal und später deren Bauart I. Die nachfolgenden Beispiele sind Zeitzeugen dieser Leistungsfähigkeit:

- *DB-Regensburg Hbf (1907–1988,* ***Abb. 394****) Wärterstw 2 mit el.-mech Bahnhofsblock VES und senkrechten Fahrstrassenhebel (Lizenz Krauss).*
- *SNCF-Strasbourg Neudorf (1910–1988,* ***Abb. 395*** *und* ***396****) Wärterstw 3 + 4 mit seitlich drehbaren Fahrstrassenhebel, ab 1968 selbständige Stellwerke (Aufhebung des el.-mech. Bahnhofblocks Bruchsal).*
- *SBB-Olten (1904–1980,* ***Abb. 397****), Wärterstw V mit el.-mech Bahnhofsblock Bruchsal und seitlich drehbaren Fahrstrassenhebeln, elektrifiziert mit kleinen Weichenhebeln.*
- *SNCF-Sarrebourg (1923–2013,* ***Abb. 398*** *und* ***399****), Poste 2, Gleisstromkreise, el. Signale und Gestängeweichen.*

The Bruchsal interlockings: backbone for junction stations

The production of complex locking registers for large stations was not mastered by all manufacturers. Therefore, not many interlocking types were used in heavily frequented junction stations, among the first were the G-systems from Bruchsal and later their type I. The following examples are contemporary witnesses of this performance:

- *DB-Regensburg Hbf (1907–1988,* ***Fig. 394****) dependent box 2 with el.-mech. station block VES and vertical route lever (licence Krauss).*
- *SNCF-Strasbourg Neudorf (1910–1988,* ***Fig. 395*** *and* ***396****) dependent boxes 3 + 4 with laterally rotatable route lever, from 1968 independent signal boxes (abolition of el.-mech. station block Bruchsal).*
- *SBB-Olten (1904–1980,* ***Fig. 397****), signal box V with el.-mech. station block Bruchsal and laterally rotatable route lever, electrified with small point levers.*
- *SNCF-Sarrebourg (1923–2013,* ***Fig. 398*** *and* ***399****) Poste 2, track circuits, el. signals and rod points.*

397

399

398

400

401

402

403

405

404

406

407

408

- *SNCF-Vendenheim (vor 1914–2014, **Abb. 400** und **401**), Gleisstromkreise, el. Signale und Gestängeweichen.*
- *DB-Waldshut (1926–2001, **Abb. 402**), Wärterstw 3 mit S&H-Bahnhofsblock.*
- *SBB-Biel/Bienne RB (1918–2021, **Abb. 403**, **404** und **405**), Bfstw 2 mit 3 zusätzlichen Richtungsfahrstrassenhebeln neben den Gleisfahrstrassenhebeln, rot-blauen Rangiersignalhebeln und drei roten elektrifizierten Signalschaltern.*
- *DB-Offenburg (1911–1997), in **Abb. 406** und **407** Bfstw 28 und in **Abb. 408** Wärterstw 31.*

- *SNCF-Vendenheim (before 1914–2014, **Fig. 400** and **401**) track circuits, el. signals and rod points.*
- *DB-Waldshut (1926–2001, **Fig. 402**) dependent box 3 with S&H station block.*
- *SBB-Biel/Bienne RB (1918–2021, **Fig. 403**, **404** and **405**) master interlocking 2 with 3 additional directional track levers (next to the classic track levers), red-blue shunting signal lever and three little red electrified signal lever.*
- *DB-Offenburg (1911–1997) in **Fig. 406** and **407** master signal box 28 and in **Fig. 408** dependent box 31.*

Das Aufkommen der Elektrizität und die aufwendigen Drahtleitungen führten gegen 1920 zur Weiterentwicklung der Bauform I zur Bauform K mit elektrisch gesteuerten Signalen und elektrischer Überwachung der Weichenzungen. Zu den 1906 gelieferten ersten Anlagen gehörte die Tunnelstation des Simplontunnels, welche ab 1928 mit einer Achszählereinrichtung ausgerüstet und von Brig aus fernbedient wurde, ebenfalls 1906 erhielten die elsässischen Bahnhöfe Colmar und Séléstat auch K-Stellwerke. Die Schweizer Bahnen installierten 17 weitere Bruchsal K-Stellwerke, davon gingen 1913 zwölf Apparate an die BLS, hauptsächlich für die neue Lötschberg-Bergstrecke. Die SBB rüsteten bis Anfang der Dreissigerjahre weitere Bahnhöfe aus, so auch das Befehlsstellwerk von Heerbrugg (1930–2002, **Abb. 409**), welches vier rote Signalhebel je Fahrrichtung Einfahrt/Ausfahrt umfasste, im Wärterstellwerk erfolgten nur die elektrische Weichen- und die Fahrstrassenbedienung. In der Folge verzichteten die SBB auf weitere Lieferungen der Bauform K und elektrifizierte vielmehr bestehende I-Anlagen, wie in Roggwil-Wynau (1934–1997, **Abb. 410**), wo 1969 die Elektrifizierung der Aussenanlagen und die entsprechende Anpassung des Hebelwerks erfolgte, eine Praxis, welche in der SBB-Kreisdirektion II (Basel-Zentralschweiz-Tessin) weit verbreitet war. Noch 1975 wurde auch das Wärterstellwerk (Poste) I des Bahnhofs St-Maurice (1908–2009, **Abb. 411** und **412**) in der Westschweizer Kreisdirektion I elektrifiziert und die Signale auf einem Domino-Tastenpult bedient. Im Zuge einer Streckenfernsteuerung und des automatischen Streckenblocks erhielt der Bahnhof ein Drucktastenbefehlswerk (Tastenstellpult) der Bauart Integra-Domino.

The advent of electricity and the complex wire lines led to the further development of type I to type K with electrically controlled signals and electrical monitoring of the point blades around 1920. Among the first installations delivered in 1906 was the tunnel station of the Simplon tunnel, which from 1928 was equipped with an axle counter device and remotely controlled from Brig. Also in 1906, the Alsacian stations of Colmar and Sélestat received K-type signal boxes. The Swiss railways installed 17 Bruchsal K signal boxes, of which twelve apparatus went to BLS in 1913, mainly for the new Lötschberg mountain line. The SBB equipped further stations until the beginning of the 1930s, including the master interlocking at Heerbrugg (1930–2002, **Fig. 409**) which, operated four red signal levers (per entrance/exit), the dependent interlocking only operated the points and routes. Subsequently, the SBB refrained from further deliveries of the type K and rather electrified existing I installations, as in Roggwil-Wynau (1934–1997, **Fig. 410**), where in 1969 the electrification of the outside installations and the corresponding adaptation of the lever mechanism took place, a practice that was widespread in the SBB district directorate II (Basel-Central Switzerland-Ticino). As late as 1975, the dependent interlocking (Poste) I of the St-Maurice station (1908–2009, **Fig. 411** and **412**) in the western Switzerland Region directorate I was also electrified and the signals operated on a NX-Domino panel. In the course of a line remote control and the automatic line block, the station received an Integra-Domino type push-button master station block-panel.

411

412

Die letzte Bruchsal-Anlage wurde 1952 nach Thailand geliefert. Während fast 80 Jahren ergibt sich eine eindrückliche Produktion aus Bruchsal von insgesamt 8028 Apparaten mit 111 629 Hebeln (alle Bauformen). In Deutschland erfolgten die Lieferungen nach Baden, Württemberg, Pfalz, Hessen, Bayern, Sachsen und Preussen (inkl. Bauform Einheit) und im Ausland nach Argentinien, Bulgarien, Dänemark, Frankreich (Elsass-Lothringen), Rumänien, Spanien, Thailand und der Türkei. Für die Schweiz wurden zwischen 1905 und 1938 gut 300 Anlagen produziert.

Jüdel: Pionier und Marktführer

1873 ging die Braunschweigische Eisenbahnbausignalanstalt an die Firma Max Jüdel & Co unter der kaufmännischen Leitung von Max Jüdel (1845–1910) über. Die technische Leitung übernahm bis 1903 Heinrich Büssing. In Zusammenarbeit mit Oberingenieur Emil Rüppell von der Rheinischen Bahn wurde dessen Verschlusssystem, welches die Anzahl der Schubstangen gegenüber Saxby & Farmer auf die Anzahl Signale mittels einer genialen Matrix aus Balken und Linealen reduzierte, schrittweise weiterentwickelt. 1875 ordnet Büssing die Lineale den Signal- und später den Fahrstrassenhebeln zu und komplettiert zwei Jahre später das Verschlusssystem mit den Hebel-Handfallen, die beim Anziehen bereits die Verschlussbalken bewegen bzw. anheben, dadurch die Mechanik leicht gängig macht und gleichzeitig den Verschleiss stark reduziert. Das solchermassen perfektionierte Verschlussregister geht 1877 als «System Rüppell – Patent Büssing» in die Geschichte ein und findet sich auf den Fabrikschildern wieder (SBB-Riddes, ***Abb. 413****). Es sollte die Grundlage für das erfolgreichste Geschäft für mechanische Stellwerke deutscher Schule werden. Der Start gestaltete sich allerdings noch gemächlich mit erst 200 Hebelwerken bis 1883, dann aber nahm die Entwicklung einen raschen Aufschwung mit 1000 Werken bis 1890 und schliess-*

The last Bruchsal system was delivered to Thailand in 1952. Over a period of almost 80 years, Bruchsal produced an impressive total of 8028 apparatuses with 111 629 levers (all types). In Germany, deliveries were made to Baden, Württemberg, Palatinate, Hesse, Bavaria, Saxony and Prussia (incl. standard design) and abroad to Argentina, Bulgaria, Denmark, France (Alsace-Lorraine), Romania, Spain, Thailand and Turkey. A good 300 units were produced for Switzerland between 1905 and 1938.

Jüdel: Pioneer and market leader

In 1873, the Braunschweigische Eisenbahnbausignalanstalt was transferred to the company Max Jüdel & Co under the commercial management of Max Jüdel. Heinrich Büssing took over the technical management until 1903. In cooperation with chief engineer Emil Rüppell of the Rheinische Bahn, his locking system, which reduced the number of push rods compared to Saxby & Farmer to the number of signals by means of an ingenious matrix of bars and rulers, was gradually developed further. In 1875, Büssing assigned the rulers to the signal levers and later to the route levers, and two years later completed the locking system with the lever hand traps, which already moved or lifted the locking bars when they were tightened, thus, making the mechanism easy to operate and at the same time greatly reducing wear. The locking register perfected in this way went down in history in 1877 as the "Rüppell system – Büssing patent" and can be found on the factory plates (SBB-Riddes, ***Fig. 413****). It was to become the basis for the most successful business for mechanical interlockings of the German school. But the start was still leisurely with only 200 interlockings until 1883, but then the development took a rapid upswing with 1000 interlockings until 1890 and finally 5000 apparatus*

413

lich 5000 Werken bis 1908 und 7000 zum Höhepunkt 1914 vor den Wirren des Ersten Weltkriegs. Dazu kamen noch rund 4500 Kurbelwerke für kleine Stationen. Das mittlerweile grosse Werk in Braunschweig reichte für die steigende Nachfrage nicht mehr aus, so dass weitere Produktionsstandorte in Bayern (Würzburg), Württemberg (Wasseralfingen), Olten (Schweiz), Schweden (Atvidaberg) sowie Riga und Moskau erforderlich wurden. Während und nach dem Krieg ging die Nachfrage aber deutlich zurück und konnte nicht mit anderen Tätigkeiten kompensiert werden, so dass sich die Max Jüdel & Co AG 1926 mit den bereits 1917 auch aus wirtschaftlicher Notwendigkeit gegründeten Deutschen Eisenbahn-Signalwerken (Bruchsal, Stahmer, Zimmermann & Buchloh) zu den Deutschen Eisenbahn-Signalbauanstalten Jüdel, Stahmer, Bruchsal zusammenschloss. Das Hebelstellwerk der Bauart Jüdel erhielt seinen Ritterschlag aber mit den bereits 1907 einsetzenden Bestrebungen für ein mechanisches Einheitsstellwerk, dessen Entwürfe wesentlich auf seiner Grundkonstruktion aufbauten.

until 1908 and 7000 at the peak in 1914 before the turmoil of WWI. In addition, there were about 4500 crank interlockings for small stations. The now large factory in Braunschweig was no longer sufficient for the increasing demand, so that further production sites became necessary in Bavaria (Würzburg), Württemberg (Wasseralfingen), Olten (Switzerland), Sweden (Atvidaberg) as well as Riga and Moscow. During and after the war, however, the demand fell significantly and could not be compensated with other activities so that in 1926 Max Jüdel & Co AG merged with the Deutsche Eisenbahn-Signalwerke (Bruchsal, Stahmer, Zimmermann & Buchloh), which had already been founded in 1917 for economic necessity, to form the Deutsche Eisenbahn-Signalbauanstalten Jüdel, Stahmer, Bruchsal. The Jüdel lever interlocking received its accolade, however, with the efforts for a mechanical standard interlocking that began as early as 1907, the designs of which were essentially based on its basic construction.

Für einfachste Verhältnisse baute Jüdel 2-Kurbel-Apparate wie für die Harzer Schmalspurbahn in der Eisfelder Talmühle (**Abb. 414** von 1992) mit zwei Einfahrsignalkurbeln, Fahrstrassenhebeln links und rechts sowie drei oben montierten Weichenschlössern. Im Wärterstw 2 von Rätzlingen bei Oebisfelde (1906, **Abb. 415**) ist ein Vierkurbelwerk (drei Signal- und eine Weichenriegelkurbel) im Einsatz, die Signalkurbeln verschliessen auch die Weichen, weitere Weichen sind mit Schlüssel verbunden. Dagegen war ein gleichartiges Befehlskurbelwerk in Sömmerda Su (bis 2008, **Abb. 416**) in Betrieb. Ein 8-Kurbelwerk (ohne Streckenblock) war im sächsischen Schirgiswalde-Kirschau (**Abb. 417**) von 1906–1990 aktiv. Im Harz beherbergte die Abzweigestation auf den Brocken, Drei Annen Hohne (1930–1989, **Abb. 418**), eine seltene Ausführung

For the simplest conditions, Jüdel built 2-crank apparatus such as for the Harz narrow gauge railway at Eisfelder Talmühle (**Fig. 414** from 1992) with two entry signal cranks, track levers on the left and right and three point locks mounted on top. In the dependent box 2 of Rätzlingen near Oebisfelde (1906, **Fig. 415**) a four-crank mechanism (three signal cranks and one point lock crank) is in use, the signal cranks also lock the points, further points are connected with keys. In contrast, a similar command crank mechanism was in operation at Sömmerda Su (until 2008, **Fig. 416**). An 8-crank interlocking (without line block) was in operation at Schirgiswalde-Kirschau in Saxony (**Fig. 417**) from 1906–1990. In the Harz Mountains, the branch station to the Brocken, Drei Annen Hohne (1930–1989, **Fig. 418**), housed

415

416

414

417

418

419

420

421

422

423

424

425

mit Weichenkurbeln, obenliegenden elektrischen Signalschaltern und dreifachen seitlichen Fahrstrassenhebeln. Ab 1892 bot Jüdel auch Hebelstellwerke mit Signalkurbeln an. Letztere erlaubten durch die längere Drehbewegung im Vergleich zu Hebeln auch längere Stellwege zu den Signalen und eignen sich daher gut für Mittelstellwerke, wie bei den SBB in Arnegg (1909–1997, **Abb. 419**), hier als Beispiel ohne Fahrstrassenhebel. Ein interessantes praktisch baugleiches Paar bildeten die beiden Kurbel-/Hebelstellwerke im fränkischen Trebgast (1901–2012, Hersteller Noell, Würzburg, **Abb. 420** und **421**) mit Felderblock und auf der SBB-Simplonstrecke in Riddes (1901–1995, **Abb. 422** und **423**) mit Gleichstromblock (ab 1954), beide mit obenliegenden kleinen Fahrstrassenkurbeln.

Auch reine Hebelwerke wurden als Mittelstellwerke verwendet wie in Rothenburg ob der Tauber (1912–2014, **Abb. 424**, Hersteller Nöll), ohne Streckenblock, aber mit kleinen Umschalthebeln zur Bedienung verschiedener

a rare version with point cranks, overhead electric signal switches and triple lateral route levers. From 1892, Jüdel also offered lever signal boxes with signal cranks. The latter allowed longer travel distances to the signals due to the longer rotary movement compared to levers and were, therfore, well suited for central interlockings, such as at the SBB in Arnegg (1909–1997, **Fig. 419**), here as an example without route levers. An interesting practically identical pair were the two crank/lever interlockings in Trebgast, Franconia (1901–2012, manufacturer Nöll, Würzburg, **Fig. 420** and **421**) with field block and on the SBB Simplon line in Riddes (1901–1995, **Fig. 422** and **423**) with DC block (from 1954), both with small route cranks on top.

Exclusive lever apparatus were used as centre signal boxes as in Rothenburg ob der Tauber (1912–2014, **Fig. 424**, manufacturer Nöll), without line block, but with small switch-over levers to operate different

Signalbegriffe mit ein- und demselben Signalhebel bzw. wahlweiser Benutzung zweier Antriebsrollen. Im fränkischen Bad Staffelstein (1925–1988, **Abb. 425**) als kleines Befehlsstellwerk mit dem bayerischen Gleichstromblock, kleinem Signalumschalthebel, einer nachträglichen Einheits-Signalwinde sowie der mechanischen Belegtanzeige 1–3 samt Aufhebungsknöpfen unterhalb der Fahrstrassenhebel. Im polnischen Gryfice zeigt **Abb. 426** das Mittelbefehlsstellwerk Gr. Im SBB-Mittelstellwerk von Hindelbank (1914–1990, **Abb. 427**) sind Blockwerk und Fahrstrassenhebel in der Mitte und die Hebel seitlich für jede Stationshälfte angeordnet. Gut sichtbar sind die drei mechanischen Belegtanzeigen über den Fahrstrassenhebeln, kleine Umschalthebel bei den Signalhebeln, Gleistafel mit elektrischem Signalrückmelder, Weichenüberwachung sowie die zahnradähnlichen Gestängeweichenhebel. Im Mittelstellwerk Münchenbuchsee (1932–1992, **Abb. 428**) liegt über den Fahrstrassenhebeln der Gleisbildkasten für den elektrischen Streckenblock. Die Anlage wurde 1986 noch elektrifiziert und mit Gleisstromkreisen versehen. Auf der Südrampe der Simplonstrecke zwischen Iselle und Domodossola, deren Infrastruktur von den FS mit Schweizer Zügen und Schweizer Strom- und Signalsystem betrieben wird, wurden die italienischen Zwischenbahnhöfe Iselle, Varzo und Preglia 1906 mit Jüdel-Stellwerken ausgerüstet, wobei Iselle und Varzo 1928 durch italienische Druckwasserstellwerke ersetzt wurden. Vor dem Steckenpferd der SBB-Kreisdirektion II, der Vollelektrifizierung mechanischer Stellwerke, wurde auch die Bauart Jüdel nicht verschont: In **Abb. 429** präsentiert sich das Mittelstellwerk von Grenchen Süd (1913–2000) ab 1972 entsprechend verwandelt, einzig anhand der originalen grünen schlanken Fahrstrassenhebel in der Mitte lässt sich die Bauart noch erkennen, die kleinen Weichen- und Signalhebel links und rechts sind jedoch Kopien der Fahrstrassenhebel des Bruchsal I-Hebelwerks.

Für Bahnhöfe mit mehreren Stellwerken entwickelte auch Jüdel ab 1885 einen mechanischen Bahnhofsblock mit senkrechten Fahrstrassenhebeln in den Wärterstellwerken. In Bayern war diese Bauform verbreitet, so in Bodenwöhr Nord (1908–1994, **Abb. 430** und **431**, Hersteller Noell) und in Deggendorf Hbf (1906–1991, **Abb. 432**). Um die Jahrhundertwende war Jüdel bereits auch stark im Export tätig, u. a. konnten Knotenbahnhöfe der lombardischen Ferrovia Nord Milano (FNM) beliefert werden wie Milano Cadorna oder Novara FNM. Auch in Saronno (**Abb. 433**) war bis 2000 ein Wärterstellwerk mit senkrechten Fahrstrassenhebeln, Drahtzugweichen (in Italien eine Rarität) und elektrischen Signalen in Betrieb.

signal terms with one and the same signal lever or optional use of two drive rollers. In Bad Staffelstein, Franconia (1925–1988, **Fig. 425**), as a small master interlocking with the Bavarian DC block, small signal switch-over levers, a later unified signal winch as well as the mechanical occupancy indicator 1–3 including cancel buttons below the route levers. In the Polish Gryfice, **Fig. 426** shows the centre signal box Gr. In the SBB centre signal box of Hindelbank (1914–1990, **Fig. 427**), the blockwork and route lever are arranged in the middle and the levers laterally for each station half. The three mechanical occupancy indicators above the route levers, small switch-over levers at the signal levers, track panel with signal and point monitoring as well as the gear-like rod point levers are clearly visible. In the Münchenbuchsee centre signal box (1932–1992, **Fig. 428**), the track panel for the electric line block is located above the route levers. The layout was still electrified and fitted with track circuits in 1989. On the southern ramp of the Simplon line between Iselle and Domodossola, whose infrastructure is operated by the FS with Swiss trains and Swiss power and signalling system, the Italian intermediate stations Iselle, Varzo and Preglia were equipped with Jüdel interlockings in 1906 (Iselle and Varzo, however, were replaced by Italian pressurised water interlockings in 1928). Against the hobbyhorse of the SBB district directorate II, the full electrification of mechanical interlockings, the Jüdel type was not spared either: in **Fig. 429**, the Grenchen South (1913–2000) centre signal box presents itself accordingly transformed from 1972 onwards, only the original green slim route levers in the middle still show the type, but the small point and signal levers on the left and right are copies of the route levers of the Bruchsal I lever type.

For stations with several dependent interlockings, Jüdel also developed a mechanical station block with vertical route levers in the keeper interlockings from 1885. This design was widespread in Bavaria, e. g. in Bodenwöhr Nord (1908–1994, **Fig. 430** and **431**, manufacturer Nöll) and in Deggendorf Hbf (1906–1991, **Fig. 432**). Around the turn of the century, Jüdel was already heavily involved in exports, including supplying nodes of the Lombard Ferrovia Nord Milano (FNM) such as Milano Cadorna or Novara FNM. Also, in Saronno (**Fig. 433**) a dependent interlocking with vertical route levers, wire pulled points (a rarity in Italy) and electric signals was in operation until 2000.

426

427

428

430

431

429

432

433

434

435

436

Auch die Jüdel-Altbauform 6000 der sächsischen Staatseisenbahnen war mit senkrechten Fahrstrassenhebeln ausgestattet, wie im W1 von Rochlitz (1935–2004, **Abb. 434**, links noch mit zwei roten Signalverschlusshebeln), im W2 von Deutschenbora (1929, **Abb. 435**) und im W5 von Dresden-Neustadt (1901–2008, **Abb. 436**). Charakteristisch für die sächsischen Jüdel-Stellwerke waren nicht nur die runden Hebelknaufe, sondern die nach unten gerichtete Hebelgrundstellung wie die Signalhebel im W6 von Dresden-Neustadt (**Abb. 437**). Die von der Norm abweichende Hebelgrundstellung wurde anfänglich auch bei der moderneren Bauform Jüdel 11 000 beibehalten, jedoch mit Standard-Fahrstrassenhebel, wie im aktiven Stw 1 von Nossen (1907, **Abb. 438**), später aber auch normalisiert mit oben liegender Grundstellung wie im W3 von Zittau (1910–2017, **Abb. 439**).

Also, the Jüdel old type 6000 of the Saxon state railways was equipped with vertical route levers as in the W1 of Rochlitz (1935–2004, **Fig. 434**, on the left still with two red signal locking levers), in the W2 of Deutschenbora (1929, **Fig. 435**) and in the W5 of Dresden-Neustadt (1901–2008, **Fig. 436**). Characteristic for the Saxon Jüdel signal boxes were not only the round lever knobs, but also the downward pointing lever base position like the signal levers in the W6 of Dresden-Neustadt (**Fig. 437**). The lever basic position, which deviated from the standard, was initially also retained in the more modern Jüdel 11 000 design, but with standard route levers, as in the active box one of Nossen (1907, **Fig. 438**), but later also normalised with the basic position at the top, as in W3 of Zittau (1910–2017, **Fig. 439**).

437

438

439

Die nachstehenden Aufnahmen zeigen klassische Jüdel-Befehls- und Wärterstellwerke:

- DR-Ilmenau (bis 2001, **Abb. 440** und **441**), W2 mit GS II-Signaltastenpult.
- SBB-Wattwil (1911–2008, **Abb. 442** und **443**), Befehlsstellwerk.
- DB-Wunsiedel-Holenbrunn (1914–2003, **Abb. 444**), Wärterstw 1.
- SBB-Wil (1916–2011, **Abb. 445**), Wärterstw 2, Hebelsperren für isolierte Weichen und elektrisch angetriebene Formsignale.
- DR-Wittenberge (1919–2002, **Abb. 446**), Befehlsstellwerk Win.
- SBB-Aarau (1924–1992, **Abb. 447** und **448**), Wärterstw II, 1974 elektrifiziert.
- SBB-Zofingen (1913–1982, **Abb. 449**), Wärterstw II mit Gestängeweichen.
- SBB-Wildegg (1915–1998, **Abb. 450** und **451**), Wärterstw mit Gestängeweichen und Einklinkhebel für aufgeschnittene Weichen (links: für Drahtzugweichen, rechts für Gestängeweichen).
- DB-Simbach (1943–1989, **Abb. 452**), Wärterstw 1 mit Weichenhebel Bauart Einheit.

The following pictures show classic Jüdel master and dependent interlocking:

- DR-Ilmenau (until 2001, **Fig. 440** and **441**), dependent box 2 with GS II signal panel.
- SBB-Wattwil (1911–2008, **Fig. 442** and **443**), master interlocking.
- DB-Wunsiedel-Holenbrunn (1914–2003, **Fig. 444**), dependent box 1.
- SBB-Wil (1916–2011, **Fig. 445**), dependent box 2, electrified points and el. driven semaphore signals.
- DR-Wittenberge (1919–2002, **Fig. 446**), master interlocking Win.
- SBB-Aarau (1924–1992, **Fig. 447** and **448**), dependent box II, electrified in 1974.
- SBB-Zofingen (1913–1982, **Fig. 449**), dependent box II with rod points.
- SBB-Wildegg (1915–1998, **Fig. 450** and **451**), dependent box with rod points and latching device for cut open points (left: for wire points, right: for rod points).
- DB-Simbach (1943–1989, **Fig. 452**), dependent box 1 with point lever type standardised.

440

441

442

444

443

445

446

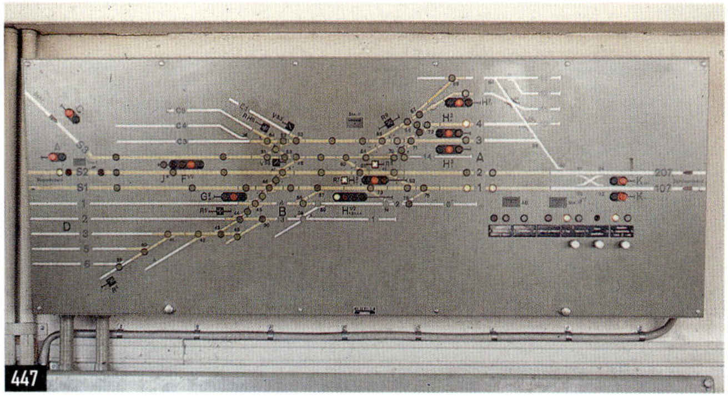
447

448

449

450

451

452

Die grössten mechanischen Stellwerke deutscher Schule

Die Jüdel-Stellwerke gehörten zu den grössten mechanischen Stellwerken <deutscher Schule>, ihre Anlagen erreichten auch die Grösse der späteren mechanischen Einheitsstellwerke. Zeugen dieser Blüte der Mechanik waren bis Anfang des 21. Jahrhunderts in Betrieb:

- DR-Chemnitz Hbf (1906–2011, **Abb. 453**), Wärterstw 6, sächsische Altbauart 6000 mit nach unten gerichteter Hebelgrundstellung.
- DR-Halberstadt (bis 2007, **Abb. 454**), Wärterstellwerk Hw Westkopf.
- DR-Nordhausen (1906, **Abb. 455**), Bfstw Nb mit GS II-Tastenpult für elektrische Signale.
- DB-Nördlingen (1929–2023, **Abb. 456** und **457**), Bfstw 2 mit kleinen Signalumschalthebeln für die frühere bayerische Ruhestellung der Hauptsignale (Flügelstellung nach unten gerichtet, Rangierbetrieb erlaubt), danach für Gleissperrsignale.
- SBB-Romanshorn (1913–2003, **Abb. 458** und **459**), Wärterstw I, 2 Signalhebel mit Umschalthebel für 2 Signalstellungen.
- DB-Lübeck (1908–2003, **Abb. 460**), Bfstw Lp mit Signalhebel je Fahrbegriff (ohne kleine Umschalthebel).
- DB-Lehrte (1895–1986, **Abb. 461**), Bfstw Lpf mit 79 Hebeln.

The largest mechanical interlockings of the German school

The Jüdel interlockings were among the largest mechanical interlockings of the 'German school', and their installations also reached the size of the later mechanical standard interlockings. Witnesses of this blossoming of mechanics were in operation until the beginning of the 21st century:

- DR-Chemnitz Hbf (1906–2011, **Fig. 453**), dependent box 6, Saxon old type 6000 with basic position directing downwards.
- DR-Halberstadt (until 2007, **Fig. 454**), dependent box Hw, western side.
- DR-Nordhausen (1906, **Fig. 455**), Master interlocking Nb with GS II-panel for electric signals.
- DB-Nördlingen (1929–2023, **Fig. 456** and **457**), master interlocking 2 with small signal switch lever for the former Bavarian rest position of the main signals (basic position directed downwards, shunting operation permitted), later for track blocking shunting signals.
- SBB-Romanshorn (1913–2003, **Fig. 458** and **459**), dependent box I, 2 signal levers with 2 little switch levers for different aspects.
- DB-Lübeck (1908–2003, **Fig. 460**), Master interlocking Lp with signal lever for each driving route (without small switch lever).
- DB-Lehrte (1895–1986, **Fig. 461**), Master interlocking Lpf with 79 levers.

455

456

457

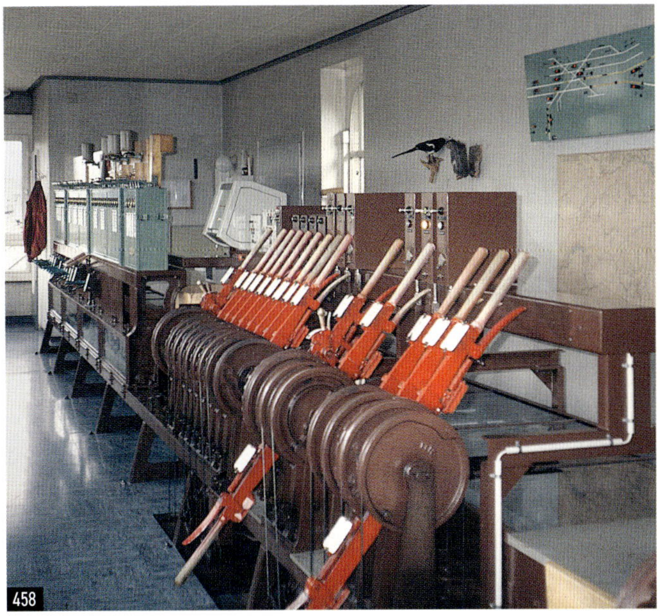
458

459

460

461

Stahmer: Hoflieferant der Preussischen Staatsbahnen

Die Firma C. Stahmer fabrizierte ab 1890 in Ösede bei Georgsmarienhütte Stellwerke mit einem Verschlussregister nach Rüppell-Büssing und belieferte Gebiete im Bereich der Preussischen Staatseisenbahnen (Brandenburg, Mecklenburg, Rheinhessen, Südhessen, Schlesien). Die erste Anlage konnte 1890 nach Cottbus geliefert werden und wurde erst 1964 durch ein Einheitsstellwerk (W10) abgelöst. In Ganzlin (ex-DR) stand zum Zeitpunkt der Drucklegung mit dem Mittelbefehlsstellwerk (**Abb. 462**) eine der letzten Anlagen noch in Betrieb. Gut zu erkennen sind bei den roten Signalhebeln die charakteristischen kleinen drehbaren Umschalthebel für unterschiedliche Signalstellungen, die Weichenhebel sind Bauart Einheit und wurden später eingebaut. **Abb. 463** von 2022 zeigt ein Mittelbefehlsstellwerk im polnischen Włozakowice. Im rheinhessischen Armsheim (1899–2007, **Abb. 464**, **465** und **466**, Wärterstellwerk As) sind beim Blockwerk die typischen aussenliegenden Verbindungsstangen zwischen Fahrstrassenhebeln und den untenliegenden Blocksperren zu sehen. Auf dem Blockkasten unübersehbar die Aufschrift «Fahrweg prüfen!», ein kategorischer Imperativ vor jeder Einstellung einer Fahrstrasse (ohne technische Gleisfreimeldung). Gut erhalten präsentierte sich 1993 das Befehlsstellwerk C des Abzweigebahnhofs im brandenburgischen Parchim (1912–1999, **Abb. 467**, **468** und **469**), die blauen Weichenhebel sind mit zwei Scheibenrollen und dem Hebel in der Mitte geführt. Eine Erfindung von Stahmer war das sog. Wendegetriebe bei den Doppeldrahtzügen, mit welchem ein unbegrenzter Ausgleich der durch Temperaturschwankungen entstehenden Leitungsdehnungen erreicht wurde und daher später beim mechanischen Einheitsstellwerk Anwendung fand. Als Folge der rückläufigen Nachfrage während des Ersten Weltkriegs ging die Firma Stahmer zusammen mit Bruchsal und Zimmermann & Buchloh 1917 in den Deutschen Eisenbahn-Signalwerken auf.

Stahmer: Court supplier to the Prussian State Railways

From 1890 onwards, the company C. Stahmer manufactured signal boxes in Ösede near Georgsmarienhütte with a locking register according to Rüppell-Büssing and was active in the area of the Prussian State Railways (Brandenburg, Mecklenburg, Rhine Hesse, Southern Hesse, Silesia). The first system was delivered to Cottbus in 1890 and was only replaced by a standard interlocking (W10) in 1964. In Ganzlin (ex-DR), at the time of going to press, one of the last installations was still in operation, a centre master interlocking (**Fig. 462**). The characteristic small rotatable switch-over levers for different signal positions can be clearly seen on the red signal levers; the point levers are a unified design and were installed later. **Fig. 463** from 2022 shows a centre master interlocking in Włozakowice, Poland. At Armsheim in Rheinhessen (1899–2007, **Fig. 464**, **465**, and **466**, dependent interlocking As), the typical external connecting rods between the route levers and the block interlockings below can be seen on the block box. On the block box, the inscription "Check the route!", a categorical imperative before setting a route (without technical track clearance), cannot be overlooked. In 1993, the master interlocking C of the branch station in Parchim, Brandenburg (1912–1999, **Fig. 467**, **468** and **469**), was well preserved. The blue point levers were guided by two-disc rollers and the lever in the middle. One of Stahmer's inventions was the so-called reversing gear by double wires, with which an unlimited compensation of the line expansions caused by temperature variations was achieved and, therefore, later used in the mechanical standard interlocking. As a result of the declining demand during WWI, the Stahmer company, together with Bruchsal and Zimmermann & Buchloh, was absorbed into the Deutsche Eisenbahn-Signalwerke in 1917.

Zimmermann & Buchloh: nach Jüdel und Bruchsal die Nr. 3

1878 gründeten Eduard Zimmermann und Ernst Buchloh, Angestellte der Berlin-Hamburger-Eisenbahn, die gleichnamige Firma. Mangels einer eigenen Werkstatt wurden die ersten Stellwerke ab 1880 durch die Maschinenfabrik Wöhlert im Auftrag ihres ehemaligen Arbeitgebers in Hagenow, Ruheleben und Teufelssee gebaut. Dabei entwickelten Zimmermann & Buchloh ebenfalls ein gegenüber dem englischen System vereinfachtes Verschlussregister, welches aus sich kreuzenden Lang- und Querwellen bestand. Die Langwel-

Zimmermann & Buchloh: № 3 after Jüdel and Bruchsal

In 1878, Eduard Zimmermann and Ernst Buchloh, employees of the Berlin-Hamburg railway, founded the same-named company. Due to the lack of their own workshop, the first signal boxes were built from 1880 onwards by Maschinenfabrik Wöhlert on behalf of their former employer in Hagenow, Ruheleben and Teufelssee. Zimmermann & Buchloh developed a simplified locking register compared to the English system, which consisted of crossing long and transverse waves. The long waves were

462

464

466

467

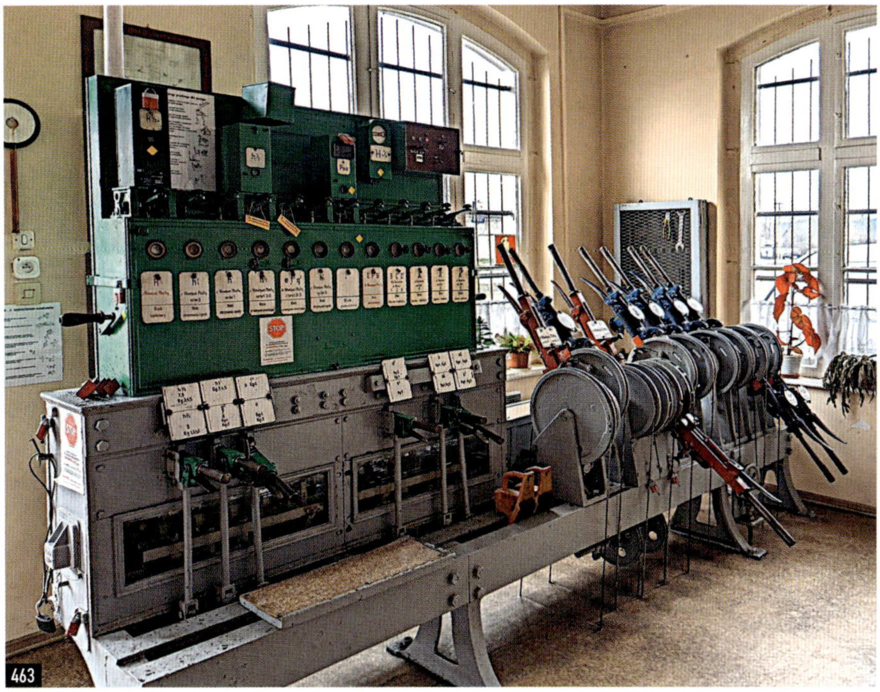
463

469

465

468

470

471

472

len waren dabei an besondere Zwischenhebel und die Querwellen so angeschlossen, dass sie beim Umlegen der Hebel in drehende Bewegung gebracht wurden. Der Zwischenhebel war faktisch ein Vorläufer des späteren Fahrstrassenhebels. In Franken produzierte die Firma Spaeth, Nürnberg-Dutzendteich, auf der bayerischen Ostbahn eine entsprechende Bauart Z&B-alt, so im Wärterstellwerk 2 in Hartmannshof (1903–1988, **Abb. 470** und **471**) und ebenfalls im Wärterstellwerk 2 in Hersbruck links Pegnitz (1913–1999, **Abb. 472**). In beiden Stellwerken waren noch die senkrechten Zwischenhebel zur Sicherung der Weichen vorhanden. Z&B war neben Jüdel auch einer der Hoflieferanten der Preussischen Staatseisenbahnen. 1909 wurde die Fabrikation von Berlin-Borsigwalde nach Georgsmarienhütte verlegt, nach dem die C. Stahmer die Mehrheit an der Z&B AG übernommen hatte. Die neuere mit dem Blockwerk standardisierte Bauform mit Schubstangenverschluss (System Rüppell) war im B2 von Miltzow (bis 2005, **Abb. 473**) zu sehen. Eine grössere Anlage versah im Befehlsstellwerk Rp von Rosslau Pbf (1907–2014, **Abb. 474** und **475**, elektrische Signale mit GS II-Pult) ihren Dienst. Im westlichen Einzugsgebiet

connected to special intermediate levers and the transverse waves in such a way that they were set in rotation when the levers were turned. The intermediate lever was in fact a precursor of the later route lever. In Franconia, the company Spaeth, Nuremberg-Dutzendteich, produced a similar early type Z&B-alt on the Bavarian Eastern Railway, e. g. in the dependent interlocking 2 in Hartmannshof (1903–1988, **Fig. 470** and **471**) and also in the dependent interlocking 2 in Hersbruck links Pegnitz (1913–1999, **Fig. 472**). In both signal boxes, the vertical intermediate levers for securing the points were still present. Besides Jüdel, Z&B was also one of the court suppliers of the Prussian State Railways. In 1909 the production was moved from Berlin-Borsigwalde to Georgsmarienhütte, after C. Stahmer had taken over the majority of the Z&B AG. The newer design with push rod lock (Rüppell system), standardised with the S&H-blockwork, could be seen in Miltzow's B2 (until 2005, **Fig. 473**). A larger installation was in service in the master interlocking Rp of Rosslau Pbf (1907–2014, **Fig. 474** and **475**, el. signals with GS II-panel). In the western area covered

473

474

475

478

476

477

479

von Preussen war Bad Driburg Dwf (1911–2008, **Abb. 476** und **477**) mit der Bauform Z&B-neu ausgerüstet. Charakteristisch für Z&B ist das hinten am Boden angeordnete Verschlussregister wie in Bad Driburg-Dwf und Müncheberg-W1 (**Abb. 478** und **479**). Der schlesisch-polnische Bahnhof Kłodzko wurde ebenfalls mit zwei Z&B-Anlagen ausgerüstet (**Abb. 480** Kg und **481** Kg1). Das konstruktive Erbe mit den ursprünglichen Langwellen (im Unterschied zu den sonst überwiegenden Schubstangen) erforderte einen komplexen Aufbau des Blockuntersatzes, was den Unterhalt im Vergleich zu den meisten anderen Bauarten erschwerte. Die Bauform Z&B-neu wurde auch von der Firma A. Har-

by Prussia, Bad Driburg Dwf (1911–2008, **Fig. 476** and **477**) was equipped with the Z&B-new design. Characteristic of Z&B is the locking register located at the rear of the floor as in Bad Driburg-Dwf and Müncheberg-W1 (**Fig. 478** and **479**). The Silesian-Polish station Kłodzko was also equipped with two Z&B installations (**Fig. 480** Kg and **481** Kg1). The design heritage with the original long shafts required a complex structure of the block frame, which made maintenance more difficult compared to other designs. The Z&B-neu design was also produced by the A. Harwig company under licence for the Prussian Railways at the Gera factory, such

480

481

482

483

484

485

wig in Lizenz für die Preussischen Bahnen im Werk Gera produziert, so das sehr gepflegte B1 in Niesky (1908–2015, **Abb. 482** und **483**) und das grössere B3 in Lübbenau (1910–2009, **Abb. 484** und **485**), man beachte die beim Blockwerk ergänzten Weichenschlösser. Die Firma Zimmermann & Buchloh AG ging 1917 zusammen mit Bruchsal und Stahmer in den Deutschen Eisenbahn-Signalwerken auf.

as the very neat B1 in Niesky (1908–2015, **Fig. 482** and **483**) and the larger B3 in Lübbenau (1910–2009, **Fig. 484** and **485**), note the point key locks added at the blockwork. The Zimmermann & Buchloh AG company merged with Bruchsal and Stahmer into the Deutsche Eisenbahn-Signalwerke in 1917.

486

488

487

Müller & May: ein Nischenplayer in Oberschlesien
Die Firma Müller & May wurde 1890 in Görlitz-Rauschwalde gegründet und produzierte mechanische Stellwerke eigener Bauart für den Raum Oberschlesien (seit 1945 Polen). M&M war ein typischer Anbieter, der vom Stellwerkboom um die Jahrhundertwende profitieren wollte. Die letzte Anlage der DR war das B6 des Verschiebebahnhofs Schlauroth bei Görlitz (1909–2000, **Abb. 486**, **487** und **488**). Bei den Blocksperren fallen die verhältnismässig grossen Gewichthebel auf. Wie bei älteren Bauformen üblich, sind die Seilscheiben der Weichenhebel mit zwei getrennten Rollen geführt. Eine der letzten Anlagen in Polen war bis 2022 in Ścinawka Średnia in Betrieb. 1922 wurde M&M von den Deutschen Eisenbahn-Signalwerken übernommen und die Produktion nach Georgsmarienhütte verlegt.

Willmann: ein rheinischer Nischenplayer
Die bereits 1868 gegründete Firma E. Willmann produzierte ebenfalls um die Jahrhundertwende Stellwerke eigener Bauart mit Schwerpunkt in Hessen und Ruhrgebiet, auch mit einem Verschlussregister gemäss Schubstangenprinzip. Charakteristisch sind die kurzen Hebel wie im Wärterstellwerk Ss von Siershahn (1913, **Abb. 489**) ersichtlich (mit zwei nachgerüsteten Einheits-Signalwinden). In einem gut erhaltenen Wärterstellwerk von Westerburg (1914–2016, **Abb. 490** und **491**) sind die typischen etwas gedrungenen Blocksperren (nur für Bahnhofsblock) oberhalb der Fahrstrassenhebel zu sehen, wie auch die einrolligen Weichen- und ein- oder zweirolligen Signalhebel (keine kleinen Umschalthebel). Eine Grossanlage war von 1900–2006

Müller & May: a niche player in Upper Silesia
The Müller & May company was founded in 1890 in Görlitz-Rauschwalde and produced mechanical signal boxes of its own design for the Upper Silesia region (Poland since 1945). M&M was a typical supplier who wanted to profit from the signal box boom at the turn of the century. The last DR installation was the B6 of the Schlauroth marshalling yard near Görlitz (1909–2000, **Fig. 486**, **487** and **488**). The relatively large weights are noticeable on the block locks. As is usual with older designs, the pulleys of the point levers are guided by two separate pulleys. One of the last interlockings in Poland was in operation in Ścinawka Średnia until 2022. In 1922, M&M was taken over by the Deutsche Eisenbahn-Signalwerke and production was transferred to Georgsmarienhütte.

Willmann: a Rhenish and Ruhr niche player
The E. Willmann company, founded as early as 1868, also produced signal boxes of its own design with a focus on Hesse and the Ruhr area around the turn of the century, also with a locking register based on the push rod principle. Characteristic are the short levers as can be seen in the dependent interlocking Ss of Siershahn (1913, **Fig. 489**, with two retrofitted standardised signal winches). In a well-preserved dependent interlocking of Westerburg (1914–2016, **Fig. 490** and **491**), the typical somewhat squat block locks can be seen above the route levers (only for station block), as well as the single-roller point and single- or double-roller signalling levers (no little switch lever). A large-scale installation was in oper-

489

491

490

in Dortmund Gbf Dro (**Abb. 492** und **493**) in Betrieb. Willmann konnte auch Anlagen nach Spanien liefern. 1923 wurde die Firma ebenfalls von den Deutschen Eisenbahn-Signalwerken übernommen.

Harwig: ein eigenwilliger Nischenplayer
Die Eisenbahnsignalanstalt A. Harwig im westpommerischen Köslin (seit 1945 Polen) fabrizierte um die Jahrhundertwende recht eigenwillige Hebelstellwerke, deren letzte Exemplare der DR in Querfurt (Sachsen-Anhalt) anzutreffen waren. Im Wärterstellwerk Qw (1905–2005, **Abb. 494**, **495** und **496**) sind die spezielle Konstruktion der Blocksperren unter den Fahrstrassenhebeln sowie das ebenfalls spezielle offene Verschlussregister hervorzuheben. Die grossen blauen Weichenhebel haben die Jüdel-Form und sind nachgebaut worden. 1903 wurde der Signalbau der Firma Harwig von der AEG übernommen.

ation from 1900–2006 at Dortmund Gbf Dro (**Fig. 492** and **493**). Willmann was also able to deliver installations to Spain. In 1923, the company was also taken over by the Deutsche Eisenbahn-Signalwerke.

Harwig: an unusual niche player
The railway signal works A. Harwig in Köslin in Western Pomerania (Poland since 1945) produced quite wilful lever signal boxes around the turn of the century, the last examples of which were to be found in the DR in Querfurt (Saxony-Anhalt). In the dependent interlocking Qw (1905–2005, **Fig. 494**, **495** and **496**), the special construction of the blocking under the route levers as well as the likewise special open locking register are to be emphasised. The blue point levers are of the shape of the Jüdel-type and have been reproduced. In 1903, the signal manufacturing of the Harwig company was taken over by the AEG.

492

493

494

495

496

AEG: spätberufen

Die Allgemeine Elektrizitäts-Gesellschaft in Berlin wurde in der Starkstromtechnik gross, war an der Elektrifizierung der Eisenbahn beteiligt und wollte daher auch am mechanischen Stellwerkbau teilhaben. Das Know-How kaufte sie sich u. a. durch die Eingliederung der A. Harwig in die eigene Eisenbahn-Signalabteilung ein und verlegte die Fabrikation ab 1904 allmählich nach Berlin, 1912 nach Frankfurt a. M. und 1916 schliesslich nach Henningsdorf bei Berlin, wo auch die elektro-mechanischen Stellwerke gefertigt wurden. Die AEG-Stellwerke weisen auf den ersten Blick Ähnlichkeiten mit dem Jüdel-Stellwerk auf, jedoch zeigen sich im Detail einige wesentliche Unterschiede wie im DR-Befehlsstellwerk von Meuselwitz (bis 2013, **Abb. 497**, **498** und **499**): Die Blocksperren sind unterschiedlich konstruiert und der Hebelradius beträgt nur 170 Grad statt 180 Grad wie bei Jüdel. Das

AEG: called late

The Allgemeine Elektrizitäts-Gesellschaft in Berlin became a big player in heavy current engineering because it was involved in the electrification of the railways and, therefore, wanted to participate in mechanical signal box construction. It acquired the know-how, among other things, by incorporating A. Harwig into its own railway signalling department and gradually moved production to Berlin from 1904, to Frankfurt a. M. in 1912 and finally to Henningsdorf near Berlin in 1916, where the electro-mechanical interlockings were also manufactured. At first glance, the AEG interlockings show similarities with the Jüdel interlocking, but in detail, some significant differences become apparent as in the DR master interlocking of Meuselwitz (until 2013, **Fig. 497**, **498** and **499**): the block interlockings are constructed differently and the lever radius is only

Verschlussregister (mit Schubstangen) scheint eine Weiterentwicklung der übernommenen Bauart Harwig zu sein. Ein besonders eindrückliches AEG-Stellwerk ist zur Zeit der Drucklegung des Buchs noch in Kassel Rbf (1913, **Abb. 500**, Krw) in Betrieb. Spezielles Merkmal sind auch die schlanken und langen Griffe der Fahrstrassenhebel. AEG hat auch Anlagen im heutigen Polen geliefert, so das noch betriebsfähige grosse Wärterstellwerk Sp3 von Słupsk (**Abb. 501**, **502** und **503**).

1928 schloss sich die AEG aus wirtschaftlichen Gründen mit Siemens & Halske und den Eisenbahn-Signalbauanstalten Jüdel/Stahmer/Bruchsal zu den Vereinigten Eisenbahn-Signalwerken (GmbH) VES zusammen mit Werken in Berlin, Braunschweig, Bruchsal und Georgsmarienhütte.

Fiebrandt: Hausmarke in Polen

Die 1868 im polnischen Bydgoszcz (ehem. Bromberg) entstandene Schlosserei von Carl Fiebrandt stieg gegen Ende des Jahrhunderts in den Stellwerkbau ein und produzierte vorwiegend im heutigen Polen, so auch nach 1945 mechanische Schlüssel- und Einheitsstellwerke mit dem Gleichstrombahnhofsblock M43/P46. Das wohl letzte Fiebrandt-Stellwerk im Bereich der DR war 2003 noch in Angermünde Aob (**Abb. 504** und **505**) zu sehen. Originale Fiebrandt-Stellwerke waren zur Zeit der Drucklegung des Buches hingegen noch im polnischen Grodzisk Wielopolski im Einsatz. **Abb. 506** zeigt das Befehlsstellwerk Gr und **Abb. 507** und **508** die Ansicht des Wärterstellwerks Gr1 sowie Fahrstrassenhebel und Blocksperren. Die Kupplungsklinke des

170 degree instead of 180 degree as with Jüdel. The locking register (with push rods) appears to be a further development of the adopted Harwig design. A particularly impressive AEG signal box is still in operation at Kassel Rbf (1913, **Fig. 500**, Krw) at the time of going to press. The slender and long handles of the route levers are a special feature. AEG also supplied installations in what is now Poland, such as the still operational large Sp3 dependent interlocking at Słupsk (**Figures, 501**, **502** and **503**). In 1928, for economic reasons, AEG merged with Siemens & Halske and the railway signal construction companies Jüdel/Stahmer/Bruchsal to form the Vereinigte Eisenbahn-Signalwerke (GmbH) VES with plants in Berlin, Braunschweig, Bruchsal and Georgsmarienhütte.

Fiebrandt: Domestic brand in Poland

Carl Fiebrandt's metalworking company, founded in 1868 in Bydgoszcz (formerly Bromberg), Poland, entered the interlocking construction business towards the end of the century and produced mechanical key and standard interlockings with the M43/P46 DC station block, mainly in what is now Poland, including after 1945. Probably the last Fiebrandt signal box in the DR area was to be seen in Angermünde Aob in 2003 (**Fig. 504** and **505**). Original Fiebrandt signal boxes, on the other hand, were still in use in Grodzisk Wielopolski, Poland, at the time the book went to press. **Fig. 506** shows the master interlocking Gr and **Fig. 507** and **508** the view of the dependent interlocking Gr1 as well as route levers and block interlock-

500

501

502

503

504

505

506

507

508

509

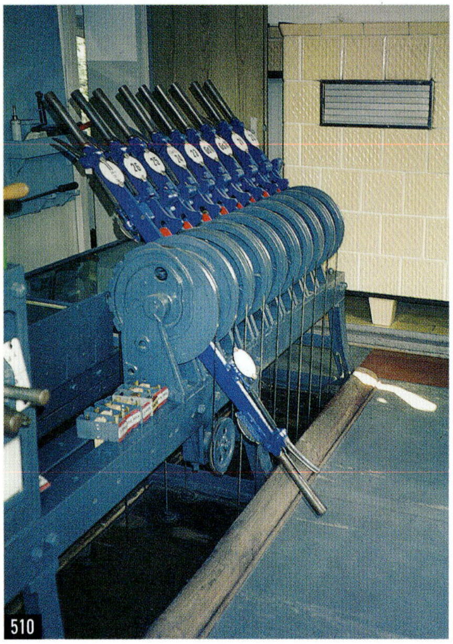

510

Weichenhebels von Fiebrandt diente als Vorbild für das Einheitsstellwerk.

Gast: auch von Berlin ausgehend
Die Firma J. Gast KG wurde 1846 in Berlin als Werkzeugmaschinenfabrik gegründet und stieg 1878 in den Eisenbahnsignalbau ein. Nach anfänglichen Versuchen mit einem eigenen Verschlussregister (abgeflachte Querwellen) wurde das Register von Rüppell-Büssing übernommen. Gast belieferte die Preussischen Bahnen vorwiegend im Bereich Westpommern/Schlesien sowie von Berlin ausgehende Strecken. Die letzte Anlage der DR war im B2 von Spremberg (1906–2006, **Abb. 509** und **510**, elektrische Signale mit GS II-Tastenpult) zu bestaunen. Die Bauart weist Ähnlichkeiten mit dem Jüdel-Stellwerk auf, insbesondere die Form der Hebel. **Abb. 511** zeigt die Blocksperren im B1 von Rathenow (1904–1998). Gast ist vereinzelt noch im heutigen West-

ings. The coupling pawl of the Fiebrandt point lever served as a model for the standard interlocking.

Gast: also starting from Berlin
The company J. Gast KG was founded in 1846 in Berlin as a machine tool factory and entered the railway signal construction business in 1878. After initial trials with its own locking register (flattened transverse waves), the register was adopted from Rüppell-Büssing. Gast supplied the Prussian railways mainly in the area of West Pomerania/Silesia as well as lines originating from Berlin. The last DR layout was in the B2 of Spremberg (1906–2006, **Fig. 509** and **510**, el. signals with GS II panel). The design shows similarities with the Jüdel signal box, especially the shape of the levers. **Fig. 511** shows the block locks in the B1 of Rathenow (1904–1998). Gast was also widespread in what is now Western Poland, e. g. in

511

512

513

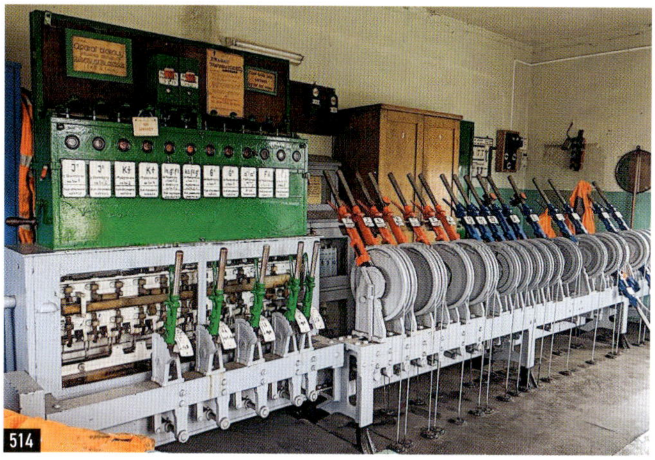

514

polen anzutreffen, so in Gołańcz (**Abb. 512** und **513**). Ab 1924 produzierte Gast die nun vorgeschriebenen Einheitsstellwerke bis der Betrieb Ende des Zweiten Weltkriegs durch die Rote Armee demontiert wurde.

Hein & Lehmann: Lieferant in Polen

Die 1877 auch in Berlin gegründete Firma Hein, Lehmann & Co war anfänglich in der Verarbeitung von Wellblech und Eisenkonstruktionen tätig und eröffnete 1885 eine Abteilung für den Eisenbahn-Signalbau unter Leitung von Oberingenieur A. Wöllert. Hein & Lehmann-Stellwerke fanden mehrheitlich im heutigen Westpolen Verbreitung, so aktuell noch in Wierzbno W1 (1906, **Abb. 514**) und in Wolsztyn (1909, **Abb. 515**, **516** und **517**), wo sie im Dampfzentrum zur Zeit der Drucklegung des Buches noch besichtigt werden konnten. Auffällig sind die senkrechten Fahrstrassenhebel, welche denjenigen der sächsischen Jüdel-Altbauform

Gołańcz (**Fig. 512** and **513**). From 1924 Gast produced the now mandatory standard interlockings until the company was dismantled by the Red Army at the end of WWII.

Hein & Lehmann: Supplier in Poland

Hein, Lehmann & Co, also founded in Berlin in 1877, was initially involved in the processing of corrugated iron and iron constructions, and in 1885 opened a department for railway signal manufacturing under the direction of senior engineer A. Wöllert. Hein & Lehmann signal boxes were mostly used in today's western Poland, currently still in Wierzbno W1 (1906, **Fig. 514**) and in Wolsztyn (1909, **Fig. 515**, **516** and **517**), where they could still be seen in the steam centre at the time of printing this book. The vertical route levers, which resemble those of the Saxon Jüdel old type 6000, but have different design features, are

515

517

516

6000 gleichen, jedoch unterschiedliche Konstruktionsmerkmale aufweisen. Weiter sind die robust gebauten Blocksperren und das hinten am Boden angeordnete Verschlussregister System Rüppell-Büssing zu erwähnen. Mitte 1935 wurde der Eisenbahn-Signalbau nach Düsseldorf-Oberbilk verlegt. Die Produktion mechanischer Einheitsstellwerke wurde noch bis Ende der Vierzigerjahre weitergeführt, dann verlieren sich die Spuren.

Scheidt & Bachmann: ein erfolgreicher und flexibler Nischenplayer

1872 gründeten der Kaufmann Wilhelm Friedrich Scheidt und der Ingenieur Carl Bachmann in Mönchengladbach eine Werkzeugmaschinenfabrik. Ab 1879 wurde der Stellwerkbau zu einer tragenden Geschäftseinheit, zunächst mit in Lizenz Schnabel & Henning (Bruchsal) gebauten Anlagen für die Eisenbahndirektionen Elberfeld und Köln. Ab 1895 kam ein selbstentwickeltes Hebelstellwerk auf der Grundlage des Verschlussregisters Rüppell-Büssing auf den Markt. Die Hebel der S&B-Stellwerke waren relativ kurz, jedoch mit langen Handfallen versehen, wie die Signalhe-

striking. Furthermore, the robustly built block locks and the locking register system Rüppell-Büssing arranged at the rear on the floor are to be mentioned. In the middle of 1935, the railway signal manufacturing was transferred to Düsseldorf-Oberbilk. The production of mechanical standard interlockings continued until the end of the 1940s, then the company ceases to exist.

Scheidt & Bachmann: a successful and flexible niche player

In 1872, the businessman Wilhelm Friedrich Scheidt and the engineer Carl Bachmann founded a machine tool factory in Mönchengladbach. From 1879, interlocking construction became a mainstay of the business, initially with equipment built under licence by Schnabel & Henning (Bruchsal) for the Elberfeld and Cologne railway directorates. From 1895, a self-developed lever interlocking based on the Rüppell-Büssing locking register came onto the market. The levers of the S&B interlockings were relatively short but had long hand holds, as shown by the signal levers of the

518

519

520

521

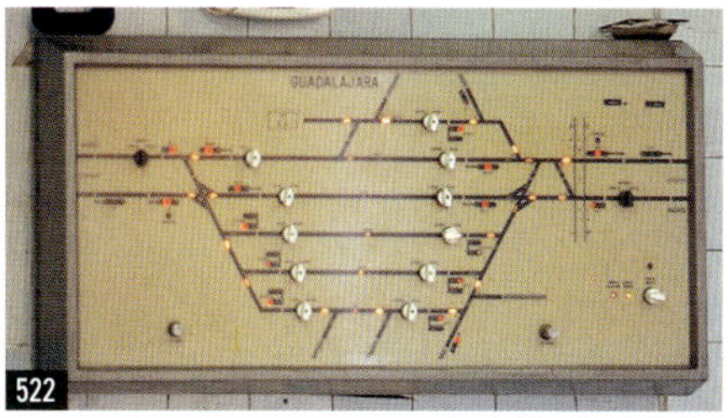
522

523

524

bel des Befehlsstellwerks If von Iserlohn (1912–1997, **Abb. 518** und **519**) zeigen. Die Weichenhebel sind einrollig konstruiert. Dagegen waren die Handfallen der Fahrstrassenhebel extrem kurz wie im Abzweigestellwerk Schwerte-Heide (1912–2007, **Abb. 520** und **521**). S&B war auch im Export erfolgreich, insbesondere in Spanien, wo neben der Norte-Bahn auch die MZA (Madrid-Zaragoza-Alicante) beliefert werden konnte (1928 waren bei der MZA 20 Anlagen in Betrieb). Noch 1989 war in Guadalajara (**Abb. 522**, **523** und **524**) ein Mittelstellwerk S&B in Betrieb, die Weichen waren noch drahtgesteuert, die Signale jedoch elektrifiziert, daher die elektrischen Hebelsperren über den Fahr-

master interlocking of Iserlohn If (1912–1997, **Fig. 518** and **519**). The point levers are of single-roller design. In contrast, the hand holds of the route levers were extremely short, as in the Schwerte-Heide branch signal box (1912–2007, **Fig. 520** and **521**). S&B was also successful in export, especially in Spain, where besides the Norte railway also the MZA (Madrid-Zaragoza-Alicante) could be supplied (in 1928 20 units were in operation at the MZA). As late as 1989 in Guadalajara (**Fig. 522**, **523** and **524**) an S&B centre signal box was still in operation, the points were still wire-controlled, but the signals were electrified, hence the el. lever locks above the route levers. From 1924 S&B also

525

526

527

strassenhebeln. Ab 1924 fertigte S&B auch Einheitsstellwerke. S&B überlebte die Wirren beider Weltkriege dank Diversifizierung im Bahnbereich (elektro-mechanische Stellwerke, Schranken, Fahrkartenautomaten) und weiteren Geschäftsbereichen (Steuerung von Parkhäusern, Tankanlagen) und ist heute wieder mit ESTW im Markt, speziell für Regionallinien.

Vögele: Schwerpunkt in Franken (Bayern)
Die 1836 in Mannheim gegründete gleichnamige Firma betätigt sich ab 1840 erfolgreich im Weichenbau und war erste Lieferantin für Oberbaumaterial. Der von Vögele entwickelte Weichen-Klammerspitzenverschluss wurde 1932 von der DRG als Einheitsbauform eingeführt. Ab 1880 fertigte Vögele auch Weichen- und Signalstellwerke, vorwiegend Kurbel- und Mittelstellwerke in Franken und im Norden Baden-Württembergs. 27 Kurbelwerke wurden in die Schweiz geliefert, so das Vierkurbel-Werk von Lenzburg-Stadt (1895–2005, **Abb. 525**) mit drei Signal- und einer Weichenriegelkurbel. Bei der DRG waren 1942 noch 115 Anlagen in Betrieb. Ein typisches Hebel- und Mittelstellwerk war in Elfershausen-Trimberg (1924–2021, **Abb. 526** und **527**) anzutreffen. Charakteristisch sind die senkrechten Fahrstrassenfestlegehebel und die zweirollig ausgeführten Weichenhebel, welche entsprechend Platz benötigen. Das Verschlussregister orientiert sich an Rüppell-Büssing. Ein eher seltenes mittelgrosses Wärterstellwerk war in Bad Neustadt (Saale), (1923–1994, **Abb. 528** und **529**) in Betrieb. Speziell hervorzuheben ist die Konstruktion der Signalhebel: Diese umfassen zwei Hebel mit nur einer Seilrolle,

manufactured standard interlockings. S&B survived the turmoil of both world wars thanks to diversification in the railway sector (el.-mech. interlockings, barriers, ticket vending machines) and other business areas (control of multi-storey car parks, petrol stations) and is back on the market today with ESTW, especially for regional networks.

Vögele: Focus on Franconia (Bavaria)
Founded in Mannheim in 1836, the same-named company was successful in point construction from 1840 and was the first supplier of permanent way material. The point clamp lock developed by Vögele was introduced by the DRG as a standardised design in 1932. From 1880 Vögele also manufactured points and signalling signal boxes, mainly crank and centre signal boxes in Franconia and in the north of Baden-Württemberg. 27 crank interlockings were delivered to Switzerland, such as the four-crank interlocking at Lenzburg-Stadt (1895–2005, **Fig. 525**) with three signalling cranks and one point locking crank. The DRG still had 115 systems in operation in 1942. A typical lever and centre signal box was to be found in Elfershausen-Trimberg (1924–2021, **Fig. 526** and **527**). Characteristic are the vertical route fixing levers and the two-roller point levers, which require corresponding space. The locking register is based on Rüppell-Büssing. A rather rare medium-sized dependent interlocking was in operation in Bad Neustadt (Saale) (1923–1994, **Fig. 528** and **529**). The design of the signalling levers is particularly noteworthy: these comprise two levers with only one pulley, with

528

529

530

wobei sich der eine Hebel in der Grundstellung unten befindet (siehe auch Elfershausen-Trimberg). Der Grund dieser Anordnung liegt im ursprünglichen bayerischen Ruhesignal (Signalflügel nach unten, freier Rangierbetrieb): Wird der Hebel von unten nach oben gezogen, zeigt der Signalflügel nach unten (Rangierbetrieb erlaubt), wird eine Ausfahrt eingestellt, so wird dieser Hebel wieder nach unten gelegt (Haltestellung des Signalflügels) und der zweite Hebel der Seilrolle wird ebenfalls nach unten gelegt (Fahrtstellung des Signalflügels). Besonders zu erwähnen ist auch der tiefere Blockkasten mit dem Jüdel-Erlanger-Bahnhofsblock. Das bayerische Ruhesignal (Signalflügel nach unten), bei welchem der Zugverkehr ruhte und der Rangierverkehr erlaubt war, wurde 1975 aufgehoben und durch das Gleissperrsignal ersetzt (**Abb. 530** von Garmisch-Partenkirchen). Vögele verkaufte den Signalbereich 1931 an Krauss-Maffei, welche danach noch vereinzelte Anlagen fabrizierte.

Weinitschke: Goldgräberstimmung

In Goldgräberstimmung verselbstständigten sich 1884 Mitarbeiter der J. Gast KG, v. a. Friedrich Paul Weinitschke und gründeten in Konkurrenz die Eisenbahn-Signalanstalt F. Paul Weinitschke GmbH in Berlin-Lichtenberg, bis 1900 noch mit Hermann Söllig, dazu gesellte sich Personal der bereits einfacheren Signalanlagen produzierenden Firma Roessemann & Kühnemann. Trotz geringer Kapitaldecke gelang es Weinitschke, sich in den 1920er-Jahren als Lieferant der Reichsbahn zu positionieren, anfänglich auch mit einfachen Kurbelwerken. In Jävenitz (**Abb. 531** und **532**)

one lever in the down position (see also Elfershausen-Trimberg). The reason for this arrangement lies in the original Bavarian rest signal (signal wing down, free shunting operation): if the lever is pulled upwards from below, the semaphore wing points downwards (shunting operation permitted). If a starter route is set, this lever is moved downwards again (stop position of the semaphore wing) and the second lever of the pulley is also moved downwards (running position of the semaphore wing). The lower block shelf with the Jüdel-Erlanger station block is worthy of special mention. The Bavarian rest signal (semaphore wing down), at which train traffic was at rest and shunting traffic was permitted, was cancelled in 1975 and replaced by the track block signal (**Fig. 530** of Garmisch-Partenkirchen). Vögele sold the signalling area to Krauss-Maffei in 1931, which subsequently manufactured a few more systems.

Weinitschke: Gold-rush atmosphere

In 1884, employees of J. Gast KG, in particular Friedrich Paul Weinitschke, became independent in a gold-rush atmosphere and founded the railway signalling company F. Paul Weinitschke GmbH in Berlin-Lichtenberg, until 1900 with Hermann Söllig, in addition with personnel from Roessemann & Kühnemann, which was already producing simpler signalling systems. Despite its low capitalisation, Weinitschke succeeded in positioning himself as a supplier to the Reichsbahn in the 1920s, initially with simple crank interlocking systems. In Jävenitz

531

532

533

534

535

536

537

538

auf der Strecke Stendal–Oebisfelde war bis 1994 noch ein Wärterstellwerk in Betrieb. Charakteristisch sind die runden Blocksperren unterhalb der robusten Fahrstrassenhebel und einrolligen Hebel. Die Konstruktion lehnt sich mit der definitiven Bauform ab 1907 an das Jüdel-Stellwerk an. In den **Abb. 533**, **534** und **535** ist ein gut erhaltenes noch aktives Exemplar von 1911 im polnischen Gorzow Wielopolski Zieleniec zu sehen. Als Grenzbahnhof von 1945–1990 hatte das grosse B3 in Oebisfelde (bis 1998, **Abb. 536** und **537** von 1992) eine strategische Bedeutung. Typisch sind die trapezförmigen weissen Hebelschilder. Weinitschke baute daneben die meisten Einheitsschlüsselwerke und ab 1924 Einheitsstellwerke. 1945 wurde der Betrieb beschlagnahmt und unter Treuhand gestellt, 1949 als VEB verstaatlicht, 1951 in den VEB Gaselan integriert und 1953 mit dem VEB WSSB (Stellwerklieferant in der DDR) zusammengelegt. 1952 sollen noch Einheitsstellwerke für den Berliner Aussenring geliefert worden sein.

DRG-Einheitsstellwerk: die Zähmung der Vielfalt

Am Anfang des 20. Jahrhunderts befanden sich die Streckennetze der Eisenbahnen noch in voller Ausdehnung, so dass die Signalbauanstalten fast euphorisch wie Pilze aus dem Boden schossen. Allein in Deutschland entstanden rund 20 Hersteller, davon lieferten 1912 wiederum allein 15 Anbieter Stellwerke an die Preussischen Staatsbahnen. Es entstand ein eigentlicher Wildwuchs an Bauformen, Verschlüssen, Aussenanlagen u. a. mit entsprechenden Folgen für Ausbildung, Bedienung und Unterhalt und kohärenter Betriebssicherheit. Obwohl die drei Hersteller Jüdel, Bruchsal und Zimmermann & Buchloh zusammen den Grossteil der Anlagen lieferten, erschwerte dies in den meisten Unterhaltsbezirken die Arbeit unverhältnismässig. Bereits ab 1900 begannen Vorarbeiten unter Leitung des preussischen Sicherungsreferenten und Geheimen Oberbaurats Eduard Scholkmann, welcher die Initiative ergriff und das 1907 gegründete Eisenbahnzentralamt in Berlin mit der Entwicklung eines mechanischen Einheitsstellwerks beauftragte. Nach der Erprobung von sechs Versuchsstellwerken 1911 entschied sich das Zentralamt für eine Einheitsform, welche sich an Hebelbank, Fahrstrassenhebel und Verschlussregister von Jüdel, Weichenhebel von Fiebrandt, Weichenantrieb von Zimmermann & Buchloh sowie Wendegetriebe der Drahtleitungen von Stahmer orientierte und zu einem kompakten Hebelwerk optimierte. Der Beginn des Ersten Weltkriegs verzögerte die Umsetzung, zeigte aber auch durch die Schwierigkeiten beim Truppenaufmarsch die Notwendigkeit der Vereinheitlichung des Signal- und Stellwerkwesens. Die 1920

(**Fig. 531** and **532**) on the Stendal–Oebisfelde line, a dependent interlocking was still in operation until 1994. Characteristic are the round block locks below the robust route levers and single roller levers. The final design from 1907 was based on the Jüdel box design. **Fig. 533**, **534** and **535** show a well-preserved, still active example from 1911 in Gorzow Wielopolski Zieleniec in Poland. As a border station from 1945–1990, the large B3 in Oebisfelde (until 1998, **Fig. 536** and **537** from 1992) was of strategic importance. The trapezoidal white lever signs are typical. Weinitschke also built most of the standardised key locks and, from 1924, standard interlockings. In 1945, the company was confiscated and placed under trusteeship, nationalised as VEB in 1949, integrated into VEB Gaselan in 1951 and merged with the VEB WSSB (relay box supplier in the GDR) in 1953. In 1952, standard interlocking systems for the Berlin outer ring are said to have been delivered.

DRG standard interlocking: the domestication of diversity

At the beginning of the 20th century, the railway networks were still fully expanding so that signalling companies arose like mushrooms in moist forests. Exclusively in Germany around 20 manufacturers emerged, 15 of which supplied signal boxes to the Prussian state railways in 1912. The result was a veritable proliferation of designs, locks, outdoor installations, etc., with corresponding consequences for training, operation and maintenance and coherent operational safety. Although the three manufacturers Jüdel, Bruchsal and Zimmermann & Buchloh supplied the majority of the systems, this made work disproportionately difficult in most maintenance districts. As early as 1900, preparatory work began under the direction of the Prussian safety engineer and Secret Chief Building Officer Eduard Scholkmann, who took the initiative and commissioned the Central Railway Office in Berlin, founded in 1907, to develop a mechanical standard interlocking system. After testing six experimental signal boxes in 1911, the Central Office decided on a standardised form based on Jüdel's lever row, route lever and locking register, Fiebrandt's points lever, Zimmermann & Buchloh's points drive and Stahmer's reversing gear for the wire lines, which were optimised to create a compact lever mechanism. The start of WWI delayed implementation, but also demonstrated the need for standardisation of the signalling and interlocking system due to the difficulties in deploying troops. The Deutsche Reichsbahn-Gesellschaft DRG, founded in 1920, introduced standard interlocking in 1924 gegründete Deutsche Reichsbahn-Gesellschaft DRG führte 1924 das Einheitsstellwerk als Standard ein und liess 16 Signalbauanstalten zu. Die einfachste Form eines mechanischen Einheitsstellwerks war die Doppelspur-Zwischenblockstelle mit dem Vierfelderblock (je Anfangs- und Endfeld für beide Richtungen) und den untenliegenden Blocksperren, welche den Verschluss zu den beiden Signalhebeln (je für eine Richtung) herstellten, so in Grossgründlach (1959–1999, **Abb. 538**) auf der Strecke Fürth–Erlangen. Archetypische Einheitsstellwerke waren als Befehls-Mittelstellwerk auf der badischen Hochrheinbahn in Erzingen (1928–2001, **Abb. 539**), gut erkennbar die Blocksperren und die für die DB üblichen schwarzen Hebelschilder, sowie im Wärterstellwerk 1 von Metzingen (1934–1988, **Abb. 540**) in Betrieb. Die typengleiche Anlage als Befehlsstellwerk der DR in Deutschenbora (1936, **Abb. 541**) mit den weissen Hebelschildern der DR. Ebenfalls weisse Hebelschilder behielten als Ausnahme die bayerischen Bundesbahndirektionen München und Nürnberg bei, wie das Beispiel des Wärterstellwerks 1 von Furth im Wald (1932–2010, **Abb. 542**) zeigt. Typisch für Bayern auch die die roten Signalhebel flankierenden rot-blauen Gleissperrhebel für Rangierfahrten, hier wurde die frühere Ruhestellung der Ausfahrhauptsignale (Flügelstellung nach unten) nachgebildet, welche später durch Gleissperrsignale ersetzt wurde. Während des Zweiten Weltkriegs wurden auch in Österreich Anfang der 1940er-Jahre einige Einheitsstellwerke installiert, z. B. auf dem Erzkorridor zwischen Erzberg und Voest-Alpine in Linz, um die Versorgung des Stahlwerks zu gewährleisten. Dabei wurden auch Teile des Verschiebebahnhofs Linz ausgerüstet, wie das Rangierstellwerk 17 in Linz Vbf Ost (1941/42, **Abb. 543**). Auf dem Korridor erhielt das Befehlsstellwerk 1 des Sammelbahnhofs Hieflau (1941–2009, **Abb. 544** und **545**) ein Einheitsstellwerk. Die Formsignale wurden mit der Zeit durch Lichtsignale und der Felderblock durch den elektrischen Zeichengabe-Streckenblock ersetzt. Noch bis in die 1960er-Jahre lösten Einheitsstellwerke Altbauarten u. a. auf den hochbelasteten Güterzugkorridoren im Ruhrgebiet ab, wie im Bfstw Ost von Oberhausen Osterfeld Süd (1959–2006, Abb. **546**). Etwas gemächlicher geht es zu und her im noch aktiven B2 des Mecklenburgischen Karow (**Abb. 547** und **548**). Das niedersächsische Bfstw Sof Salzgitter Bad (1940–1999, **Abb. 549**, **550** und **551**) präsentierte sich wie das B2 von Karow in sehr gut erhaltenem Zustand. In Salzgitter Bad sind auch die beiden Einheits-Signalwinden für Stelldistanzen bis 1000 m gut sichtbar. Das Einheitsstellwerk fand durch das frühere Einzugsgebiet der Preussischen Staatsbahnen und der DRG weite Verbreitung in Polen und wurde nach 1945 weitergebaut.

and approved 16 signal construction companies. The simplest form of a mechanical standard interlocking was the double-gauge intermediate interlocking with the four-field block (start and end fields for both directions) and the block locks at the bottom, which created the locking to the two signalling levers (each for one direction), as in Grossgründlach (1959–1999, **Fig. 538**) on the Fürth–Erlangen line. Archetypal standard interlockings were in operation as master centre interlockings on the Baden Hochrheinbahn in Erzingen (1928–2001, Fig. **539**), easily recognisable by the block locks and the black lever signs typical of the DB, as well as in dependent interlocking 1 in Metzingen (1934–1988, **Fig. 540**). The DR master interlocking of the same type in Deutschenbora (1936, **Fig. 541**) with the white lever signs of the DR. The Bavarian Railway Directorates of Munich and Nuremberg also retained white lever signs as an exception, as the example of dependent interlocking 1 at Furth im Wald (1932–2010, **Fig. 542**) shows. Also typical for Bavaria are the red-blue track-locking levers flanking the red signal levers for shunting movements; here the former rest position of the main starter signals (wing position downwards) was reproduced, which was later replaced by track-locking signals. During WWII, some standard interlocking systems were also installed in Austria at the beginning of the 1940s, e.g. on the ore corridor between Erzberg and Voest-Alpine in Linz, to ensure the supply of the steelworks. Parts of the Linz marshalling yard were also equipped, such as shunting signal box 17 in Linz Vbf Ost (1941/42, **Fig. 543**). The master interlocking 1 of the Hieflau branch yard (1941–2009, **Fig. 544** and **545**) was equipped on the corridor. Over time, the mechanical signals were replaced by light signals and the field block by the electric line block. Until the 1960s, standard interlocking systems replaced old designs on the busy freight train corridors in the Ruhr area, e. g. in the master interlocking Ost of Oberhausen-Osterfeld Süd (1959–2006, **Fig. 546**). Things are a little more leisurely in the still active B2 of Karow in Mecklenburg (**Fig. 547** and **548**). The Lower Saxony master interlocking Sof Salzgitter Bad (1940–1999, **Fig. 549**, **550** and **551**), like the B2 at Karow, was in very good condition. The two standard signalling winches for setting distances of up to 1000 m are also clearly visible in Salzgitter Bad. The standard interlocking was widely used in Poland due to the former area covered by the Prussian State Railways as well as the DRG and was continued after 1945. **Fig. 552** shows the interlocking Kn1 that was in operation at Kętrzyn station in 1995 and the signal box Bi from Białogard in 1996 (**Fig. 553**) with

539

540

541

542

543

544

545

546

547

548

549

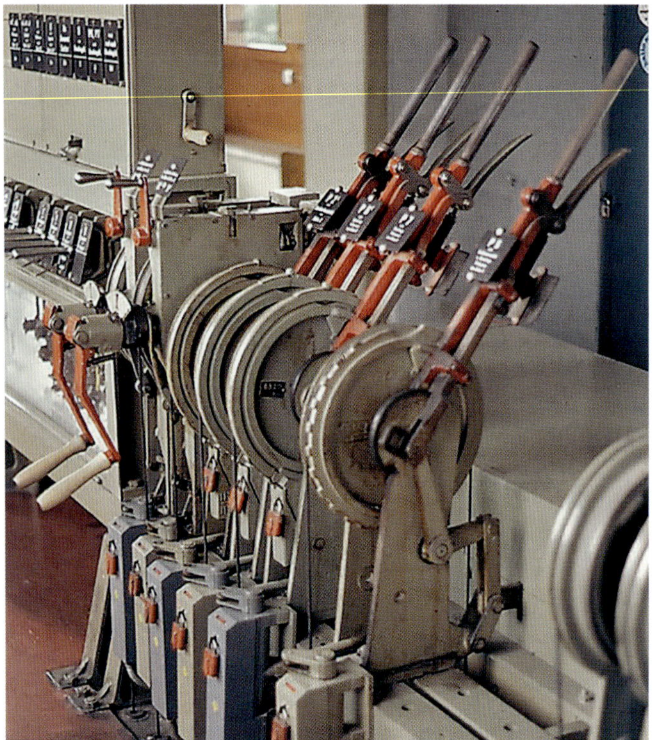
550

551

552

553

554

555

In **Abb. 552** eine Anlage, die 1995 im Stellwerk Kn1 vom Bahnhof Kętrzyn in Betrieb war und 1996 das Stellwerk Bi Białogard (**Abb. 553**) mit kleinen Signalhebeln für die Lichtsignale. Eine ebenfalls gut erhaltene Grossanlage mit 58 Hebel war 2023 im Befehlsstellwerk von Starogard Gdánski (**Abb. 554** und **555**) in Betrieb.

Obschon einige Länderbauarten bis in die jüngste Zeit überlebt haben, hat sich das Einheitsstellwerk in Deutschland und Polen doch mehrheitlich durchgesetzt und damit die Ziele der Vereinheitlichung weitgehend erreicht. Diese Feststellung gilt vor allem für den mechanischen Bereich, nicht jedoch für die Modernisierung im Laufe der Zeit. Aufgrund fehlender finanzieller Mittel, knapper Produktionskapazitäten für Relaisstellwerke und zur Effizienzsteigerung erwiesen sich die Modernisierung und Leistungssteigerung von mechanischen Stellwerken vielfach als zweckmässige Übergangsmassnahme. Während praktisch alle kontinentalen Bahnen die mechanischen Stellwerke mit der Zeit modernisiert haben, u.a. mit elektrischen Weichenantrieben, Lichtsignalen und Gleisstromkreisen zur automatischen Erkennung der Zugbelegung der Bahnhofsgleise, hielten DRG und DB (nicht aber die

a vertical pushbutton panel above the track levers for the light signals. An equally well-preserved large system with 58 levers was in operation in 2023 in the master interlocking in Starogard Gdánski (**Fig. 554** and **555**).

Although some regional designs have survived into recent times, the standard interlocking has prevailed for the most part in Germany and Poland, thus, largely achieving the objectives of standardisation. This statement applies above all to the mechanical area, but not to modernisation over the course of time. Due to a lack of financial resources, scarce production capacities for relay interlockings and in order to increase efficiency, the modernisation and performance enhancement of mechanical interlockings often proved to be an effective transitional measure. While practically all continental railways modernised their mechanical signal boxes over time, including with electric points drives, light signals and track circuits for automatic detection of train occupancy on the station tracks, the DRG and DB (but not the DR), with a few exceptions, continued to use wire-controlled points and signals right up to

556

557

DR), von wenigen Ausnahmen abgesehen, bis in die heutige Zeit an drahtgesteuerten Weichen und Signalen fest. Markante Beispiele dieser konsequenten Praxis sind der Bahnhof Durmersheim (ICE-Strecke Karlsruhe–Rastatt) mit Wärterstellwerk 1 (Bruchsal G, 1905–2026) und Befehlsstellwerk 2 (Bruchsal I, 1922–2026), beide mit drahtgesteuerten Weichen und Formsignalen sowie die Bahnhöfe Neunkirch (Bruchsal I, 1928–2027) und Wilchingen-Hallau (Bruchsal I, 1927–2027) auf der Hochrheinstrecke Schaffhausen–Basel: Noch 2013 beim Doppelspurausbau des Abschnitts Neunkirch–Erzingen mit kompletter Umgestaltung der beiden Bahnhöfe wurden die Rohrleitungen, Umlenkrollen und Drahtleitungen für die Steuerung der Weichenverriegelungen und der Formsignale vollständig neu verlegt, gleichzeitig wurde der bisher einspurige elektro-mechanische Felderblock der Bauform C auf die doppelspurige Bauform D umgebaut.

12 SA: das österreichisch-ungarische Perronstellwerk

Das erste österreichische Regelstellwerk wurde um 1880 für Unterwegsbahnhöfe als Mittelstellwerk (am Perron) entwickelt und durch drei Hersteller Götz & Söhne, Siemens & Halske und Südbahnwerke geliefert. Es war für einfache Betriebsverhältnisse ohne Streckenblock konstruiert und bis 2009 noch in seiner Originalform auf der Schmalspurstrecke Waidhofen an der Ybbs – Lunz am See in Gstadt (**Abb. 556**) anzutreffen. Die Hebel mit den typischen Steigbügelgriffen bewegten die vier Weichen (die beiden Einfahrsignale seitens Ybbsitz und Kienberg wurden bereits elektrisch gestellt), welche von

the present day. Striking examples of this consistent practice are Durmersheim station (ICE line Karlsruhe–Rastatt) with dependent interlocking Bruchsal G (1905–2026) and master interlocking Bruchsal I (1922–2026), both with wire-controlled points and semaphore signals, as well as Neunkirch (Bruchsal I, 1928–2027) and Wilchingen-Hallau (Bruchsal I, 1927–2027) stations on the Schaffhausen–Basel High Rhine line: as recently as 2013, during the double-track extension of the Neunkirch–Erzingen section with remodelling of the two stations, the rod pipes, deflection pulleys and wire lines for controlling point locks and signals (incl. new semaphore signals) were completely renewed. At the same time, the previously single-track electro-mechanical field block of type C was converted to the double-track type D.

12 SA: The Austro-Hungarian platform interlocking

The first Austrian signal box was developed around 1880 for en route railway stations as a centre signal box (on the platform) and was supplied by three manufacturers Götz & Söhne, Siemens & Halske und Südbahnwerke. It was designed for simple operating conditions without a line block and could still be found in its original form on the Waidhofen an der Ybbs – Lunz am See narrow gauge line in Gstadt until 2009 (**Fig. 556**). The levers with the typical stirrup handles moved the four points (the two entrance signals from Ybbsitz and Kienberg were al-

558

559

560

den seitlichen Fahrstrassenhebeln gesichert wurden. Mit den Fahrstrassen wurden die Einfahrten gesichert, für die Ausfahrten wurden einfach die entsprechenden Einfahrten (ohne Signal) gestellt. In der Monarchie erreichte das 12 SA-Stellwerk in seiner einfachsten Form auf den zahlreichen einspurigen Nebenstrecken weite Verbreitung, wie im slowenischen Branik (**Abb. 557**), mit zwei gelben Vorsignal- und zwei roten Einfahrsignalhebel, die Weichen sind mit einem Zentralschloss gesichert, Ausfahrsignale und Streckenblock fehlen. Bei etwas grösseren Stationen wurde die Stellwerkbank ausschliesslich für Signale, nun auch mit normalen Hebeln, wie 1989 im österreichischen Mining (**Abb. 558** und **559**), genutzt. Die Weichen inkl. Weichenriegel wurden auf einem separaten Stellbock (5015) daneben aufgestellt. Durch die sowohl bei den Weichen- und Signalhebeln angebrachten Weichenschlössern wurde die Abhängigkeit mittels eines im Fahrdienstleiterbüro installierten Schlüsselwerks (im Fall von Mining ein Trommelschlüsselwerk) hergestellt. Die beschränkte Funktionalität des Stellwerks 12 SA erforderte eine Weiterentwicklung.

Siemens & Halske: erfolgreich im Ausland
Bauform 3414

S&H war nicht nur Pionier der Streckenblockanlagen, sondern war auch früh dran bei der Entwicklung eines mechanisch betriebenen Hebelwerks. Bereits ab 1872 konstruierte Oberingenieur Carl Frischen sog. Bahnhofszentralapparate, welche in sehr gedrängter Form die Signal- und Weichenriegelsteuerung (Sicherung der örtlichen Handweichen) mit der Fahrwegsicherung

ready set electrically), which were secured by the track levers on the sides. The routes were used to secure the entrances, while the corresponding exits (without signals) were simply set with the same entrances. In the Monarchy, the 12 SA interlocking in its simplest form was widely used on the numerous single-track branch lines, as in Branik in Slovenia (**Fig. 557**) with two yellow distant signal levers and two red entry signal levers, the points are secured with a central lock, exit signals and line block are missing. At somewhat larger stations, the signal box bench was used exclusively for signals, now with normal levers, as in 1989 at Mining in Austria (**Fig. 558** and **559**). The points, including the points locking mechanism, were set up on a separate frame (5015) next to it. The point locks fitted to both the points and signal levers were interlocked by means of a key lock installed in the dispatcher's office (in the case of Mining a drum key lock). The limited functionality of the 12 SA signal box required further development.

Siemens & Halske: successful abroad
Type 3414

S&H was not only a pioneer of line block systems, but was also an early mover in the development of a mechanically operated lever mechanism. As early as 1872, chief engineer Carl Frischen designed so-called station central units which, in a very compact form, combined signalling and point locking control (securing the local manual points) with track safety and – as a pioneering und – als wegweisende Neuerung – mit dem Blockwerk kombinierte. Ebenso bahnbrechend wurden die Hebel mit der Doppeldrahtleitung ausgestattet. Aus diesem ersten Kompaktstellwerk entwickelten sich um 1880 die Vorläufer der Bauart 3414, welche in ihrer ursprünglichen Form 1987 noch im niederösterreichischen Mistelbach Lokalbahnhof (**Abb. 560**) als Signalstellwerk bestaunt werden konnten. Charakteristisch für die erste Generation sind die Steigbügelgriffe mit nach unten gerichteter Grundstellung. Über den Hebeln sind hinter der Abdeckung Verschlusslineale- und schieber zum Ausschluss feindlicher Fahrwege angeordnet, ein kleiner Fahrstrassenknebel (nicht mehr in Betrieb) dient zu deren Festlegung. Auf Hauptstrecken wurde darauf der Blockkasten, zunächst für den Streckenblock, später auch für den Bahnhofsblock angebracht. Damit war die stellwerksmässige Abhängigkeit zwischen Signalen und dem Streckenblock geboren. Für den Bereich der Österreichisch-Ungarischen Monarchie entwickelte Martin Boda, Eisenbahntechniker und Lehrbeauftragter an der Prager Technischen Hochschule, im Rahmen einer selbst entworfenen Blocktheorie dazu die typische Gruppenbahnhofsblockung mit nur je einem Befehlsabgabe- und Befehlsempfangsfeld pro Richtung. Auf dieser Grundlage entwickelte Siemens (Wien) das entsprechende ausgereifte Wärterstellwerk 3414, welches noch 1986 im ebenfalls niederösterreichischen Frättingsdorf (**Abb. 561** und **562**) in Betrieb war. Charakteristisch ist die kompakte Bauweise mit kleinen Fahrstrassenknebeln, welche dank einem verkleinerten Verschlussregister möglich wurden. Interessant auch die Kombination von Steigbügelgriffen und den ‹neuen› Hebeln mit Handfallen. **Abb. 563** zeigt die für die Österreichisch-Ungarische Monarchie übliche Standardform des zweiseitigen Weichenverschlusses von Drahtzugweichen, Spanngewichte der Drahtleitungen fehlen.

Die S&H 3414-Stellwerke setzten sich in der Folge in Teilen der Österreichisch-Ungarischen Monarchie durch, u. a. im italienischen Alto Adige, wo 1949 noch 56 Apparate von S&H und den typengleichen der Südbahnwerke in Betrieb waren, jedoch bis 1970 auf sechs Anlagen schrumpften. Dagegen waren sie in der verwandten Bauart SBW 500 der Südbahnwerke (Wien) in Slowenien noch 1991 im Wärterstellwerk Ost von Sežana (**Abb. 564**, ohne Streckenblock) und in Maribor Studenci (**Abb. 565**) zu bestaunen. Eine SBW 500-Anlage war auch im niederösterreichischen Pottendorf-Landegg (**Abb. 566** von 1986) in Betrieb. Ab 1910 konnte Siemens & Halske – wie Schnabel & Henning (Bruchsal) und Scheidt & Bachmann – auch spanische Bahnen bedienen, S&H erwies sich schliesslich als der grösste Lieferant mechanischer Anlagen. In Alagon (**Abb. 567**) auf der Norte-Bahn war 1989 noch ein Mittelstellwerk in

innovation – with the block mechanism. The levers were also equipped with the double-wire line in an equally pioneering way. Around 1880, this first compact signal box developed into the forerunners of type 3414, which could still be admired in its original form in 1987 in the Lower Austrian Mistelbach Lokalbahnhof (**Fig. 560**) as a signal interlocking. Characteristic of the first generation are the stirrup handles with the basic position pointing downwards. Above the levers, behind the cover, there are locking rulers and sliders to exclude hostile routes; a small route toggle (no longer in operation) is used to fix them. On main lines, the block box was mounted on top, initially for the line block, later also for the station block. Thus, the interlocking dependency between signals and the line block was born. For the Austro-Hungarian monarchy, Martin Boda, railway engineer and lecturer at the Prague Technical University, developed within the framework of a self-designed block theory the typical group station block with only one command issuing and command receiving field per direction. On this basis, Siemens (Vienna) developed the corresponding fully developed dependent interlocking 3414, which was still in operation in 1986 in Frättingsdorf, also in Lower Austria (**Fig. 561** and **562**). It is characterised by its compact design with small route toggles, which were made possible thanks to a smaller locking register. The combination of stirrup handles and the 'new' levers with hand holds is interesting. **Fig. 563** shows the standard form of the two-sided switch lock of wire-guided points, which was common for the Austro-Hungarian monarchy, tension weights of the wire cables are absent.

The S&H 3414 interlockings subsequently became established in parts of the Austro-Hungarian monarchy, including in the Italian Alto Adige, where in 1949 there were still 56 S&H apparatus and the Südbahnwerke apparatus of the same type in operation, but by 1970 they had shrunk to six installations. In contrast, the related SBW 500 design of the Südbahnwerke (Vienna) in Slovenia could still be admired in 1991 in the dependent east box of Sežana (**Fig. 564**, without line block) and in Maribor Studenci (**Fig. 565**). An SBW 500 system was also in operation in Pottendorf-Landegg in Lower Austria (**Fig. 566** from 1986). From 1910 Siemens & Halske – like Schnabel & Henning (Bruchsal) and Scheidt & Bachmann – was able to serve Spanish railways, S&H eventually proving to be the largest supplier of mechanical equipment. In Alagon (**Fig. 567**) on the Norte railway, a centre signal box was still in operation in 1989, without a line block but with light signals. In contrast to the Austro-Hungarian signal boxes, the double-wire lines

561

562

563

564

566

567

565

568

569

570

571

572

573

574

575

576

577

578

579

Betrieb, ohne Streckenblock, aber mit Lichtsignalen. Im Unterschied zu den österreichisch-ungarischen Stellwerken hatten die Doppeldrahtleitungen der Weichen Spannwerke zum Schwankungsausgleich (**Abb. 568**), so dass vielfach Mittelstellwerke mit genügend Stellweite anstelle von zwei Endstellwerken ausreichten.

Durchgesetzt haben sich die 3414-Stellwerke von Beginn weg in den Niederlanden. Die bereits 1839 entstandene HSM (Hollandsche IJzeren Spoorweg-Maatschappij) startete ab 1881 mit einfachen Signal- und Weichen-Perronstellwerken (ohne Block), welche durch die Alkmaar'sche Eisen- Metallgiesserei fabriziert wurden. Später entstand die weiterentwickelte Bauform <Alkmaar 1897> als Hebelwerk mit integriertem Blockwerk und hintenliegendem senkrechten Verschlussregister, wie in Hoorn Tramstation (**Abb. 569**, **570**, **571** und **572**, ex-Kesteren Post T), deren Standard bis zur Fusion mit den Nederlandse Spoorwegen NS 1917 nach Indonesien exportiert wurde.

Im Jahre 1863 wurden die Staatsspoorwegen gegründet, welche ab 1901 wie die spätere NS die S&H 3414-Stellwerke bevorzugte (Lizenzbau durch Alkmaar). **Abb. 573** zeigt 1985 den doppelspurigen Block 14 Venlo-Kaldenkirchen und **Abb. 574** das Wärterstellwerk I von Nieuwe Schans. Ein mittleres Wärterstellwerk stand 1989 im Post I in Susteren (**Abb. 575** und **576**) in Betrieb. In den Niederlanden hatten die 3414-Stellwerke wie in der Monarchie keine Spannwerke für die Drahtleitungen, so dass die Stelllängen beschränkt blieben. Alkmaar stellte etliche Grossanlagen für Knotenbahnhöfe her, wie das Beispiel des Wärterstellwerks Post I in Heerlen noch 1985 (**Abb. 577**) zeigte.

of the points had tensioners to compensate for sway (**Fig. 568**), so that in many cases centre signal boxes with sufficient setting range were used instead of two end signal boxes.

The 3414 signal boxes became established in the Netherlands right from the start. The HSM (Hollandsche IJzeren Spoorweg-Maatschappij), which was founded as early as 1839, started in 1881 with simple signal and point interlockings (without block), which were manufactured by the Alkmaar iron and metal foundry. Later, the more advanced 'Alkmaar 1897' design was developed as a lever mechanism with integrated block mechanism and vertical locking register at the rear, as in Hoorn Tramstation (**Fig. 569**, **570**, **571** and **572**, ex-Kesteren Post T), which became the standard that was exported to Indonesia until merging with the Nederlandse Spoorwegen NS in 1917.

In 1863, the Staatsspoorwegen was founded, which from 1901, like the later NS, favoured the S&H 3414 signal boxes (built under licence by Alkmaar). **Fig. 573** shows the double-track block 14 Venlo-Kaldenkirchen in 1985 and **Fig. 574** the dependent interlocking I of Nieuwe Schans. A midsize dependent interlocking was in operation at Post I in Susteren in 1989 (**Fig. 575** and **576**). In the Netherlands, as in the monarchy, the 3414 signal boxes had no tensioning systems for the wire lines so that the setting lengths remained limited. Alkmaar produced a number of large installations for junction stations, as the example of the dependent interlocking Post I in Heerlen (**Fig. 577**) still shows in 1985.

580

581

In Belgien entstand ab 1835 das erste kontinentale Eisenbahnnetz. Die in einer ersten Phase ab Mitte der 1880er-Jahre durch ACEC in Charleroi gelieferten Saxby-Stellwerke wurden ab Mitte der 1890er-Jahre durch S&H 3414-Stellwerke – ebenfalls von ACEC – ergänzt. 1989 war auf der Ardennen-Strecke Dinant-Bertrix in Vonêche (**Abb. 578** und **579**) noch ein gut erhaltenes Mittelstellwerk in Betrieb. Die SNCB entwickelte die S&H-Stellwerke mittels Elektrifizierung weiter zu faktisch elektro-mechanischen Stellwerken wie 1987 in Stockem (**Abb. 580**) und in Auvelais (**Abb. 581**). Anfang 1979 waren noch 300 S&H-Anlagen in Betrieb.

Bauform 5007 (3500c)

Der zunehmende Verkehr um die Jahrhundertwende und das Eisenbahnbau- und Investitionsgesetz von 1906 bewirkte eine rege Bautätigkeit zur Ergänzung des österreichischen Eisenbahnnetzes. Die vorhandenen Mittelstellwerke der ersten Generation genügten nicht mehr, so dass sich die K.k.-Staatsbahnen aufgrund von Vorschlägen der Industrie für die neue Regelbauform 3500c von S&H entschieden, welche sich von der bei den rumänischen Bahnen bereits bewährten Bauform 3500 ableitete. Die entsprechenden «Regelblätter 5007» gaben der Bauform den Namen 5007. Ab 1909 wurden die neuen Regelstellwerke von den Firmen Siemens (Wien), Stephan Götz & Söhne (Wien), Südbahnwerke (Wien) und Maschinenbau AG (Prag) hergestellt. Die Bauform als Mittelstellwerk war zur Zeit der Drucklegung des Buchs noch auf der einspurigen Strecke Feldkirch (A)–Buchs (CH) im

The first continental railway network was built in Belgium from 1835. The Saxby interlockings supplied by ACEC in Charleroi in an initial phase from the mid-1880s were followed by S&H 3414 interlockings – also from ACEC – from the mid-1890s. In 1989, a well-preserved centre interlocking was still in operation on the Ardennes line Dinant–Bertrix in Vonêche (**Fig. 578** and **579**). The SNCB further developed the S&H interlockings by means of electrification to de facto electro-mechanical interlockings as present in 1987 in Stockem (**Fig. 580**) and in Auvelais (**Fig. 581**). At the beginning of 1979, 300 S&H interlockings were still in operation.

Type 5007 (3500c)

The increase in traffic at the turn of the century and the Railway Construction and Investment Act of 1906 led to increase construction activity to supplement the Austrian railway network. The existing first-generation centre signal boxes were no longer sufficient, so the K.k. State Railways decided in favour of the new standard design 3500c from S&H, which was derived from the 3500 design already tried and tested on the Romanian railways. The corresponding "Rule sheets 5007" gave the design the name 5007. From 1909, the new standardised signal boxes were manufactured by the companies Siemens (Vienna), Stephan Götz & Söhne (Vienna), Südbahnwerke (Vienna) and Maschinenbau AG (Prague). At the time this book went to press, a centre interlocking design could still be seen on the single-track line Feldkirch (AT)–Buchs (CH) in

582

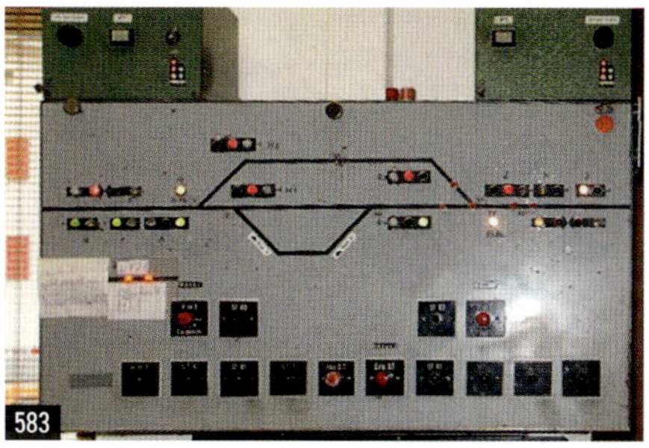

583

585

584

liechtensteinischen Nendeln (**Abb. 582** und **583**) zu betrachten, wo noch 2024 täglich Kreuzungen von zwei Railjet-Zügen stattfanden. Die Weichen werden noch mechanisch gestellt und verriegelt, während die Lichtsignale elektrisch funktionieren, ebenfalls der Zeichengabe-Streckenblock. Oberhalb der Hebel sind die kleinen Fahrstrassenknebel angeordnet, welche hintenliegende horizontale Fahrstrassenschieber bewegen und damit auf die Weichen- und Riegelhebelverschlussstücke einwirken bzw. diese sperren. Im Blockwerk rechts sind die Fahrstrassenfestlegefelder für die Ausfahrten zu erkennen. Aufgrund der Stelllänge der Weichen sind Spannwerke (**Abb. 584**) vorhanden, was beim 5007-Stellwerk eine Ausnahme darstellt. Speziell zu erwähnen sind auch die beiden drahtgesteuerten motorgetriebenen Schranken (**Abb. 585**). 1987 war im Verschiebebahnhof Linz Ost noch das Rangierstellwerk 16 (**Abb. 586**) in Betrieb, mit untypischen nach oben gerichteten Grundstellung der Hebel, das einzige Blockfeld dient den Zustimmungen zum Fahrdienstleiterstellwerk 19. Gut zu erkennen ist der Unterschied zum 3414-Stellwerk: Die Hebelbank liegt weiter vorne, was den Unterhalt oder Veränderungen vereinfacht. Ein perfekt unterhaltenes, frisch gestrichenes Wärterstellwerk 1 präsentierte sich 1989 in Ried im Innkreis (**Abb. 587**). Daher sind die roten Signal-, die schwarzen Weichen- und die weissen Riegelhebel in der üblichen Grundstellung nach unten bestens zu unterscheiden. Darüber das je fünf-feldrige Bahnhofsblockwerk für beide Fahrrichtungen (ohne Streckenblock). Rechts aussen oberhalb der Hebel die kleinen Fahrstrassenknebel mit den Gleisanzeigen

Nendeln, Liechtenstein (**Fig. 582** and **583**), where two Railjet trains crossed daily in 2024. The points are still set and locked mechanically, while the light signals function electrically, as does the electric line block. Above the levers are the small route toggles, which move the horizontal route sliders at the back and, thus, act on or lock the points and locking levers. In the blockwork on the right, you can see the route fixing fields for the starter routes. Due to the operating distance of the points, there are tensioning mechanisms (**Fig. 584**), which is an exception in the 5007 interlocking. Special mention should be made of the two wire-controlled motorised barriers (**Fig. 585**). In 1987, the shunting signal box 16 (**Fig. 586**) was in operation in the Linz Ost marshalling yard, with the untypical upward-facing home position of the levers, the only block field serves the consents for the master signal box 19. The difference to the 3414 signal box is clearly recognisable: the lever row is further forward, which makes maintenance or changes easier. A perfectly maintained, freshly painted dependent interlocking 1 was presented in Ried im Innkreis in 1989 (**Fig. 587**). Therefore, the red signalling levers, the black points and the white lock levers can be easily distinguished in the usual basic position facing downwards. Above this is the five-field station blockwork for both directions of travel (without line block). On the outside right above the levers are the small route toggles with the track indicators for the route clearances. The 5007 design became standard in the Czech Republic, Slovakia and Hungary dur-

586

587

588

589

590

591

592

593

594

595

596

597

der Fahrstrassenfreigaben. Die Bauform 5007 wurde in der Monarchie auch Standard in Tschechien, der Slowakei und Ungarn. Im ungarischen Gecse-Gyarmat (**Abb. 588** und **589**) war noch 2022 eine original funktionierende Anlage mit Schubknopffreigabewerk <Rank> und zwei Wärterstellwerken in Betrieb, die typengleiche originale Anlage 1997 im tschechischen Abzweigebahnhof Martinice s. Krkonoších (**Abb. 590** und **591**) mit Stellwerk 1 (**Abb. 592**) und Stellwerk 2 (**Abb. 593** und **594**). **Abb. 595** zeigt das noch aktive Wärterstellwerk I von Budapest-Déli mit Gleistafel Lizenzbauart Integra. Die Strecke Wörgl–Schwarzach St. Veit war noch weit bis in die 1990er-Jahre ein Eldorado der mechanischen 5007-Stellwerke, so auch 1996 das gut unterhaltene Stw 1 von Saalfelden (**Abb. 596** und **597**). Das stark befahrene Wärterstellwerk 1 von Leoben Hbf (**Abb. 598**) zeigte sich 1986 ebenfalls in guter Verfassung. Vorne sind die beiden übergros-

ing the Monarchy. In the Hungarian Gecse-Gyarmat (**Fig. 588** and **589**), an original functioning system with 'Rank' push-button master interlocking and two dependent interlockings were still operating in 2022, while the original system of the same type was operating in 1997 in the Czech branch station Martinice s. Krkonoších (**Fig. 590** and **591**) with interlocking 1 (**Fig. 592**) and interlocking 2 (**Fig. 593** and **594**). Fig. **595** shows the still active dependent interlocking II of Budapest-Déli with track panel licence type Integra. The Wörgl–Schwarzach St. Veit line was an Eldorado of 5007-interlockings well into the 1990s, including the well maintained Stw 1 from Saalfelden in 1996 (**Fig. 596** and **597**). The busy dependent interlocking 1 at Leoben Hbf (**Fig. 598**) was in good condition in 1986. At the front, you can see the two oversized so-called Madner levers, which were used for longer than average setting lengths.

sen sog. Madner-Hebel zu sehen, welche bei überdurchschnittlichen Stelllängen zum Zuge kamen. Schrittweise wurden die 5007-Stellwerke elektrifiziert (Signale, Weichen, Gleisstromkreise) und bis in die 1980er-Jahre zur Ablösung von Altbauarten eingesetzt. So ersetzte im Wärterstellwerk 4 von St. Valentin (**Abb. 599**, 1960–1997) eine neue elektrifizierte 5007-Anlage die Altbauart Götz & Söhne. Im slowakischen Grenzbahnhof Plaveč (**Abb. 600** und **601**) war 1990 das Wärterstellwerk 1 ebenfalls elektrifiziert, auf der unteren Ebene die Weichen- und Signalknebel und oberhalb die Fahrstrassenknebel. Im tschechischen Brno hlavní nádraží (Brünn Hbf) war eine elektrifizierte 5007-Anlage mit Freigabe- und fünf Wärterstellwerken bis 2019 in Betrieb. Bei den ÖBB wurde das elektrifizierte Mittelstellwerk 5007 schliesslich als Bauform 212 bzw. als EM5007 weiterentwickelt, also als elektro-mechanisches Stellwerk und bis Anfang der 1990er-Jahre als Neuanlage oder Umbaustellwerk eingesetzt, so im Stellwerk 19 des Verschiebebahnhofs Linz Ost (**Abb. 602**), wo um 1985 ein zweireihiges 212/EM5007 ein grosses mechanisches Einheitsstellwerk aus der Zeit des Zweiten Weltkriegs ablöste. Die Blockfelder dienen der Fahrstrassenfestlegung, die Lichtsignale und der Streckenblock werden auf einem separaten Gleisbildpult bedient. Ebenfalls Anfang der 1980er-Jahre wurde in Mistelbach (**Abb. 603** und **604**) ein neues Mittelstellwerk 212/EM5007 mit separatem Gleisbildpult installiert. Die immer noch notwendigen Blockfelder dienen der Fahrstrassenfestlegung für die Ausfahrten und Nahbedienungsfreigaben von Weichen und Gleissperrschuhen. Dem Bahnhof Lienz (Osttirol) kommt wohl die Ehre zu, 1982 eine der letzten neuen 5007-Anlagen, wenn nicht die letzten zwei 5007-Stellwerke mit mechanischer Weichensteuerung und Lichtsignalen erhalten zu haben.

Beim einem solch durchschlagenden Erfolg der mechanischen Siemens & Halske-Stellwerke im Ausland stellt sich die Frage, warum S&H mit dem Stellwerk im deutschen Heimmarkt, von Einzelfällen abgesehen, nicht Fuss fassen konnte. Die Antwort liegt vermutlich darin, dass die Bauformen der wichtigsten Hersteller Jüdel, Bruchsal und Zimmermann & Buchloh ohne das Blockwerk von S&H entwickelt wurden und bereits sehr verbreitet und leistungsfähiger waren als die S&H-Stellwerke mit kurzen Stelllängen. Schliesslich auch der Umstand, dass die Bahngesellschaften, allen voran die Preussischen Staatsbahnen, keine zu starke Monopolstellung eines einzigen Anbieters entstehen lassen wollten.

The 5007 signal boxes were gradually electrified (signals, points, track circuits) and were used until the 2000s to replace old designs. In dependent interlocking 4 at St. Valentin (**Fig. 599**, 1960–1997), the old Götz & Söhne design was replaced by a new electrified 5007 system. At the Slovakian border station Plaveč (**Fig. 600** and **601**), dependent interlocking 1 was electrified in 1990, with the points and signalling toggles on the lower level and the route toggles above. In Brno hlavní nádraží (Brno main station) in the Czech Republic, an electrified 5007 interlocking with master and five dependent interlockings was in operation until 2019. At ÖBB, the electrified centre signal box 5007 was finally further developed as design 212 or as EM5007, e. g. as an electro-mechanical interlocking, and was used until the early 1990s as a new system or converted interlocking, e. g. in interlocking 19 of the Linz Ost marshalling yard (**Fig. 602**), where in 1985 a two-row EM5007 replaced a large mechanical DRG standard interlocking from the time of WWII. The block box is used for route fixing, the light signals and the line block are set on a separate track diagram panel. At the beginning of the 1980s, a new EM5007 centre signal box with a separate track diagram console was installed in Mistelbach (**Fig. 603** and **604**). The block box, which is still necessary, is used for route fixing for the exit route and local operation releases for points and track blocking shoes. Lienz station (East Tyrol) has the honour of having received one of the last new 5007 systems, if not the last two 5007 interlockings with mechanical points control and light signals, in 1982.

With such a resounding success of the mechanical Siemens & Halske interlockings abroad, the question arises as to why S&H was unable to gain a foothold with the interlocking in the German domestic market, apart from isolated cases. The answer probably lies in the fact that the designs of the most important manufacturers Jüdel, Bruchsal and Zimmermann & Buchloh were developed without the S&H interlocking and were already very widespread and more efficient than the S&H interlockings with short setting lengths. Finally, the fact that the railway companies, above all the Prussian State Railways, did not want to allow a single supplier to develop too strong a monopoly position.

598

599

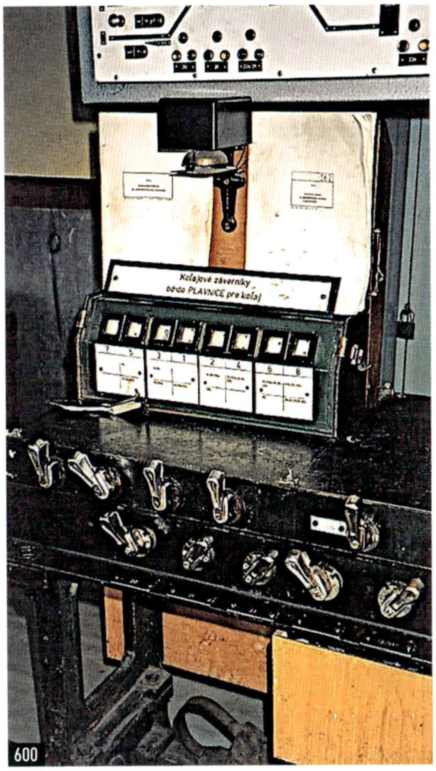
600

601

602

603

604

3. KRAFT-STELLWERKE

Unter dem Begriff ‹Kraftstellwerk› ist die technische Weiterentwicklung von den mechanischen Stellwerken hin zu einer neuen Stellwerkform zu verstehen, welche die Muskelkraft des Menschen durch eine andere Energiequelle (Druckluft, Druckwasser, Elektrizität) ersetzte und gleichzeitig den Bedienungsapparat durch Miniaturisierung der bisherigen grossen Hebel übersichtlicher gestaltete. Beibehalten, aber verfeinert und auch verkleinert wurde der Sicherheitskern, das mechanische Verschlussregister (Sicherheitsverschlüsse des Fahrwegs zwischen Weichen und Signalen). Insgesamt entstand eine Stellwerksgeneration, welche ausgangs des 19. Jahrhunderts der steigenden Verkehrsnachfrage gerecht wurde und in der Lage war, den Zugverkehr in grossen Bahnhöfen und auf Stadtbahnen effizient und sicher abzuwickeln. Die wichtigen Bahnhofsanlagen in den USA, England, Frankreich, Deutschland und Italien waren gegen 1900 bereits derart gross und dicht befahren, dass die mechanischen Anlagen mit mehreren Stellwerken (mit über 200 Hebeln pro Stellwerk) dem Verkehr kaum mehr gewachsen waren. Das führte dort zur beschleunigten Entwicklung und Einsatz von Kraftstellwerken.

Die Bemühungen, die mannshohen, vielfach schwer zu bewegenden mechanischen Hebel durch eine elegantere und effizientere Form zu ersetzen und damit Leistungsfähigkeit und Reichweite der Steuerung und Überwachung zu erhöhen, setzten bereits in den 1870er-Jahren ein, also fast parallel zur Entwicklung der mechanischen Anlagen. Zu dieser Zeit war noch keine allgemeine Versorgung mit elektrischem Strom vorhanden, so dass andere Energiequellen im Vordergrund standen, insbesondere die Presslufttechnik. Letztere ist seit den 1980er-Jahren kaum mehr anzutreffen, soll aber der Vollständigkeit halber dennoch kurz gestreift werden.

3. POWER INTERLOCKINGS

The term 'power interlocking' refers to the technical development from mechanical interlockings to a new form of interlocking, which replaced human muscle power with another energy source (compressed air, pressurised water, electricity) and at the same time made the operating apparatus smaller by miniaturising the previous large levers. The safety core, the mechanical locking register (safety locks on the track between points and signals), was retained but refined and reduced in size. All in all, a generation of signal boxes was created that met the increasing demand for transport at the end of the 19th century and was able to handle train traffic efficiently and safely in large railway stations and on city railways. By 1900, the major railway stations in the USA, England, France, Germany and Italy were already so large and so busy that the mechanical systems with multiple signal boxes (with over 200 levers per signal box) were barely able to cope with the traffic. This led to the accelerated development and use of power interlockings in these countries.

Efforts to replace the man-sized mechanical levers, which were often difficult to move, with a more elegant and efficient form, and, thus, to increase the performance and range of control and monitoring, began as early as the 1870s, almost parallel to the development of mechanical systems. At that time, there was still no general supply of electricity, so other energy sources took centre stage, in particular the compressed air technology. The latter has hardly been encountered since the 1980s, but for the sake of completeness it should be mentioned.

605

Nordamerika

Das erste Kraftstellwerk wurde von ‹Prall and Burr› als Druckluftstellwerk 1876 in Mantua, Philadelphia, USA, in Betrieb genommen. Die Drucklufttechnik wurde von George Westinghouse (1846–1914, bekannt vor allem als Erfinder der Druckluftbremse) in den darauffolgenden Jahren weiterentwickelt. Die von ihm gebildete Union Switch & Signal Company und später Westinghouse Co. selbst widmeten sich der Entwicklung eines elektro-pneumatischen Stellwerks, bei welchem die Aussenanlagen per Druckluft gesteuert wurden, die Weichen- und Signalhebel jedoch mit Elektrizität (mit einem mechanischen Verschlussregister, in den USA nach englischer Art, d. h. alle Weichen in jeder Stellung verschlossen) angestossen wurden. Auch die ausgefeilte Presslufttechnik kam nicht ganz ohne Elektrizität aus: Sowohl zur Überwachung und Steuerung der Luftventile wie auch zur Überwachung der Weichen- und Signallagen wurden rasch elektrische Schaltkreise benötigt. Um 1900 befanden sich in den USA bereits 54 elektro-pneumatische Stellwerke mit 1864 Hebeln in Betrieb, teilweise mit Gleisstromkreisen ausgerüstet. Ein repräsentatives Beispiel eines verbreiteten leistungsfähigen US&S-Apparats (Modell 14) mit vorneliegenden Drehschaltern für Weichen und Signale sowie Gleisstromkreisen war die Lake Street-Signalbox der Chicago Union Station (1925–2005, **Abb. 605**). Die Sicherheitslogik wird durch ein horizontales mechanisches Verschlussregister Typ Stevens sichergestellt.

North America

The first power interlocking was put into operation by 'Prall and Burr' as a compressed air interlocking in 1876 in Mantua, Philadelphia, USA. Compressed air technology was further developed by George Westinghouse (1846–1914, best known as the inventor of the air pressure brake) in the years that followed. The Union Switch & Signal Company, which he formed, and later the Westinghouse Co. itself, devoted themselves to the development of an electro-pneumatic interlocking system, in which the external systems were controlled by compressed air, but the points and signals were initialised by electricity (with a mechanical locking register, in the USA in the English style, e. g. all points were locked in every position). Even the sophisticated compressed air technology did not manage entirely without electricity: electrical circuits were quickly required for monitoring and controlling the air valves and for monitoring the points and signalling positions. By 1900, there were already 54 electro-pneumatic signal boxes with 1864 levers in operation in the USA, some equipped with track circuits. A representative example of a widespread powerful US&S apparatus (Model 14) with upstream rotary switches for points and signals as well as track circuits was the Lake Street signal box at Chicago Union Station (1925–2005, **Fig. 605**). The safety logic is ensured by a horizontal mechanical locking register of the Stevens type.

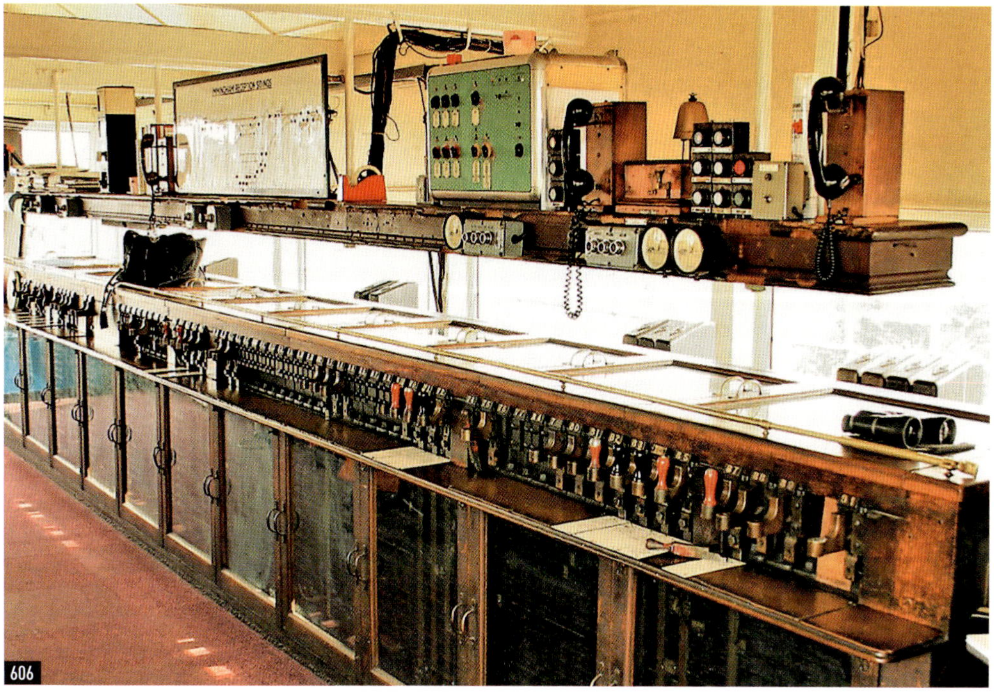
606

Grossbritannien

In Grossbritannien erhielt die Granary Junction Signal Box 1899 das erste elektro-pneumatische Stellwerk der nordamerikanischen Bauart US&S Nr. 4 (installiert durch McKenzie & Holland) mit 38 Weichen- und Signalhebeln. Die General Railway Signal Co Ltd (GRS) lieferte 1899 den ersten Westinghouse-Apparat in Spitalfields (Bishopsgate). Der weitere grosse Lieferant, British Pneumatic Railway Signal Co (BPRS), installierte sein erstes Niederdruck-Stellwerk 1901 in Grateley. In der Folge wurden bis 1917 rund 30 solcher Anlagen in Betrieb genommen, darunter die grösste elektro-pneumatische Anlage auf der Britischen Insel, die Glasgow Central Signalbox (1908–1961) mit 374 kleinen Weichen- und Signalhebel der später standardisierten elektro-mechanischen Bauart Westinghouse B, noch ohne Gleisstromkreise. Der wohl letzte noch existierende Zeitzeuge ist der 1912 von BPRS als nordamerikanische Lizenzbauart GRS (Modell 5) in Betrieb genommene Apparat in Immingham Reception Sidings (**Abb. 606**) mit den charakteristischen 91 Pistolengriffen (pistol-grips) für die Weichen- und Signalbedienung. Vorne gut sichtbar das vertikale Verschlussregister Typ Stevens (cross-locking). Bei den Kraftstellwerken war auch die LNWR Pionier. Signalingenieur F. W. Webb und Elektroingenieur A. M. Thompson favorisierten eine rein elektrisch (‹all-electric›) angetriebene Pionieranlage, welche 1899 in Gresty Lane Sidings in Betrieb gelangte. Aufgrund der guten Erfahrungen wurde 1907 der strategische Knotenbahnhof Crewe

Great Britain

In Great Britain, the Granary Junction Signal Box received the first electro-pneumatic signal box of the North American design US&S № 4 (installed by McKenzie & Holland) with 38 points and signals in 1899. The General Railway Signal Co Ltd (GRS) supplied the first Westinghouse apparatus at Spitalfields (Bishopsgate) in 1899. The other major supplier, British Pneumatic Railway Signal Co (BPRS), installed their first low pressure signal box at Grateley in 1901. Subsequently, around 30 such systems were put into operation by 1917, including the largest electro-pneumatic system on the British Isles, the Glasgow Central Signalbox (1908–1961) with 374 small points and signal levers of the later standardised electro-mechanical Westinghouse B type, still without track circuits. Probably the last surviving contemporary witness is the apparatus in Immingham Reception Sidings (**Fig. 606**) with the characteristic 91 pistol-grips for operating the points and signals, which was put into operation by BPRS in 1912 as the North American licence type GRS (Model 5). The vertical Stevens locking register (cross-locking) is clearly visible at the front. The LNWR was also a pioneer in power signal boxes. Signalling engineer F. W. Webb and electrical engineer A. M. Thompson favoured an exclusive electrically driven ('all-electric') pioneer system, which went into operation at Gresty Lane Sidings in 1899. Due to the positive experience, the strategic Crewe junction station was damit ausgerüstet, insbesondere die North und South Junction mit insgesamt 513 zweireihigen Kipphebeln. Mit dem <Crewe System> wurden zwischen 1903 und 1920 18 Stellwerke gebaut.

Mitteleuropa

In Mitteleuropa kam das elektro-pneumatische Stellwerk nicht wesentlich über Einzel- und Versuchsanlagen hinaus, etwa durch Scheidt & Bachmann (Lizenz Westinghouse) 1900 in Düsseldorf-Bilk/1932–1974 in Stendal und insgesamt immerhin 15 Anlagen, Stahmer (Lizenz Westinghouse) 1903–1956 in Cottbus und 1912 in Haarlem (NL) oder Götz (Lizenz Westinghouse) 1903 in Wien Brigittenau. Schnabel & Henning (Bruchsal) spezialisierte sich auf die Herstellung von pneumatischen Weichen- und Signalantrieben, welche mit elektro-mechanischen Stellwerken von Siemens & Halske (S&H) kombiniert wurden. Eine solche kombinierte Anlage wurde 1915 als zweites Kraftstellwerk der Schweiz an die BLS (Bern-Lötschberg-Simplon-Bahn) für den Bahnhof Spiez geliefert: Das elektro-mechanische Schalterwerk der Bauart <S&H 1912> umfasste ein Befehlsstellwerk und drei Wärterstellwerke mit elektrischer Steuerung und pneumatischen Antrieben für Weichen und Signale der Bauart Bruchsal. Das Befehlsstellwerk hatte spezielle Fahrtenwählersignalschalter, welche für eine Fahrstrassenfreigabe auf 45 Grad gestellt wurden und dann mit einem kollektiven Freigabeschalter die Auftragsübergabe an das Wärterstellwerk zur Freischaltung des entsprechenden Fahrstrassenschalters übertrug. Nachdem der Wärter alle notwendigen Weichen und Rangiersignale und dann den Fahrstrassenschalter betätigte, konnte im Befehlsstellwerk der auf 45 Grad stehende Fahrtenwählersignalschalter auf 90 Grad gedreht werden, worauf das Signal Steuerstrom für den pneumatischen Antrieb erhielt und schliesslich Fahrt zeigte. Die Anlage in Spiez blieb ein Einzelfall, funktionierte aber zuverlässig bis 1959, als sie durch ein Gleisbildstellwerk Domino 55 abgelöst wurde.

equipped with it in 1907, in particular the North and South Junction with a total of 513 little two-row rocker levers. Between 1903 and 1920, 18 signal boxes were built with the 'Crewe System'.

Central Europe

In Central Europe, the electro-pneumatic interlocking did not get much further than individual and experimental installations, e. g. by Scheidt & Bachmann (Westinghouse licence) 1900 in Düsseldorf-Bilk/1932–1974 in Stendal and a total of 15 installations, Stahmer (Westinghouse licence) 1903–1956 in Cottbus and 1912 in Haarlem (NL) or Götz (Westinghouse licence) 1903 in Vienna Brigittenau. Schnabel & Henning (Bruchsal) specialised in the manufacture of pneumatic point and signal drives, which were combined with electro-mechanical interlockings from Siemens & Halske (S&H). One such combined system was delivered to BLS (Bern-Lötschberg-Simplon railway) for Spiez station in 1915 as the second power interlocking in Switzerland: the 'S&H 1912' type electro-mechanical interlocking comprised a master interlocking and three dependent interlockings with electrical control and pneumatic drives for points and signals of the Bruchsal type. The master interlocking had special route selector switches, which were set to 45 degrees for a route release and then used a collective release switch to transfer the order to the dependent interlocking to release the corresponding route switch. After the signalman had operated all the necessary points and signals and then the route switch, the 45-degree position of the route selector signal switch could be turned to 90 degrees in the master interlocking, whereupon the signal received control current for the pneumatic drive and finally showed speed. The system in Spiez remained an isolated case, but functioned reliably until 1959, then it was replaced by a Domino 55 push-button signal box.

607

Ein technisches Multitalent: das hydro-pneumatische Fahrstrassenstellwerk der französischen Nordbahn

*Innovative Ingenieure der französisch Nordbahn unter Leitung von Albert Moutier entwickelten zusammen mit der Firma Aster ein hydro-pneumatisches Fahrstrassenstellwerk (Poste MDM Aster hydro-pneumatique), welches den Stand der Technik vor dem endgültigen Durchbruch des elektro-mechanischen Stellwerks widerspiegelte. Auf der Basis der quadratischen Tabelle von Pythagoras, der Grundlagentheorie für Fahrstrassenverschlüsse von Ing. Maurice Cossmann, und der Inspiration durch die Druckwasserstellwerke von Bianchi-Servettaz entstand ein mechanischer Verschlussapparat («Combinateur») in Form eines überdimensionierten Kofferschlosses, auf dessen Front mit fest verankerten Schlüsselschaltern ganze Fahrstrassen mechanisch ausgelöst wurden. Die Kraftübertragung zu den Weichen und Signalen erfolgte hydraulisch (ähnlich wie bei Druckwasserstellwerken), die Ansteuerung der Weichen und Signale jedoch mit örtlichen pneumatischen Antrieben (später auch elektrisch). Die Rückmeldung der Signalstellung wurde elektrisch auf einer Gleistafel dargestellt. Trotz der technischen Komplexität wurden von 1910 bis 1924 total 30 Anlagen in Betrieb genommen. Das zuletzt gebaute Stellwerk von Dunkerque-Dunes C von 1924 überlebte bis 1981 und ist seither im Eisenbahnmuseum-Cité du train von Mulhouse zu bestaunen (**Abb. 607**).*

A technical all-rounder: the hydro-pneumatic route interlocking of the French Northern Railway

*Innovative engineers at the French Northern Railway, led by Albert Moutier, developed a hydro-pneumatic route interlocking (Poste MDM Aster hydro-pneumatique) together with the company Aster, which reflected the state of the art before the final breakthrough of the electro-mechanical route interlocking. Based on the square table of Pythagoras, the basic theory for route locks by engineer Maurice Cossmann, and inspired by the hydraulic interlocking Bianchi-Servettaz, a mechanical locking device ("Combinateur") was created in the form of an oversized suitcase lock, on the front of which entire routes were triggered mechanically with firmly anchored key switches. Power was transmitted to the points and signals hydraulically (similar to pressurised water interlockings), but the points and signals were controlled by local pneumatic drives (later also electrically). The feedback of the signal position was displayed electrically on a track panel. Despite the technical complexity, a total of 30 signal boxes were put into operation between 1910 and 1924. The last signal box built at Dunkerque-Dunes C in 1924 survived until 1981 and has since been on display at the railway museum Cité du train in Mulhouse (**Fig. 607**).*

4. HYDRO-DYNAMISCHE STELLWERKE: DIE VERKANNTE ITALIENISCHE INNOVATION

Italien

Italien war nicht nur ein Pionier in der elektrischen Traktion mit dem von 1902–1938 im Nordwesten errichteten Dreiphasenstromnetz von rund 2000 km, sondern – und zu Unrecht verkannt – auch im Bereich der Kraftstellwerke mit einer speziellen Antriebsart: dem Druckwasserstellwerk. Dass es dazu kam, liegt nicht zuletzt daran, dass die Gestängeleitungen zum Stellen der Weichen der mechanischen Stellwerke keine hohe Akzeptanz gewannen, sie waren wohl bei hohen Temperaturen Verformungen ausgesetzt, welche nur durch entsprechend hohen Unterhaltsaufwand vermieden werden konnten. Bereits der Start des ersten ACM (Apparato centrale meccanico) mit 60 Hebeln und Vignier-Verschlüssen im Jahr 1874 zur Ausrüstung des Bahnhofs Genova Piazza Principe durch Saxby aus London gestaltete sich problematisch. Die Gestängeleitungen waren mit einer Distanz von über 150 Metern länger als in England üblich, was zur Folge hatte, dass sie zunehmend defekt waren und schliesslich die Weichen wieder durch örtliche Weichensteller bedient werden mussten. Die Saxby-Stellwerke fanden in der Bauform Patent 1874 <Rocker> mangels Alternativen trotzdem eine gewisse Verbreitung in Norditalien, welche jedoch gemessen an der Netzgrösse letztlich bescheiden blieb. Das grösste Einzelstellwerk war mit 140 Hebeln in Mortara (1887–1933) in Betrieb, die grösste Anlage mit zwei Stellwerken (124 und 70

4. HYDRO-DYNAMIC INTERLOCKINGS: THE MISJUDGED ITALIAN INNOVATION

Italy

Italy was not only a pioneer in electric traction with the three-phase current network of around 2000 km built in the north-west between 1902 and 1938, but also – and unjustly misjudged – in the field of power interlockings with a special type of drive: the pressurised water interlocking. The fact that this came about is not at least due to the fact that the point linkage rods for setting the points of the mechanical interlockings were not widely accepted; they were probably exposed to deformation at high temperatures, which could only be avoided by correspondingly high maintenance costs. Even the launch of the first ACM (Apparato centrale meccanico) with 60 levers and Vignier locks in 1874 to equip the Genova Piazza Principe railway station by Saxby from London proved to be problematic. With a distance of over 150 m, the linkage rods were longer than usual in England, which meant that they were increasingly defective and eventually the points had to be operated again by local point setters. Due to a lack of alternatives, the Saxby interlockings in the patent 1874 'Rocker' design were nevertheless used to a certain extent in northern Italy, although this ultimately remained modest compared to the size of the network. The largest single signal box with 140 levers was in operation in Mortara (1887–1933), the largest

Hebel) in Alessandria (1886–1922). 1949 waren noch 55 Apparate in Betrieb, die bis 1972 auf eine letzte Anlage in Aosta schrumpften, welche noch bis 1989 überlebte und in dieser Zeit durch das Eisenbahner-Genieregiment (Reggimento genio ferrovieri) der italienischen Armee betrieben wurde. Bei vielen Neben- und Privatbahnen sicherten kleine mechanische Mittelhebelwerke der Bauart Barone (fabriziert durch Servettaz-Bavesi aus Savona) den Betrieb in den Stationen, wie bis 2008 bei den Ferrovie della Calabria (FC) in San Pietro in Guarano (**Abb. 608**) mit Doppeldrahtzug und ohne Streckenblock, seither als Museumsbahn ‹Treno della Sila›.

In der Folge schlug daher die Stunde von Ing. Riccardo Bianchi, welcher 1905 erster Generaldirektor der verstaatlichten FS wurde und die Drehstrom-Elektrifizierung des Netzes entscheidend voranbrachte. Zusammen mit der Firma von Ing. Giovanni Servettaz von Savona entwickelte er das Druckwasserstellwerk ACI (apparato centrale idrodinamico), welches bereits 1886 in Abbiategrasso (Milano–Mortara) eine erfolgreiche Feuertaufe erfuhr. Seine Funktionsweise kann vereinfacht, wie folgt, beschrieben werden: Das hydrodynamische Steuerungssystem besteht im Wesentlichen aus einer aufziehbaren Gewichtswalze von 5–6 Tonnen (in Miniatur vergleichbar mit den aufziehbaren Gewichten von Läutewerken), welche mit einem Kolben in einem Zylinder von 2 m Länge konstant einen Druck von 55 bar auf ein Gemisch aus Wasser und Glycerin erzeugt. Mit jeder Einstellung eines Weichen- oder Signalhebels senkt sich der Kolben hydraulisch um Zentimeter und drückt die Flüssigkeit via einen Verteiler

system with two signal boxes (124 and 70 levers) in Alessandria (1886–1922). In 1949, 55 apparatus were still in operation, which dwindled to one last installation in Aosta by 1972, which survived until 1989 and was operated in that time by the Railway Engineer Regiment (Reggimento genio ferrovieri) of the Italian army. On many secondary and private railways, small mechanical middle lever systems of the Barone type (manufactured by Servettaz-Bavesi from Savona) ensured operation in the stations, as was the case until 2008 with the Ferrovie della Calabria (FC) in San Pietro in Guarano (**Fig. 608**) with double wire and without line block, since then as the museum railway 'Treno della Sila'.

This was followed by the arrival of engineer Riccardo Bianchi, who became the first general manager of the nationalised FS in 1905 and decisively advanced the three-phase electrification of the network. Together with the company of engineer Giovanni Servettaz from Savona, he developed the pressurised water interlocking ACI (apparato centrale idrodinamico), which was successfully baptised in Abbiategrasso (Milano–Mortara) as early as 1886. Its mode of operation can be described in simple terms as follows: the hydrodynamic control system essentially consists of a wind-up weight roller of 5–6 tonnes (in miniature comparable to the wind-up weights of bells), which generates a constant pressure of 55 bar on a mixture of water and glycerine with a piston in a cylinder 2 m long. With each setting of a point or signal lever, the piston is lowered hydraulically by centimetres and push-

609

610

612

611

613

in die gewünschte Weichen- oder Signalleitung. Wenn der Kolben unten im Zylinder angelangt ist, wird die Gewichtswalze mit Pumpen wieder hochgezogen. Bei weiter entfernten Einfahrsignalen (bis 650 m) treibt ein Kolbenantrieb einen einfachen Drahtzug zur Steuerung an. Die Bedienung erfolgt mit einem Hebelwerk (Weichen-, Fahrstrassen- und Signalhebel) und einem kompakten vertikal darunter liegenden mechanischen Verschlussregister Bauart Stevens in Form sich kreuzender Verschlussbalken (cross-locking) wie 1986 in Acqui Terme (**Abb. 609**, **610** und **611**) und 1988 in Nizza Monferrato (**Abb. 612** und **613**). Weichenhebel sind schwarz, Fahrstrassenhebel blau, Vorsignalhebel gelb,

es the liquid via a distributor into the desired point or signal line. When the piston has reached the bottom of the cylinder, the weight roller is raised again by pumping. For more distant entry signals (up to 650 m), a piston drive drives a simple wire hoist for control. Operation is by means of a lever mechanism (point, route and signal levers) and a compact vertically underlying mechanical Stevens locking register in the form of intersecting locking bars (cross-locking) as in Acqui Terme in 1986 (**Fig. 609**, **610** und **611**) and in Nizza Monferrato in 1988 (**Fig. 612** and **613**). Point levers are black, route levers are blue, distant signal levers are yellow, sig-

Signalhebel rot und Zustimmungshebel grün. Gegenüber den Schlüssel- und mechanischen Stellwerken waren die Druckwasserstellwerke punkto Leistungsfähigkeit und geringerem Personaleinsatz klar im Vorteil. Erst in den 1920er-Jahren verloren sie die Spitzenstellung sukzessive, als ihr Nachteil – die relativ schwerfälligen Vorgänge der Weichen- und Signalstellungen im Vergleich zur aufkommenden elektrischen Steuerung und Überwachung von Weichen und Signalen – zunehmend ins Gewicht fiel.

nal levers are red and consent levers are green. The pressurised water interlockings had a clear advantage over the key and mechanical interlockings in terms of performance and lower personnel requirements. They only gradually lost their leading position in the 1920s, when their disadvantage – the relatively cumbersome process of setting points and signals compared to the emerging electrical control and monitoring of points and signals – became increasingly significant.

Europameister beim Anteil der Kraftstellwerke

*Das Druckwasserstellwerk Bianchi-Servettaz von 1886 erwies sich als derart erfolgreich, dass es bis Anfang der 1930er-Jahre praktisch auf allen wichtigen und verkehrsreichen Knoten des FS-Netzes zum Einsatz kam. 1936, auf dem Höhepunkt der Verbreitung, gehörten 14 057 Hebel bzw. 54.6 % aller Stellwerkshebel (ohne Schlüsselstellwerke) der FS dem ACI, das stellte zur damaligen Zeit Europarekord dar. Zusammen mit den 1936 ebenfalls bereits in Dienst stehenden rund 6400 elektrischen Hebeln stieg der Anteil der Kraftstellwerke gegen unglaubliche 80 %. Die wohl grösste zusammenhängende Anlage wurde um 1920 in Padova/Padova Campo Marte mit insgesamt sieben Stellwerken (Cabine) mit total 410 Hebeln erstellt. Ab 1930 wurde der hydraulische Antriebsteil schrittweise durch elektrische Antriebe und Hebelsperren ersetzt, so dass daraus faktisch elektro-mechanische Stellwerke entstanden, womit die Lebensdauer erheblich verlängert werden konnte. In Pino-Tronzano (**Abb. 614**) wurde 2017 einer der letzten umgebauten Apparate durch ein ESTW abgelöst, man beachte links den FS-Standardblock und rechts den SBB-Gleichstromblock (Integra). Eine umgebaute, elektrifizierte Grossanlage stellte diejenige von Torino Porta Nuova dar, sie war noch 1994 in Betrieb (**Abb. 615, 616** und **617**).*

European champion in the proportion of power interlockings

*The Bianchi-Servettaz pressurised water interlocking of 1886 proved to be so successful that it was used on practically all important and busy junctions of the FS network until the early 1930s. In 1936, at the height of its popularity, 14 057 levers or 54.6 % of all FS interlocking levers (excluding key interlockings) belonged to the ACI, which was a European record at the time. Together with the approximately 6400 electric levers already in service in 1936, the proportion of power interlockings rose to an incredible 80 %. Probably the largest interconnected system was built around 1920 in Padova/Padova Campo Marte with a total of seven signal boxes (cabine) with a total of 410 levers. From 1930 onwards, the hydraulic drive section was gradually replaced by electric drives and lever locks, resulting in de facto electro-mechanical signal boxes, which considerably extended their service life. In Pino-Tronzano (**Fig. 614**), one of the last converted apparatuses was replaced by an ESTW in 2017; note the FS standard block on the left and the SBB DC block (Integra) on the right. The Torino Porta Nuova interlocking was a converted, electrified large-scale system that was still in operation in 1994 (**Fig. 615, 616** and **617**).*

Hydrodynamische Stellwerke in Frankreich und Spanien

Die Bianchi-Servettaz-Stellwerke erfuhren eine gewisse Verbreitung im europäischen Ausland, namentlich in Ländern mit wärmerem Klima, so in Frankreich und Spanien. Nördlich der Alpen stiess das Konzept des ACI auf wenig Begeisterung, nicht nur aufgrund des Gefrierrisikos der Wasserleitungen bei tiefen Temperaturen (trotz des Beimischens von Glycerin), sondern auch wegen der steigenden Bedeutung der effizienteren Elektrizität in der Stellwerktechnik (Gleis- und Weichenüberwachung, Verknüpfung mit Bahnhofs- und Streckenblock), insbesondere in Deutschland, England und Skandinavien.

Hydrodynamic interlockings in France and Spain

The Bianchi-Servettaz interlockings became somewhat widespread in other European countries, particularly in countries with warmer climates, such as France and Spain. North of the Alps, the ACI concept was met with little enthusiasm, not only because of the risk of the water pipes freezing at low temperatures (despite the addition of glycerine), but also because of the increasing importance of more efficient electricity in interlocking technology (track and point monitoring, linking with station and line block), especially in England, Germany and Scandinavia.

614

615

616

617

In Frankreich wurden die ersten Druckwasserstellwerke von Savona bereits 1888 und 1889 in Bourges und Nizza installiert. 1891 erstellte die PLM eine Anlage im Grenzbahnhof Genève-Cornavin, die einzige in der Schweiz, sie wurde 1944 durch ein elektro-mechanisches VES 1912-Stellwerk ersetzt. Ab 1900 fertigte Trayvou, Lyon, in Lizenz insgesamt rund 40 Anlagen im Zeitraum von 30 Jahren. Abgesehen von 13 Anlagen auf der französischen Nordbahn, welche praktisch ausnahmslos den Kriegshandlungen im Ersten und Zweiten Weltkrieg zum Opfer fielen, erreichten viele Apparate der Midi- und der Paris-Orléans-Bahn eine lange Lebensdauer bis in die 1970er- und 1980er-Jahre. Lebendige Zeugen waren exemplarisch die Stellwerke Sête 3 (1924–1986, **Abb. 618**) mit zusätzlichen Fahrstrassenwählschalter (leviers sélecteurs), Nogent-le-Rotrou (1937, **Abb. 619**) als seltenes Exemplar der Etat-Bahn aus den vorhergehenden Anlagen von Le Mans

In France, the first Savona pressurised water interlockings were installed in Bourges and Nice as early as 1888 and 1889. In 1891, PLM built a system at the Genève-Cornavin border station, the only one in Switzerland, which was replaced in 1944 by an electro-mechanical VES 1912 interlocking. From 1900, Trayvou, Lyon, manufactured a total of around 40 installations under licence over a period of 30 years. Apart from 13 installations on the French Northern Railway, which almost without exception fell victim to the hostilities of WWI and WWII, but many of the apparatus on the Midi and Paris-Orléans Railway had a long service life until the 1970s and 1980s. Exemplary signal boxes in use as living witnesses were Sête 3 (1924–1986, **Fig. 618**) with additional route selectors (leviers sélecteurs), Nogent-le-Rotrou (1937, **Fig. 619**) as a rare example of the Etat Railway from the previous Le Mans facilities (with leviers direc-

618

619

620

weiterverwendet (mit leviers directeur, vergleichbar mit den Fahrstrassenhebeln in deutschen Stellwerken und 1953 elektrifiziert) sowie Tarbes 2 (1897–1987, modernisiert 1948, **Abb. 620**, **621** und **622**). Speziell war die Atmosphäre im ‹Maschinenraum› des Stellwerks in Tarbes: Der Blick auf die hydraulische Kolbenpumpe (zur Rückführung des genutzten Wassers in den Gewichtszylinder) erinnerte an den Kolbenantrieb eines Dampfschiffs (**Abb. 623**). Die Befürchtungen des Gefrierrisikos wurden von den Anlagen der Nordbahn eindrücklich widerlegt: Sie funktionierten auch bei -15 Grad Celsius einwandfrei.

Auch in Spanien wurde auf dem Netz der MZA bereits 1891 in Villaverde Bajo (südlicher Abzweigebahnhof von Madrid) die erste Anlage gebaut (**Abb. 624** und **625**). Sie war bis im Jahr 2000, also während 109 Jahren, im praktisch ursprünglichen Zustand (Ergänzung mit Lichtsignalen) im Dienst. Die MZA rüstete in der Folge weitere wichtige Knotenbahnhöfe aus, wie Madrid-Atocha (südlicher Kopfbahnhof von Madrid), Alcázar, den Abzweigebahnhof Algodor (Linien Madrid–Ciudad Real–Toledo) sowie Sevilla. Die Anlage in Algodor war mit 110 Stellhebeln (40 Weichen und 70 Fahrstrassen- und Signalhebel) und mit 15 km Wasserrohrleitungen von besonderer Dimension (**Abb. 626**, **627**, **628** und **629**). Sie wurde 1932 in Betrieb genommen, im Jahr 2000 als letztes Druckwasserstellwerk ‹pensioniert› und erfreulicherweise als technisches Denkmal von nationaler Bedeutung restauriert. Der Nachwelt ist der prächtige Zeitzeuge im Eisenbahnmuseum Madrid-Delicia erhalten geblieben.

teur, comparable to the track route levers in German signal boxes and electrified in 1953) and Tarbes 2 (1897–1987, modernised in 1948, **Fig. 620**, **621** and **622**). The atmosphere in the 'engine room' of the signal box in Tarbes was special: the view of the hydraulic piston pump (for returning the used water to the weight cylinder) was reminiscent of the piston drive of a steamship (**Fig. 623**). The risks of freezing were impressively refuted by the Northern Railway's interlockings: they worked perfectly even at -15 degree Celsius.

In Spain, too, the first system was built on the MZA network as early as 1891 in Villaverde Bajo (Madrid's southern branch station, **Fig. 624** and **625**). It was in service until the year 2000, e. g. for 109 years, almost in its original state (supplemented with light signals). The MZA subsequently equipped other important junction stations, such as Madrid-Atocha (southern terminus station of Madrid), Alcázar, the Algodor branch station (Madrid–Ciudad Real–Toledo lines) and Sevilla. The Algodor facility was of particular dimensions with 110 control levers (40 points and 70 routes and signalling levers) and 15 km of water pipes (**Fig. 626**, **627**, **628** and **629**). It was put into operation in 1932, 'retired' in 2000 as the last pressurised water interlocking and fortunately restored as a technical monument of national importance. This magnificent contemporary witness has been preserved for posterity in the Madrid-Delicia Railway Museum.

621

622

623

624

625

628

626

627

629

Gleisfreimeldung
Gleis 1
Gleis 2
Gleis 3
Gleis 4
Gleis 5
Gleis 6
Gleis 7
Gleis 8
Gleis 9
Gleis 12
Gleis 13
Gleis 14
Gleis 15
Gleis 16
Gleis 17
Gleis 18
Gleis 19
v.Du 1|3
v.Du 4|6
v.Du 7|8
v.Du 9|12
v.Du 13|17
n.Du 1|3
n.Du 4|6
n.Du 7|8
v.Du 1|3
v.Du 4|6
v.Du 7|8
v.Du 9|12
v.Du 13|17
n.Du 1|3
n.Du 4|6
n.Du 7|8

5. ELEKTRO-MECHANISCHE STELLWERKE

Unter elektro-mechanischen Stellwerken sind Anlagen zu verstehen, bei welchen die Sicherheitsebene – das mechanische Verschlussregister – beibehalten, verfeinert und weiterentwickelt wurde und die Steuerung und Überwachung von Weichen, Signalen und Blockanlagen elektrisch erfolgt. Der Siegeszug des EMS begann definitiv nach der Erfindung des Elektromotors und der Entwicklung der allgemeinen Stromversorgung im letzten Viertel des 19. Jahrhunderts. In Deutschland entpuppte sich die Firma Siemens & Halske unter Führung des Begründers der modernen Elektrotechnik, Werner von Siemens, auch für die Eisenbahn als Glücksfall.

Eine schier unerschöpfliche Reihe von grundlegenden Erfindungen ermöglichte der Eisenbahn wesentliche Fortschritte im Bereich der sicheren und effizienten Betriebsführung, dazu gehören der ausgereifte Morsetelegraph, die Läutewerke, der Magnetinduktor (Relais), der induktive (handbediente) Bahnhofs- und Streckenblock, die isolierte Schiene und schliesslich der elektrische Weichenantrieb.

SIEMENS & HALSKE S&H 1896/1901 – DER PIONIER (DEUTSCHLAND)

So war es nicht Zufall, dass in der S&H-Blockabteilung unter Leitung von Robert Pfeil (ab 1892) das erste ausgereifte elektro-mechanische Stellwerk entwickelt wurde. Gebaut wurde es allerdings nicht in Deutschland, diese Ehre kommt Österreich-Ungarn zu. Nachdem bereits 1892 im Wiener Westbahnhof einzelne Weichen mit dem neuartigen Antrieb ausgerüstet wurden, nahm die Kaiser-Ferdinand-Nordbahn 1894 in Přerov (heute Tschechische Republik) die erste Anlage in Betrieb. Bereits 1896 folgte in Berlin-Westend das erste dreireihige Stellwerk: Die vertikale Form er-

5. ELECTRO-MECHANICAL INTERLOCKINGS

Electro-mechanical interlockings are systems in which the safety level – the mechanical locking register – has been retained, refined and further developed and the control and monitoring of points, signals and block systems is carried out electrically. The triumphant advance of the EMS definitely began after the invention of the electric motor and the development of the general power supply in the last quarter of the 19th century. In Germany, the company Siemens & Halske under the leadership of the founder of modern electrical engineering, Werner von Siemens, turned out to be a stroke of luck for the railway.

An almost inexhaustible series of fundamental inventions enabled the railway to make significant progress in the field of safe and efficient operation, including the sophisticated Morse telegraph, the bells, the magnetic inductor (relay), the inductive (manually operated) station and line block, the isolated rail and finally the electric point machine.

SIEMENS & HALSKE S&H 1896/1901 – THE PIONEER (GERMANY)

Therefore, it was no coincidence that the first fully developed electro-mechanical signal box was developed in the S&H block department under the leadership of Robert Pfeil (from 1892). But it was not built in Germany, that honour goes to Austria-Hungary. After individual points had been equipped with the new type of drive at Vienna Westbahnhof in 1892, the Kaiser-Ferdinand-Nordbahn put the first system into operation in Přerov (now the Czech Republic) in 1894. The first three-row signal box followed in Berlin-Westend as early as 1896: the vertical form

630

631

möglichte eine übersichtliche Anordnung: in der Mitte die Weichenhebel, links und rechts aussen die Fahrstrassenhebel, links und rechts unten der Signalhebel (**Abb. 630** vom Münchner Starnberger Bahnhof im Verkehrsmuseum Nürnberg). In den nachfolgenden Jahren wurden weitere Anlagen für den Berliner und Stuttgarter Raum, Kopenhagen, Wroclaw, Gdańsk und Kiew sowie für die Wiener Stadtbahn gebaut. Im Unterschied zu den mechanischen Stellwerken, bei welchen z. B. die richtige Endlage der Weichen durch das mechanische Einklinken des Weichenhebels festgestellt werden konnte, mussten nun – neben den Steuerstromkreisen – separate Prüfstromkreise zur elektrischen Überwachung der Weichen- und Signallage mit Farbscheiben oder Lampen eingerichtet werden, diese waren zur Freigabe des Signalhebels zwingend notwendig. Das Pionierstellwerk von Přerov bewährte sich und war 40 Jahre in Betrieb.

Nach den ersten Erfahrungen mit dem vertikalen Stellwerk 1895/96 übernahm S&H die Forderung von Bahnverwaltungen, zur besseren Übersichtlichkeit für das Bedienungspersonal das Gleisfeld über den Stellwerkapparat gut überblicken zu können (aufgrund der noch fehlenden Gleisstromkreise war dieser Blick zur Feststellung der freien Gleise zwingend). Eine flachere Anordnung der Bedienungselemente diente auch der Optimierung der Instandhaltung. Resultat dieser Anforderungen war die Bauart 1901 (1911–2013, Ulm Rbf Stw 4, **Abb. 631**) mit in einer Reihe ergonomisch ideal (1.25 m Höhe) angeordneten kleinen Hebel für Weichen, Fahrstrassen und Signale. Die kompakte Form des Stellwerks lässt kaum vermuten, dass die Sicherheitsverschlüsse, d. h. das mechanische Verschlussregister, analog den mechanischen Stellwerkbauarten von Siemens (3414/3500) mit obenliegenden Fahrstrassenschubstangen, angeordnet ist mit dem Unterschied, dass die mechanischen Verschlusselemente elektrisch ange-

enabled a clear arrangement: the points lever in the centre, the route lever on the left and right outside, and the signal lever at the bottom left and right (**Fig. 630** from Munich's Starnberg railway station in the Nuremberg Transport Museum). In the following years, further systems were built for the Berlin and Stuttgart area, Copenhagen, Wroclaw, Gdańsk and Kiev as well as for the Vienna city railway. In contrast to the mechanical signal boxes, in which, e. g. the correct end position of the points could be determined by the mechanical latching of the point lever, separate test circuits for the electrical monitoring of the point and signal position with coloured discs or lamps had to be set up in addition to the control circuits; these were absolutely necessary to release the signal lever. The pioneer signal box from Přerov proved its worth and was in operation for 40 years.

After the first experiences with the vertical signal box in 1895/96, S&H accepted the demand from railway administrations to have a good view of the track field via the signal box apparatus for better clarity for the operating personnel (due to the lack of track circuits, this view was essential to determine the free tracks). A flatter arrangement of the operating elements also served to optimise maintenance. The result of these requirements was the 1901 design (1911–2013, Ulm Rbf Stw 4, **Fig. 631**) with small levers for points, routes and signals arranged in a row at an ergonomically ideal height of 1.25 m. The compact form of the signal box hardly suggests that the safety locks, e. g. the mechanical locking register, are arranged in a similar way to the mechanical signal box designs from Siemens (3414/3500) with overhead route push rods, with the difference that the mechanical locking elements are electrically controlled and monitored. The small operating le-

632

633

steuert und überwacht werden. Auch die kleinen Bedienungshebel sind vom mechanischen S&H-Stellwerk 3414 übernommen worden. Beibehalten wurde gemäss der ‹deutschen Schule› der Grundsatz der Sicherung der Zugfahrstrassen, nicht aber der Rangierfahrten, somit mussten die Weichen aufschneidbar bleiben und die Weichenmotoren mit einer ausscherbaren Kupplung versehen werden. Die Speisung mit Strom konnte in den ersten Jahrzehnten des EMS aufgrund der Spannungsschwankungen noch nicht dem öffentlichen Netz entnommen werden, sondern wurde mit sog. Sammlerbatterien sichergestellt, welche eine konstante Spannung lieferten. Die Bauart 1901 erfuhr bereits eine weitere Verbreitung als die Vorläuferbauart 1895/96 und wurde 1903 auch in Berlin-Halensee zur Bewältigung des bereits dichten S-Bahnverkehrs eingesetzt (**Abb. 632**). **Abb. 633** zeigt die kleinen Bedienungshebel für Weichen (blau), Fahrstrassen (grün) und Signale (rot). Das Stellwerk Halensee überlebte bis Ende 2002, verpasste das das 100-jährige Jubiläum nur knapp.

DIE TRADITIONALISTEN (WEICHEN-, FAHRSTRASSEN- UND SIGNALHEBEL)

Scheidt & Bachmann (Deutschland)

Die starke Verbreitung der elektro-mechanischen Stellwerke von Siemens und der Rückgang der Bestellungen für mechanische Stellwerke riefen weitere bisherige und neue Hersteller auf den Plan, so auch Scheidt & Bachmann. S&B hatte die Krisenjahre während und nach dem Ersten Weltkrieg als eine von wenigen selbständigen Firmen überstanden und begann mit dem Bau von EMS allerdings erst 1930, also relativ spät.

vers were also taken over from the mechanical S&H 3414 interlocking. In accordance with the ‘German school’, the principle of securing the train routes, but not the shunting movements, was retained, so the points had to remain openable and the point motors had to be fitted with a sharable coupling. In the first decades of the EMS, the power supply could not yet be taken from the public grid due to voltage fluctuations, but was provided by so-called collector batteries, which supplied a constant voltage. The 1901 design was already more widespread than the 1895/96 predecessor design and was also used in Berlin-Halensee in 1903 to cope with the dense S-Bahn traffic (**Fig. 632**). **Fig. 633** shows the small operating levers for points (blue), routes (green) and signals (red). The Halensee signal box survived until the end of 2002 missing its 100th anniversary.

THE TRADITIONALISTS (POINTS, ROUTES AND SIGNALLING LEVERS)

Scheidt & Bachmann (Germany)

The widespread use of electro-mechanical interlockings from Siemens and the decline in orders for mechanical interlockings brought other existing and new manufacturers onto the scene, including Scheidt & Bachmann. S&B had survived the crisis years during and after WWI as one of few independent companies, but did not start building EMS until 1930, which was relatively late. In terms of design,

634

635

636

637

Konstruktiv wird das Einreihenhebelwerk mit Drehknöpfen analog S&H nachgebildet, allerdings verbleibt die klassische Dreiteilung der Bedienung mit Weichen-, Fahrstrassen- und Signalhebel sowie der reinen Farbscheibenüberwachung von Weichen und Signalen (keine Lampen). In den 1930er-Jahren muss dies trotz der robusten Konstruktion bereits als technisch veraltet betrachtet werden. Trotzdem sind 25 Anlagen gebaut worden. Langlebige Beispiele dafür waren die Stellwerke bei der DB in Forchheim 1 (1938–1990, **Abb. 634** und **635**), in Pirmasens Nord Psf (1938–2017, **Abb. 636**) und bei der DR in Wolfen B5 (bis 2010, **Abb. 637**).

Orenstein & Koppel – Einreihenstellwerk (Deutschland – Schweiz)

Mit Orenstein & Koppel trat 1924 auch ein neuer Anbieter auf, dessen Stellwerk rein äusserlich der Bauart AEG gleicht und damit immer noch dem mechanischen Stellwerk nachgebildet ist: obenliegende schräge Weichen- und Signalhebel, dazwischen senkrechte Fahrstrassenhebel, auch hier noch die klassische Dreiteilung der Bedienung aus den mechanischen Stellwer-

the single-row lever mechanism with rotary knobs is reproduced in a similar way to S&H, but the classic three-part operation with points, route and signal levers and exclusive colour disc monitoring of points and signals (no lamps) remains. In the 1930s, this must already be considered technically outdated, despite the robust design. Nevertheless, 25 systems were built. Long-lived examples were the signal boxes at DB in Forchheim 1 (1938–1990, **Fig. 634** and **635**), in Pirmasens Nord Psf (1938–2017, **Fig. 636**) and at DR in Wolfen B5 (until 2010, **Fig. 637**).

Orenstein & Koppel – single-row interlockings (Germany – Switzerland)

With Orenstein & Koppel, a new supplier appeared in 1924, whose interlocking exclusively resembles the AEG design and is modelled on the mechanical interlocking: overhead inclined point and signal levers, vertical route levers in between, here too the classic three-part division of operation from the mechanical interlockings, a mechanical locking register ar-

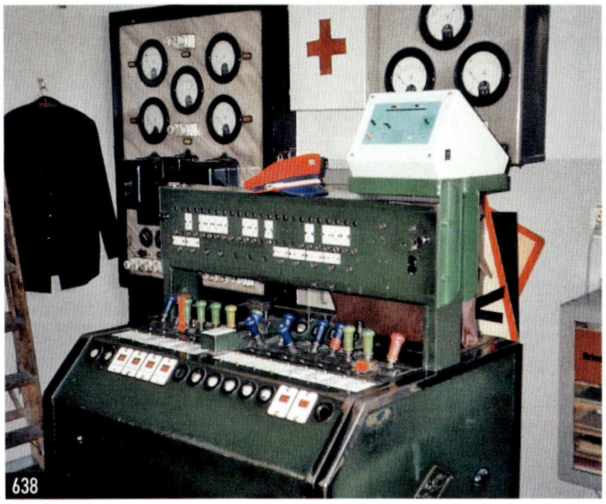
638

640

639

641

ken, ein hinter den Hebeln angeordnetes mechanisches Verschlussregister, wie im Stellwerk B3 von Rathenow (1940–1998, **Abb. 638**) ersichtlich. Die Farbscheibenrückmelder sind auf der Schrägseite angeordnet. Eine Grossanlage wurde noch 1941 durch Pintsch (**Abb. 639**, Nachfolger von O&K/MBA) in Altenburg (Thüringen) errichtet, dessen Befehlsstellwerk 5 (**Abb. 640** und **641**) noch bis 2022 als letzter Vertreter in Betrieb war. O&K lieferte auch 17 Stellwerke an die SBB in der Schweiz. Aufgrund des Zusammenschlusses von S&H, AEG, Jüdel, Stahmer und Bruchsal zu den Vereinigten Eisenbahn-Signalwerken (VES) im Jahre 1928 suchten die SBB eine Alternative zum nunmehr ‹Monopol›-Angebot der VES. Bereits 1929(–1989) wurde die erste Anlage (Befehlswerk und vier Wärterstellwerke) für den Grenzbahnhof Chiasso am südlichen Punkt der Gotthardbahn geliefert, in **Abb. 642** das Wärterstellwerk IV des Südkopfs Richtung italienische Grenze. Für sämtliche Fahrstrassen besteht die automatische Fahrstrassenauflösung durch die letzte Zugsachse mittels isolierter Schienenabschnitte, Schienenkontakten, Pedalkontakten oder Verzögerungsrelais. Abweichend von den in Deutschland gebauten Anlagen sind die kleinen Si-

ranged behind the levers, as can be seen in Rathenow interlocking B3 (1940–1998, **Fig. 638**). The colour disc indicators are arranged on the sloping side. A large-scale system was built by Pintsch (**Fig. 639**, successor to O&K/MBA) in Altenburg (Thuringia) as late as 1941, whose master interlocking 5 (**Fig. 640** and **641**) was the last representative still in operation until 2022. O&K also supplied 17 signal boxes to the SBB in Switzerland. Due to the merger of S&H, AEG, Jüdel, Stahmer and Bruchsal to form Vereinigte Eisenbahn-Signalwerke (VES) in 1928, the SBB sought an alternative to the now 'monopoly' offer of VES. As early as 1929(–1989), the first system (master and four dependent interlockings) was delivered for the Chiasso border station at the southern point of the Gotthard railway. In **Fig. 642** the dependent interlocking of the southern head towards the Italian border is shown. For all routes, there is automatic route cancellation by the last train axis using isolated rail sections, rail contacts, pedal contacts or time-delay relays. In derogation of the systems built in Germany, the small signalling levers are arranged horizontally above the vertical route lever, as shown

642

643

644

645

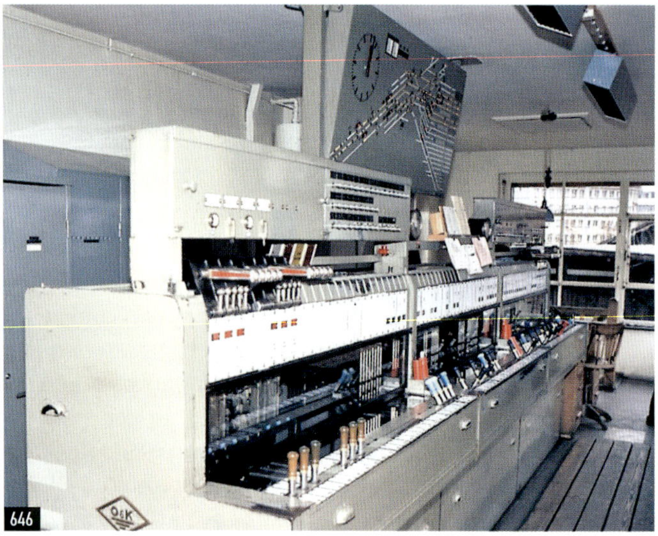
646

gnalhebel horizontal über den senkrechten Fahrstrassenhebel angeordnet, wie das Reiterstellwerk im Abzweigebahnhof Zollikofen (1934–1989) zeigt (**Abb. 643** und **644**). Durch das Hochdrücken des Signalhebels wird der Fahrstrassenhebel festgelegt und dann dem Signalantrieb Strom zugeführt. Bei der automatischen Haltestellung des Signals durch den Zug springt der Signalhebel zurück in die Mittellage, bevor er durch die Auflösung der Fahrstrasse (durch den Zug oder mittels

by the bridge signal box in the Zollikofen branch station (1934–1989) (**Fig. 643** and **644**). The route lever is fixed by pushing up the signalling lever and then power is supplied to the signal drive. When the signal is automatically stopped by the train, the signal lever jumps back to the centre position before it falls to the home position. When the route is released (by the train or by pressing the release button) and releases the route lever for return. In the direction

647

648

Auflösetaste) in die Grundstellung fällt und den Fahrstrassenhebel zur Rücknahme freigibt. Richtung Bern wurde später der Gleiswechselbetrieb (Integra-Domino) sowie eine elektronische Zugnummernmeldeanlage (Siemens) ergänzt. Bahnhöfe mit mehreren Wärterstellwerken erhielten noch ein reines Befehlswerk zur Fahrstrassenfreigabe wie am Beispiel des Bahnhofs Chur (1932–2004) ersichtlich ist (**Abb. 645**). Oberhalb der senkrechten Fahrtenwählhebel waren kleine Federtasten angeordnet, welche durch das Drücken in die Endlage in den Wärterstellwerken die Verschlüsse freigaben bzw. feindliche Fahrstrassen durch Zurückfallen in die Mittelstellung verschlossen. Diese zweistufige Freigabebedienung entsprach genau derjenigen eines elektro-mechanischen Freigabewerks bei den mechanischen Stellwerken 25 Jahre zuvor. Das letzte O&K-Stellwerk der SBB in Chur (Wstw I, **Abb. 646**) wurde 2004 durch ein ESTW abgelöst.

Orenstein & Koppel – Zweireihenstellwerk (Deutschland – Polen)

Die Einreihenhebelwerke in grossen Bahnhöfen wurden immer länger, so dass zwei Personen, in Einzelfällen sogar drei, zu deren Bedienung notwendig wurden. Dies führte zu einer kompakteren Bauweise, welche auch O&K ab 1937 zur Bauform der Zweireihenstellwerke übernahm. Das Zweireihenstellwerk von O&K wurde alsbald auch von Scheidt & Bachmann in Lizenz ausgeführt. Als jüdisches Unternehmen wurde O&K 1940 unter Zwangsverwaltung gestellt und in Maschinenbau und Bahnbedarf AG (MBA) umbenannt, worauf der Betrieb Ende 1941 an die Julius Pintsch KG überging. Pintsch seinerseits wurde nach 1945 Teil des verstaatlichten DDR-VEB (volkseigener Betrieb) Gaselan, welcher ab 1950 Zweireihenstellwerke für die Deutsche Reichsbahn DR herstellte. Die **Abb. 647** und **648** zei-

of Berne, bi-directional operation (Integra Domino) and an electronic train describer system (Siemens) were added later. Stations with several dependent interlocking systems were still exclusively equipped with a master interlocking for route release, as can be seen in the example of Chur station (1932–2004, **Fig. 645**). Small spring buttons were arranged above the vertical route selector levers, which released the locks by pressing them into the end position in the dependent interlocking or locked hostile routes by falling back into the centre position. This two-stage release operation matches that of an electro-mechanical master interlocking in the mechanical signal boxes 25 years earlier. SBB's last O&K interlocking in Chur (dependent signalbox I, **Fig. 646**) was replaced by an ESTW in 2004.

Orenstein & Koppel – double-row interlocking (Germany – Poland)

The single-row lever interlockings in large railway stations became longer and longer, so that two people, in some cases even three, were required to operate them. This led to a more compact design, which O&K adopted in 1937 for the design of double-row signal boxes. O&K's double-row interlocking was soon also produced under licence by Scheidt & Bachmann. As a Jewish company, O&K was placed under forced administration in 1940 and renamed Maschinenbau und Bahnbedarf AG (MBA), whereupon the company was transferred to the Julius Pintsch KG at the end of 1941. After 1945, Pintsch in turn became part of the nationalised GDR VEB (people-owned enterprise) Gaselan, which manufactured double-row interlockings for the Deutsche Reichsbahn DR from 1950. **Fig. 647** and **648**

649

651

650

652

gen ein von S&B gebautes Stellwerk in Nürnberg-Stein (1940–2002), immer noch mit der klassischen Dreiteilung der Weichen-, Fahrstrassen- und Signalhebel. 2023 noch in Betrieb befindlich waren zwei baugleiche Apparate von 1937 im polnischen Lębork (**Abb. 649** von der Befehlsstelle Lb und **Abb. 650** vom Wärterstw Lb2). 1942(–1971) lieferte Pintsch eine O&K-Anlage nach Stadlau bei Wien und 1944 folgte eine Anlage der DR in Neukieritzsch (W1, **Abb. 651**), welche bis 2021 überlebte. Bei der 1950(–2002) von Gaselan an die DR gelieferten Anlage in Aue (**Abb. 652**) wurden die Signale wie in Neukieritzsch auf einer Gleisbildtafel der DDR-Bauart GS II (WSSB) bedient.

AEG (Deutschland – Polen – Österreich – Norwegen)

Noch vor O&K trat die AEG als zweiter Anbieter von elektro-mechanischen Stellwerken nach S&H auf. Die Apparate der AEG orientierten sich stark am Vorbild des mechanischen Stellwerks, der Verschlussmechanismus war eine angepasste Kopie des mechanischen Einheitsstellwerks. AEG lieferte das erste elektro-me-

show a signal box built by S&B in Nuremberg-Stein (1940–2002), still with the classic three-part division of the points, route interlocking and signalling levers. In 2023, two identical apparatus from 1937 were still in operation in Lębork, Poland (**Fig. 649** of the Lb master box and **650** the Lb2 dependent signalbox). In 1942(–1971), Pintsch delivered an O&K system to Stadlau near Vienna, followed in 1944 by a DR system in Neukieritzsch (W1, **Fig. 651**), which survived until 2021. On the layout in Aue (**Fig. 652**) delivered by Gaselan to the DR in 1950(–2002), the signals were operated on a push-button panel of the GDR type GS II (WSSB) as in Neukieritzsch.

AEG (Germany – Poland – Austria – Norway)

Even before O&K, AEG was the second supplier of electro-mechanical signal boxes after S&H. AEG's apparatus was strongly modelled on the mechanical interlocking; the locking mechanism was an adapted copy of the mechanical standard interlocking. AEG supplied the SBB's first power interlocking (master

653

654

655

656

657

chanische Stellwerk (Freigabe- und Wärterstellwerk) der SBB 1922 für den Scheitelbahnhof Göschenen an der Gotthardbahn, wo es sich unter schwierigen klimatischen Bedingungen bewähren musste, das Wärterstellwerk wurde erst 1960 von einem Gleisbildstellwerk Domino 55 abgelöst. Die klassische Dreiteilung der schrägen Signalhebel (Hs), Weichenhebel (Weichennummer) sowie der senkrechten Fahrstrassenhebel ist im Befehlsstellwerk Fo von Flensburg (1926–1995, **Abb. 653** und **654**) gut erkennbar. Gleistafeln zur Positionsmeldung von Weichen, Signalen sowie der Gleisbesetzung wurden bei Reichsbahn und DB mit Ausnahme des Berliner Raums nur selten verwendet, die Positionen wurden mittels separater Aufbauten

and dependent interlocking) in 1922 for the Göschenen summit station on the Gotthard railway, where it had to prove itself under difficult climatic conditions; the dependent interlocking was not replaced until 1960 by a Domino 55 push-button interlocking. The classic tripartite division of the inclined signal lever (Hs), point lever (points number) and vertical route lever is clearly recognisable in the Fo master interlocking of Flensburg (1926–1995, **Fig. 653** and **654**). With the exception of the Berlin area, track panels for signalling the position of points, signals and track occupation were rarely used by the Reichsbahn and DB; the positions were displayed by means of separate superstructures with small lamps, such mit kleinen Lampen dargestellt, so im Wärterstellwerk Henningsdorf Hno bei Berlin (1924–2002, **Abb. 655**). In **Abb. 656** eine seltene Aufnahme des obenliegenden Verschlussregisters. Einige AEG-Anlagen sind im heutigen Polen noch in Betrieb, wie das Beispiel des gut erhaltenen Befehlsstellwerks Go von Gorzów Wielkopolski (1914, **Abb. 657**) zeigt.

Die AEG war auch im Export tätig, so wurden Anlagen nach Österreich in Wien-West und der Arlbergbahn geliefert und 1912 drei Stellwerke für den Kopenhagener Hauptbahnhof. Besonders erfolgreich gestaltete sich die Entwicklung in Norwegen. Im Jahr 1924 gelang mit der ersten Anlage in Oslo Westbahnhof der Markteinstieg, allerdings mit der Anforderung, Lichttagessignale und Gleisfreimeldeeinrichtungen einzurichten, beides Funktionen, die in der bisherigen Ausführung der DRG nicht verlangt wurden. Bis 1927 konnten 18 Anlagen, u. a. für Trondheim, geliefert werden, danach änderten sich die Anforderungen grundlegend, was einen Systemwechsel zum britisch-nordamerikanischen Verschlussregister (verschlossene Weichen mit gesicherten Rangierfahrstrassen) zur Folge hatte.

AEG (Italien)

Im Zuge der fortschreitenden Elektrifizierung des Bahnnetzes in Italien wurden die Voraussetzungen für die Stromversorgung elektrischer Stellwerke immer besser, so dass die AEG 1925 ihr erstes Stellwerk nach Italien in Lizenz der Officine Meccaniche Servettaz in Savona als AEG-OMS (später VES-OMS) mit aufschneidbaren Weichen liefern konnte. Beinahe im Originalzustand war noch 1991 ein Apparat in Milano-Lambrate in Betrieb (**Abb. 658**). Deutlich sind die verschiedenen Hebelfunktionen zu erkennen: vorne grün die Zustimmungshebel (consensi) zu den Befehlsabgaben und zu den Nachbarstellwerken, braun die Fahrstrassenhebel (itinerari), schwarz die Weichenhebel (scambi) und rechts hinten unter dem Blockkasten die roten Signalhebel (segnali). Die Rangierfahrten werden durch drehbare Bodensignale (Segnali bassi girevoli bzw. «marmotte» = Murmeltiere) geschützt. Moderner präsentierte sich 1994 das südliche Wärterstellwerk Cabina A von Milano-Certosa mit ausgeleuchteter Gleistafel und mit drei Aufbauten für den Streckenblock (**Abb. 659**). Bis 1936 wurden Anlagen mit rund 2400 Hebeln geliefert, darunter einige Grosse für Livorno Centrale (drei Anlagen mit 222 Hebeln), Milano-Certosa (vier Anlagen mit 125 Hebeln), Milano-Rho (drei Anlagen mit 125 Hebeln) und Milano Smistamento (elf Anlagen mit 636 Hebeln). Die Cabina M des Rangierbahnhofs von Milano Smistamento (**Abb. 660**) gehörte mit 150 Hebeln zu den grössten Einreihenstellwerken in Italien.

as in the Henningsdorf Hno dependent interlocking near Berlin (1924–2002, **Fig. 655**). **Fig. 656** shows a rare photo of the locking register on top. Some AEG apparatuses are still in operation in Poland today, as the example of the well-preserved Go master interlocking in Gorzów Wielkopolski (1914, **Fig. 657**) shows.

AEG was also active in exports, supplying systems to Austria in Vienna West and the Arlberg railway, and three signal boxes for Copenhagen central station in 1912. Development in Norway was particularly successful. In 1924, the market entry was achieved with the first system in Oslo Westbahnhof, but with the requirement to install daylight signalling and track circuit devices, both functions that were not required in the previous DRG design. By 1927, 18 systems had been delivered, including for Trondheim, after which the requirements changed fundamentally, resulting in a change of system to the British-North American locking register (locked points with secured shunting routes).

AEG (Italy)

As the electrification of the railway network in Italy progressed, the conditions for supplying power to electric signal boxes improved so that in 1925 AEG was able to supply its first signal box to Italy under licence from Officine Meccaniche Servettaz in Savona as the AEG-OMS (later VES-OMS) with points that could be cut open. Almost in its original condition, an apparatus was still in operation in Milano-Lambrate in 1991 (**Fig. 658**). The various lever functions can be clearly seen: at the front in green are the consent levers (consensi) for issuing commands and for the neighbouring signal boxes, in brown the route levers (itinerari), in black the points levers (scambi) and at the rear right under the block box the red signal levers (segnali). The shunting movements are protected by rotating ground signals (segnali bassi girevoli or "marmotte" = marmots). In 1994, the southern dependent interlocking Cabina A of Milano-Certosa was more modern, with an illuminated track panel and three boxes for the line block (**Fig. 659**). By 1936, systems with around 2400 levers had been delivered, including some large ones for Livorno Centrale (three cabins with 222 levers), Milano-Certosa (four cabins with 125 levers), Milano-Rho (three cabins with 125 levers) and Milano Smistamento (eleven cabins with 636 levers). With 150 levers, the Cabina M of the marshalling yard in Milano Smistamento (**Fig. 660**) was one of the largest single-row interlockings in Italy.

658

659

660

Westinghouse (Italien)

Bereits 1924, ein Jahr vor der AEG, konnte die CIWFS (Compagnia italiana Westinghouse Freni e Segnali) in Sestri Levante das erste elektro-mechanische Stellwerk ACELI (Apparato centrale elettrico a levi individuali) mit verschlossenen Weichen und gesicherten Rangierfahrstrassen nach nordamerikanischer Betriebsweise errichten. Die Stellwerke waren zweireihig mit senkrechten Hebeln (untere Reihe: Weichen- und Fahrstrassenhebel, obere Reihe: Haupt- und Rangiersignalhebel), signalmässigen Rangierfahrstrassen und nicht aufschneidbaren Weichen sowie dem Verschlussregister nach Stevens ausgestattet. Mit den Westinghouse-Stellwerken wurden insbesondere auch grosse Knotenbahnhöfe ausgerüstet, sie lösten die an die Grenzen der Leistungsfähigkeit gelangten hydraulischen Druckwasserstellwerke ab, so in Venezia Santa Lucia (120 Hebel), Bologna Centrale (drei Anlagen mit 536 Hebeln), Firenze Santa Maria Novella (280 Hebel) und Milano Centrale (sieben Anlagen mit 1140 Hebel, 1930–1984), bis 1936 insgesamt über 4000 Hebel. Mit der Ausrüstung von Roma Termini erreichte das Westinghouse-Stellwerk seinen Höhepunkt und den gleichzeitigen Abschluss seiner technischen Entwicklungsphase.

Westinghouse (Italy)

As early as 1924, one year before AEG, CIWFS (Compagnia italiana Westinghouse Freni e Segnali) was able to build the first electro-mechanical interlocking ACELI (Apparato centrale elettrico a levi individuali) in Sestri Levante with locked points and locked shunting routes according to the North American operating method. The interlockings were equipped with two rows of vertical levers (lower row: point and route levers, upper row: main and shunting signal levers), signalised shunting routes, points that could not be split open, as well as the Stevens locking register. The Westinghouse interlockings were also used to equip large junction stations in particular, replacing the hydraulic pressurised water interlockings that had reached the limits of their capacity, e. g. in Venezia Santa Lucia (120 levers), Bologna Centrale (three cabins with 536 levers), Firenze Santa Maria Novella (280 levers) and Milano Centrale (seven cabins with 1140 levers, 1930–1984), totalling over 4000 levers by 1936. With the equipping of Roma Termini, the Westinghouse interlocking reached its peak and at the same time the conclusion of its technical development period.

661

662

663

Das grösste elektro-mechanische Stellwerk Europas: Roma Termini

*Im Jahr 1938 wurde der neue monumentale Kopfbahnhof von Roma Termini eingeweiht. Entsprechend monumental ist auch das Stellwerkgebäude ausgefallen (**Abb. 661**). Erstmals wurde – auch im europäischen Massstab – für einen Bahnhof dieser Grösse ein Zentralstellwerk ohne weitere Nebenstellwerke gebaut. Das Westinghouse-Stellwerk von 1943 umfasst 730 Hebel und war in einem Saal von 47 m Länge untergebracht (**Abb. 662**). In der Mitte stand das Befehlswerk (**Abb. 663**), von welchem die Fahrstrassenfreigaben für die beiden Bahnhofshälften links und rechts ausgingen. Jede Fahrstrasseneinstellung erforderte im Mittel 5–10 Hebelbewegungen und 3 Bewegungen bei der Fahrstrassenauflösung (ohne Weichenrückstellung, diese hatten keine feste Grundstellung), man stelle sich das andauernde Hebelspiel während den Spitzenzeiten vor. Weniger bekannt, aber aus Sicherheitsgründen als notwendig erachtet, ist ein unterirdischer Bunker, welcher eine Kopie des Stellwerkapparates für den Notfall (Kriegsjahre) enthält. Dieser kann mittlerweile im zu einer Eisenbahn-Kulturstätte umgebauten Stellwerkgebäude besichtigt werden. Das geschichtsträchtige Stellwerk wurde 1999 von einem der grössten elektronischen ACS (Apparato Centrale Statico) von Ansaldo abgelöst.*

The largest electro-mechanical interlocking in Europe: Roma Termini

*The new monumental terminus station at Roma Termini was inaugurated in 1938. The signal box building was correspondingly monumental (**Fig. 661**). For the first time – even on a European scale – a central signal box was built for a station of this size (without any other secondary signal boxes). The Westinghouse signal box from 1943 comprised 730 levers and was housed in a hall 47 m long (**Fig. 662**). In the centre was the master interlocking (**Fig. 663**), from which the route releases for the two halves of the station on the left and right were issued. Each route setting required on average 5–10 lever movements and 3 movements for route release (without points reset, these had no fixed home position), imagine the constant lever play during peak times. Less well known, but considered necessary for safety reasons, is an underground bunker containing a copy of the signal box apparatus for emergencies (war years). This bunker can now be visited in the signal box building, which has been converted into a railway cultural site. The historic signal box was replaced in 1999 by one of the largest electronic ACS (Apparato Centrale Statico) from Ansaldo.*

664

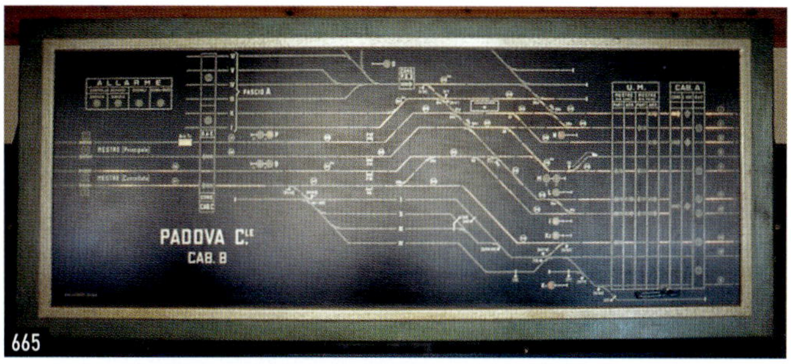

665

666

FS (Italien)

Die Erfahrungen mit den AEG/OMS- und Westinghouse-Stellwerken waren gut, aber die FS strebten eine Standardisierung und Perfektionierung des elektro-mechanischen Stellwerks an (getrennte Stromkreise, einheitliches Relais, einheitliche Instruktion des Personals und Senkung der Herstellkosten dank der Standardisierung, Beibehaltung des Verschlussregisters nach Stevens).

Daher wurde einerseits das elektro-mechanische Schlüsselstellwerk ADM auch für grosse Bahnhöfe konzipiert, dort mit einzelnen elektrischen Weichenantrieben wie in der Cabina B von Padova Centrale (bis 2012, **Abb. 664**). Alle Hebel der neueren ADM-Stellwerke waren einheitlich silbergrau (Vorsignal-, Signal-, Weichen- und Fahrstrassenhebel). Bei den elektro-mechanischen Stellwerken waren Befehlsstellen (elektrischer Bahnhofsblock) im Fahrdienstleiterbüro des Bahnhofgebäudes (Ufficio movimento U. M.) noch die Regel. In **Abb. 665** sind auf der Gleistafel der Cabina B rechts oben in der Matrix der Fahrstrassenauftrag (gelb leuchtender Pfeil) von U. M. für eine Zugseinfahrt von Mestre sowie die Zustimmung der CAB. A (Cabina A) gut zu erkennen.

Anderseits wurde auch der Apparato centrale elettrico a leve individuali tipo FS (ACE) geboren und 1936 erstmals in Monterotondo installiert. Ein Beispiel für

FS (Italy)

The experience with the AEG-OMS and Westinghouse interlockings was positive, but the FS aimed to standardise and perfect the electro-mechanical interlocking (separate circuits, standard relay, uniform instruction of personnel and reduction of manufacturing costs thanks to standardisation, retention of the Stevens locking register). On the one hand, the ADM electro-mechanical key interlocking was designed for large railway stations as well, with several electric point machines as in the Cabina B of Padova Centrale (until 2012, **Fig. 664**). All levers of the newer ADM interlockings were uniformly silver-grey (pre-signal, signal, point and route lever). In the electro-mechanical interlockings, master interlockings (electric station block) in the station building's dispatcher's office (Ufficio movimento U. M.) were still the rule. In **Fig. 665**, the track panel of Cabina B at the top right of the matrix shows the route order (yellow illuminated arrow) from U. M. for a train entry from Mestre and the consent of CAB. A (Cabina A) can be clearly recognised.

On the other hand, the Apparato centrale elettrico a leve individuali tipo FS (ACE) was born and installed for the first time in Monterotondo in 1936. An example of a smaller station is shown in Verbania-Pallanza (**Fig. 666** from 1986) with the re-

667

668

669

kleinere Bahnhöfe zeigt 1986 in Verbania-Pallanza (**Abb. 666**) die beibehaltene Dreiteilung der Bedienung (schwarze Weichen-, blaue Fahrstrassen- und rote Signalhebel), ohne Teilstrassenauflösung. In **Abb. 667** das Fabrikschild von Westinghouse für den 2023 noch aktiven Apparat von Stresa. Beispiele für grössere Bahnhöfe sind Milano-Lambrate (**Abb. 668** von 1991) und Firenze Rifredi (**Abb. 669** von 1990). Der standardisierte Apparat erhielt im Zuge der fortschreitenden Elektrifizierung des Netzes eine rasche Verbreitung und erreichte bis 1945 bereits einen Umfang von 8000 Hebel. Er übertraf damit die Anzahl seiner Vorgänger. Einzelne Bahnhöfe wurden noch bis Ende der 1970er-Jahre ausgerüstet.

ACEC (Belgien)

Die belgischen Bahnen entschieden sich früh für die Installation von elektro-mechanischen Stellwerken. Bereits 1903 wurde das erste EMS für den Kopfbahnhof von Antwerpen Centraal als Kippschalterwerk von Siemens aufgrund der engen topografischen Lage geliefert. In der Folge konnte S&H Anlagen für weitere Knotenbahnhöfe in Bruxelles-Nord (1905, zwei Stellwerke), Charleroi-Sud, Louvain und Gand-Sud erstellen. Schliesslich entwickelten die Ateliers de construction électrique de Charleroi (ACEC) Anfang der 1920er-Jahre als Hauslieferant der SNCB ebenfalls ein elektro-mechanisches Stellwerk. Die erste Anlage von ACEC kam 1923 in Betrieb. Nach und nach wurden die wichtigen Bahnhöfe entlang der Hauptstrecken bis 1940 damit ausgerüstet, wie **Abb. 670** der Cabine II von

tained three-part division of operation (black point, blue route and red signal levers) and without elastic releasing of the routes. **Fig. 667** shows the Westinghouse factory sign for the Stresa apparatus still active in 2024. Examples of larger stations are Milano-Lambrate north box (**Fig. 668** from 1991) and Firenze Rifredi south box (**Fig. 669** from 1990). The standardised apparatus spread rapidly as the electrification of the network progressed, reaching 8000 levers by 1945. Thus, it exceeded the number of its predecessors. Individual railway stations were equipped until the end of the 1970s.

ACEC (Belgium)

The Belgian railways decided in favour of installing electro-mechanical interlockings at an early stage. As early as 1903, the first EMS for the Antwerp Centraal terminus station was supplied by Siemens as a toggle switch system due to the narrow topographical location. S&H was subsequently able to build systems for further junction stations in Bruxelles-Nord (1905, two signal boxes), Charleroi-Sud, Louvain and Gand-Sud. The Ateliers de construction électrique de Charleroi (ACEC) also developed an electro-mechanical signal box in the early 1920s as SNCB's in-house supplier. The first ACEC system went into operation in 1923. Gradually, the important railway stations along the main lines were equipped with them until 1940, as **Fig. 670** of Cabine II from

Tamines (1936–2012) zeigt, insgesamt 100 Anlagen. Das EMS von ACEC war eine originelle Konstruktion eines Zweireihenhebelwerks, wie in **Abb. 671** vom Bahnhof Ottignies (1949–2008) ersichtlich: In der oberen Reihe sind die kleinen Weichen (blau, numeriert) und rot die Signale (Buchstaben) angeordnet, darunter die Fahrstrassendrehhebel (mit Pfeil) mit jeweils zwei Wahlmöglichkeiten. Die ebenfalls verschlossenen Rangierfahrstrassen werden durch Rangiersignale gedeckt (ohne automatische Auflösung durch die Rangierfahrt). Trotz der zweireihigen Anordnung waren die Anlagen von Knotenbahnhöfen wie im Block 52 von Brügge (1939–2008, **Abb. 672**) von eindrücklicher Dimension.

Siemens 42733 (Österreich)

Die Bauart 42733 ist eine aus der Bauart 1912 abgeleitete Form für Österreich (BBÖ und Wiener Stadtbahn). Anstelle der Drehhebel der Bauart 1912 zur Bedienung der Schalterachsen werden aufrechtstehende Kipphebel, abgeleitet vom Westinghouse-Stellwerk Typ K der Berliner Stadtbahn (aber mit Druckknopf), verwendet, welche es dem Bediener ermöglichen sollen, die Stellung

Tamines (1936–2012) shows, a total of 100 installations. ACEC's EMS was an original design of a two-row lever mechanism, as can be seen in **Fig. 671** from Ottignies station (1949–2008): the small points (blue, numbered) are arranged in the upper row and the signals (letters) in red, with the route levers (with arrow) below, each with two options. The shunting routes, which are also locked, are covered by shunting signals (without automatic cancellation by the shunting movement). Despite the double-row arrangement, the junction station layouts, such as in Block 52 from Bruges (1939–2008, **Fig. 672**), were of impressive dimensions.

Siemens 42733 (Austria)

The 42733 design is a form derived from the 1912 design for Austria (BBÖ and Wiener Stadtbahn). Instead of the rotary levers of the 1912 design for operating the switch axles, upright rocker levers derived from the Westinghouse type K interlocking of the Berlin city railway (but with pushbutton) are used, which should make it easier for the operator to recognise

673

675

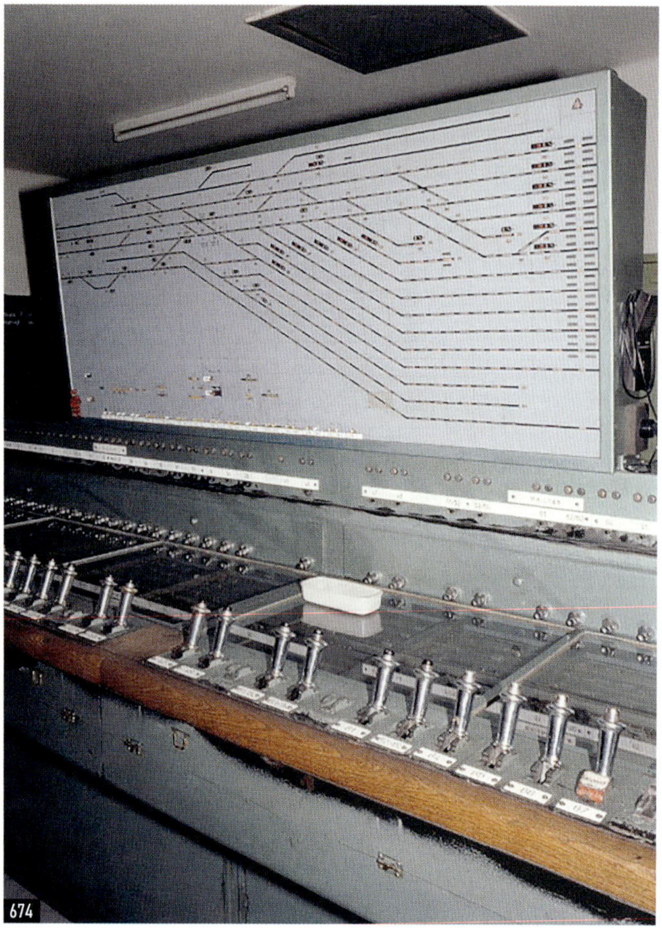

674

der Hebel leichter zu erkennen. Neben Farbscheiben zur Überwachung der Weichen- und Signalstellungen werden auch Lampen verwendet. Ebenfalls wird standardmässig eine Gleistafel über dem Stellwerkapparat aufgehängt, welche den Stand der Lichtsignale, allfälliger Gleisfreimeldeanlagen sowie die Pfeile des Gleichstromblocks (Zeichengabe-Streckenblock) anzeigt. Dass das eigentlich fortschrittliche Stellwerk noch unter den <Traditionalisten> erscheint, ist nur dem Umstand geschuldet, dass der bei den 1907/1912-Stellwerken standardmässige eingeführte kombinierte Fahrstrassensignalhebel wieder verlassen wird: Die kombinierten Fahrstrassensignalhebel kommen nur bei einfachen Anlagen zum Einsatz, ansonsten werden sie getrennt. Ein Beispiel für vereinfachte Verhältnisse ist 1987 das Stellwerk der Zugförderung (Depot) Linz mit Farbscheibenrückmeldung, zweistelligen schrägen Weichen- und dreistelligen Verschubsignalhebeln (**Abb. 673**). In den **Abb. 674** und **675** zeigen das Wärterstellwerk 1 von Wels (1939–1992) mit Lampenüberwachung, schrägen Weichenhebeln, senkrechten Farbstrassenhebeln und senkrechten Signalhebeln mit rotem Kopf, also mit der aus der Mechanik bekannten klassischen Dreiteilung.

the position of the levers. In addition to coloured discs for monitoring the points and signal positions, lamps are also used. A track panel is suspended above the signal box as standard, which displays the status of the light signals, any track vacancy detection systems and the arrows of the DC line block. The fact that the actually progressive signal box still appears among the 'traditionalists' is only due to the fact that the combined route signalling lever introduced as standard in the 1907/1912 signal boxes is abandoned again: the combined route signalling levers are only used in simple systems, otherwise they are separated. An example of simplified conditions is the Linz Depot interlocking with colour disc control, two-digit oblique points and three-digit shunting signal levers (**Fig. 673** from 1987). **Fig. 674** and **675** show the dependent interlocking 1 of Wels (1939–1992) with lamp control, inclined points lever, vertical route lever and vertical signalling lever with red head, e. g. with the classic three-division known from mechanics.

676

677

DIE PRAGMATIKER (WEICHEN- UND FAHRSTRASSENSIGNALHEBEL)

Siemens & Halske 1907 (Deutschland – Polen)

Das Hebelwerk von 1901 hatte sich zwar betrieblich bewährt, benötigte jedoch in grossen Bahnhöfen zu lange Hebelbänke, so dass eine Weiterentwicklung auf der Hand lag. Die Bauart 1907 brachte daher die entscheidende Neuerung des kombinierten Fahrstrassensignalhebels und eine weitere Kürzung der seitlichen Hebelteilung von 100 mm auf 75 mm, so dass die Länge eines Hebelwerks 1907 nur noch knapp 60 % der Bauart 1901 ausmachte und gleichzeitig die Einstellung und Auflösung einer Fahrstrasse um zwei Hebelbewegungen reduzierte. Der Fahrstrassensignalhebel verschliesst bei der ersten Drehung um 45 Grad mechanisch die Weichenhebel, sperrt sich selbst und aktiviert im zweiten Teil der Drehung bis 90 Grad, wenn ein Kuppelstrom die Endlage aller Weichen geprüft hat, den Strom für die Fahrtstellung des Signals. Charakteristisch für die Bauart 1907 sind die runden Farbscheibenrückmelder und Messinghebel wie im Rangierstellwerk 8 von Ulm Rbf (1912–2013, **Abb. 676**). Die Bauart 1907 wurde in zahlreichen strategisch wichtigen Bahnhöfen wie auch in Leipzig Hbf eingesetzt, wovon die gut erhaltenen Befehlsstellwerke B1 und B2 zeugen (1915–2003, **Abb. 677**, **678** und **679**). In den **Abb. 680** und **681** ist das W7 mit den elektrischen Schaltungen auf der Rückseite zu sehen. In Polen sind zur Zeit der Drucklegung des Buches noch einige 1907-Anlagen in Betrieb, wie z. B. das Wärterstellwerk Piła Głowna Pl 2 (**Abb. 682**). Ein

THE PRAGMATISTS (POINT AND ROUTE SIGNALLING LEVERS)

Siemens & Halske 1907 (Germany – Poland)

Although the lever mechanism of 1901 had proven itself, but it required lever rows that were too long in large railway stations, so that a further development was obvious. Therefore, the 1907 design brought the decisive innovation of the combined route signalling lever and a further shortening of the lateral lever spacing from 100 mm to 75 mm so that the length of the 1907 lever mechanism was only just under 60 % of the 1901 design and at the same time reduced the setting and cancelling of a route by two lever movements. The route signalling lever mechanically locks the point levers during the first 45 degree of rotation, locks itself and activates the current for the signal's route position during the second part of the rotation up to 90 degree, after the coupling current has checked the end position of all points. Characteristic of the 1907 design are the round colour disc indicators and brass levers as in the shunting signal box 8 of Ulm Rbf (1912–2013, **Fig. 676**). The 1907 design was used in numerous strategically important railway stations such as Leipzig Hbf, as evidenced by the well-preserved master interlockings B1 and B2 (1915–2003, **Fig. 677**, **678** and **679**). **Fig. 680** and **681** show the W7 with the electrical circuits on the back. At the time the book went to press, some 1907 installations were still in operation in Poland, such as the Piła Głowna Pl 2 dependent interlocking

678

679

680

681

682

683

Meisterwerk von besonderer Eleganz ist das entsprechende Befehlsstellwerk Piła Głowna Pl A (**Abb. 683**) mit 144 Stellplätzen. Ebenfalls 144 Stellplätze wies das Wärterstellwerk Iwz von Amsterdam Centraal auf, welches bis 1972 in Betrieb war.

(**Fig. 682**). A masterpiece of particular elegance is the corresponding master interlocking Piła Głowna Pl A (**Fig. 683**) with 144 positions. The dependent interlocking Iwz at Amsterdam Centraal, which was in operation until 1972, also had 144 positions.

684

685

Siemens & Halske/VES 1912 – das populärste elektro-mechanische Stellwerk Europas

Mit der Bauform 1912 erfolgte definitiv die Krönung einer der erfolgreichsten Stellwerkbauarten des europäischen Kontinents. Mit seiner kompakten Bauweise dank dem verkleinerten Verschlussregister, relativ einfacher Bedienung, der variablen Ergänzung mit kundenrelevanten Zusatzfunktionen (Lichtsignale, Gleisstromkreise, Gleismeldetafel, verschiedene Streckenblockarten, Verschluss der Rangierfahrten usw.) und einem grossen Heimmarkt als günstige Ausgangslage wurde es auch zum Exportschlager. Bis 1940 ist die Rekordzahl von rund 3000 Hebelwerken mit rund 125 000 Hebelplätzen für das In- und Ausland produziert worden. Noch 1962 waren bei der DB 1040 und 1985 noch 387 Anlagen in Betrieb. Stellvertretend und typisch für alle seine Kolleginnen und Kollegen steht das Befehlsstellwerk 3 von Freiburg im Breisgau (1931–1998, ***Abb. 684*** *und* ***685****) mit den roten Fahrstrassensignalhebeln, den grünen Freigabe- und Zustimmungshebeln, den rotblauen Gleissperrsignalhebeln, den blauen Weichenhebeln und der Farbscheibenüberwachung von Weichen und Signalen, aber ohne Gleismeldetafel. Die Fahrstrassen werden integral aufgelöst durch Rücknahme des Fahrstrassensignalschalters in die Grundstellung. Jede eingestellte Fahrstrasse wird permanent elektrisch überwacht, sobald eine Unregelmässigkeit detektiert wird, z. B. eine aufgeschnittene Weiche oder eine defekte Gleisisolierung, fällt das entsprechende Signal automatisch in Haltestellung, ein signifikanter Sicherheitsgewinn. Die grössten standardisierten Hebelbänke wiesen bis zu 144 Hebelplätze auf, z. B. Halle (Saale) Hbf Hp5 Westbank, zusammen mit der Ostbank (96 Plätze) 240 Hebelplätze, einer der grössten Anlagen von DB/DR (1930–2017). Die wohl längste Hebelbank war in Hohenbudberg (1918–1996) bei Duisburg mit 208 Hebelplätzen in Betrieb.*

Siemens & Halske/VES 1912 – the most popular electro-mechanical signal box in Europe

The 1912 design was definitely the crowning glory of one of the most successful interlocking designs on the European continent. With its compact design thanks to the reduced locking register, relatively simple operation, the variable addition of customer-relevant additional functions (light signals, track circuits, track panel, various types of track block, locking of shunting movements, etc.), and a large domestic market as a favourable starting point, it also became an export hit. By 1940, a record number of around 3000 lever mechanisms with around 125 000 lever positions had been produced for Germany and abroad. As late as 1962, 1040 were still in operation at DB and 387 in 1985. Representative and typical of all its colleagues is master interlocking 3 from Freiburg (Breisgau) (1931–1998, ***Fig. 684*** *and* ***685****) with the red route signal levers, the green release and consent levers, the red-blue shunting signal levers, the blue point levers and the colour disc monitoring of points and signals, but without a track panel. The routes are released as a whole by returning the route signal switch to the home position. Each set route is permanently monitored electrically; as soon as an irregularity is detected, e.g. a cut point or defective point isolation, the corresponding signal automatically drops to the stop position, a significant safety gain. The largest standardised lever rows had up to 144 lever places, e.g. Halle (Saale) Hbf Hp5 Westbank, together with the Ostbank (96 places) 240 lever places, one of the largest installations of DB/DR (1930–2017). Probably the longest lever row was in operation in Hohenbudberg (1918–1996) near Duisburg with 208 lever places.*

Deutschland – Polen

Die Stellwerke S&H/VES 1912 stammen aus dem Zeitraum bzw. Gebiet der ehemaligen DRG. Ihre Bandbreite war sehr gross und reichte vom einfachen Rangierstellwerk in Mühldorf Ma (1940–2000, **Abb. 686**) bis zum Nürnberger Rbf-Befehlsstellwerk 2 mit drei hufeisenförmig angeordneten Hebelreihen (1946–1989, **Abb. 687**). In Bayern wurden die Fahrdienstleiterapparate (Fahrstrassensignal- und Freigabehebel) und die Weichenstellerapparate (Weichen- und Gleissperrsignale) in großen Hauptstellwerken zur besseren Verständigung gegenübergestellt, wie im Reiter- und Befehlsstellwerk 3 von Memmingen (1932–2000, **Abb. 688**, **689** und **690**), natürlich mit durchgehend verbundenen Schubstangen. Die Stellwerke 1,2,3,4 und 6 in München Hbf (1929–1964) und Lf in Lindau Hbf (1924–2020) hatten eine ähnliche Anordnung. Zu den S&H-Stellwerken im bayerischen Bereich der DRG gehörten auch die Ruhestellung der Ausfahrsignale für den Rangierbetrieb sowie die mechanische Belegteinrichtung bei fehlenden Gleisstromkreisen. So wurde 1931 der deutsch-österreichische Grenzbahnhof Kufstein mit einer VES-Anlage mit zwei direkt benachbarten, durch Schubstangen verbundenen Freigabewerken und mit einer mechanischen Belegungseinrichtung ausgestattet. Die Berliner Stadt- und Ringbahn wurde ab Ende der 1920er-Jahre bis 1940 mit Gleisfreimeldeanlagen, Selbstblock, Lichtsignalen und Gleistafeln ausgerüstet. So auch das Befehlsstellwerk 1 des Berliner Ostbahnhofs (1987–1998 Hauptbahnhof) (bis 1998, **Abb. 691** von 1990). Die Anlagen von S&H 1912 (vor 1928) waren und sind auch ein wichtiges Hilfsmittel in Knotenbahnhöfen im heutigen Polen, z. B. in Piła Głowna Pl1 (**Abb. 692**) und in Zbąszynek Zk1 (**Abb. 693**), von denen viele von der PKP mit Gleisstromkreisen in den Hauptgleisen, Lichtsignalen und Gleistafeln nachgerüstet und umgebaut wurden.

Aus dem 1912-Stellwerk leiteten die VES Anfang der Vierzigerjahre die Einheitsform E43 (quasi analog dem mechanischen Einheitsstellwerk) mit Farbscheiben- oder neu Lampenüberwachung ab, deren Stromkreise und Blockschaltungen nach 1945 bei der Deutschen Bundesbahn zur Regelschaltung 43/50 vereinheitlicht wurden. Ein Apparat mittlerer Grösse wurde 1952(–2006) in Freudenstadt Hbf Ff (**Abb. 694**) in Betrieb genommen.

Als Variante konnte die Signalstellung neben der 90 Grad-Drehung des Fahrstrassensignalschalters auch durch Drehung auf 45 Grad und anschliessendem Drücken einer Signaltaste erwirkt werden. Das E43 diente nach dem Krieg 1945 vielfach als zweckmässiger und rasch verfügbarer Ersatz zerstörter Anlagen und leistete unermüdliche Dienste in Knotenbahnhö-

Germany – Poland

The S&H/VES 1912 signal boxes originate from the period or area covered by the former DRG. Their range was very broad and extended from the simple shunting interlocking in Mühldorf Ma (1940–2000, **Fig. 686**) to the Nürnberg Rbf master interlocking 2 with three lever rows arranged in the shape of a hoof iron (1946–1989, **Fig. 687**). In Bavaria, the signalman's apparatus (route signalling and command levers) and the pointman's apparatus (point and shunting signal lever) were set up opposite each other in large master interlockings for better communication, as in the bridge and master interlocking 3 of Memmingen (1932–2000, **Fig. 688**, **689** and **690**), of course with continuously connected route locking bars. Signal boxes 1,2,3,4 and 6 at Munich main station (1929–1964) and Lf at Lindau main station (1924–2020) had a similar arrangement. The S&H apparatus in the Bavarian area of the DRG included the mechanical rest position of the starter signals for shunting operations as well as the mechanical occupancy device in the absence of track circuits. Accordingly, in 1931 the German-Austrian border station at Kufstein was equipped with a VES system with two directly neighbouring master interlockings connected by locking bars and with a mechanical occupancy device. The Berlin city and ring railway was equipped with track vacancy detection systems, self-blocks, light signals and track panels from the end of the 1920s until 1940. Therefore, the master interlocking 1 of Berlin Ostbahnhof (1987–1998 central station) was equipped accordingly (until 1998, **Fig. 691** from 1990). The S&H 1912 systems were and are also an important support in junction stations in today's Poland, e. g. in Piła Głowna Pl1 (**Fig. 692**) and in Zbąszynek Zk1 (**Fig. 693**), many of which were retrofitted and rebuilt by the PKP with track circuits in the main tracks, light signals and track panels.

At the beginning of the 1940s, the VES derived the E43 standard form (quasi similar to the mechanical standard interlocking) with colour disc or new lamp monitoring from the 1912 interlocking, the circuits of which were standardised after 1945 to form the 43/50 control circuit. An apparatus of medium size was put into operation in Freudenstadt Hbf Ff (**Fig. 694**) in 1952(–2006).

As an option, the signal position could also be achieved by turning the route signal switch to 45 degree and then pressing a signal button, in addition to turning it to 90 degree. After the war in 1945, the E43 often served as an expedient and quickly available replacement for destroyed installations and provided tireless service in junction stations, often

686

687

688

689

690

691

692

693

694

695

696

697

698

699

700

701

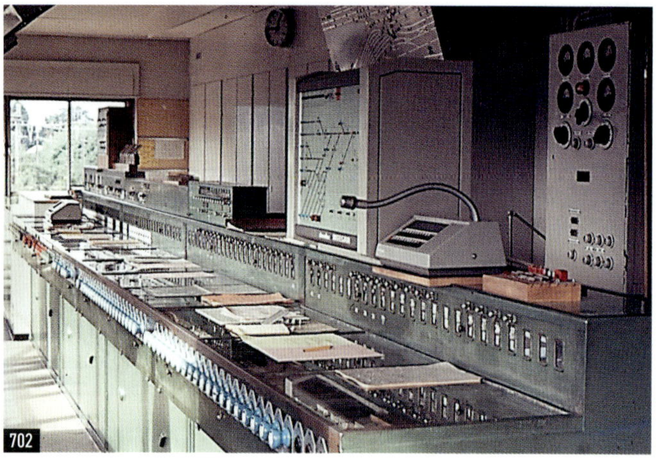

702

fen, oft an der Grenze der Belastbarkeit wie in den Befehlsstellwerken 3 + 4 in Nürnberg Hbf von 1945–1988 (**Abb. 695** und **696**). Etliche Anlagen wurden noch in den Fünfziger- und Sechzigerjahren gebaut, so 1958 die beiden Stellwerke von Singen (Hohentwiel), welche zurzeit der Drucklegung dieses Buches munter ihren Dienst versahen. Eine vergleichbare Variante des E43 mit Lampenüberwachung wurde auch in Polen gebaut, wie die aktive Anlage (**Abb. 697**) von 1957 in Wroclaw Gadow Wg zeigt.

Während der Periode der DR in der DDR (1946–1989) entstand ebenfalls eine modernisierte Form des VES 1912, welche das Signal- und Fernmeldewerk der DR zur notwendigen Ablösung veralteter mechanischer Stellwerke ab 1978 mit der Bezeichnung E12/78 (Lampenüberwachung) produzierte (u. a. wurden vom DDR-Hersteller WSSB zu wenig Gleisbildstellwerke geliefert). In Berlin Hoppegarten war eine Anlage bis 2021 in Betrieb (**Abb. 698**, links S-Bahn und rechts Fernbahn). Die Signalstellung erfolgte nach Drehung des Fahrstrassensignalschalters auf nur 45 Grad automatisch (mit GS II-Relaissatz). Noch 1983 wurde das Befehlsstellwerk 2 von Neustrelitz Hbf mit einem E12/78 und 88 Hebelplätzen versehen (bis 2004, **Abb. 699**), im Verbund mit einem älteren S&H 1912-Wärterstellwerk war dies keine zeitgemässe Lösung mehr.

Schweiz

Trotz der anfänglichen Konkurrenz durch AEG und O&K setzte sich S&H mit dem 1912-Stellwerk in der Schweiz durch. 1923(–1998) konnte die erste Anlage für den Personenbahnhof Biel/Bienne (Befehlswerk und zwei Wärterstellwerke) geliefert werden, 1924(–1995) die zweite nach Bellinzona (Befehlswerk und vier Wärterstellwerke). Bahnhöfe mit mehreren Stellwerken erhielten ein Befehlswerk, welches in der Regel im Bahnhofsgebäude untergebracht war, so auch in Biel (**Abb. 700**). Je Fahrrichtung und Strecke waren vier grüne Fahrstrassenwählhebel und ein roter Befehlshebel vorhanden. Wie bei der SBB Praxis, wurden die Anlagen im Verlaufe der Zeit modernisiert, im Fall von Biel PB 1969 mit Gleisstromkreisen, Lichtsignalen und einer Domino-Gleistafel zur Fernsteuerung der Zulaufstrecken (Zugnummernmeldeanlage, automatischer Block und Gleiswechselbetrieb Biel – Twann oben rechts). Auch der Wirkungskreis kleinerer Stellwerke wie in Lugano an der Gotthardbahn (1933–1994, **Abb. 701**) wurde mit Relaisstellwerk-Funktionen erweitert (automatischer Block und Gleiswechselbetrieb). Ein klassisches Wärterstellwerk bildete Stellwerk 2 von Brugg (1934–2004, **Abb. 702**) mit den gelben Gleisen für Zugfahrstrassen mit Gleisfreimeldung auf der Gleistafel, welche ab 1936 auf Hauptstrecken die Regel wurde. Die beiden letzten Anlagen (und damit auch

at the limit of its capacity, such as the master interlockings 3 + 4 in Nuremberg Hbf from 1945–1988 (**Fig. 695** and **696**). Several installations were built in the 1950s and 1960s, such as the two signal boxes at Singen (Hohentwiel) in 1958, which were still in service at the time this book went to press. A comparable variant of the E43 with lamp monitoring was built in Poland, as **Fig. 697** of the active signal box Wroclaw Gadow Wg from 1957 shows.

During the period of the DR in the GDR (1946–1989), a modernised form of the VES 1912 was also created, which the DR signalling and telecommunications works produced from 1978 with the designation E12/78 (lamp monitoring) for the necessary replacement of obsolete mechanical signal boxes (among other things, fewer relay signal boxes were supplied by the GDR manufacturer WSSB). A system was in operation in Berlin Hoppegarten until 2021 (**Fig. 698**, S-Bahn on the left and mainline railway on the right). The signals were activated automatically by turning the route signal switch only to 45 degree (with GS II relay set). As late as 1983, the master interlocking 2 at Neustrelitz Hbf was still equipped with a new E12/78 and 88 lever positions (until 2004, **Fig. 699**); in combination with a S&H 1912-dependent interlocking, this was no longer a modern solution.

Switzerland

Despite the initial competition from AEG and O&K, S&H prevailed in Switzerland with the 1912 signal box. In 1923(–1998), the first system was delivered for the Biel/Bienne passenger station (master and two dependent boxes), and in 1924(–1995) the second for Bellinzona (master and four dependent boxes). Stations with several signal boxes received a master apparatus, which was usually housed in the station building, as was the case in Biel/Bienne (**Fig. 700**). There were four green route selector levers and one red command lever for each direction and line. As is standard practice at SBB, the systems were modernised over the course of time, and in the case of Biel PB were supplemented in 1969 with track circuits, light signals and a domino track panel for remote control of the feeder lines (electronic train describer system, automatic block and two-way operation Biel – Twann top right). The scope of action of smaller signal boxes, such as in Lugano on the Gotthard railway (1933–1994, **Fig. 701**), was also extended with relay signal box functions (automatic block and two-way operation). A classic dependent interlocking was Brugg signal box 2 (1934–2004, **Fig. 702**) with the yellow tracks for train routes with track circuits on the track panel, which became the rule on main lines from 1936. The last two die letzten neuen Stellwerke der SBB mit mechanischen Verschlüssen) wurden 1943 nach Liestal und 1944 nach Morges geliefert. Insgesamt gingen 69 Stellwerke an die SBB und acht Anlagen an Privatbahnen.

Österreich

1919 wurde im Stellwerk 4 des neuen Verschiebebahnhofs Linz West ein einzigartiges vertikales Zweireihenhebelwerk gebaut, mit Weichenhebel in der oberen Reihe und Fahrstrassensignalhebel in der unteren Reihe (**Abb. 703** und **704**). Die spezielle Bauform wurde gewählt, um einen zu langen Stelltisch und eine Verdoppelung der Gebäudelänge zu vermeiden. Die OES (Österreichische Eisenbahn-Signalwerk GmbH) verfeinerte ab 1945 das VES-1912-Stellwerk zur Bauform K47 mit Lampenüberwachung und Gleistafel, wie das Wärterstellwerk 1 von Attnang-Puchheim 1985 (**Abb. 705**) zeigt. Das entsprechende Befehlswerk ist ebenfalls ein VES-1912-Apparat, allerdings mit Kippschalter analog dem 42733 ausgerüstet (**Abb. 706**). Ein originales K47-Befehlswerk stand 1984 noch in Wörgl (1956–1993, **Abb. 707**) in Betrieb, ebenfalls mit grünen Fahrtenwählern pro Richtung und einem roten Befehlshebel (analog Biel PB der SBB). Damit war aber die Entwicklung des VES 1912 noch nicht abgeschlossen: Es erreichte mit der Weiterentwicklung durch die Südbahnwerke 1955 zum EM 55 ein veritables Revival. Das EM 55 wurde vor allem als Mittelstellwerk in kleineren und mittleren Bahnhöfen installiert und erhielt eine standardmässig aufgesetzte Gleistafel in Mosaikbauweise zur Gleisanzeige für eingestellte Fahrstrassen (weisse Streifen) und für besetzte Abschnitte (rote Streifen). Das Gleisbild wurde mit den quadratischen Feldern der deutschen Firma Lorenz ausgestattet, welche in Österreich wie die Südbahnwerke durch ITT Austria übernommen wurden. Im Regelfall werden die Fahrstrassen zugbewirkt aufgelöst, der Fahrstrassensignalschalter kann wieder in die Grundstellung zurückgedreht werden. Verschubsignale, Weichensteuerung, Schranken und Streckenblock können in die Gleistafel integriert werden. Beispiele von grösseren Anlagen sind Stellwerk 2 von Innsbruck West (**Abb. 708** von 1987) und Stellwerk 2 von Wels (1960–1992, **Abb. 709**). Der letzte Neubau eines EM 55 erfolgte 1974 im Befehlsstellwerk 2 von Wien-Brigittenau. Das EM 55 stellte den Abschluss der Entwicklung des 1912-Stellwerks dar, der nächste Schritt zu Relaisstellwerken war nun unvermeidlich.

Ungarn – Bulgarien

In Ungarn fanden elektro-mechanische Stellwerke nach 1918 vereinzelt Verbreitung auf Knotenbahnhöfen. Die Telefonfabrik (Telefongyár) fertigte elektro-mechanische Anlagen in Lizenz der Firma VES (Vereinigte Eisenbahn Signalwerke). Die Donau-Sza-

new signal boxes (and, thus, the last SBB signal boxes with a mechanical lock) were delivered to Liestal in 1943 and Morges in 1944. A total of 69 apparatuses went to the SBB and eight to private railways.

Austria

In 1919, a unique vertical two-row lever system was built in signal box 4 of the new Linz West marshalling yard, with points levers in the upper row and route signal levers in the lower row (**Fig. 703** and **704**). The special design was chosen to avoid an excessively long setting table and doubling the length of the building. From 1945, OES (Österreichische Eisenbahn-Signalwerk GmbH) refined the VES-1912 interlocking to the K47 design with lamp monitoring and track panel, as shown by dependent interlocking 1 from Attnang-Puchheim in 1985 (**Fig. 705**). The corresponding master signal box is also a VES-1912 apparatus, but equipped with a toggle switch similar to the 42733 (**Fig. 706**). In 1984, an original K47 master unit was still in operation in Wörgl (**Fig. 707**), also with green selectors per direction and a red command lever (similar to SBB's Biel PB). However, the development of the VES 1912 did not end there: it achieved a veritable revival with the further development by the Südbahnwerke in 1955 into the EM 55. The EM 55 was mainly installed as a centre interlocking in smaller and medium-sized stations and was fitted with a standard mosaic track panel to indicate routes that were set (white stripes) and sections that were occupied (red stripes). The track diagram was equipped with the square mosaic from the German company Lorenz, which was taken over by ITT Austria in Austria just like the Südbahnwerke. As a rule, the routes are cancelled by train, the route signal switch can be turned back to the basic position. Shunting signals, points control, barriers and line block can be integrated into the track panel. Examples of larger installations are Innsbruck West signal box 2 (**Fig. 708** from 1987) and Wels signal box 2 (1960–1992, **Fig. 709**). The last new EM 55 was built in 1974 in the Vienna-Brigittenau master interlocking 2. The EM 55 marked the end of the development of the 1912 signal box, and the next step towards relay signal boxes was now inevitable.

Hungary – Bulgaria

In Hungary electro-mechanical signal boxes were used at certain junction stations after 1918. The telephone factory (Telefongyár) manufactured electro-mechanical systems under licence from the company VES (Vereinigte Eisenbahn Signalwerke). The Danube-Sza-

703

704

705

706

707

709

708

710

711

712

713

714

715

716

va-Adria-Eisenbahn installierte die erste zentrale VES-Anlage am Bahnhof von Balatonszemes. Danach folgten größere Bahnhöfe: Székesfehérvár Wärterstellwerk III (1931–2016, **Abb. 710**), Miskolc, Hatvan, Budapest-Ferencváros, Komárom und Köbánya-felsö. Das VES 1912 repräsentierte auch in Bulgarien die elektro-mechanische Epoche, wie das Mittelstellwerk in **Abb. 711** von 2021 in Beloslav (Белослав) zeigt.

Portugal – Luxemburg – Niederlande

S&H exportierte 1932 zwei VES 1912-Stellwerke nach Porto São Bento (bis 2009) und nach Porto Campanhă-Sul (Süd) in Portugal, wie **Abb. 712** von 1999 zeigt (kurz nach der Ausserbetriebnahme). 1912–1914 konnte S&H auch in Belgien Anlagen in Namur, Alost, Willebroek und Marchienne-au-Pont erstellen, bevor ACEC eine Eigenmarke entwickelte. Die CFL rüstete einige Knotenbahnhöfe ebenfalls mit VES 1912-Apparaten aus wie in Pétange (bis 2000, **Abb. 713**). In den Niederlanden hingegen setzte das VES 1912-Stellwerk seinen Siegeszug fort. Es stellte in vielen Knotenbahnhöfen das Rückgrat als Übergangstechnologie vom mechanischen Stellwerk zum Relaisstellwerk dar. Hilfreich dabei war vermutlich der Umstand, dass S&H bereits beim mechanischen Stellwerk Hoflieferant war. Zu den grossen einreihig gebauten Anlagen gehörten bis 1972 das Befehlsstellwerk AT und das Wärterstellwerk Ioz von Amsterdam Centraal mit 144 Stellplätzen. **Abb. 714** von 1985 zeigt einen Ausschnitt aus der im Befehlsstellwerk T vom Rangierbahnhof Rotterdam Noord Goederen (1935–1988) installierten Anlage mit Gleistafel und 80 Stellplätzen. Das letzte VES 1912 (96 Stellplätze) im ehemaligen Postbahnhof von Utrecht GE (Post H) war bis 2006 in Betrieb (**Abb. 715**).

Frankreich

In der Zeit bis 1914, als die Region Alsace-Lorraine zum Deutschen Reich gehörte, wurden einige Knotenbahnhöfe mit EMS von S&H ausgerüstet (Hersteller Bruchsal, mit deutschem Verschlussregister und freier Weichenstellung), so Thionville und Metz-Central mit der Bauart 1901. Vor 1914 kam bereits auch die Bauart 1912 in Thionville, Metz-Sablon und St. Louis (Grenzbahnhof nach Basel) zum Einsatz, allerdings zuerst mit elektro-pneumatischen Antrieben, welche jedoch zwischen 1931–1936 durch elektrische Antriebe ersetzt wurden. Das Stellwerk 3 von St-Louis (1913–1995, **Abb. 716**) erhielt noch einen Modernisierungsschub mit einer klassischen SNCF-Gleistafel (Tableau de contrôle optique TCO) und Gleisfreimeldeanlagen, bemerkenswert sind auch die von der Bauart 1907 her bekannten Messingschalter, welche in der Anfangszeit auch bei den 1912-Stellwerken verwendet wurden.

va-Adriatic Railway installed the first central VES system at Balatonszemes station. This was followed by larger railway stations: Székesfehérvár dependent interlocking III (1931–2016, **Fig. 710**), Miskolc, Hatvan, Budapest-Ferencváros, Komárom and Köbánya-felsö. The VES 1912 also represented the electro-mechanical era in Bulgaria, as the centre signal box in **Fig. 711** from 2021 in Beloslav (Белослав) shows.

Portugal – Luxembourg – Netherlands

In 1932, S&H exported two VES 1912 signal boxes to Porto São Bento (until 2009) and one to Porto Campanhă-Sul (South) in Portugal, as **Fig. 712** shows in Porto Campanhà-Sul in 1999 (shortly after decommissioning). In 1912–1914, S&H was also able to construct facilities in Belgium in Namur, Alost, Willebroek and Marchienne-au-Pont before ACEC developed its own brand. The CFL also equipped some junction stations with VES 1912 apparatus, as in Pétange (until 2000, **Fig. 713**). In the Netherlands, on the other hand, the VES 1912 interlocking continued its triumphant advance. In many junction stations, it formed the backbone as a transition technology from the mechanical interlocking to the relay interlocking. This was probably supported by the fact that S&H was already by large the main supplier for mechanical signal boxes. A large single-row installation included the AT master interlocking and the Ioz dependent interlocking at Amsterdam Centraal with 144 spaces until 1972. **Fig. 714** shows a detail of the system installed in master interlocking T of the Rotterdam Noord Goederen marshalling yard (1935–1988) with a track panel and 80 spaces. The last VES 1912 (96 spaces) in the former postal station of Utrecht GE (Post H) was in operation until 2006 (**Fig. 715**).

France

In the period until 1914, when the Alsace-Lorraine region belonged to the German Reich, some junction stations were equipped with EMS from S&H (Manufacturer Bruchsal, with German locking registers and free point setting), such as Thionville and Metz-Central with the 1901 type. Before 1914, the 1912 type was also used in Thionville, Metz-Sablon and St. Louis (border station to Basel), but initially with electro-pneumatic drives, which were replaced by electric drives between 1931–1936. Signal box 3 at St-Louis (1913–1995, **Fig. 716**) received a modernisation boost with a classic SNCF track panel (Tableau de contrôle optique: TCO) and track circuits; the brass rotary switches known from the 1907 design are also noteworthy.

Schweden – Dänemark
Ab 1910 konnte S&H erste Anlagen der Bauart 1907 nach Schweden liefern. Nach Kriegsende 1918 (u.a. durch kriegsbedingtem Lieferunterbruch und Rohstoffmangel) begann Ericsson mit dem Nachbau des S&H 1912-Stellwerks bis 1940, wo es durch das ab 1926 entwickelte elektrische Stellwerk abgelöst wurde. Von den el-med-mek-Stellwerken mit britisch-amerikanischem Verschlussregister (inkl. signalmässigen Rangierfahrstrassen) wurden rund 70 Apparate produziert und auch einige Anlagen nach Dänemark geliefert. In Dänemark verwendete die DSB das ausgereifte Ericsson-Stellwerk ab 1946 im Eigenbau weiter, um v.a. den Wiederaufbau nach den Kriegsschäden zu beschleunigen.

Sweden – Denmark
From 1910, S&H was able to deliver the first 1907 type systems to Sweden. After the end of the war in 1918 (partly due to an interruption in deliveries caused by the war and a shortage of raw materials), Ericsson began to reproduce the S&H 1912 interlocking until 1940, when it was replaced by the electric interlocking developed from 1926 onwards. Around 70 el-med-mek signal boxes with British-American locking registers (including signalling shunting routes) were produced. Additionally, a few were delivered to Denmark. In Denmark, the DSB continued to use the sophisticated Ericsson interlocking from 1946 onwards, mainly to speed up reconstruction after war damage.

VES – Mehrreihenstellwerke (Deutschland – Polen – Schweiz)

Das dichte Bahnnetz mit zahlreichen Knotenbahnhöfen im Ruhrgebiet veranlasste die Reichsbahndirektion Essen für die immer länger werdenden Stelltische des 1912-Stellwerks eine kompaktere und übersichtlichere Bauform zu finden. Zusammen mit S&H wurde in einem ersten Schritt das Dreireihenpultstellwerk 1930 entwickelt und im Bahnhof Duisburg-Hochfeld Süd installiert. Das breite hintenliegende Verschlussregister behinderte allerdings die (damals aufgrund teilweise fehlender Gleisfreimeldeanlagen notwendige) Sicht auf das Gleisfeld, so dass 1932 das verbesserte Vierreihenpultstellwerk mit auf Fussbodenhöhe und ins Untergeschoss abgesenktem mechanischen Verschlussregister entstand. Zusammen mit der schrittweisen Ausstattung und Integration mit Weichenhebelsperren, Gleisfreimeldeanlagen und Relais-Streckenblock wurde eine bisher in grossen Bahnhöfen nicht gekannte Leistungsfähigkeit und Betriebssicherheit erreicht. Das erste Vierreihenstellwerk war von 1933–2006 in Dortmund Rbf (Drw) in Betrieb. Das Befehlsstellwerk 2 von Nürnberg-Dutzendteich (1937–1992, **Abb. 717**) präsentierte sich 1985 noch praktisch im Originalzustand. Das Bfstw Np von Neumünster (1942–1994, **Abb. 718**) zeigt dagegen 1989 einen fortgeschrittenen Ausbaustand, u.a. mit Gleisstromkreisen für die Bahnsteiggleise. Ein stark belastetes Befehlsstellwerk bei der DR war Magdeburg Hbf Msf (1934–2003, **Abb. 719** und **720**). Im ehemaligen Einzugsgebiet der DRG im heutigen Polen wurden etliche Knotenbahnhöfe mit Vierreihen-VES ausgerüstet, so das aktive Befehlsstellwerk Geniezno GnB (**Abb. 721**). In einigen Fällen boten auch das seltene zweireihige Stellwerk wie im bayerischen Mühldorf Mm (1943–2000, **Abb. 722**) und im polnischen Gniezno GnC (**Abb. 723**) eine zweckmässige Lösung. In

VES – Multiple-row interlockings (Germany – Poland – Switzerland)

The dense railway network with numerous junction stations in the Ruhr region prompted the Reichsbahndirektion Essen to find a more compact and clearer design for the ever-lengthening control desks of the 1912 interlocking. Together with S&H, the three-row console signal box was developed as a first step in 1930 and installed at Duisburg-Hochfeld Süd station. But the wide locking register at the rear obstructed the view of the track field (which was necessary at the time due to the lack of track circuits systems), so that in 1932 the improved four-row console interlocking with a mechanical locking register lowered to floor level and into the basement was created. Together with the gradual equipment and integration of point lever locks, track circuits and relay line blocks, a level of performance and operational safety was achieved that was previously unknown in large railway stations. The first four-row signal box was in operation in Dortmund Rbf (Drw) from 1933–2006. The master interlocking 2 at Nuremberg-Dutzendteich (1937–1992, **Fig. 717**) was practically in its original condition in 1985. In contrast, Neumünster's master signal box Np (1942–1994, **Fig. 718**) showed an advanced state of expansion in 1989, including track circuits for the platform tracks. A heavily used master interlocking at the DR was Magdeburg Hbf Msf (1934–2003, **Fig. 719** and **720**). In the former area covered by the DRG in what is now Poland, a number of junction stations were equipped with four-row VES, such as the active Gniezno GnB master signal box (**Fig. 721**). In some cases, the rare two-row signal box, such as in Mühldorf Mm (1943–2000, **Fig. 722**) and in the Polish Gniezno GnC (**Fig. 723**), offered an expedient solution. In Berlin-Grünau, two two-row

717

718

719

720

721

722

723

724

725

726

727

728

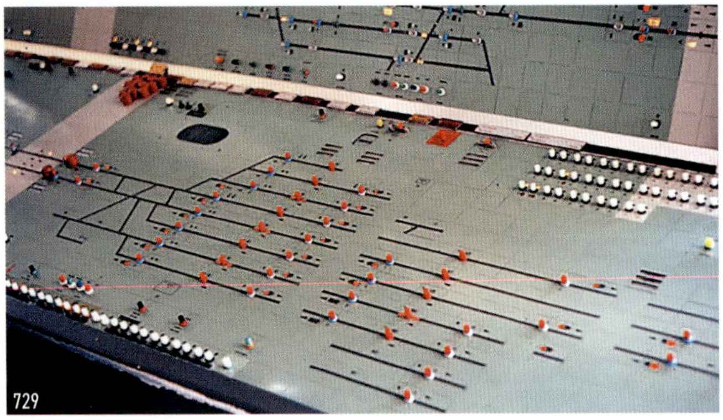
729

730

Berlin-Grünau waren von 1944–2005 zwei zweireihige Stellwerke (Fernbahn und S-Bahn) mit den für den Berliner Raum üblichen Gleismeldetafeln in Betrieb (**Abb. 724** und **725**).

Das VES-Vierreihenstellwerk wurde in geringeren Stückzahlen auch exportiert, so nach Dänemark (Østerport, Slagelse), Finnland, Norwegen, Portugal (Pinhal Novo, Rossio, Campolide) und in die Niederlande, dort als 5-Reihenstellwerk nach Amsterdam-Watergraafsmeer Rbf (**Abb. 726** von 1985) und als 7-Reihenstellwerk nach Maastricht. In die Schweiz wurden

signal boxes (mainline and S-Bahn) with the usual track signalling panels for the Berlin area were in operation from 1944–2005 (**Fig. 724** and **725**).

The VES four-row interlocking was also exported in smaller numbers, e. g. to Denmark (Østerport, Slagelse), Finland, Norway, Portugal (Pinhal Novo, Rossio, Campolide) and the Netherlands, where it was supplied as a five-row interlocking to Amsterdam-Watergraafsmeer Rbf (**Fig. 726** from 1985) and as a seven-row interlocking to Maastricht. A total of five installations were delivered to Switzerland:

731

732

733

insgesamt fünf Anlagen geliefert: 1936 der grösste Apparat für den Zürcher Hauptbahnhof mit 224 Hebel (7x32), 1941 für die Bahnhöfe Bern und Neuchâtel (**Abb. 727**, **728** vom Poste 1, mit späterem Domino-Tastenbefehlspult, **Abb. 729**), beide Anlagen wurden mit Gleisstromkreisen bestückt, und schliesslich 1944 für den Elsässerbahnhofsteil in Basel PB West (bis 2001, **Abb. 730**). Auf der später ergänzten Gleistafel in Basel wurden die Rangiersignale sowie das hellgraue Gleis für die signalabhängige Spannungsumschaltung SNCF (25 000V) – SBB (15 000V) bedient.

in 1936 a large apparatus for Zurich central station with 224 levers (7x32), in 1941 for Bern and Neuchâtel railway stations (**Fig. 727**, **728** from dependent box 1, with later Domino pushbutton master panel **Fig. 729**), both installations were equipped with track circuits, and finally in 1944 for the Alsace railway station section in Basel PB West (until 2001, **Fig. 730**). The shunting signals and the light grey track for the SNCF (25 000V) – SBB (15 000V) signal-dependent voltage changeover were operated on the track panel in Basel, which was added later.

Das grösste VES-Vierreihenstellwerk im grössten Kopfbahnhof Europas

Der 1915 fertiggestellte Leipziger Hauptbahnhof war flächenmässig und mit insgesamt 31 Bahnsteiggleisen (davon 26 in den Hallen) einer der grössten Kopfbahnhöfe Europas. Die Besonderheit als Gemeinschaftsbahnhof der Preussischen und der Sächsischen Staatseisenbahnen erforderte die Koordination der Stellwerkanlagen für die westlichen und östlichen Bahnhofshälften. Die sächsische Seite auf der Westseite rüstete 1915 zwei Befehlsstellwerke mit den da-

The largest VES four-row interlocking in Europe's largest terminus station

Leipzig central station, completed in 1915, was one of the largest terminus stations in Europe in terms of area and with a total of 31 platform tracks (26 of which were in the halls). The special feature of being a joint station of the Prussian and Saxon state railways meant that the interlocking systems for the western and eastern halves of the station were equipped separately. The special feature of being a joint station of the Prussian and Saxon state railways required the

734

735

*mals modernen elektro-mechanischen S&H 1907-Apparaten aus, während die preussische Ostseite ein grosses Reiterstellwerk ebenfalls mit der Bauart S&H 1907 einrichtete. 1940 schliesslich stattete die nunmehr zuständige Direktion Halle der DRG das (ehemals preussische) neue Befehlsstellwerk 3 (**Abb. 731**) mit einem zeitgemässen VES-Vierreihenstellwerk aus. Mit 128 Stellplätzen des Befehlsapparates (**Abb. 732**) und 320 Stellplätzen für die zwei Wärterstelltische Ost (**Abb. 733**) und West (**Abb. 734**) war es wohl die grösste Anlage dieser Art. In **Abb. 735** ist das geöffnete und abgesenkte mechanische Verschlussregister ersichtlich. 2004 wurde die Anlage durch ein ESTW abgelöst.*

*coordination of the signal boxes for the western and eastern parts of the station. In 1915, the Saxon branch on the west side equipped two master interlockings with the then modern electro-mechanical S&H 1907 apparatus, while the Prussian east side installed a large bridge master signal box, also of the S&H 1907 type. Finally, in 1940, the DRG's Halle Directorate, which was now responsible, equipped the (formerly Prussian) new master interlocking 3 (**Fig. 731**) with a contemporary VES four-row interlocking. With 128 switches for the command apparatus (**Fig. 732**) and 320 switches for the both east (**Fig. 733**) and west (**Fig. 734**) signal boxes, it was probably the largest of its kind. **Fig. 735** shows the opened and lowered mechanical locking register. The system was replaced by an ESTW in 2004.*

AEG (Norwegen)

Im Jahre 1926 erhielt AEG den Auftrag, den Hauptbahnhof (Kopfbahnhof) von Oslo mit einer neuen Anlage auszurüsten. Eine besondere Herausforderung dabei war, anstelle des deutschen Verschlusssystems (nur) für Zugfahrstrassen solche nach dem britisch-amerikanischen System auch für Rangierfahrten vorzusehen. Für den Verschlussplan hatte dies eine völlige Umgestaltung zur Folge: Statt die Abhängigkeiten von Weichen und Signalen über Fahrstrassenschieber herzustellen, mussten selektive Wahl-Abhängigkeiten unter allen für eine Fahrstrasse notwendigen Weichen realisiert werden, mit dem Ergebnis, dass damit neben 74 Weichenhebeln nur 48 Fahrstrassensignalhebel (statt 135 mit dem herkömmlichen Verschlussregister) notwendig wurden. Der Betriebsablauf konnte weiter – dank den beim amerikanischen System eingeführten Teilfahrstrassen mit Gleisstromkreisen und Rangiersignalen – durch frühzeitige abschnittsweise Auflösung der Gesamtfahrstrassen gesteigert werden,

AEG (Norway)

In 1926, AEG was commissioned to equip Oslo's central station (terminus station) with a new system. A particular challenge was to replace the German interlocking system (only) for train routes with one based on the British-American system also for locked shunting movements. This resulted in a complete redesign of the locking plan: instead of establishing the dependencies of points and signals via route levers, selective dependencies had to be realised among all the points required for a route, with the result that beside the 74 point levers only 49 route levers (instead of 135 with the conventional locking register) were required. Thanks to the partial routes with track circuits and shunting signals introduced in the American system, it was possible to further improve the operational flow by releasing the complete routes in sections at an early stage, an operational achievement that, with the exception of France, was not achieved in Central Europe until the eine betriebliche Leistung, welche in Mitteleuropa mit Ausnahme Frankreichs erst ab den Fünfzigerjahren mit dem Gleisbildstellwerk erreicht wurde. Nach dem Osloer Hauptbahnhof 1929 konnte AEG in der Folge bis 1932 (Bahnhof Drammen) weitere rund 12 Anlagen mit Weichen- und Fahrstrassensignalhebeln erstellen. Als Folge des Zusammenschlusses der AEG insbesondere mit S&H zu den VES im Jahr 1928 wurde das günstigere VES 1912-Stellwerk mit Wahlverschlüssen nach amerikanischem Muster umgestaltet und für die Ausrüstung weiterer Bahnhöfe angewendet.

England - Nordamerika

Auch in England entstanden bereits ab 1898 mit dem <all-electric Crewe-System>, 1905 (Didcot) und 1909/13 (Birmingham Snow Hill) mit Siemens, 1909 (Yarnton and Slough) mit McKenzie, Holland & Westinghouse und 1911/12 (Immingham Docks) mit British Pneumatic Railway Signal Co (System GRS-Taylor USA) elektro-mechanische Pionieranlagen mit Weichen- und Fahrstrassensignalhebeln und dem englisch-amerikanischen Verschlusssystem (verschlossene Weichen). Die Westinghouse-Stellwerke gehörten in der Folge zu den verbreitetsten Bauarten. Die mit 311 Kipphebeln in einer Reihe grösste von 35 Anlagen des Typs K war auf der Southern Railway SR von 1928–1976 in London Bridge in Betrieb. Westinghouse wandte sich jedoch Ende der 1920er-Jahre auch dem vollständig elektrischen Verschlussregister zu. Die GRS (General Railway Signal Co) hingegen blieb dem Taylor-System (Verschlussregister System Stevens) mit den Pistolen-Hebel-Griffen (pistol grip-slides) treu und konnte noch 1938 in Bristol East und West Anlagen mit 368 und 328 Hebeln liefern. Die Konstruktion derart langgezogener Einreihenhebelwerke erreichte jedoch langsam aber sicher die Grenzen der Zweckmässigkeit.

In Nordamerika waren 1913 bereits bei 83 Bahngesellschaften in 35 Staaten und Kanada 440 Anlagen mit 21 370 Hebeln in Betrieb. Zwei Standardbauarten waren einerseits das Westinghouse-US&S-Model 14 mit Weichen- und Signalhebeln und hintenliegendem Verschlussregister (**Abb. 605**) und anderseits das GRS-Taylor-Modell 5 mit Weichen- und Pistolen-Hebel-Griffen mit vorneliegendem senkrechten Verschlussregister (**Abb. 606**), in den meisten Fällen mit elektro-pneumatischen Weichenantrieben. Das wohl grösste je gebaute einreihige elektro-mechanische Stellwerk wurde 1913 von der GRS für den Grand Central-Bahnhof von New York gebaut und umfasste 400 Pistolen-Griffe.

1950s with the push button relay interlocking. After the Oslo central station in 1929, AEG was able to build a further 12 or so systems by 1932 (Drammen station), now with point and route signal levers. As a result of the merging of AEG with S&H in particular to form VES in 1928, the more favourable VES 1912 interlocking was redesigned with American-style selector locks and used to equip further stations.

England – North America

In England, too, pioneering electro-mechanical systems with points and route signalling levers and the English-American interlocking system (locked points) were developed from 1898 with the 'all-electric Crewe system', in 1905 (Didcot) and 1909/13 (Birmingham Snow Hill) with Siemens, in 1909 (Yarnton and Slough) with McKenzie & Holland and Westinghouse and in 1911/12 (Immingham Docks) with British Pneumatic Railway Signal Co (GRS-Taylor USA system). The Westinghouse interlockings were subsequently among the most common types. The largest of 35 K-type systems, with 311 toggle levers in a row, was in operation on the Southern Railway SR at London Bridge from 1928 to 1976. However, Westinghouse also turned to the all-electric locking register in the late 1920s. GRS (General Railway Signal Co), on the other hand, remained loyal to the Taylor system (Stevens locking register system) with the pistol grip-slides and was still able to supply systems with 368 and 328 levers in Bristol East and West in 1938. However, the design of such extended single-row lever actions slowly but surely reached the limits of practicality.

In 1913, 83 railway companies in 35 states and Canada in North America were already operating 440 systems with 21 370 levers. Two standard designs were the US&S Model 14 with point and signal levers with locking registers at the rear (**Fig. 605**) and the GRS-Taylor Model 5 with point and gun lever handles with vertical locking registers at the front (**Fig. 606**), in most cases with electro-pneumatic point machines. Probably the largest single-row electro-mechanical interlocking ever was built by GRS in 1913 for the Grand Central railway station in New York and comprised 400 pistol grips.

Frankreich (Poste électrique à leviers individuels PELI)

CSEE (Hall-Taylor)
Elektro-mechanische Stellwerke mit Weicheneinzelbedienung und Fahrstrassensignalschalter tauchten in Frankreich auch bereits um die Jahrhundertwende auf, so 1901 durch die CSE (Compagnie de signaux électriques)/CSEE mit einer amerikanischen Lizenz des Systems Hall-Taylor (GRS, Verschlussregister Stevens) auf der Pariser Petite Ceinture wie auch im gleichen Jahr im Grossherzogtum Luxemburg in Pétange. Das letzte Exemplar wurde 1950 aus Reservematerial in Château-du-Loir (**Abb. 736**) gebaut, mit seinen charakteristischen Pistolen-Hebel-Griffen, welche nur in eine Richtung gezogen werden, also nicht zwei Fahrstrassen/Signale bedienen konnten wie die meisten EMS. Das Prinzip der mehrfach für verschiedene Richtungen eines Signals vorhandenen Fahrstrassensignalschalter (leviers multiples) erinnert an vergleichbare mehrfache Signalhebel der mechanischen Saxby 1874-Stellwerke. Total realisierte die CSEE insgesamt 15 Anlagen, zuletzt mit Eigenbauformen, wie die letzte 1951(–2002) an die SNCF gelieferte Anlage in Châlons-sur-Saône P1 (**Abb. 737** von 1985) zeigt.

Thomson-Houston
Auch Thomson-Houston (Nachfolger von Postel-Vinay) errichtete seine ersten beiden PELI mit Weichen- und Signalhebeln 1902, der Bedienungskasten war mit dem Fahrstrassenstellwerk Bleynie-Ducousso identisch. Interessante Anlagen mit Weichen-/Signalhebeln und Fahrtenwählschalter (manettes de direction, analog den mechanischen leviers sélécteurs der PO) wurden 1910/25 in St-Pierre-des-Corps und 1922 in Juvisy installiert, insgesamt wurden 15 Anlagen gebaut.

Mors
Die Société électrique Mors betätigte sich sehr früh im Bereich der Entwicklung von Streckenblockanlagen, Weichenantrieben, elektrischen Signalen, elektrischen Hebelsperren und Relais. Daher war es nur logisch, als sie 1927 in die Herstellung von EMS einstieg. Sie konzentrierte sich dabei mit der zweireihigen Bauform 1927 auf mittelgrosse Bahnhöfe wie im Poste 2 von St. Quentin (1930, **Abb. 738**, 80 Hebel), allerdings mit einer Kombination von Richtungshebel (Levier directeur) und den Einfahr- oder Ausfahrsignalhebeln. In **Abb. 739** sind die speziellen Federhebel (weiss = leviers directeur/Richtungshebel, violett = Rangiersignale, rot-weiss = Signale) im Poste Central von Trouville-Deauville (1931–1995, **Abb. 740**) gut erkennbar, die ‹Leviers directeur› verschliessen die

France (Poste électrique à leviers individuels PELI)

CSEE (Hall-Taylor)
Electro-mechanical signal boxes with individual points operation and route signal switches appeared in France around the turn of the century, e. g. in 1901 by the CSE (Compagnie de signaux électriques)/CSEE with an American licence for the Hall-Taylor system (GRS, locking register Stevens) on the Petite Ceinture in Paris and in the same year in the Grand Duchy of Luxembourg in Pétange. The last example was built in 1950 from reserve material in Château-du-Loir (**Fig. 736**), with its characteristic pistol-grips, which could only be pulled in one direction, i. e. could not serve two routes/signals like most EMS. The principle of the multiple route signal switches (leviers multiples) for different directions of a signal is reminiscent of similar multiple signal levers on the mechanical Saxby 1874 signal boxes. The CSEE realised a total of 15 installations, most recently with its own designs, as shown by the last installation delivered to the SNCF in Châlons-sur-Saône P1 in 1951 (until 2002) (**Fig. 737** from 1985).

Thomson-Houston
Thomson-Houston (successor to Postel-Vinay) also built its first two PELI with point and signal levers in 1902, the control box was identical to the Bleynie-Ducousso route interlocking. Interesting installations with point/signal levers and direction selectors (manettes de direction, similar to the mechanical leviers sélécteurs of the PO) were installed in St-Pierre-des-Corps in 1910/25 and in Juvisy in 1922; a total of 15 annexes were built.

Mors
The Société électrique Mors was active very early on in the development of line block systems, point machines, electric signals, electric lever locks and relays. Therefore, it was only logical for the company to start manufacturing EMS in 1927. From 1927 on, it focussed on medium-sized stations such as the Poste 2 at St. Quentin (1930, **Fig. 738**, 80 switches) with the double-row design, but with a combination of direction lever (leviers directeur) and the entry or exit signal levers. In **Fig. 739**, the special spring levers (white = leviers directeur/direction levers, purple = shunting signals, red-white = signals) in the Poste Central of Trouville-Deauville (1931–1995, **Fig. 740**) are clearly recognisable, the ‘leviers directeur’ lock the points in question for both directions. This lever

736

737

739

738

740

entsprechenden Weichenabschnitte in beiden Fahrrichtungen. Mit dieser Hebelkombination sank die Zahl erforderlicher Hebel wesentlich. Eher für kleinere Bahnhöfe konzipiert war die nachfolgende Bauform 1933, mit Federschalter, welche einreihig für Beauvais (bis 1999, **Abb. 741**) und 1953(–2013) zweireihig für Nîmes-Voyageurs Poste 2 (**Abb. 742**) geliefert wurde. Total wurden 49 Anlagen für die SNCF gebaut.

Aster

Für grosse Rangier- und Abstellanlagen entwickelte die Firma Aster ein spezifisch konzipiertes Stellwerk mit Drehknöpfen (manettes rotatives) und dem darunterliegenden miniaturisierten mechanischen Verschlussregister zum Ausschluss inkompatibler Fahrstrassen und mit senkrechten Kommutatoren und Relais zur Steuerung der Weichen- und Signale wie in Châlons-sur-Champagne (ex-Marne, 1959, **Abb. 743** von 1995), in der vorderen Reihe die Weichen- und hinten die Signalschalter. Zwischen 1931 und 1963 wurden total 37 Anlagen gebaut, jedoch mit Ausnahme von Sarreguemines nicht in Personenbahnhöfen.

CGS (CFSW – Westinghouse)

Eine kleine Anzahl von sechs Anlagen fabrizierte die Compagnie générale de signalisation (CGS) in Lizenz der zweireihigen Westinghouse-Stellwerke, welche an die italienische Bauform erinnern, wie der Poste 2 von Réding (1937–2012, **Abb. 744**).

Saxby 62/65

Ende der Fünfziger- und Anfang der Sechzigerjahre evaluierte die SNCF eine zweckmässige Lösung für kleinere Bahnhöfe mit Rangieraufgaben. Die leistungsfähigen PRS-Relaisstellwerke wurden dafür als zu teuer und wenig geeignet für das lokale Rangieren betrachtet (fehlende Weicheneinzelsteuerung). Aus einem Konstruktions-Wettbewerb ging die Bauart Saxby 62 als Sieger hervor. Es entstand ein normiertes Pultstellwerk mit kleinem Kippschalter für Weichen und Fahrstrassen/Signale, miniaturisierten Hebelsperren und mechanischem Verschlussregister Stevens. Zwischen 1963 und 1973 wurden 48 Anlagen, wie diejenige in L'Etang (1973, **Abb. 745**), geliefert. Man beachte vorne unter der Tischplatte die fünf elektrischen Bouré-Weichenschlösser des SNCF-Standards <serrures S>.

combination significantly reduced the number of levers required. The subsequent design from 1933 with spring switches was designed for smaller stations and supplied in one row for Beauvais (until 1999, **Fig. 741**) and in two rows for Nîmes-Voyageurs Poste 2 (**Fig. 742**) in 1953(–2013). A total of 49 units were built for the SNCF.

Aster

For large shunting yards and sidings, more rarely on main lines, the Aster company developed a specifically designed interlocking with rotary switches (manettes rotatives) and the miniaturised mechanical locking register underneath to exclude incompatible routes and with vertical commutators and relays to control the points and signals as in Châlons-sur-Champagne (ex-Marne, 1959, **Fig. 743** from 1995), with the point switches in the front row and the signals at the back. Between 1931 and 1963, a total of 37 interlockings were built, but none in passenger stations, besides Sarreguemines.

CGS (CFSW – Westinghouse)

The Compagnie générale de signalisation (CGS) manufactured a small number of six signal boxes under licence for the double-row Westinghouse signal boxes, which are reminiscent of the Italian design, such as the Poste 2 by Réding (1937–2012, **Fig. 744**).

Saxby 62/65

In the late 1950s and early 1960s, the SNCF evaluated a practical solution for smaller stations with shunting tasks. The powerful PRS relay signal boxes were considered too expensive and unsuitable for local shunting (no single point operation). The Saxby 62 model emerged as the winner of a design competition. The result was a standardised console interlocking with small toggle switches for points and routes/signals, miniaturised lever locks and a mechanical Stevens locking register. Between 1963 and 1973, 48 systems were delivered, such as the one in L'Etang (1973, **Fig. 745**). Note five electric Bouré point locks of the SNCF standard 'serrures S' at the front under the table top.

741

742

743

744

745

DIE INNOVATOREN (INTEGRALE FAHRSTRASSENHEBEL)

Bei den mechanischen Stellwerken mussten die Weichen-, Fahrstrassen- und Signalhebel aufgrund des physikalischen Kraftaufwands einzeln gestellt werden. Diese Bedienungsform wurde beim elektro-mechanischen Stellwerk allgemein übernommen, wie die vorhergehenden Abschnitte zeigen. Alle diese Stellwerke waren nach dem Prinzip der Einzelstellung gebaut, obschon es beim Kraftstellwerk möglich und im Grunde auch naheliegend war, alle Weichen einer Fahrstrasse gemeinsam zu stellen, wie Wh. Schmitz zur Fahrstrassenstellung ausführt. Tatsächlich hat diese Option erst mit einer gewissen Reife des Relaisstellwerks nach dem Zweiten Weltkrieg den Durchbruch erzielt. Wie bei den meisten Regeln gibt es jedoch eine Ausnahme: Frankreich.

Frankreich (Poste électrique à leviers d'itinéraires PEI)

Nicht bewiesen, aber auch eine unwiderlegte These: Es mag kein Zufall sein, dass das reine Fahrstrassenstellwerk in Frankreich erfunden wurde, wo beim mechanischen Stellwerk das englische System Saxby & Farmer/Stevens mit verschlossenen Weichen und direkten Abhängigkeiten zwischen Weichen- und Signalhebeln (keine Fahrstrassenhebel dazwischen geschaltet wie beim deutschen System) übernommen wurde und mit der ausgereiften Bauform PLM 1900 der Saxby-Stellwerke in ihrer Perfektion sogar das Mutterland übertrafen. Die französische Ingenieurtradition, gepaart mit der cartesianischen Logik hat wohl das Seine zur Innovation des Fahrstrassenstellwerks beigetragen. Mit dem reinen Fahrstrassenstellwerk wurden neben der schnelleren Fahrstrasseneinstellung auch eine Reduktion der immer grösser werdenden Hebelbänke in Knotenbahnhöfen wie auch der Verzicht auf die Weicheneinzelstellung angestrebt.

Bleynie-Ducousso

Konzipiert durch Gabriel Bleynie, Sous-chef Betrieb der Midi-Bahn, und Paul Ducousso, Ingenieur bei Postel-Vinay (Vorläufer von Thomson-Houston), entstand 1903 in Bordeaux St-Jean P1 das erste bekannte Fahrstrassenstellwerk mit elektrischer Steuerung (combinateur électrique). Die Fahrstrassenhebel sind als Kipphebel von hinten nach vorne in Stufen bewegbar und unter sich sowohl elektrisch wie auch mechanisch verschlossen, d. h. sie können nur bewegt werden, wenn sich alle zu einer Fahrstrasse inkompatiblen Hebel auch in der Grundstellung befinden, die mecha-

THE INNOVATORS (INTEGRAL ROUTE LEVERS)

In mechanical interlockings, the points, routes and signalling levers had to be set individually due to the physical force required. This form of operation was generally adopted in the electro-mechanical signal box, as the previous sections show. All these interlockings were built according to the principle of individual setting, although it was possible to set all the points of a route together, as Wh. Schmitz explains about route interlocking. In fact, this option only achieved a breakthrough when the relay interlocking system reached a certain level of maturity after WWII. However, there is one exception to the rule: France.

France (Poste électrique à leviers d'itinéraires PEI)

Not proven, but an unrefuted thesis: it may not be a coincidence that the exclusive route interlocking was invented in France, where the English Saxby & Farmer/Stevens system with locked points and direct dependencies between point and signal levers (no route levers interposed as in the German system) was adopted for the mechanical interlocking and even surpassed the mother country in its perfection with the sophisticated PLM 1900 design of the Saxby interlockings. The French engineering tradition, coupled with Cartesian logic, probably contributed to the innovation of route interlocking. The aim of the pure route setting interlocking was to achieve faster route setting, as well as a reduction in the ever-increasing number of lever banks in junction stations, and to waive the individual setting of points.

Bleynie-Ducousso

Conceived by Gabriel Bleynie, sous-chef operation of the Midi railway, and Paul Ducousso, engineer of Postel-Vinay (forerunner of Thomson-Houston), the first known route interlocking with electric control (Combinateur électrique) was built in Bordeaux St-Jean P1 in 1903. The route levers can be moved in steps from back to front as toggle levers and are locked electrically and mechanically, i. e. they can only be moved when all levers incompatible with a route are also in the home position; the mechanical locks still served as a fallback level. Electromag-

746

747

nischen Verschlüsse dienten noch als Rückfallebene. Auch zur Kontrolle und Steuerung der Weichen kommen elektro-magnetische Hebelsperren (verrous) zur Anwendung, welche alle zu einer Fahrstrasse notwendigen Weichen gleichzeitig in die richtige Lage steuern und kontrollieren. Nachdem durch die erste Hebelbewegung die überwachte Weichenlage erreicht ist, wird der mechanische Hebelverschluss freigegeben und der Hebel kann in die Endposition umgelegt werden, in welcher die Weichen durch die elektrischen Hebelsperren verschlossen werden. Schliesslich kann das entsprechende Signal durch eine Taste elektrisch auf Fahrt gestellt werden. Die Auflösung der Fahrstrasse erfolgt als Ganzes (transit rigide). Eine für diese Zeit revolutionäre Methode der Fahrstrassenbedienung und -sicherung. Schliesslich wurden sechs dieser Stellwerke gebaut, u. a. für Narbonne (1913/15–1979), Mont-de-Marsan (1913–1969) und für die MZA in Madrid-Norte (Pueblo Nuevo 1908).

Mors

Mors konstruierte einen ‹Combinateur mécanique›, bei welchem die Fahrstrassenhebel als grosse Schubknöpfe angeordnet sind, wie in Rennes Central (1941–2018, **Abb. 746** und **747**). Die Schubknöpfe stellen je zwei Fahrstrassen ein und bewegen zwei kombinierte mechanische Verschlussschieber (Bauart Stevens) für Weichen (1. Schieber) und Signale (2. Schieber), welche elektrisch angesteuert und überwacht werden. Die

netic lever locks (verrous) are also used to control and steer the points, which steer and control all the points required for a route into the correct position. Once the monitored point position has been reached by the first lever movement, the mechanical lever lock is released and the lever can be moved to the end position, in which the points are locked by the electric lever locks. Finally, the corresponding signal can be electrically set to drive by pressing a button. A revolutionary method of route operation and safety for the time. Finally, six of these signal boxes had been built, including one for Narbonne (1913–1979), one for Mont-de-Marsan (1913–1969) and one for the MZA in Madrid.

Mors

Mors designed a 'Combinateur mécanique', in which the route levers are arranged as big push buttons, as in Rennes Central (1941–2018, **Fig. 746** and **747**). The push buttons each set two routes and move two combined mechanical locking sliders (Stevens type) for points (1st slider) and signals (2nd slider), which are electrically controlled and monitored. The signal boxes at Caen, Rennes, Le Mans and Versailles-Chan-

748

Stellwerke von Caen, Rennes, Le Mans und Versailles-Chantiers waren standardmässig mit elektrischen Zusatzfunktionen wie Gleistafel, Zugsannäherungsverschluss (enclenchement d'approche) und automatischer Teil-Fahrstrassenauflösung (transit souple) ausgerüstet. Die Chemins de fer de l'Etat stattete ihre Knotenbahnhöfe mit diesen fortschrittlichen Stellwerken aus, wie auch **Abb. 748** von 1985 in Le Mans Voyageurs (1935–1988) zeigt.

Aster MDM
Nach dem hydraulischen Fahrstrassenstellwerk der Nordbahn stellte Aster auch ein elektro-mechanisches Stellwerk mit einem ähnlichen ‹Combinateur électromécanique› wie Mors her, allerdings mit senkrechten Kipphebeln in der Grundstellung, welche je zwei Fahrstrassen (nach hinten und nach vorne) einstellen konnten, wie in Lutterbach (1935–1987, **Abb. 749** und **750**), man beachte auch die seitwärts angeordneten Weicheneinzelhebel, eine absolute Ausnahme und Referenz an die deutsche Betriebsweise in der Region Alsace-Lorraine. 50 Aster-Stellwerke wurden bei der Nordbahn zwischen 1919 und 1962 (Lourches) installiert, vorwiegend in strategisch wichtigen Knoten wie Paris Nord Poste 3 (1920–1993, **Abb. 751**) und Longueau Poste 1 (1922, **Abb. 752**). 10 Anlagen wurden auch an die Etat-Bahn geliefert, so nach Niort Poste 2 (1931–1992, **Abb. 753**). Ein spezielles Augenmerk verdienen der grosse Poste G (1929–1994) der PO von Limoges-Bénédictins (**Abb. 754**) mit ‹halbierten› Fahrstrassen und

tiers were equipped as standard with additional electrical functions, such as track panel, train approach locking (enclenchement d'approche) and automatic partial route release (transit souple). The Chemins de fer de l'Etat equipped its junction stations with these advanced signal boxes, as **Fig. 748** from 1985 in Le Mans Voyageurs (1938–1989) shows.

Aster MDM
After the hydraulic route interlocking of the Northern Railway, Aster also produced an electro-mechanical route interlocking with a similar 'Combinateur électromécanique' as Mors, but with vertical rocker levers in the home position, which could set two routes each (to the rear and to the front), as in Lutterbach (1935–1987, **Fig. 749** and **750**), note also the laterally arranged individual point levers, an absolute exception and reference to the German mode of operation in the Alsace-Lorraine region. 50 Aster interlockings were installed on the Northern Railway between 1919 and 1962 (Lourches), mainly in strategically important nodes such as Paris Nord Poste 3 (1920–1993, **Fig. 751**) and Longueau Poste 1 (1922, **Fig. 752**). Ten installations were supplied to the Etat, e. g. to Niort Poste 2 (1931–1992, **Fig. 753**). The large PO-Poste G (1929–1994) from Limoges-Bénédictins with 'halved' routes (**Fig. 754**) deserves special attention, as do the two apparatus from Strasbourg-Ville, the assem-

749

751

750

753

752

754

120 Hebelplätzen wie auch die zwei Apparate von Strasbourg-Ville, deren Montage 1939 geplant war, aber erst nach Kriegsende 1946 (Poste 2) und 1953 (Poste 1) fertiggestellt werden konnten. **Abb. 755** zeigt die Fahrstrassenhebel von Poste 2 in Strasbourg-Ville (bis 2006), welche je vier Fahrstrassen einstellen konnten (auf zwei Ebenen nach vorne und nach hinten). Es war sozusagen das letzte ‹Aufbäumen› der Elektromechanik vor dem Relaisstellwerk. Die Aster MDM-Stellwerke erfreuten sich im Gespräch mit Fahrdienstleitern (agents-circulation) dank ihrer Leistungsfähigkeit und Effizienz grosser Beliebtheit.

Saxby

Saxby realisierte zwei analoge Fahrstrassenstellwerke mit Fahrstrassen-Drehschalter (manettes d'itinéraires). In **Abb. 756** das Mittelstellwerk von Clermont de l'Oise (1936–1995).

Thomson-Houston

Die 2. Generation der Bleynie-Ducousso-Fahrstrassenstellwerke basierte auf einem horizontalen ‹Combinateur mécanique›, bei welchem die Fahrstrassenschalter in einem Rahmen die Fahrstrassenverschlüsse elektrisch ansteuerten und durch einen Pendelmechanismus auf der zweiten Ebene die erforderlichen Weichen einstellten und verschlossen, worauf der Fahrstrassenschalter in die Endlage (Signalfreischaltung) gedreht werden konnte. In Frankreich wurden acht Anlagen für kleine und mittlere Bahnhöfe installiert (1912/19–1938/80). Im Jahr 2000 waren im spanischen Abzweigebahnhof Aranjuez (**Abb. 757**) einige Zeit nach Ausserbetriebnahme noch die Spuren eines entsprechenden Zeitzeugen vorhanden.

Thomson-Houston entwickelte danach einen beeindruckenden ‹Combinateur mécanique› für grosse Bahnhöfe. Dabei wurden im Untergeschoss zwei senkrechte Verschlussbalken (barres d'itinéraires) oben und unten an Pendelbügel (balanciers d'aiguilles) befestigt, welche durch die Einstellung des Fahrstrassenhebels elektrisch angesteuert die Weichen in die richtige Lage stellten und durch die Balance der Bügel die Schubstangen mechanisch verschlossen, worauf das entsprechende Signal freigeschaltet wurde (**Abb. 758** des Untergeschosses Poste 1 von Lyon-Perrache, 1930–2016). Die Apparate wurden sowohl zweireihig wie auch vierreihig ausgeführt. Von 1925 bis 1952 wurden in Frankreich 29 Anlagen gebaut. **Abb. 759** zeigt das klassische zweireihige Stellwerk 2 von Melun (1926–2005). Bei jenem von Lisieux in **Abb. 760** (1938–1994) erfolgte die Fahrstrassenauflösung bereits elastisch pro Isolierabschnitt mit Relaisüberwachung (transit souple). Zu den grössten

bly of which was planned in 1939, but could only be completed after the end of WWII in 1946 (Poste 2) and 1953 (Poste 1). **Fig. 755** shows the route levers of Poste 2 in Strasbourg-Ville (until 2006), which could set four routes each (on two levels to the front and to the rear). It was, so to speak, the last 'rebellion' of electro-mechanics before the relay interlocking. In dialogue with signalmen, the Aster MDM interlockings were very popular thanks to their performance and efficiency.

Saxby

Saxby realised two similar route interlockings with rotary route switches (manettes d'itinéraires). **Fig. 756** shows the centre signal box of Clermont de l'Oise (1936–1995).

Thomson-Houston

The second generation of the Bleynie-Ducousso route interlockings was based on a horizontal 'Combinateur mécanique', in which the route switches in a frame electrically controlled the route locks and set and locked the required points by means of a pendulum mechanism (balanciers d'aiguilles) on the second level, whereupon the route switch could be turned to the end position (signal release). Eight installations for small and medium-sized railway stations were installed in France (1912/19–1938/80). In 2000, the Spanish branch station Aranjuez (**Fig. 757**) showed traces of a corresponding contemporary witness after its decommissioning.

Thomson-Houston subsequently developed an impressive 'Combinateur mécanique' for large railway stations. On the underground level, two vertical locking bars (barres d'itinéraires) were attached at the top and bottom to pendulum brackets (balanciers d'aiguilles), which, electrically controlled by the setting of the route lever, set the points in the correct position and mechanically locked the push rods by the balance of the brackets, whereupon the corresponding signal was released (**Fig. 758** of the underground level Poste 1 of Lyon-Perrache, 1930–2016). The apparatus was designed in both two-row and four-row versions. From 1925 to 1952, 29 installations were built in France. **Fig. 759** shows the classic two-row signal box 2 from Melun (1926–2005). In the Lisieux interlocking in **Fig. 760** (1938–1994), route cancellation was already elastic per isolated sections with relay monitoring (transit souple). The largest installations included Lyon-Perrache P1 with 160 levers in 1927, Dijon P1 with 160 levers in 1932, Tours

755

756

757

758

759

760

761

762

Anlagen zählten 1927 Lyon-Perrache P1 mit 160 Hebeln, 1932 Dijon P1 mit 160 Hebeln, 1933 Tours Central mit 280 Hebeln sowie 1939 Dijon P2 mit 240 Hebeln. Die letzten Anlagen mit erweiterten Relais-Funktionen wurden in Dijon-Ville (Poste 2, rekonstruiert 1949–2011, **Abb. 761**) und Mâcon Central (1952–2018) durch Alsthom erstellt.

Belgien

ACEC

Parallel zur Verbreitung des noch drei-funktionalen elektro-mechanischen Stellwerks ACEC wurde – nach französischem Vorbild – 1937/38 in Manage ein Versuchs-Fahrstrassenstellwerk mit Ein-Schalterbedienung erstellt. Die Entwicklung erfolgte mit Blick auf die Ausrüstung der verkehrsreichsten Bahnhöfe von Brüssel. Kriegsbedingt erfolgte die Installation jedoch erst Anfang der 1950er-Jahre in den drei Stellwerken von Bruxelles-Midi Cabine II (1952–1984, **Abb. 762**), Bruxelles-Nord und Schaerbeek. Sie blieben jedoch Einzelanlagen, da die Relaistechnik bereits in den Startlöchern stand.

Central with 280 levers in 1933 and Dijon P2 with 240 levers in 1939. The last installations with extended relay functions were built in Dijon-Ville (Poste 2, reconstructed 1949–2011, **Fig. 761**) and Mâcon Central (1952–2018) by Alsthom.

Belgium

ACEC

Parallel to the spread of the still three-functional electro-mechanical interlocking ACEC, an experimental route interlocking with single-switch operation was built in Manage in 1937/38 based on the French model. The development was carried out with a view to equipping the busiest railway stations in Brussels. Due to WWII, the installation was not carried out until the early 1950s in the three signal boxes of Bruxelles-Midi Cabine II (1952–1984, **Fig. 762**), Bruxelles-Nord and Schaerbeek. However, they remained individual installations, as relay technology was already in the starting blocks.

764

763

765

Paris Gare de Lyon: das grösste elektro-mechanische Fahrstrassenstellwerk

*Seit jeher rivalisierten die PLM und die Nordbahn um das Prestige des wichtigsten Kopfbahnhofs von Paris. Dies fand seinen Niederschlag auch in der Dimensionierung der Stellwerke. Bei den mechanischen Stellwerken waren Nordbahn (Gare du Nord) und PLM (Gare de Lyon) mit ihren beiden 200 Hebel umfassenden und grössten Anlagen (Saxby) gleich auf. Mit der grossen Erweiterung der Gare de Lyon 1933/34 von 13 auf 28 Gleise musste das bisherige Rekord-Stellwerk ersetzt werden, eine willkommene Gelegenheit für eine weitere neue Bestmarke. Schon die Ansicht des neuen dreigeschossigen Stellwerkgebäudes war eindrücklich (**Abb. 763**). Nicht weniger auch die wohl grösste Anlage des vierreihigen Thomson-Houston Fahrstrassenstellwerks: Der Poste 1 umfasste 320 Hebelplätze (4x80, **Abb. 765**) und der Poste 2 160 Hebelplätze (4x40, **Abb. 764**), zusammen 480. Die Anlage überdauerte die Relaisstellwerke und wurde erst 2017 durch ein elektronisches PAI (Poste d'aiguillage informatisé) abgelöst.*

Paris Gare de Lyon: the largest electro-mechanical route interlocking

*The PLM and the Northern railway have always competed for the prestige of the most important terminus station in Paris. This was reflected in the dimensions of the signal boxes. In terms of mechanical signal boxes, the Northern Railway (Gare du Nord) and PLM (Gare de Lyon) were on equal footing with their two 200-lever and largest systems (Saxby). With the major expansion of the Gare de Lyon in 1933/34 from 13 to 28 tracks, the previous record signal box had to be replaced, a welcome opportunity for another new record. Even the view of the new three-storey signal box building was impressive (**Fig. 763**). No less impressive was the probably largest installation of the four-row Thomson-Houston route interlocking: Poste 1 comprised 320 lever positions (4x80, **Fig. 765**) and Poste 2 160 lever positions (4x40, **Fig. 764**), totalling 480. The installation outlasted the relay interlockings and was only replaced by an electronic PAI (Poste d'aiguillage informatisé) in 2017.*

YSp
ERS.SIG.Y
L5
L3
L1
I Gl.1
Gleis besetzt
VON LEOBERSDORF
78
73/74
71/72
71/72
85/86

6. ELEKTRISCHE STELLWERKE – PIONIERE

So wie bereits zur Frühzeit der elektro-mechanischen Stellwerke Gedanken zum Fahrstrassenstellwerk mit einer einzigen Bedienung für Weichen (Weichenlaufkette) und Signale angestellt wurden, geschah dasselbe auch mit Blick auf den Ersatz des mechanischen Verschlussregisters durch elektrische Magnetschalter (Relais). Die Thematik wurde von den Bahngesellschaften sehr unterschiedlich beurteilt, wie immer bei technischen Innovationen gab es Frühstarter und Spätberufene. Zu den Ersteren gehörten die nordischen, allen voran die schwedischen und die norwegischen Staatsbahnen sowie die britischen Bahnen in den 1920er-Jahren. In Mittel- und Südeuropa setzte die Entwicklung erst vor 1939 und vor allem nach 1945 so richtig ein. Die zunehmende Netz- und Verkehrsdichte in den Ballungsräumen setzten die mechanischen Verschlüsse unter Druck und riefen nach neuen leistungsfähigeren Lösungen.

Gleisstromkreise – Grundelemente der Zugsdetektion

An dieser Stelle ist es höchste Zeit, an eine der buchstäblich bahnbrechenden Erfindungen für einen sicheren und effizienten Bahnbetrieb zu erinnern: die Erfindung des Gleisstromkreises. Diese Ehre gebührt dem Amerikaner William Robinson (1840–1921), welcher seine Erfindung 1872/73 auf der Pennsylvania & Erie-Bahn erfolgreich erprobte. Der Gleichstrom-Gleisstromkreis funktioniert gemäss dem Ruhestrom-Prinzip (in der Grundstellung – freies Gleis – liegt ein geschlossener Stromkreis mit einem Gleisrelais vor), er detektiert in einem Gleisabschnitt neben der Gleisbesetzung durch Fahrzeuge (Metall auf Metall) auch Unterbrechungen der Schienen (z. B. Schienenbruch). Wird der Stromkreis über die Radsätze eines Schienenfahrzeuges zur anderen Schiene kurzgeschlossen oder – z. B. auf Grund einer technischen Störung – unterbrochen, so

6. ALL-ELECTRIC INTERLOCKINGS – PIONEERS

Just as in the early days of electro-mechanical route interlocking, thoughts were already being given to route interlocking with a single control for points and signals, the same happened with regard to replacing the mechanical locking register with electrical magnetic contacts (relays). The subject was viewed very differently by the railway companies; as always with technical innovations, there were early starters and late adopters. The former included the Northern railway companies, above all the Swedish and Norwegian state railways and the British railways in the 1920s. In Central and Southern Europe, development only really began before 1939 and after 1945. The increasing network and traffic density in the conurbations put pressure on mechanical locks and called for new, more efficient solutions.

Track circuits – basic elements of train detection

At this point, it is high time to remember one of the literally groundbreaking inventions for safe and efficient railway operations: the invention of the track circuit. This honour goes to the American William Robinson (1840–1921), who successfully tested his invention on the Pennsylvania & Erie Railway in 1872/73. The DC track circuit works according to the closed-circuit principle (in the basic position – free track – there is a closed circuit with a track relay), it detects not only the occupation of a track section by vehicles (metal rod on metal rod), but also interruptions in the rails (e.g. broken rails). If the circuit is short-circuited via the wheelsets of a rail vehicle to the other rail or interrupted, e.g. due to a technical fault, the voltage at the track relay collapses, it drops out and the track circuit detection system bricht die Spannung am Gleisrelais zusammen, es fällt ab und die Gleisfreimeldeanlage meldet den Besetztzustand. Dieses einfache Prinzip wurde im Laufe der Zeit zu einem der wichtigsten Sicherheitselemente der Zugsdetektion, insbesondere der automatischen Gleisfreimeldung in Bahnhöfen und auf der Strecke (automatischer Streckenblock). Während die Gleisstromkreise in Nordamerika rasch breite Anwendung fanden, – 1922 waren auf Nordamerikas Bahnen bereits 60 000 km mit dem automatischen Block, wovon 14 000 km mit Lichtsignalen ausgerüstet – konnten sie sich in Europa vorerst auf homogenen S- und U-Bahnen (u. a. Berlin, Hamburg, London, Paris, Wien), ab Mitte der 1920er-Jahre in Knotenbahnhöfen Englands, Frankreichs, Skandinaviens und Italiens, auf breiter Ebene jedoch erst ab 1946 durchsetzen.

Gleisstromkreise bilden in jedem Fall einen integralen Bestandteil des Relaisstellwerks und auch der zunehmend automatisierten Betriebsführung. Bei der Deutschen Bahn waren 2017 noch 718 mechanische und 311 elektro-mechanische Stellwerke in Betrieb, grösstenteils ohne Gleisfreimeldeanlagen, d. h. mit erforderlicher visueller Prüfung des freien Fahrwegs vor der Einstellung einer Fahrstrasse. Risikobasiert wurden bis 2023 rund 600 Stellwerke mit einer sog. Technischen Überwachung Fahrweg (TüFa) nachgerüstet. Die TüFa hat die Funktion eines Assistenzsystems, mit welchem die Hauptgleise mit Achszählern versehen werden und bei versuchter Einstellung einer Fahrstrasse auf ein besetztes Gleis der entsprechende Signalhebel/-schalter blockiert wird und ein akustisches Signal ertönt. Die TüFa ist keine signaltechnisch sichere Anlage, ist aber als Pendant und Weiterentwicklung der mechanischen Belegteinrichtung ab 1900 in den mechanischen Stellwerken in Bayern und der Schweiz zu betrachten.

Bei besonderen Bedingungen wie z. B. Streckenabschnitte mit Stahlschwellen, Verschmutzungen des Gleisbetts oder Triebfahrzeugen, welche durch ihre Leistungselektronik die Frequenz der Gleisstromkreise beeinflussen, kommen auch sog. berührungslose Tonfrequenzgleisstromkreise oder Achszählkreise zur Anwendung, in Zukunft zunehmend auch satellitengestützte mobile Ortung der Zugsbewegungen (CBTC).

Ericsson (Schweden)

Anfang der 1920er-Jahre prüften die SJ für den Hauptbahnhof Malmö die Errichtung einer elektro-mechanischen Anlage deutscher Bauart. Die Anforderung für signalmässig verschlossene Rangierfahrstrassen konnte jedoch nicht erfüllt werden, so dass die britische Westinghouse 1925 mit der Bauform K den Vorzug erhielt und den Wechsel vom deutschen zum britisch-nordameri-

indicates the occupied status. Over time, this simple principle has become one of the most important safety elements of train detection, especially automatic track circuit detection in stations and on the line (automatic line block). While track circuits quickly found widespread use in North America. In 1922, 60 000 km of North American railways were already equipped with the automatic block, 14 000 of which were fitted with light signals. In Europe, they initially became established on homogeneous suburban and underground railways (including Berlin, Hamburg, London, Paris and Vienna), from mid-1925 in junction stations in England, France, Scandinavia and Italy, but not on a broad scale until 1946.

In any case, track circuits form an integral part of the relay interlocking and also of increasingly automated operations management. At Deutsche Bahn, 718 mechanical and 311 electro-mechanical interlockings were still in operation in 2017, mostly without track circuit detection systems, e. g. with the necessary visual inspection of the free track before a route is set. Based on risk analysis, around 600 signal boxes were retrofitted with a technical track monitoring system (TüFa) by 2023. The TüFa has the function of an assistance system with which the main tracks are equipped with axle counters and, if an attempt is made to set a route to an occupied track, the corresponding signalling lever/switch is blocked and an acoustic alarm is emitted. The TüFa is not a safe signalling device, but is to be regarded as a counterpart and further development of the mechanical occupancy device from 1900 in the mechanical signal boxes in Bavaria and Switzerland.

In the case of special conditions, such as sections of track with steel sleepers, dirt on the track bed or traction units that influence the frequency of the track circuits through their power electronics, so-called non-contact audio frequency track circuits or axle counting circuits are used and in the future satellite-supported mobile localisation of train movements will be used.

Ericsson (Sweden)

At the beginning of the 1920s, the SJ examined the installation of a German-designed electro-mechanical system for Malmö central station. However, it was not possible to fulfil the requirement for shunting routes locked by signals, so that British Westinghouse was given preference in 1925 with the K design and initiated the change from the German

766

767

768

kanischen Verschlusssystem einleitete. Die Bauform K war zwar noch elektro-mechanisch, bildete jedoch die Grundlage für die weitere Entwicklung in Schweden. Bereits 1926 nahm in Hässleholm eine Pionieranlage von Ericsson mit elektrischen Magnetrelais den Betrieb auf, allerdings waren die meisten Gleise noch nicht isoliert, die Pionieranlage überlebte bis 1972. Einzelne Pionieranlagen wurden Ende der 1930er-Jahre in Form von vertikalen Panels nach Portugal (Ermesinde, Rio Tinto) und Spanien (Pozuelo) geliefert. In der Folge wurde das auf dem Bedienungskonzept des VES 1912-Stellwerks (vorneliegende Weichen- und Fahrstrassensignalschalter, Farbscheibenrückmeldung) aufbauende Ericsson el-med-el-Stellwerk vervollkommnet und erfuhr mit rund 66 Anlagen bis Mitte der 1950er-Jahre eine weite Verbreitung auf mittleren und grossen Bahnhöfen, u. a. in Stockholm Central (1933–1965) mit 131 Hebeln und 380 Fahrstrassen, aber auch im benachbarten Ausland, insbesondere in Dänemark. Ab 1945 wurden auch zweireihige Anlagen gebaut. Ein typischer Vertreter war das Stellwerk von Örebro Central (1942–1997, **Abb. 766** und **767**) mit Farbscheibenüberwachung und Schalter,

to the British-North American interlocking system. Although the K design was still electro-mechanical, it formed the basis for further development in Sweden. As early as 1926, a pioneer system from Ericsson with electric magnetic relays went into operation in Hässleholm, but most of the tracks were not yet isolated; the pioneer system survived until 1972. Individual pioneering plants were delivered to Portugal (Ermesinde, Rio Tinto) and Spain (Pozuelo) at the end of the 1930s in the form of vertical panels. Subsequently, the Ericsson el-med-el interlocking, based on the operating concept of the VES-1912 interlocking (points and route signal switches in front, colour disc feedback), was perfected and, with around 66 installations, widely used in medium and large stations until the mid-1950s, including Stockholm Central (1933–1965) with 131 levers and 380 routes, but also in neighbouring countries, in Denmark in particular. From 1945, two-row systems were also built. A typical representative was the Örebro Central interlocking (1942–1997, **Fig. 766** and **767**) with colour disc monitoring and switches reminiscent of welche an Türgriffe erinnern. Die elektrischen Ericsson-Stellwerke erreichten bereits annähernd die Leistungsfähigkeit der späteren Gleisbildstellwerke. Die elektrischen Schaltungen des Systems Ericsson wurden ab 1935 auch von den BBÖ (Bundesbahnen Österreich) in vier Stellwerken erprobt. Äusserlich wurden die bekannten Kippschalter der elektro-mechanischen Bauform 42733 verwendet, so im Wärterstellwerk 1 und im Freigabewerk Linz Hbf (1938–1989, **Abb. 768**). Dadurch kamen in Österreich erstmals signalabhängige Rangierfahrstrassen zur Anwendung. Die interessante Entwicklung nahm 1939 mit dem Anschluss der BBÖ an die Deutsche Reichsbahn keine Fortsetzung.

Westinghouse (England)

Westinghouse wandte sich nach 1928 als erster Hersteller auf der britischen Insel dem rein elektrischen Stellwerk zu. 1929(–1976) konnte der erste Apparat der Bauform L mit 83 Weichen- und Fahrstrassenhebeln bei der Southern Railway in North Kent East installiert werden. Die einreihige Bauweise der elektro-mechanischen Bauform K wurde beibehalten, jedoch die Kipphebel weiter verkleinert, diese konnten dank der elektrischen Schaltungen schneller bewegt werden, was sich im dichten Verkehr der Londoner Region als Vorteil erwies. In einem in der damaligen Zeit weltweit am stärksten belasteten Vorortsbahnhöfe, London Clapham Junction, kam ebenfalls die Bauform L zum Zug, so im Reiter-Abzweigestellwerk A (1936–1990, **Abb. 769**, **770** und **771**) mit 103 Hebelplätzen, schwarzen Weichen- und roten Signalhebeln mit dem darüber aufgebauten elektrischen ‹train describer› (Zugmelder). Die 1923 entstandene London-Midland-Scottish Railway LMS setzte ebenfalls auf die elektrische L-Bauform. In den **Abb. 772** und **773** das Zentralstellwerk von Liverpool Lime Street (1948–2018) mit 95 Hebelplätzen. Gut erkennbar sind hinter den Glasscheiben die senkrechten Walzen mit den elektrischen Kontakten, welche mit den obenliegenden Kippschaltern fest gekuppelt sind. Die Southern Railways statteten in der Folge ihre Kopf- und Knotenbahnhöfe mit der L-Bauform aus, so Brighton (1932–1985, 225L), London Waterloo (1936–1984, 309L) und London Victoria Central (1939–1980, 225L). Der grösste Apparat wurde an die GWR in Cardiff West (1934–1966) mit 334 Hebeln geliefert und noch 1952 erstellte die Midland Region im Kopfbahnhof von London Euston einen 227 Hebel umfassenden L-Apparat, welcher u. a. das mechanische Stellwerk der LNWR von 1891 mit 288 langschäftigen Hebeln ablöste. Diesem L-Apparat war allerdings kein langes Leben mehr beschieden, er wurde bereits 1965 durch ein NX-Gleisbildstellwerk ersetzt. Die L-Appa-

door handles. The electric Ericsson interlockings already came close to the performance of the later push-button interlockings. The electrical circuits of the Ericsson system were also trialled by the BBÖ (Austrian Federal Railways) in four signal boxes from 1935. Externally, the familiar toggle switches of the electro-mechanical 42733 design were used, e. g. in dependent interlocking 1 and in the Linz Hbf master interlocking (1938–1989, **Fig. 768**). This meant that signal-locked shunting routes were used for the first time in Austria. This interesting development did not continue with the annexation of the BBÖ to the Deutsche Reichsbahn in 1939.

Westinghouse (England)

After 1928, Westinghouse was the first manufacturer on the British Isles to turn to exclusively electric signal boxes. In 1929(–1976), the first apparatus of the L design with 83 point and route signalling levers was installed on the Southern Railway in North Kent East. The single-row design of the electro-mechanical design K was retained, but the toggle levers were further reduced in size, which could be moved more quickly thanks to the electrical circuits, which proved to be an advantage in the dense traffic of the London region. In one of the busiest suburban stations in the world at the time, London Clapham Junction, the L design was also used, e. g. in the bridge A junction signal box (1936–1990, **Fig. 769**, **770** and **771**) with 103 lever positions, the black points and red signalling levers with the electric ‘train describer’ mounted above them. The London-Midland-Scottish Railway LMS, established in 1923, also favoured the electric L-design. **Fig. 772** and **773** show the Liverpool Lime Street (1948–2018) central signal box with 95 lever positions. The vertical rollers with the electrical contacts, which are permanently coupled to the overhead toggle switches, are clearly visible behind the glass plates. Southern Railways subsequently equipped its terminus and junction stations with the L design, such as Brighton (1932–1985, 225L), London Waterloo (1936–1984, 309L) and London Victoria Central (1939–1980, 225L). The largest apparatus was delivered to the GWR in Cardiff West (1934–1966) with 334 levers and in 1952 the Midland Region built a 227-lever L apparatus in the terminus station at London Euston, which replaced the mechanical signal box of the LNWR from 1891 with 288 long-lever levers. But this L apparatus was not destined to have a long life and was replaced by an NX-push-button signal box as early as 1965. The L apparatus continued to be

769

771

770

772

773

rate wurden von den Southern Railways noch bis Mitte der 1950er-Jahre beschafft, als die Gleisbildstellwerke bereits den Siegeszug angetreten hatten.

England – Frankreich

Von allen britischen Länderbahnen und auch in Europa war die LNER (London&North East Railway) die erste, welche das aus den USA stammende Konzept des Relais-Fahrstrassenstellwerks realisierte. Unter der Leitung von Ing. A. E. Tattersall wurde Ende 1933 nördlich von York in Thirsk das erste (senkrechte) Gleisbildstellwerk durch Siemens/GES (General Electric Railway Signal Comp.) installiert. Die Bedienung erfolgte durch Drehringe im Gleisbild mit Wahl der Fahrstrasse und anschliessend Auslösung durch Drücken des Knopfes in der Ringmitte. Die LNER rüstete 1949(–1989) kriegsbedingt verspätet auch den ersten Londoner Bahnhof,

procured by Southern Railways until the mid-1950s, when the push-button signal boxes had already begun their triumphant advance.

England – France

The LNER (London & North East Railway) was the first of all British state and European railways to realise the relay route interlocking concept from the USA. Under the direction of engineer A. E. Tattersall, the first (vertical) track diagram signal box was installed north of York in Thirsk at the end of 1933 by Siemens/GES (General Electric Railway Signal Comp.). It was operated by rotating rings in the track diagram with selection of the routes and subsequent activation by pressing the button in the centre of the ring. In 1949(–1989), the LNER also equipped London's first railway station, Liverpool Street, with a correspond-

774

775

Liverpool Street, mit einem entsprechenden zentralen Gleisbildstellwerk aus. Ebenfalls 1933 installierte die französische Westbahn eine Pionierfernsteuerung auf Basis der nordamerikanischen CTC (centralized traffic control) Technik für die dreispurige westliche Banlieue zwischen Houilles und Sartrouville. Die von CGS-Westinghouse im PC (Poste de commandement, Zugleitung) von Paris St-Lazare eingerichtete Fernsteuerung basierte auf Gleisstromkreisen und Weichensteuerung mit entsprechenden Relais. Die Weichenbedienung stellte faktisch die Fahrstrassen, eine Weichenbedienung konnte bereits gespeichert werden. Die Anlage diente später den Pionieranlagen von Les Laumes-Alésia (1949), der Fernsteuerung Dijon – Blaisy-Bas (1949) sowie der Abzweigung Vers-de-Maison (1950) als Vorbild.

Inspiriert vom Gleisbildstellwerk in Thirsk stattete die Etat-Bahn 1939 den Abzweigebahnhof Argenteuil-Raccordements mit einem analogen Versuchsstellwerk, ausgeführt durch Aster, aus. Der Pionier mit abschnittsweiser Fahrstrassenauflösung (transit souple) bewährte sich gut, wurde aber 1967 durch ein elektro-mechanisches PELI 62-Stellwerk mit Weicheneinzel- und Signalhebel abgelöst, ein Schicksal, welches er nicht verdient hatte. Ein weiteres Pionier-Stellwerk mit Fahrstrassen-Ringwahlknöpfen im Gleisbild und télécombinateur wurde 1950 durch Alsthom (ex-Thomson-Houston) im strategisch wichtigen Poste 4 von Villeneuve-Saint-Georges süd-westlich von Paris errichtet, dessen Bedienung (**Abb. 774**) 1981 derjenigen des Standard-Relaisstellwerks (PRS) angepasst und erst 2024 durch ein PAI (poste d'aiguillage informatisé) abgelöst wurde.

ing central push-button signal box, after a delay due to WWII. Also in 1933, the French Western Railway installed a pioneering remote-control system based on North American CTC (centralised traffic control) technology for the three-track western banlieue between Houilles and Sartrouville. The remote-control system set up by CGS-Westinghouse in the PC (Poste de commandement) of Paris St-Lazare was based on track circuits and points control with corresponding relays. The points control effectively set the routes and the points control could already be stored. The installation later served as a model for the pioneer relay interlockings of Les Laumes-Alésia (1949), the Dijon – Blaisy-Bas remote control (1949) and the Vers-de-Maison branch (1950).

Inspired by the push-button signal box in Thirsk, the Etat Railway equipped the Argenteuil-Raccordements branch station with a similar experimental signal box designed by Aster in 1939. The pioneer proved itself with sectional route cancellation (transit souple), but was replaced in 1967 by an electro-mechanical PELI 62 interlocking with individual points and signalling levers, an undeserving fate. Another pioneer interlocking with rotating route buttons in the track diagram and télécombinateur was built in 1950 by Alsthom (former Thomson-Houston) in the strategically important Poste 4 of Villeneuve-Saint-Georges south-west of Paris, whose operation panel (**Fig. 774**) was adapted to that of the standard relay interlocking (PRS) in 1981 and was replaced by a PAI (poste d'aiguillage informatisé) in 2024.

776

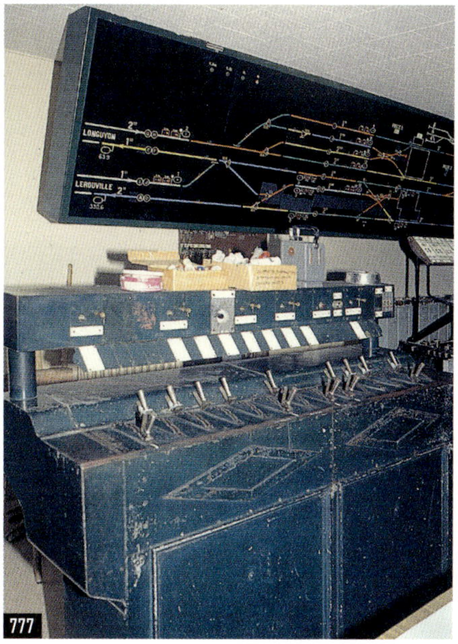
777

778

Die französischen Descubes-Stellwerke: Vorreiter der NX (eNtrance-eXit) – Philosophie

Albert Descubes, Chefingenieur der Ostbahn, befasste sich früh mit der Fortentwicklung der Stellwerke, insbesondere zur Vereinfachung der Verschlussmethodik. Bereits 1909 wurden auf seine Initiative hin in Nancy zwei elektro-mechanische Stellwerke gebaut. Descubes war mit den Fortschritten jedoch noch nicht zufrieden. Er entwickelte das Konzept der rein elektrischen Fahrstrassenverschlüsse von Bleynie-Ducousso weiter und ergänzte dieses mit dem Grundsatz der Zweihebel-Bedienung für Anfang und Ende einer Fahrstrassen wie auch erstmals die Verkabelung die Geografie des Gleisplans widerspiegelte. Die Verschlussabhängigkeiten in der Fahrstrassenbildung von Weichen und Signalen wurden ausschliesslich mit elektro-magnetischen Relais (relais Est ‹Soleil›, ***Abb. 775*** *vom Relaisraum Poste 2 Belfort) sichergestellt, mechanische Verschlüsse waren nur noch für die zwingende Reihenfolge der Fahrstrassenbedienung (nicht sicherheitsrelevant) vorhanden. Die senkrechten zweireihig angeordneten Fahrstrassenhebel steuerten durch Umlegen Kommutatoren im Stellwerkkasten (****Abb. 776****, Poste 2 Belfort), welche geografisch die Relais im Untergeschoss aktivierten. Die Unterteilung in Bahnhofs-, Einfahr- und Ausfahrstrassen erlaubte auch die entsprechende automatische Teil-Fahrstrassenauflösung. Eine eher seltene einreihige Ausführung war 1996 im Stellwerk von Onville (bis 2015,* ***Abb. 777****) anzutreffen.* ***Abb. 778*** *von 1995 zeigt einen Ausschnitt des Bedienungsapparats von Lagny (1936), auf welchem die Fahrstrassenabschnitte der Hebel gut erkennbar sind: oben links S2 nach T4 usw., übersichtlich und einfach zu bedienen. Dank der kompakten Bauform konnten auch grössere Bahnhöfe wie Reims*

The French Descubes interlockings: pioneers of the NX (eNtrance-eXit) philosophy

Albert Descubes, chief engineer at Ostbahn, was involved early on in the further development of interlockings, in particular to simplify the locking method. As early as 1909, two electro-mechanical signal boxes were built in Nancy on his initiative. However, Descubes was not yet satisfied with the progress made. He further developed Bleynie-Ducousso's concept of exclusively electric route locks and supplemented it with the principle of two-lever operation for the start and end of a route and, for the first time, wiring that reflected the geography of the track layout. The locking dependencies in the route formation of points and signals were ensured exclusively with electromagnetic relays (relay Est 'Soleil', ***Fig. 775*** *from relay room of Poste 2 in Belfort), mechanical locks were only available for the mandatory sequence of route operation (not relevant to safety). The vertical route levers, arranged in two rows, controlled commutators in the signal box (****Fig. 776****, Poste 2 Belfort), which geographically activated the relays in the underground level. The subdivision of the entrance and exit routes also allowed the corresponding automatic partial route release. A rather rare single-row design was found in 1996 in the Onville signal box (until 2025,* ***Fig. 777****).* ***Fig. 778*** *from 1995 shows a detail of the Lagny (1936) operating apparatus, on which the route sections of the levers are clearly recognisable: top left S2 to T4 etc., clearly laid out and easy to operate. Thanks to the compact design, even larger stations such as Reims (1923–2007,* ***Fig. 779****) and Belfort (1935–2019,* ***Fig. 780****) could be organised as central signal boxes. The*

779

780

*(1923–2007, **Abb. 779**) und Belfort (1935–2019, **Abb. 780**) als Zentralstellwerke organisiert werden. Die untere Hebelreihe dient den Bahnhofsfahrstrassen und die obere den Ein- und Ausfahrstrassen, nach vorne bewegt für die Einfahrt und nach hinten bewegt für die Ausfahrt, pro Fahrstrasse zwei Hebelbewegungen. Zwischen 1913–1964 wurden 27 Anlagen gebaut. Die grösste Descubes-Anlage war von 1930–1961 in Paris-Est in Betrieb mit nur 187 Hebeln für 233 Weichen, 180 Signalen und 3818 Fahrstrassen. Vom Descubes-Stellwerk zum modernen NX-Relaisstellwerk war es nur noch ein kleiner Schritt des Weges.*

lower row of levers is used for the station routes and the upper row for the entrance and exit routes, moved forwards for entrance and backwards for exit, two lever settings per route. Between 1913–1964, 27 interlockings were built. The largest Descubes system was in operation from 1930–1961 in Paris-Est with only 187 levers for 233 points, 180 signals and 3818 routes. It was only a small step from the Descubes interlocking to the modern NX relay interlocking.

VES – DrI (Deutschland)

Auch in Deutschland beschäftigten sich die 1928 entstandenen Vereinigten Eisenbahn-Signalwerke VES mit dem Ersatz des mechanischen Verschlussregisters und installierten 1938 im Bereich der interessierten Reichsbahndirektion Essen in Mülheim-Speldorf ein 4-Reihenhebelwerk, welches für den Bereich der Güterzugfahrstrassen elektrische Verschlüsse aufwies, jedoch für die Personenzuggleise noch mechanische Verschlüsse vorhielt. Der Ausschluss feindlicher Fahrwege und Signale wurde durch elektro-magnetische Hebelsperren realisiert, welche nur dann aktiviert werden konnten (Strom erhielten), wenn die Weichen richtig verschlossen und feindliche Fahrten gesperrt waren. Bereits ein Jahrzehnt vorher entwickelten AEG und VES rein elektrische, übersichtliche Tischhebelwerke, welche die Form des Gleisbildes widerspiegelten und konstruktiv elektrische Kontaktsperren erforderten. Erste Anlagen orientierten sich am VES-

VES – DrI (Germany)

In Germany, the Vereinigte Eisenbahn-Signalwerke VES, established in 1928, was concerned with replacing the mechanical locking register and in 1938 installed a four-row lever mechanism in Mülheim-Speldorf, which had electrical locking for the freight train tracks, but still had mechanical locking for the passenger train tracks. The exclusion of enemy routes and signals was realised by electro-magnetic lever locks, which could only be activated (receive current) if the points were properly locked and conflictual movements were blocked. A decade earlier, AEG and VES had already developed exclusively electric, clearly laid out table lever mechanisms that reflected the shape of the track diagram and required electric contact locks by design. The first systems were based on the VES-four-row interlocking and dedicated for freight areas, such as the system in Zbąszynek Zk 13 in Poland (**Fig. 781**), which was still

781

782

783

784

4-Reihen-Stellwerk für Güterverkehrsanlagen, wie die 2023 noch aktive Anlage im polnischen Zbąszynek Zk 13 (**Abb. 781**), aber danach setzte sich das Gleisbild durch. Zeitzeugen dieser Pionieranlagen im Rangierbahnhofbereich waren das Ablaufstellwerk Bremen Rbf Bva (1928–2002, **Abb. 782**) mit Fahrtenspeicher (links und rechts), oder das erste rein elektrische VES-Tischstellwerk in Oberhausen-Osterfeld Süd Stw 11 (1928–2006, **Abb. 783**) und sein Kollege in Stralsund W1 (1936–2001, **Abb. 784**): die Fahrstrassen werden mit den Schwenkschaltern im Gleisbild festgelegt, senkrecht zum Gleisbild stehende Schalter sind Signale in Haltstellung. Die Tischstellwerke bewährten sich gut und zeigten den Weg auf für ein Gleisbildstellwerk mit Zugfahrten. Für eine generelle Einführung bei der DRG war jedoch die Zeit noch nicht reif, was vom damals zuständigen Planer der Signalanlagen und späteren Abteilungspräsidenten Wagner der RBD Essen bedauert wurde. Ein analoges elektrisches Ablaufstellwerk mit Knopf-Schaltern im Gleisbild wurde Anfang der 1930er-Jahre an die SBB für den Rangierbahnhof Basel-Muttenz I sowie ein demjenigen von Osterfeld Süd vergleichbaren an die FS für den Rangierbahnhof Milano-Lambrate geliefert.

active in 2023, but then the track diagram prevailed. Contemporary witnesses of these pioneering systems in the marshalling yard area were the Bremen Rbf Bva interlocking (1928–2002, **Fig. 782**) with route memory (left and right), or the first exclusively electric VES table interlocking in Oberhausen-Osterfeld Süd Stw 11 (1928–2006, **Fig. 783**) and its colleague in Stralsund W1 (1936–2001, **Fig. 784**): the routes are chosen with the rotary switches in the track diagram, switches perpendicular to the track diagram are signals in the stop position. The table interlockings proved to be a success and paved the way for a push-button interlocking with train routes. However, the time was not yet ready for a general introduction at the DRG, which was regretted by the signalling system planner responsible at the time and later Department president Wagner of the RBD Essen. At the beginning of the 1930s, a similar electric interlocking with button switches in the track diagram was supplied to the SBB for the Basel-Muttenz I marshalling yard and a similar type Osterfeld Süd was supplied to the FS for the Milano-Lambrate marshalling yard.

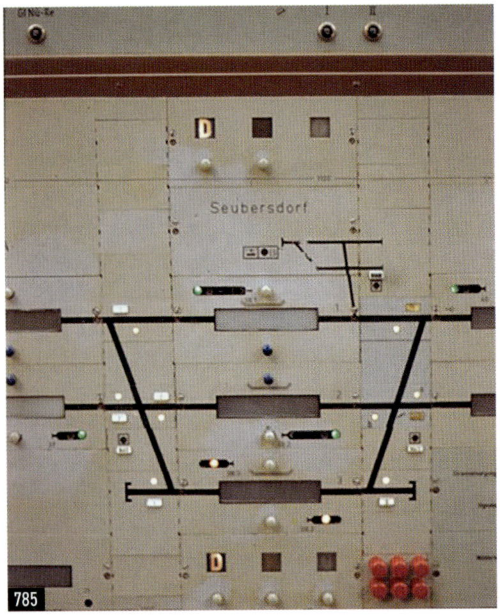

785

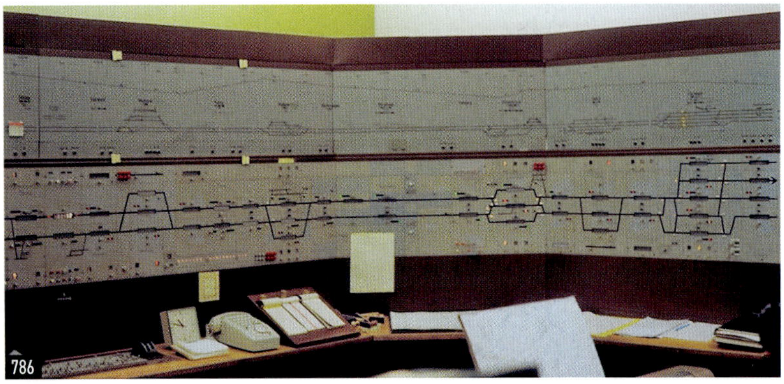
786

Der Übergang von den ersten Tischstellwerken zum späteren Gleisbildstellwerk wurde jedoch ab 1936 unter Leitung des damaligen Signaldezernenten der Eisenbahndirektion Berlin, Dobmaier, zielstrebig weiterverfolgt. Die Vereinigung der Relaiskontakte mit dem Gleisbild war der zielführende Weg, dazu mussten jedoch neue kleine elastische Steuerschalter im Gleisbild mit getrennter Kontaktanordnung zum Ersatz der bisher festgekuppelten Schaltvorrichtungen entwickelt werden. Dies führte zu Pionieranlagen unter den Bezeichnungen ‹Patronenstellwerk› und ‹K44›, deren Finalisierung jedoch durch die Zerstörung des Siemens-Blockwerks im Januar 1944 unterbrochen wurde. 1946 konnten die Arbeiten wieder aufgenommen werden und gipfelten 1948 im ersten richtungsweisenden Gleisbildstellwerk DrI von Siemens in Düsseldorf-Derendorf Dp mit neuartigen Signalrelais, welche baukastenmässig angeordnet wurden sowie der Drucktastenbedienung Start – Ziel, vorerst noch ohne Rangierfahrstrassen.

Der Verschlussplan orientierte sich am Fahrstrassenprinzip: Jede Fahrstrasse hatte einen Fahrstrassensteller und -verschliesser, welche alle zu einer Fahrstrasse gehörenden Weichen und Schutzweichen zu stellen und zu verschliessen bzw. integral aufzulösen hatte. Eine der ersten Grossanlagen mit DrI-Technik stellte das 1952(–2005) in Betrieb genommene Streckenstellwerk Nürnberg (exkl.)-Regensburg (exkl.) mit 100 km Länge, 200 Weichen, 300 Signalen und 35 000 Relais (**Abb. 785** und **786**) von S&H dar (noch ohne Rangierfahrstrassen). 17 Betriebsstellen wurden ferngesteuert und drei Bahnhöfe mit regem Rangier-

However, the transition from the first table interlockings to the later push-button interlocking was pursued with determination from 1936 onwards under the leadership of Dobmaier, then head of signalling at the Berlin railway directorate. Combining the relay contacts with the track diagram was the way forward, but this required the development of new small elastic control switches in the track diagram with a separate contact arrangement to replace the previously firmly coupled switching devices. This led to pioneering systems under the names 'Patronenstellwerk' and 'K44', the finalisation of which was, however, interrupted by the destruction of the Siemens interlocking plant in January 1944. Work was resumed in 1946 and culminated in 1948 in the first pioneering push-button interlocking DrI in Düsseldorf-Derendorf Dp with new types of signalling relays arranged in a modular system and push-button operation entrance-exit, initially without shunting routes.

The locking plan was based on the route principle: each route had a route setter and a route lock, which had to set and lock all the points and safety points belonging to a route, or to open them completely. One of the first large-scale systems with DrI-technology was the Nuremberg (excl.)-Regensburg (excl.) remote interlocking, which went into operation in 1952(–2005) with a length of 100 km, 200 points, 300 signals and 35 000 relays (**Fig. 785** and **786**) from S&H (still without shunting routes). 17 stations were remote-controlled and three stations with active shunting operations were operated lobetrieb ortsbedient, allerdings mit Befehlsabhängigkeit vom Streckenfahrdienstleiter. Bahnbrechende Neuerungen waren der Selbststellbetrieb (automatischer Durchgangsbetrieb auf geraden Gleisen), die fortlaufende Zugnummernmeldung in den Gleisabschnitten sowie der Zuglaufschreiber zum Ersatz der Zugmeldebücher. 1953 wurde im Raum Köln die erste, mit damals 1100 Zügen pro Tag bereits stark belastete Drehscheibe mit der DrI-Technik ausgerüstet, der Hauptbahnhof Köln erhielt dabei als erster gesicherte Rangierfahrstrassen mit Zwei-Tasten-Bedienung, welche zu den Zugfahrstrassen noch kumulativ ergänzt wurden, was einen erheblichen Zusatzaufwand an Relais und Kontakten erforderte.

Signum-Integra (Schweiz)

1919 erfolgte die Gründung der Firma Signum in Wallisellen bei Zürich, an welcher sich auch die Deutschen Eisenbahn-Signalwerke mit den Anteilen der bisherigen Schweizerischen Stellwerkfabrik beteiligte. Die Signum AG vertrat in der Folge die VES in der Schweiz und übernahm ab 1930 die Fabrikation von mechanischen und elektro-mechanischen Stellwerkteilen. Ab 1945 wurde die Integra AG gegründet, in welcher Projektierung und Vertrieb von Stellwerkanlagen zusammengefasst wurden, während die Produktion in der Signum AG verblieb. Daraus entstanden schweizerische Eigenentwicklungen, welche 1933 mit der punktförmigen Zugbeeinflussung ‹Signum› begannen und 1939 unter Leitung von Karl Oehler mit dem ersten rein elektrischen Schalterstellwerk im Zulauf zum Hauptbahnhof Luzern ihren Fortgang fanden. Das Zeitalter neuer mechanischer Verschlüsse in der Schweiz war nun vorbei. Ab 1941 wurden sukzessive Nebenlinien und Ausbauten auf Hauptstrecken (v. a. auf Doppelspur) mit neuen elektrischen Schalterwerken ausgerüstet, wie die vertikale Bauform in Trubschachen (1947–2005, **Abb. 787**). Die Weichenstellung erfolgte noch einzeln mit den Schaltern links und rechts, während pro Strecke nur noch ein Fahrstrassensignalschalter erforderlich war (in der Mitte angeordnet). Die Festlegung der Fahrstrasse erfolgte mit der Gleiswahltaste im Gleisbild und der gleichzeitigen Bedienung des Fahrstrassensignalschalters in die gewünschte Richtung. Die im Gleisbild gelb gefärbten Gleise sind mit Gleisstromkreisen ausgerüstet. Unter den Schaltern waren senkrechte Achsen mit Nockenschaltern der elektrischen Weichen- und Fahrstrassenkontakte angeordnet. Im Rahmen der Elektrifizierung der SNCF-Strecke Bellegarde–Genf wurde in La Plaine (1956–2014, **Abb. 788**) ein altes Vignier-Stellwerk der PLM durch ein vertikales Integra-Schalterwerk abgelöst, mit der Spezialität

cally, but with command dependence from the line dispatcher. Ground-breaking railway innovations were the automatic route setting on direct tracks, continuous train describer systems and the train running recorder to replace the train registration books. In 1953, the first hub in the Cologne area, which was already heavily used at the time with 1100 trains per day, was equipped with DrI-technology. Cologne central station was the first to receive locked shunting routes with two-button operation, which were added cumulatively to the train routes, which required a considerable number of additional relays and contacts.

Signum-Integra (Switzerland)

In 1919, the Signum company was founded in Wallisellen near Zurich, in which the Deutsche Eisenbahn-Signalwerke (German railway signalling works) took a share in the former Schweizerische Stellwerkfabrik (Swiss signal box factory). Signum AG subsequently represented VES in Switzerland and took over the manufacture of mechanical and electro-mechanical interlocking components from 1930. From 1945, Integra AG was founded, in which the project planning and sales of interlocking systems were combined, while production remained at Signum AG. This established Swiss in-house developments, which began in 1933 with the 'Signum' point-based train control system and continued in 1939, under the direction of Karl Oehler, with the first exclusively electric switch interlocking in the approach to Lucerne central station. The age of new mechanical locking systems in Switzerland was now over. From 1941 onwards, branch lines and extensions on main lines (mainly on double track) were successively equipped with new electric interlockings, such as the vertical design in Trubschachen (1947–2005, **Fig. 787**). The point setting was still done individually with the switches on the left and right, while only one route signal switch was required per line (arranged in the centre). The route was settled using the track selection button in the track diagram and simultaneous operation of the route signalling switch in the desired direction. The tracks coloured yellow in the track diagram were equipped with track circuits. Vertical axles with cam switches for the electric points and route contacts were arranged under the panel. As part of the electrification of the SNCF Bellegarde–Geneva line, an old PLM Vignier interlocking was replaced at La Plaine (1956–2014, **Fig. 788**) by a vertical Integra interlocking, with the der SNCF-Signalisierung, erkennbar an den doppelten Rotlichtern der Hauptsignale. Der mittelgrosse Bahnhof Payerne (**Abb. 789** und **790**) erhielt 1946/1958 ein Mittelbefehlsstellwerk und ein Wärterstellwerk, welche als eine der Letzten nicht fernsteuerbaren Anlagen der SBB neben den grossen Rangierbahnhöfen 2028 durch ein elektronisches Stellwerk ersetzt wird. Auf der grünen Domino-Gleisbildtafel im Befehlsstellwerk werden 16 automatisierte Schranken der vier angrenzenden Einspurstrecken überwacht, die weissen Tasten unter der Gleistafel dienen den Fahrstrassenfreigaben und Zustimmungen zum Wärterstellwerk. Das Integra-Schalterwerk wurde ab Anfang der 1940er-Jahre auch für Neuanlagen des Güterverkehrs genutzt, wie das Beispiel des Hafenbahnhofs Birsfelden bei Basel zeigt (**Abb. 791**), Zufahrtsgleise und Weichen sind isoliert, die Einstellung der Rangiersignale erfolgt mit Zweitasten-Bedienung. Ein grösseres Wärterstellwerk mit isolierten Gleisen wurde 1956 im Stellwerk III von Brig installiert (**Abb. 792**), es steuerte bis 2015 die Ein- und Ausfahrten des 20-km-langen Simplontunnels mit Gleiswechselbetrieb. Ab 1950 wurden auch Pultstellwerke geliefert wie in Uzwil (1966–1993, **Abb. 793**). Gut erkennbar die doppelten Blockpfeile links und rechts im Gleisbild für den signalmässigen Einspurbetrieb. Entsprechend gesicherte Zugfahrstrassen sind bei den Fahrstrassensignalschaltern (rote Ringe) bei den rot gefärbten Buchstaben vorhanden. Vor den Schaltern auf der Pultfläche liegt die Ein- und Ausfahrtentabelle des Regelfahrplans, welche bei den SBB die fernmündliche Zugvormeldung von Station zu Station Jahrzehnte vor der Einführung von Zugnummernmeldeanlagen ersetzte. Fernmündlich wurden nur abweichende Zugfolgen, Sonderzüge oder Züge bei Blockstörungen gemeldet. Diese Praxis der Schweizer Bahnen wie auch der SNCF stand im Unterschied zu DB und ÖBB, wo bis zur Einführung von Zugnummernmeldeanlagen jeder Zug von Bahnhof zu Bahnhof fernmündlich angeboten/angenommen und im Zugmeldebuch festgehalten wurde. Das Pultstellwerk von Porrentruy (1956–2022, **Abb. 794**) wurde zwischenzeitlich mit der Fernsteuerung der Strecke nach Boncourt-Delle (SNCF) ergänzt. Zur Raumoptimierung wurden auch einige Zwei-Reihen-Pultstellwerke wie in Oensingen (1950–2013, **Abb. 795**) und im Wärterstellwerk 2 von Solothurn (1955–1999, **Abb. 796**) hergestellt. Die letzte Entwicklungsstufe des Schalterwerks war der Ersatz der klassischen Weichenschalter durch kleine Schwenktasten, welche durch Relaissätze angesteuert wurden und damit den automatischen Weichenlauf ermöglichten. Im Wärterstellwerk von Burgdorf (1953–2008, **Abb. 797**) sind die kleinen Weichenschwenktasten unten gut sichtbar, die gewünschte Weichenstrasse

speciality of SNCF signalling, recognisable by the double red lights of the main signals. The medium-sized Payerne station (**Fig. 789** and **790**) received a master signal box and a dependent interlocking in 1946/58, which will be replaced by an electronic signal box around 2028 as one of the last non-remote-controlled SBB system alongside the large marshalling yards. On the green Domino track panel in the master interlocking, 16 automated barriers of the four adjacent single-track lines are monitored, while the white buttons under the track panel are used for track authorisations and consents for the dependent interlocking. The Integra interlocking was also used from the early 1940s for new freight traffic installations, as the example of the Birsfelden port station near Basel shows (**Fig. 791**), access tracks and points are isolated, the shunting signals are set using two-button operation. A larger dependent interlocking with track circuits was installed in Brig interlocking III in 1956 (**Fig. 792**); until 2015, it controlled the entrances and exits of the 20 km-long Simplon tunnel with bi-directional operation. From 1950, horizontal signal boxes were also supplied, as in Uzwil (1966–1993, **Fig. 793**). The double block arrows on the left and right of the track diagram for block and signalled single-track operation are clearly visible. Correspondingly, secured train routes are present at the route signal switches (red rings) next to the red-coloured letters. The entrance and exit table of the current timetable is located in front of the switches on the desk area, which replaced the telephonic train pre-announcement from station to station at SBB decades before the introduction of train describer systems. Only derogation train sequences, special trains or trains with signal or block disruptions were indicated by telephone. This practice of the Swiss railways as well as the SNCF was in contrast to DB and ÖBB, where every train was offered/accepted by telephone from station to station and recorded in the train logbook until the introduction of train describer systems. The Porrentruy horizontal signal box (1956–2022, **Fig. 794**) was supplemented in the meantime with remote-control of the line to Boncourt-Delle (SNCF). Some two-row horizontal interlockings were also produced to optimise space, such as in Oensingen (1950–2013, **Fig. 795**) and in the dependent interlocking 2 of Solothurn (1955–1999, **Fig. 796**). The last stage in the development of the interlocking was the replacement of the classic point switches with small swing buttons, which were controlled by relay sets and, thus, enabled automatic points operation. In the dependent interlocking at Burgdorf (1953–2008, **Fig. 797**), the small points

787

788

789

790

791

792

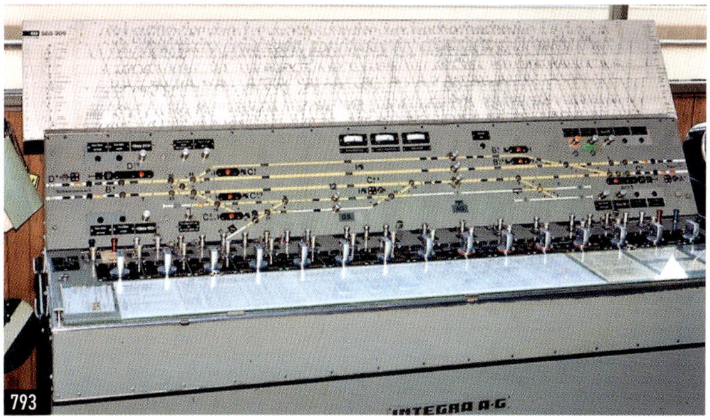

793

794

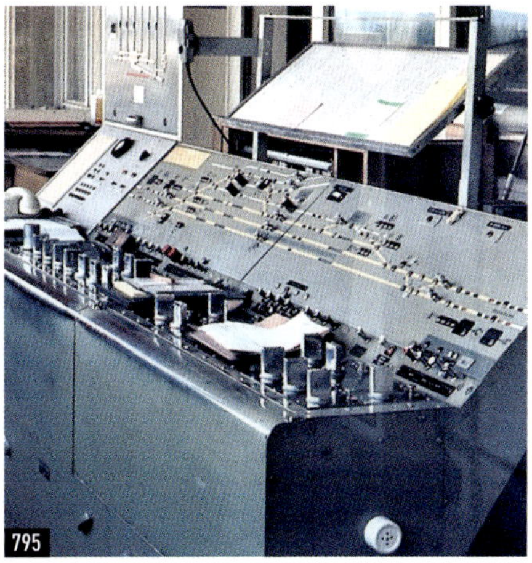
795

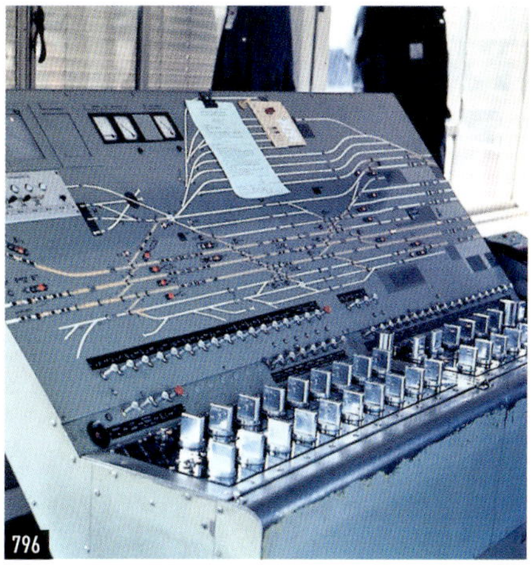
796

für Zugfahrten wurde durch Drücken von Start- und Zieltaste im Gleisbild eingestellt und festgelegt, worauf im Befehlsstellwerk (1957–2008, **Abb. 798**) der Fahrstrassensignalschalter für die Signalbedienung frei wurde. Die Fahrstrassensignalschalter selbst waren jedoch noch mit den senkrechten Kontaktachsen festgekuppelt. Vereinzelt wurden die Schalterwerke auch für den Selbststellbetrieb auf geraden Fahrstrassen ausgerüstet wie in Chénens, Matran und Rosé auf der Strecke Fribourg–Lausanne der Kreisdirektion I. Das Integra-Signum-Schalterwerk wurde bis 1966 in rund 320 Anlagen vorwiegend im Inland aber auch im Ausland in Betrieb genommen.

Mit der Entkopplung der Bedienungselemente von den Schaltachsen wurde der Weg frei zum Tastenstellwerk. Die SBB erprobten Anfang der 1950er-Jahre ein Gleisbildstellwerk der Hasler AG wie in Le Locle-Ville (1952, **Abb. 799**) mit zwei im Streckengleis eingebauten Drehschaltern. Zur Einstellung einer Fahrstrasse wurden die Weichen einzeln gestellt, dann der schwarze Fahrstrassensignalschalter in die gewünschte Richtung gedreht, unter gleichzeitigem Drücken der entsprechenden Gleistaste, worauf die Fahrstrasse einzulaufen begann. Die angesteuerten Kontakte bewegten im Relaisraum eine Schaltwalze, welche als Fahrstrassenfolgeschalter (Standard Electric) bezeichnet wurde. Die drei Prototypen fanden keine Nachfolger.

Die ersten wirklichen Tastenstellwerke waren reine Befehlswerke mit elektro-mechanischen Wärterstellwerken wie 1944 in Basel SBB PB West (Befehlswerk A, **Abb. 800**) und 1949 in Solothurn (**Abb. 801**) mit Zweitastenbedienung von Gleis- und Streckentasten, ähnliche Freigabewerke wurden ab 1951 auch in Ungarn in Lizenz produziert. Mit der gleichen Tastentechnik wurde 1954 das Wärterstellwerk 8 in Basel SBB PB West als zweites der SBB mit gesicherten Rangierfahrstrassen und Start-Ziel-Bedienung ausgerüstet (**Abb. 802**). Die Rangiersignale waren noch konventionell. Erstmals wurden für die Anforderungen von Rangierfahrstrassen numerische Gleismelder (Bauart Gfeller) im Gleisfeld eingerichtet, die Auflösung der Zugfahrstrassen erfolgte abschnittsweise. Das erste Tastenstellwerk mit gesicherten Rangierfahrstrassen entwickelte Integra allerdings bereits 1952 für den Poste I von Genève-Cornavin (**Abb. 803** und **804**). Erstmals wurden die Fahrstrassen in Abschnitte (Weichenrelaisgruppen) gegliedert und dadurch die automatische Teilauflösung nach erfolgter Zugfahrt ermöglicht, verbunden mit der Einführung von dreibegriffigen Rangierzwergsignalen. Start und Ziel der Fahrstrassen wurden durch gleichzeitiges Drücken der Schwenktasten im Gleisbild eingestellt und durch Drehung der Schwenktaste festgelegt. Zugfahrstras-

swing buttons are clearly visible at the bottom; the desired points route for train movements was set and defined by pressing the entrance and exit buttons in the track diagram, whereupon the route signalling switch in the command signal box (1957–2008, **Fig. 798**) became free for signal activation. However, the route signalling switches themselves were still coupled to the vertical contact axles. Occasionally, the signal boxes were also equipped for automatic route setting on straight routes, as in Chénens, Matran and Rosé on the Fribourg–Lausanne line. The Integra-Signum signal box was put into operation in around 320 installations by 1966, mainly in Switzerland but also abroad.

The decoupling of the operating elements from the switching axles paved the way for push-button interlocking. At the beginning of the 1950s, the SBB trialled a push-button interlocking from Hasler AG as in Le Locle-Ville (1952, **Fig. 799**) with two rotary switches built into the track. To set a route, the points were set individually, afterwards, the rotary switch was turned in the desired direction while simultaneously pressing the corresponding track button, whereupon the route began to run in. The actuated contacts moved a switching roller in the relay space, which was called a route sequence switch (Standard Electric). The three prototypes had no successors.

The first real push-button interlockings were exclusive command interlockings with electro-mechanical dependent interlockings, such as in 1944 in Basel SBB PB West (command interlocking A, **Fig. 800**) and in 1949 in Solothurn (**Fig. 801**) with two-button operation of track and line buttons; similar master interlockings were produced under licence in Hungary from 1951 onwards. In 1954, dependent interlocking 8 in Basel SBB PB West was equipped with the same push-button technology and was the second SBB interlocking with locked shunting routes and entrance-exit operation (**Fig. 802**). The shunting signals were still conventional. For the first time, numerical track indicators (Gfeller type) were installed in the track field for the requirements of shunting routes, routes were equipped with automatic partial release. But Integra developed the first push-button interlocking with locked shunting routes as early as 1952 for the Poste I of Genève-Cornavin (**Fig. 803** and **804**). For the first time, the routes were divided into sections (switch relay groups), thus, enabling automatic partial release after train movement, combined with the introduction of three-position shunting dwarf signals. The start and destination of the routes were set by simultaneously pressing the

797

798

799

800

801

802

803

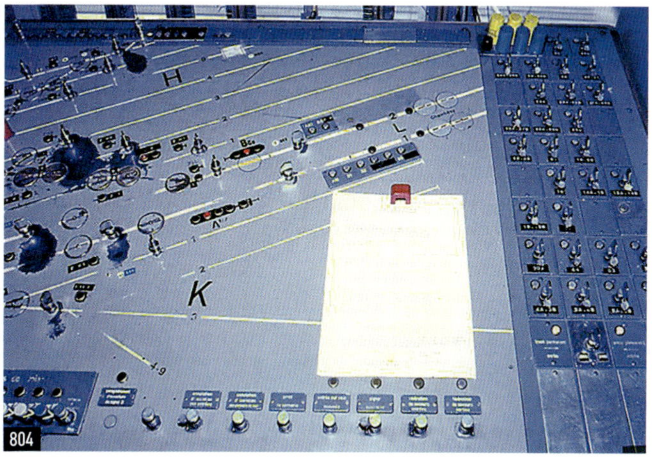

804

805

806

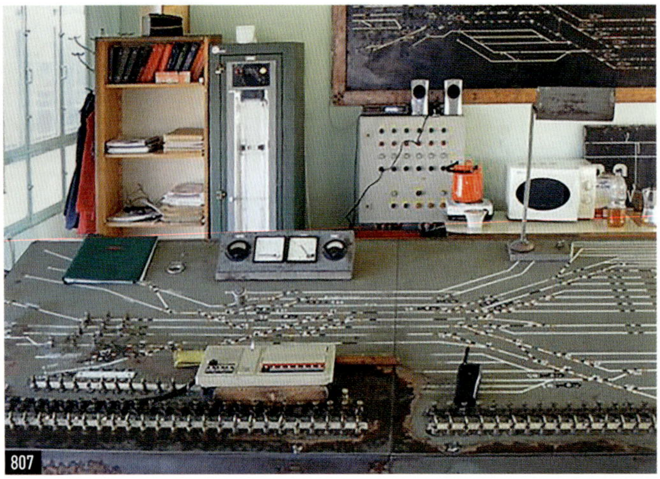
807

sen bauten auf den vorbereiteten Rangierstrassen auf und wurden durch Drehen des Schwenkschalters beim Ein- oder Ausfahrsignal der Strecke aktiviert. Die Anlage bildete den Vorläufer für die nachfolgende Familie der Domino-Gleisbildstellwerke. Dass die Pionieranlage in Genève-Cornavin gebaut wurde, war vermutlich kein Zufall: der Bahnhof wurde bis zur Gründung der SBB 1902 durch die PLM betrieben und 1891 mit einem Druckwasserstellwerk Bianchi-Servettaz (P III) und 1897 mit zwei mechanischen PLM Saxby 1900-Kaskadenstellwerken ausgerüstet (P I + P II), alle mit verschlossenen Weichen, d. h. mit gesicherten Rangierfahrstrassen. Daher kamen 1950 im Poste II (bis 1956) die ersten sieben Rangierzwergsignale zur Signalisierung von verschlossenen mechanischen Rangierfahrstrassen zur Anwendung.

Signum-Integra (Ungarn)

Nach 1945 basierte die Betriebsführung in Ungarn, wie auch in den Nachfolgestaaten der Monarchie, noch weitgehend auf mechanischen Stellwerken und schlüsselgesicherten Weichen, nur Knotenbahnhöfe wurden mit elektro-mechanischen Anlagen, meistens VES-1912, ausgerüstet. Das ungarische Verkehrsmi-

swing buttons in the track diagram and turning the swing button. Train routes were based on the prepared shunting routes and were activated by turning the swing switch at the entry or exit signal of the line. The system was the forerunner for the subsequent family of Domino push-button interlocking systems. The fact that the pioneering installation was built in Genève-Cornavin was probably no coincidence: the station was operated by PLM until SBB was founded in 1902 and was equipped in 1891 with a Bianchi-Servettaz pressurised water interlocking (P III) and in 1897 with two mechanical PLM Saxby 1900 cascade interlockings (P I + P II), all with locked points, i. e. with locked shunting routes. In Poste II (until 1956), the first seven shunting dwarf signals for signalling mechanically locked shunting routes were used since 1950.

Signum-Integra (Hungary)

After 1945, operations management in Hungary, as in the successor states of the monarchy, was still largely based on mechanical signal boxes and key-locked points; only greater junction stations were equipped with electro-mechanical systems, most-

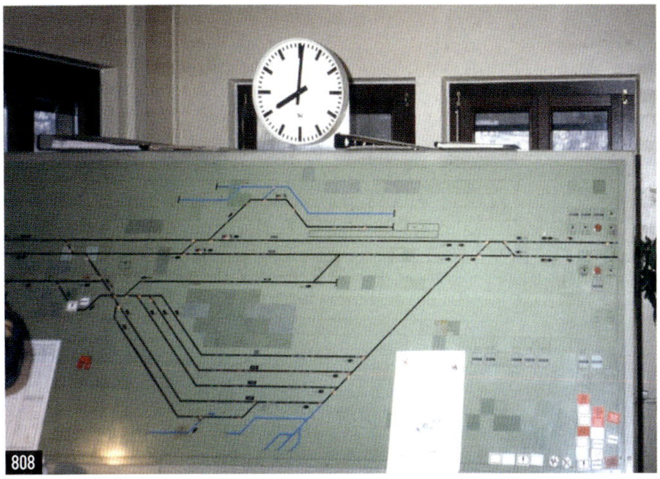

nisterium entschied daher, dass auf Hauptstrecken nur noch zeitgemässe Sicherungsanlagen auszurüsten seien. Dies führte 1949 zu einem Lizenzvertrag mit der Schweizer Signalbaufirma Signum-Integra, mit welcher 1951 auf der Grundlage des Integra-Relaisschalterwerks eine erste Anlage in Szántód-Kőröshegy gebaut wurde. In der Folge kamen auch weitere Anlagen mit Start-Ziel-Bedienung zur Anwendung, welche sich noch am freiverdrahteten Tastenpult der Integra orientierten, wie das noch aktive Tastenbefehlspult von Budapest-Déli (**Abb. 805**) im Verbund mit mechanischen Stellwerken der S&H-Bauart 5007. Eine eindrückliche Anlage wurde 1954 im Knotenbahnhof Székesfehérvár installiert: Das nach dem Krieg wieder aufgebaute Befehlsstellwerk II erhielt ein Tastenbefehlspult mit Start-Ziel-Bedienung (**Abb. 806**) mit einem danebenstehenden Integra-Tastenstellpult als Wärterstellwerk mit Weichenselbstlauf und den unten in einer Reihe stehenden Weichenschwenkschalter (**Abb. 807**), die beiden Wärterstellwerke I und III beherbergten VES 1912-Stellwerke von 1931. Die Anlage wurde erst 2016 durch ein ESTW abgelöst.

ly VES 1912. Therefore, the Hungarian Ministry of Transport decided that only modern safety systems should be fitted on main lines. This led to a licence agreement with the Swiss signalling company Integra in 1949, with which the first system was built in Szántód-Kőröshegy in 1951 on the basis of the Integra relay table plant. Subsequently, other systems with entrance-exit operation were used, which were still based on the Integra's free-wired pushbutton panel, such as the still active push-button master panel from Budapest-Déli (**Fig. 805**) in combination with mechanical signal boxes of S&H-type 5007. An impressive system was installed in the Székesfehérvár junction station in 1954: the master interlocking II, which was rebuilt after the war, was equipped with a push-button control panel with entrance-exit authorizations (**Fig. 806**) with an adjacent Integra push-button control panel as a dependent interlocking with automatic points setting and the points swing switch at the bottom in a row (**Fig. 807**); the two dependent interlockings I and III housed VES 1912 interlockings from 1931. The system was only replaced by an ESTW in 2016.

Signum-Integra (Luxemburg)

Zum Wiederaufbau der kriegsbeschädigten Signalanlagen im luxemburgischen Grenzbahnhof Wasserbillig betraten die CFL mit einer rein elektrischen Relaisanlage von Integra Neuland. Das Stellwerk (1950–2002, **Abb. 808** und **809**) war mit Weichenschwenkschaltern (analog SBB-Burgdorf) und automatischem Weichenlauf ausgestattet. Die Zugfahrstrassen wurden mit dem gleichzeitigen Drücken der Gleistaste und des Drehens des Fahrstrassensignalschalters in die gewünschte Richtung eingestellt. Die CFL rüsteten in der

Signum-Integra (Luxembourg)

To rebuild the war-damaged signalling systems in Luxembourg's Wasserbillig border station, the CFL broke new ground with an exclusively electric relay system from Integra. The signal box (1950–2002, **Fig. 808** und **809**) was equipped with point-swing switches (similar to SBB-Burgdorf) and automatic point setting. The train routes were set by simultaneously pressing the track button and turning the route signalling switch in the desired direction. The CFL subsequently equipped a number of other

810

811

Folge eine Reihe weiterer Bahnhöfe mit Integra-Schalterwerken aus, so ein einreihiges Pultschalterwerk in Tétange (bis 2001, **Abb. 810**), ebenfalls mit Weichenschwenkschaltern.

stations with Integra panels, such as a single-row horizontal desk in Tétange (until 2001, **Fig. 810**), also with point-swing switches.

CSEE (Luxemburg)

Anfang der 1950er-Jahre installierten die CFL auf der Nordstrecke auch elektrische Stellwerke des französischen Herstellers CSEE. Das für den Bahnhof Troisvierges gelieferte Fahrstrassenstellwerk (ca. 1952–1991, **Abb. 811**) ist verwandt mit dem Pionierrelaisstellwerk (Poste tout relais à destruction automatique PRA) der CSEE im SNCF-Poste K von Juvisy (1951–1983), bei beiden werden die Fahrstrassen mit einem kleinen Kippschalter ähnlich einer Telefonschaltzentrale getrennt vom Gleisbild eingestellt. Im Unterschied zur SNCF erlaubten die gelben Kippschalter auch Weicheneinzelbedienung.

CSEE (Luxembourg)

At the beginning of the 1950s, the CFL installed electric signal boxes from the French manufacturer CSEE on the northern line. The route interlocking supplied for Troisvierges station (approx. 1952–1991, **Fig. 811**) is related to the CSEE pioneer relay interlocking (Poste tout relais à destruction automatique PRA) in the SNCF Poste K of Juvisy (1951–1983), in both of which the routes are set separately from the track diagram using one small toggle switch similar to a telephone switchboard. In contrast to the SNCF, the yellow toggle switches also allowed points to be operated individually.

OES (Österreich)

Die OES (Oesterreichische Eisenbahn-Signalwerk GmbH, Wien) befasste sich neben der Weiterentwicklung des elektro-mechanischen Stellwerks auch mit der Entwicklung eines vollelektrischen Relaisstellwerks. Daraus entstand eine erste Tischform mit senkrechten Kontaktdrehachsen (Vielkontaktrelais), welche in Reihenform im Wärterstellwerk 3 von St. Pölten (1954–1991, **Abb. 812**) zur Anwendung kam. Unten sind die Weichendrehschalter zu sehen und oben die Signaltasten, welche zur Bedienung gezogen wurden. 1953

OES (Austria)

OES (Oesterreichische Eisenbahn-Signalwerk GmbH, Vienna) was involved not only in the further development of the electro-mechanical signal box but also in the development of an all-electric relay signal box. This established the first table form with vertical contact rotary axes (multi-contact relays), which was used in rows in dependent interlocking 3 in St. Pölten (1954–1991, **Figur 812**). The points rotary switches can be seen at the bottom and the signalling buttons, which were pulled for operation, can be

812

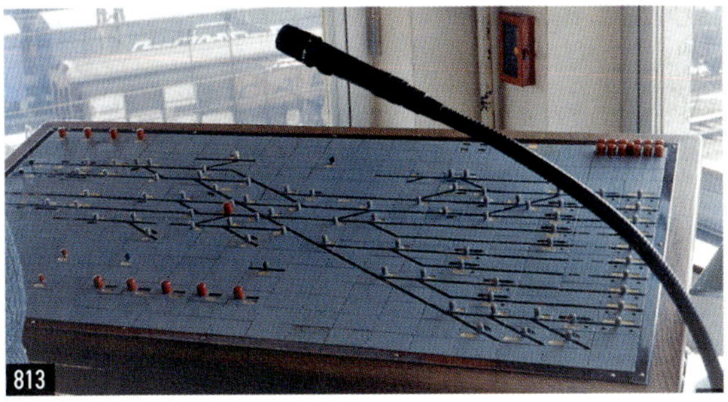

813

814

entstand das erste Drucktastenstellwerk in Strasswalchen. Daneben wurden auch Gleisbild-Stelltische Bauart Siemens mit Start- und Zieltaste verwendet wie im Stellwerk 1 von Wörgl Hbf (1950–1993, **Abb. 813**). Die Pionierentwicklung nahm keinen Fortgang, da die OES 1954 liquidiert wurde.

Westinghouse (Italien)

Auch die italienischen Bahnen suchten nach der Ablösung der bewährten elektro-mechanischen Stellwerke, um den gestiegenen Anforderungen des Verkehrs gerecht zu werden. Bereits 1941 lieferte Westinghouse einen Prototyp eines Relaisstellwerks an die Ferrovie Nord Milano in Como Nord, noch mit Weichen- und Signaltasten. Ende der 1940er-Jahre wurden auf der Simplon-Linie weitere Bahnhöfe mit Probestellwerken ausgerüstet: eines in Premosello und ein Zentralstellwerk in Arona (**Abb. 814** von 1986) mit automatischem Weichenlauf und Fahrstrassenteilauflösung. Die Einstellung einer Zugfahrstrasse war allerdings noch dreigeteilt: in der Mitte dunkelblaue (relativ grosse) Drehschalter für die Gleisfahrstrassen innerhalb des Bahnhofs (levi di binario), hellblaue Schalter für die Richtungsfahrstrassen (levi di direzione) von und zu den Strecken und rote Schalter für die Ein- und Ausfahrsignale inkl. Verbindung zum Streckenblock. Das Bedienungskonzept ging von der zügigen Vorbereitung der Fahrstrassen durch die Stellwerkwärter (Deviatori) aus, während die Signalfreigabe der dispositiven Entscheidung des Fahrdienstleiters (Dirigente movimento) oblag.

seen at the top. Later, Siemens track diagram control tables with start and finish buttons were also used, as in signal box 1 at Wörgl main station (approx. 1953–1993, **Fig. 813**). The pioneering development did not continue, as the OES was liquidated in 1954.

Westinghouse (Italy)

The Italian railways were also looking to replace the tried and tested electro-mechanical signal boxes in order to meet the increased demand of traffic. As early as 1941, Westinghouse delivered a prototype of a relay interlocking to Ferrovie Nord Milano in Como Nord, still with points and signal buttons. At the end of the 1940s, further stations on the Simplon line were equipped with trial interlockings: in Premosello and a central interlocking in Arona (**Fig. 814** from 1986) with automatic point setting and partial route release. But the setting of a train route was still divided into three parts: in the centre, dark blue (relatively large) rotary switches for the track routes (shunting routes) within the station (levi di binario), light blue switches for the directional routes (levi di direzione) to and from the lines and red switches for the entry and exit signals including connection to the line block. The operating concept was based on the rapid preparation of the routes by the dependent signalmen (deviatori), while the signal release was the responsibility of the chief signalman (dirigente movimento).

93A
A13
A12
91A
A11
F10
A10
F9
A9
F8
A8
F7
A7
F6
A6
F5
A5
A4
406280
462688

7. DIE RELAIS-STELLWERKE

Der Entwicklungsstand der Relaisstellwerke wäre in Europa Ende der 1930er-/Anfang der 1940er-Jahre bereit gewesen, die Halbwertszeit der mechanischen und elektro-mechanischen Stellwerke stark zu verkürzen. Die Wirren des Zweiten Weltkriegs und vor allem auch deren Folgen verzögerten die technologische Erneuerung der Stellwerktechnik und damit auch eine effizientere Betriebsführung je nach Land um zehn bis zwanzig Jahre.

CHARAKTERISTIKA DES RELAISSTELLWERKS

Die Relais

Kernelement des Relaisstellwerks ist das Relais: ein Elektromagnet, der elektrische Kontakte schalten kann. Er wird über einen Steuerstromkreis aktiviert und kann weitere Stromkreise schalten. Durch Stromerzeugung wird ein ferromagnetischer Anker aktiviert, welcher einen oder mehrere Kontakte schalten kann. Fällt der Strom weg, so fällt der Anker wieder in seine Ausgangsstellung zurück. Dieses Schaltungsprinzip kam in der Industrie (u. a. Nieder- und Starkstromanlagen, Fernmeldetechnik, Maschinensteuerungen) vielfältig zur Anwendung. Bei der Eisenbahn mussten und müssen Relais besonders hohe Sicherheits- bzw. Zuverlässigkeitsanforderungen (reliability) erfüllen, d. h. ihr Anker muss, wenn der Stromkreis unterbrochen wird, zwingend abfallen und damit weitere Kontakte sicher vermeiden. Diese Anforderung wird im Fachjargon ‹fail-safe Prinzip› oder ‹schützende Zurückweisung› genannt. Gemäss Definition der UIC (Union Internationale des Chemins de fer, Paris) wird zwischen zwei Klassen von Sicherheitsrelais unterschieden:

Bei Typ N-Relais, umgangssprachlich auch als «Schwerkraftrelais» bezeichnet, ist der Abfall des Relaisankers bei Abschaltung der Spannung an der Spule

7. THE RELAY INTERLOCKINGS

The state of development of relay interlockings in Europe at the end of the 1930s/beginning of the 1940s would have been ready to greatly shorten the half-life of mechanical and electro-mechanical interlockings. The turmoil of WWII and its consequences delayed the renewal of interlocking technology by 10 to 20 years, depending on the country.

CHARACTERISTICS OF THE RELAY INTERLOCKING

The relays

The core element of the relay interlocking is the relay: an electromagnet that can generate electrical contacts. It is activated by a control circuit and can activate further circuits. When current is generated, a ferromagnetic armature is activated, which can interpose one or more contacts. When the current is removed, the armature returns to its original position. This switching principle was widely used in industry (e. g. low and high voltage systems, telecommunications, machine control systems). In railway applications, relays had and still have to fulfil particularly high safety and reliability requirements, i. g. their armature must drop out if the circuit is interrupted, thus, safely preventing further contacts. This requirement is known in technical jargon as the 'fail-safe principle' or 'protective rejection'. According to the definition of the UIC (Union Internationale des Chemins de fer, Paris), a distinction is made between two classes of safety relays:

In type N relays, also known colloquially as 'gravity relays', the drop of the relay armature is always guaranteed when the voltage is switched off at the coil. In addition, a combination of materials (e.g. carbon/silver) is used for the contacts, which makes

815

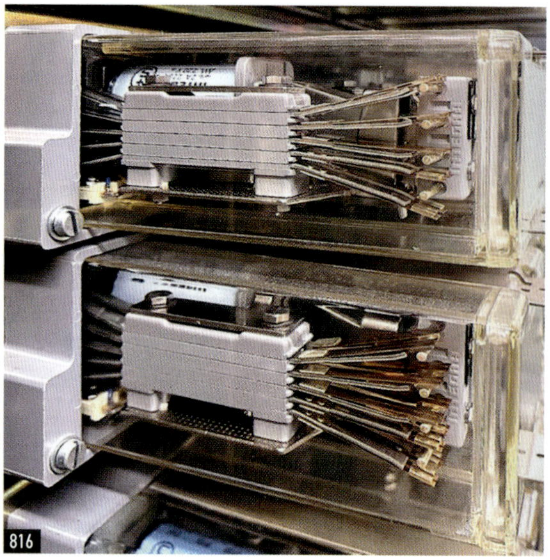
816

immer gewährleistet. Ausserdem wird für die Kontakte eine Materialkombination (z. B. Kohle/Silber) verwendet, die ein Verschweissen unmöglich macht. Typ N-Relais sind – bedingt durch die konstruktiven Anforderungen – größer und schwerer, durch die ausgeschlossenen Ausfälle sind jedoch die Schaltungen einfacher. N-Relais werden für sicherheitsrelevante Schaltungen von folgenden Bahnen verwendet: BR, NS, NSB und SNCF wie auch Nordamerika und Russland. Ein Beispiel für frühe N-Relais des OCS-Westinghouse-Fahrstrassenstellwerks in York (1951–1989) in **Abb. 815**.

Beim Typ C-Relais ist der Abfall des Relaisankers nicht sichergestellt. Dieser kann z. B. durch Restmagnetismus und Brechen einer Feder auch bei Abschaltung der Spannung angezogen bleiben. Damit hierdurch keine gefährlichen Zustände entstehen, muss schaltungstechnisch der Abfall des Relais bei jeder Schaltung geprüft werden, wozu die Zwangsführung der Kontakte unverzichtbar ist. Ausserdem sind Kontaktverschweissungen physikalisch nicht ausgeschlossen. Werden in der Stellwerkschaltung von jedem Relais ein Ruhekontakt und ein Arbeitskontakt geprüft, so muss ein Fehler sich zwingend offenbaren. Typ C-Relais sind kleiner und leichter (**Abb. 816**, Typ Integra TM), durch die notwendigen schaltungstechnischen Prüfungen, insbesondere Abfallprüfungen, werden die Schaltungen jedoch komplexer. Bei C-Relais werden ca. 5 % der Schaltungen für die Prüfung erforderlich, dieser Nachteil wird kompensiert durch tiefere Kosten, kleinere Grösse und kompaktere Schaltungskasten. C-Relais werden für sicherheitsrelevante Schaltungen von folgenden Bahnen verwendet: CFL, DB, FS (mehrheitlich), ÖBB und SBB. Schweden (Trafikverket), Spanien und SNCB verwenden beide Relais-Typen.

welding impossible. Due to the design requirements, type N relays are larger and heavier, but the circuits are simpler as failures are excluded. N-type relays are used for safety-relevant circuits on the following railway systems: BR, NS, NSB and SNCF as well as North America and Russia. An example of early N relays from the OCS Westinghouse route interlocking in York (1951–1989) in **Fig. 815**.

With type C relays, the drop of the relay armature is not guaranteed. This can remain energised, e.g. due to residual magnetism and breaking of a spring, even when the voltage is switched off. To ensure that this does not result in dangerous conditions, the drop-out of the relay must be checked for each switching operation, for which the positive guidance of the contacts is essential. In addition, contact welding cannot be physically ruled out. If a normally closed contact and a normally open contact of each relay are tested in the interlocking circuit, a fault must be obvious. Type C relays are smaller and lighter (**Fig. 816**, Integra type TM), but the necessary circuit tests, especially drop-out tests, make the circuits more complex. With C relays, approx. 5 % of the circuits are required for testing; this disadvantage is compensated for by lower costs, smaller size and more compact circuit boxes. C relays are used for safety-relevant circuits on the following railways: CFL, DB, FS (majority), ÖBB and SBB. Sweden (Trafikverket), RENFE and SNCB use both relay types.

817

818

Die Verdrahtung

Grundsätzlich ist zu unterscheiden zwischen dem Prinzip der freien Verdrahtung (freewired) und der geografischen Verdrahtung. Bei der freien Verdrahtung steht die individuelle Verknüpfung der geplanten Fahrstrassen (Fahrstrassenprinzip) der jeweiligen Anlage gemäss Verschlussplan im Vordergrund, während sich die geografische Verdrahtung am Gleisplan orientiert (Spurplanprinzip). Die geografische Verdrahtung ermöglicht die Vorfabrizierung (Verdrahtung) und Prüfung von systematisierten Relaisgruppen (u.a. Weichen, Signale) beim Hersteller, während bei der freien Verdrahtung die Installation weitgehend vor Ort erfolgt. Anpassungen an der Gleisanlage können bei geografischer Verdrahtung in der Regel einfacher durchgeführt werden. Auch bei geografischer Verdrahtung erfolgen 5–10 % in freier Schaltung.

The wiring

A basic distinction must be made between the principle of free wiring and geographic wiring. With free wiring, the focus is on the individual linking of the planned routes (route principle) of the respective system according to the locking plan, while geographical wiring is based on the track plan (track plan principle). Geographical wiring enables the prefabrication (wiring) and testing of systematised relay groups (e.g. points and signals) at the manufacturer, whereas with free wiring, installation is largely carried out on site. Adjustments to the track system can generally be carried out more easily with geographic wiring. Even with geographic wiring, 5–10 % of the wiring is carried out in free wiring.

DIE FAMILIE DER EIN-TASTEN-STELLWERKE (ONE-CONTROL-SWITCH OCS)

England

Die fortschrittliche LNER führte 1933 in Thirsk nicht nur das erste Gleisbildstellwerk mit Eintastenbedienung ein, sondern kündigte 1937 die Ausrüstung des Yorker Raums mit der damals wohl weltweit grössten Relaisstellwerk-Anlage durch Westinghouse an, welche acht Stellwerke mit 867 Hebeln ersetzen sollte. Kriegsbedingt konnte die Inbetriebnahme erst 1951 erfolgen. Der Bedienungsraum in York (**Abb. 817** und **818**)

THE FAMILY OF ONE-CONTROL-SWITCH (OCS) INTERLOCKINGS

England

The progressive LNER not only introduced the first push-button interlocking with one-button operation in Thirsk in 1933, but also announced in 1937 that Westinghouse would equip the York area with probably the world largest relay interlocking system to replace eight signal boxes with 867 levers. Due to WWII, commissioning could not take place until 1951. The control room in York (**Fig. 817** and **818**) in-

819

820

umfasste eine eindrückliche Panoramawand zur Steuerung der über 50 km Streckenlänge mit 294 Signalen, 330 Weichenantrieben sowie rund 3000 N-Relais in freier Verdrahtung (freewired). Die Bedienung erfolgte nicht im Gleisbild, sondern auf einer Konsole darunter durch kleine Drehschalter, rot für Zugfahrstrassen und weiss für Rangierfahrstrassen. Die Weicheneinzelstellung in Notfällen war möglich. Die Anlage bewährte sich und wurde erst 1989 durch ein ESTW abgelöst. Die OCS-Stellwerke wurden in etlichen weiteren Knoten wie London St Pancras (1957–1982), Newcastle (1953–1991), Newton (1960–1973), Northallerton (1939–1990), Manchester Piccadilly (1960–1988), Manchester Victoria East Junction (1962–1998), Sandbach (1959–2005) und Wilmslow (1959–2005) installiert. Die Ein-Tasten-Bedienung für Fahrstrassen blieb bei BR jedoch insgesamt eine Randerscheinung.

Italien

ACELI
Anders in Italien. Die Ferrovie dello Stato FS experimentierten zusammen mit Westinghouse italiana bereits 1939 an einer vom englischen OCS-Fahrstrassenstellwerk abgeleiteten Bauart, die Studien mussten jedoch bis 1947 unterbrochen werden. Die Pionierstellwerke von Arona und Premosello waren vielversprechend, so dass bereits 1950/51 der Knotenbahnhof Bologna Centrale mit zwei Grossanlagen, Cabina B und Cabina A (1951–2012, **Abb. 819**) als ACELI (Apparato centrale elettrico a leve d'itinerario) ausgerüstet werden konnte. Die Schwenkschalter der Fahrstrassen waren nun miniaturisiert und damit die Bedienungskonsole auch für Grossanlagen geeignet. Die Bedie-

cluded an impressive panoramic wall for controlling over 50 km of track with 294 signals, 330 point machines and around 3000 N relays in free-wired form. Operation was not carried out in the track diagram, but on a console below using small rotary switches, red for train routes and white for shunting routes. It was possible to set individual points in emergencies. The system proved its worth and was not replaced by an ESTW until 1989. OCS interlockings were installed at a number of other junctions such as London St Pancras (1957–1982), Newcastle (1953–1991), Newton (1960–1973), Northallerton (1939–1990), Manchester Piccadilly (1960–1988), Manchester Victoria East Junction (1962–1998), Sandbach (1959–2005) and Wilmslow (1959–2005). However, one-button operation for routes remained a marginal phenomenon at BR.

Italy

ACELI
Things were different in Italy. The Ferrovie dello Stato FS, together with Westinghouse italiana, experimented with a design derived from the English OCS route interlocking as early as 1939, but the studies had to be interrupted until 1947. The pioneering interlockings at Arona and Premosello were so promising that the Bologna Centrale junction station could be equipped with two large systems, Cabina B and Cabina A (1951–2012, **Fig. 819**) as ACELI (Apparato centrale elettrico a leve d'itinerario) as early as 1950/51. The rotary switches for the routes were now miniaturised, making the control console suitable for large systems. Operation was still

nung war noch traditionell hierarchisch aufgeteilt: auf der ersten Ebene der Fahrdienstleiter (Dirigente movimento) mit den Fahrstrassen-Freigaben, auf der zweiten Ebene der Chefweichenwärter (Capo squadra deviatori) mit den Ein- und Ausfahrstrassen und den noch getrennten Signalschaltern sowie auf der dritten Ebene die Weichenwärter (Deviatori) für die Bahnhofs- und Rangierfahrstrassen. Analoge Stellwerke wurden von OMS für sieben Anlagen auf der Strecke Bologna – Prato sowie von SASIB für Pisa Centrale (1955, **Abb. 820**) geliefert. Im Vordergrund die Konsole des Fahrdienstleiters mit den Zugfahrstrassen- (rechts) und Signalschwenkschaltern (links) und im Hintergrund die Bedienung der Rangierfahrstrassen. Zur Auflösung der Fahrstrassen mussten die Schwenkschalter wieder in die Grundposition zurückgestellt werden (Auflösung der ganzen Fahrstrasse).

traditionally divided by hierarchy: on the first level the chief signalman (Dirigente movimento) with the route authorities, on the second level the chief pointsman (Capo squadra deviatori) with the entry and exit routes and the still separate signalling switches, and on the third level the pointsmen (Deviatori) for the station and shunting routes. Similar signal boxes were supplied by OMS for seven installations on the Bologna – Prato line and by SASIB for Pisa Centrale (1955, **Fig. 820**). In the foreground, the signalman's console with the train route (right) and signal rotary switches (left) and in the background the operation of the shunting routes. The rotary switches had to be returned to the home position to cancel the routes.

ACEI

Die Entwicklung führte ab Mitte der 1950er-Jahre zum standardisierten Ein-Drucktasten-Stellwerk ACEI (Apparato centrale elettrico ad itinerari) con comando a pulsanti (Drucktasten) tipo FS, mit folgenden Eigenschaften: automatische Fahrstrassenteilauflösung (liberazione elastica), welche zur Bedienung elastische Drucktasten benötigt; Ein-Tasten-Bedienung (ausser bei Not- und Ersatzhandlungen oder Weicheneinzelbedienung) auf separater Konsole (nicht im Gleisbild); Verdrahtung mit vorfabrizierten Einheiten. In den ersten Grossanlagen wie Napoli Centrale (1957), Genova Porta Principe (1959), Piacenza und (Venezia-)Mestre wurden die Pulte für Zug- und Rangierfahrstrassen noch getrennt, ab den 1960er-Jahren aber integriert und in der Regel im Bahnhofgebäude untergebracht. Die verfügbaren Fahrstrassen werden mit Streckennummer, Gleisnummer (römische Zahlen) und Richtungsangabe bezeichnet. Klassische Beispiele für mittelgrosse Bahnhöfe sind 1981 Arquata-Scrivia (**Abb. 821**, Strecke Genova–Tortona) und 1986 Gallarate (**Abb. 822** und **823**, Strecke Milano-Domodossola). Im Verlauf der Zeit wurden die Drucktasten weiter verkleinert, die ACEIs fernsteuerbar gemacht (ab 1971) oder auf Doppelspurstrecken für den Selbststellbetrieb (tracciato permanente) und für den Gleiswechselbetrieb eingerichtet. Einhergehend mit den ACEI-Stellwerken erfolgte auch die Errichtung des automatischen Blocks mit codierten Gleisstromfrequenzen (Blocco automatico ad corrente codificato). Für kleine Bahnhöfe wurde ein vereinfachter ACEI semplificato mit vorfabrizierten Schaltungen unter Verzicht auf elastische Fahrstrassenauflösung und Hilfsfunktionen entwickelt. Die ACEI-Stellwerke bewährten sich sehr und erfuhren die grösste Verbreitung aller Bauformen. Ab Anfang 1980

ACEI

From the mid-1950s, development led to the standardised single push-button interlocking ACEI (Apparato centrale elettrico ad itinerari) con comando a pulsanti (push-button) tipo FS, with the following features: automatic route section release (liberazione elastica), which requires elastic push-buttons for operation; single-button operation (except for emergency and replacement operations or individual points operation) on a separate console (not in the track diagram); wiring with prefabricated units. In the first large systems such as Napoli Centrale (1957), Genova Porta Principe (1959), Piacenza and (Venezia-)Mestre, the consoles for train and shunting routes were still separate, but from the 1960s they were integrated and generally housed in the station building. The available routes are labelled with route number, track number (Roman numerals) and direction. Classic examples of medium-sized stations are Arquata-Scrivia (**Fig. 821**), Genova–Tortona line) in 1981 and Gallarate (**Fig. 822** and **823**, Milano–Domodossola line) in 1986. Over the course of time, the push-buttons were further reduced in size, the ACEI's were made remote-controllable (from 1971) or set up on double-track lines for automatic route setting (tracciato permanente) and for bi-directional operation. The automatic block with coded track current frequencies (Blocco automatico ad corrente codificato) was also installed at the same time as the ACEI signal boxes. A simplified ACEI with prefabricated circuits was developed for small railway stations, dispensing with elastic track release and auxiliary functions. The ACEI interlockings proved very successful and became the largest of all designs. From the beginning of 1980, the track dia-

821

822

823

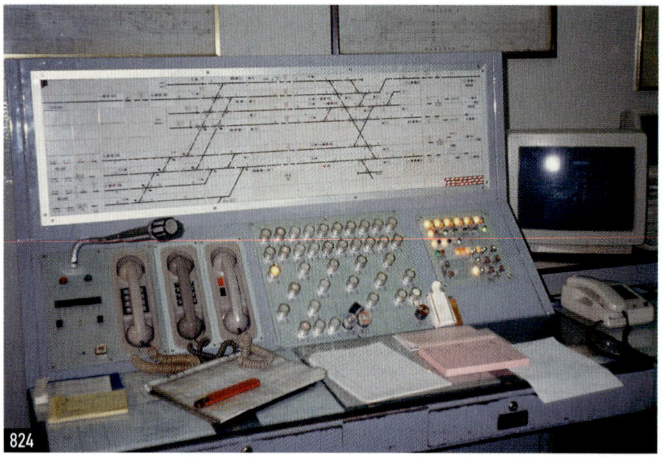

824

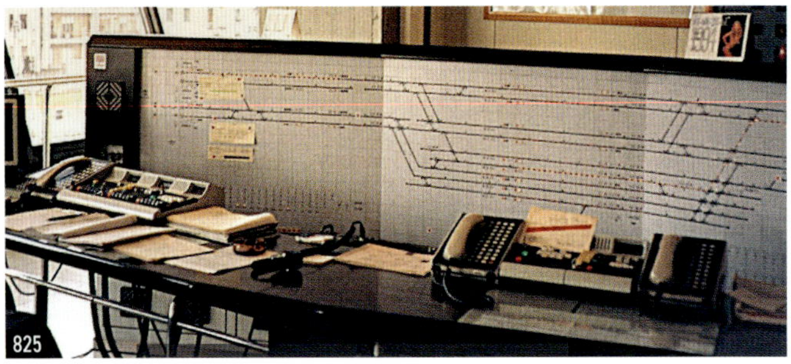

825

826

wurde das Gleisbild in grau und rechteckiger Mosaikform gestaltet wie 1994 beim Freigabewerk der FNM in Saronno (**Abb. 824**).

ACEIT

Für grosse Knotenbahnhöfe wurden die Bedienungskonsolen mit Tasten jedoch zu umfangreich, sodass eine numerische Bedienung mit einer Tastatur notwendig wurde: die Bauform ACEIT (ACEI a tabulatore). Gleichzeitig war dieser Schritt auch mit einer kleinen Revolution verbunden: dem Wechsel zur Start-Ziel-Bedienung. Der Tabulatore wurde rasch zum Standard, wie 1994 im Mittelstellwerk des Grenzbahnhofs Brennero (**Abb. 825**). Die Vorteile der raumsparenden Tastatur-Bedienung kommen in den Zentralstellwerken

gram was designed in grey and rectangular mosaic form, as in 1994 at the FNM-master interlocking in Saronno (**Fig. 824**).

ACEIT

However, for large junction stations and marshalling yards, the operating consoles with buttons became too extensive so that numerical operation with a keyboard became necessary: the ACEIT (ACEI a tabulator) design. At the same time, this step was associated with a small revolution: the change to entrance-exit operation. The tabulator quickly became the standard, as in 1994 in the centre signal box of the Brennero border station (**Fig. 825**). The advantages of the space-saving keyboard operation are clearly expressed

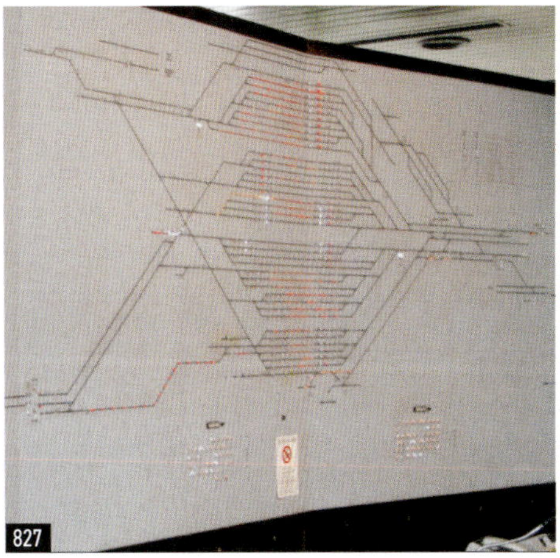

827

828

829

der Rangierbahnhöfe Torino-Orbassano-Smistamento (**Abb. 826** von 2002) und Domodossola 2 (**Abb. 827** von 2000) deutlich zum Ausdruck. Für Domo 2 ist speziell die umschaltbare Fahrleitungsspannung (15 000 V Wechselstrom SBB rechts und 3000 V Gleichstrom FS links) zu erwähnen. Das Relaisstellwerk fand mit dieser mikro-elektronischen, nicht sicherheitsrelevanten Steuerungsebene (pulsantiere leggero) nun eine hybride Bedienungsform. Für Noteingriffe (z. B. Signalhalt, Störungsbehebungen) wurden in einer zweiten Tastatur rechts Relais-Schaltungen hinterlegt (pulsantiere pesante, **Abb. 828** von Milano Centrale).

in the central signal boxes of the Torino-Orbassano Smistamento marshalling yard (**Fig. 826** from 2002) and Domodossola 2 (**Fig. 827** from 2000). For Domo 2, the switchable overhead line voltage (15 000 V alternating current SBB, right, and 3000 V direct current FS, left) should be mentioned in particular. With this micro-electronic, non-safety-relevant control level (pulsantiere leggero), the ACEI now had a hybrid form of operation. For emergency interventions (e.g. signal stop, fault clearance), relay circuits were stored in a second keypad on the right (pulsantiere pesante, **Fig. 828** in Milano Centrale).

Milano Centrale: eines der grössten Relaisstellwerke Europas

*Ein architektonisches Prunkstück und mit 24 Perrongleisen auch einer der grössten Kopfbahnhöfe Europas: Nach acht Jahren Planung und Vorbereitung erhielt Milano Centrale 1984 eine eindrückliche Relaisstellwerkanlage mit elektronischer Bedienung (numerische tabulatori). Die Anlage ermöglicht mit 505 Weichenantrieben, 542 Gleisstromkreisen sowie 32 400 Relais 1100 Zug- und 6000 Rangierfahrstrassen (**Abb. 829**). Die Einstellung einer Fahrstrasse dauert aufgrund der simultanen Weichenumstellung einige Sekunden, während dies bei den vorherigen elektro-mechanischen Stellwerken 2–3 Minuten in Anspruch nahm, insbesondere auch wegen den erforderlichen Zustimmungen zwischen vier Stellwerken. Die Kapazität wurde dadurch*

Milano Centrale: one of the largest interlockings in Europe

*An architectural masterpiece and with 24 perron tracks one of the largest terminus stations in Europe: after eight years of planning and preparation, Milano Centrale received an impressive relay interlocking system with electronic operation (numerical tabulators) in 1984. With 505 point machines, 542 track circuits and 32 400 relays, the system enables 1100 train routes and 6000 shunting routes (**Fig. 829**). Setting a route takes a few seconds due to the simultaneous points changeover, whereas this took 2–3 minutes with the previous electro-mechanical signal boxes, especially due to the necessary consents between four signal boxes. As a result, capacity was increased from around 400 trains per day* *von rund 400 Zügen pro Tag auf 650 Züge erhöht und der erforderliche Stellenetat von 136 auf 61 reduziert.*

Die Dimension und hohe Funktionalität des Relaisstellwerks von Milano Centrale waren so bedeutend, dass es auch mit der Fernsteuerung durch die digitale Betriebszentrale Milano Greco ab 2013–2016 beibehalten wurde. Dank der dadurch möglichen automatischen Fahrstrasseneinstellung erfuhr die Anlage eine weitere Leistungssteigerung.

Frankreich

PRS

Der Weg zum standardisierten Relaisstellwerk wurde bei der SNCF bereits während den Kriegsjahren unter der Ägide von Jean Walter, Chefingenieur der Direction des Installations fixes, gezielt vorangetrieben. Konzeptionell war die Entwicklung stark vom Prinzip des ‹Combinateur mécanique› der bisherigen elektro-mechanischen Fahrstrassenstellwerke beeinflusst, d. h. es wurde das Prinzip der ‹individuellen Fahrstrasse› (Weichenkette je korrespondierendes Signal) mittels der Relaiskontakte verfolgt, mit entsprechend individueller Verdrahtung (sog. freie Schaltung/freewired). Folgende Anforderungen hatten die zukünftigen Relaisstellwerke zu erfüllen: Ein-Tastenbedienung (geste unique), automatische Teilfahrstrassenauflösung (transit souple), Selbststellbetrieb (tracé permanent) und Fahrstrassenspeicherung. Die Philosophie der reinen Fahrstrassen-Konzeption wurde konsequent fortgesetzt: keine Möglichkeit der Weicheneinzelbedienung. Die Erprobung der künftigen Standardstellwerke fiel Ende der 1940er- und Anfang der 1950er-Jahre mit der Elektrifizierung der Magistrale Paris–Lyon zusammen, so dass die meisten Anlagen auf dieser Achse installiert wurden. Berühmtes Beispiel ist die Doppelspur-Fernsteuerung Dijon–Blaisy-Bas in der Zugleitung von Dijon (1949, **Abb. 830**), noch PRA (Poste tout relais à destruction automatique) genannt. Da diese Strecke an die Vierspur nach Les Laumes-Alésia grenzte, war eine Leistungssteigerung der 27 km langen Doppelspur mit Gleiswechselbetrieb (Banalisation), dem automatischen Lichtsignalblock (Bloc automatique lumineux BAL) und zwei ferngesteuerten Überholbahnhöfen unumgänglich. Weitere vergleichbare Anlagen wurden 1948(–2020) in Les Laumes-Alésia und 1949(–2011) in Dijon-Perrigny errichtet, bevor 1950 in Montereau das erste Standard-Stellwerk der grossen PRS (Poste tout relais à transit souple) Familie mit 350 Fahrstrassen und 220 Weichen und Signalen den Weg markierte, 20 Fahrstrassen konnten für den Selbststellbetrieb (tracé permanent) eingestellt werden. Weitere Gros-

to 650 trains and the number of staff required was reduced from 136 to 61.

The dimensions and high functionality of the Milano Centrale relay interlocking were so important that it was retained even with remote control by the Milano Greco digital operations centre from 2013–2016. Thanks to the automatic route setting, the system experienced a further increase in performance.

France

PRS

The path to the standardised relay interlocking was already systematically advanced at the SNCF during the war years under the leadership of Jean Walter, Chief Engineer of the Direction des Installations fixes. Conceptually, the development was strongly influenced by the principle of the 'Combinateur mécanique' of the previous electro-mechanical route interlocking, i. g. the principle of the 'individual route' (switch chain per corresponding signal) was pursued by means of relay contacts, with corresponding individual wiring (so-called freewired connection). The future relay interlockings had to fulfil the following requirements: One-button operation (geste unique), automatic partial route resolution (transit souple), automatic route setting (tracé permanent) and route storage. The philosophy of the exclusive routes concept was consistently implemented: No possibility of individual point operation. The testing of the future standard interlockings coincided with the electrification of the Paris–Lyon main line in the late 1940s and early 1950s so that most of the systems were installed on this axis. A famous example is the Dijon– Blaisy-Bas double-track remote control in the Dijon dispatcher centre (1949, **Fig. 830**), still called PRA (Poste tout relais à destruction automatique). As this line bordered the four-track line to Les Laumes-Alésia, it was essential to increase the performance of the 27 km double track with two-way operation (banalisation), the automatic light signal block (Bloc automatique lumineux BAL) and two remote-controlled passing stations. Further comparable installations were built in Les Laumes-Alésia in 1948(–2020) and in Dijon-Perrigny in 1949(–2011), before the first standard route interlocking of the large PRS (Poste tout relais à transit souple) family with 350 routes and 220 points and signals marked the way in Montereau in 1950. 20 routes could be set for automatic route setting (tracé permanent). Further large systems

830

831

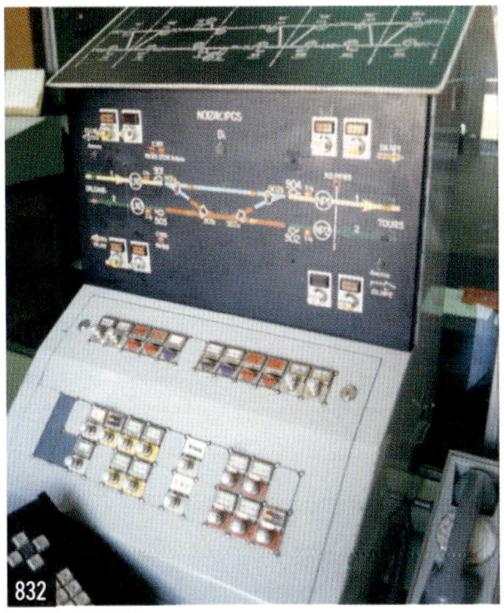
832

833

834

sanlagen folgten 1952(–2016) in Lyon-Perrache (Poste 2), 1954(–2001) in Marseille-St-Charles (520 Fahrstrassen, 330 Weichen und Signale) und schliesslich 1962 in Paris-Est das grösste PRS-Stellwerk mit 650 Fahrstrassen und 330 Weichen und Signalen. Obschon für mittlere und grosse Knotenbahnhöfe konzipiert, wurde die PRS-Technik auch für kleinere Anwendungen auf Hauptstrecken angewendet, wie **Abb. 831** von 1984 zeigt: Der Zugleiter (Régulateur) der Zugleitung Paris-Sud Est steuerte ab 1950(–1996) den Übergang des Richtungsbetriebs der Vierspur zum Linienbetrieb in Vers-de-Maison fern. In der Zugleitung von Tours wird der Spurwechsel von Noizay mit einem Mini-PRS ferngesteuert (**Abb. 832**). **Abb. 831** charakterisiert im Übrigen die bei west- und mitteleuropäischen Bahnen sowie bei den Midland Railways im Zeitraum nach dem Zweiten Weltkrieg bis in die 1980er-Jahre übliche zentrale Überwachung des Zugverkehrs auf Hauptstrecken durch den manuellen Abgleich des theoretischen grafischen Fahrplans mit den tatsächlichen fernmündlich gemeldeten Zugdurchfahrten in den örtlich bedienten Bahnhöfen. **Abb. 833** und **834** zeigen klassische PRS-Stellwerke der 1. Generation in Compiègne (1956)

followed in 1952(–2016) in Lyon-Perrache (Poste 2), in 1954(–2001) in Marseille-St-Charles (520 routes, 330 points and signals) and finally in 1962 in Paris-Est, the largest PRS interlocking with 650 routes and 330 points and signals. Although designed for medium and large junction stations, PRS technology was also used for smaller applications on main lines, as **Fig. 831** from 1984 shows: from 1950(–1996), the train dispatching centre (Régulateur) of Paris-Sud Est remotely controlled the transition from four-track directional operation to line operation in Vers-de-Maison. In the Tours dispatching centre, the Noizay track change is controlled remotely with a mini-PRS (**Fig. 832**). **Fig. 831** also characterises the central monitoring of main line traffic by means of manual comparison of the theoretical graphic timetable with the real train passages reported by telephone in the locally served stations, which was a common practice on Western and Central European and Midland railways in the period after WWII until the 1980s. **Fig. 833** and **834** show classic 1st generation PRS interlockings in Compiègne (1956) and Mulhouse-Ville (1957–2024) with type S1 gravity re-

und Mulhouse-Ville (1957–2024) mit Schwerkraftrelais des Typs S1. Bei den PRS-Stellwerken können eingestellte Zugseinfahrten bzw. die Fahrstrassenfestlegung, solange der Zug den Annäherungsverschluss (enclenchement d'approche) nicht aktiviert hat, jederzeit ohne Hilfsauflösung wieder annulliert werden. Dies ist dank der Schwerkraftrelais möglich (bei C-Relais, welche auf Ankerabfall geprüft werden müssen, ist dies nicht möglich bzw. ist eine eingestellte Zugfahrstrasse festgelegt, kann diese ohne Hilfsauflösung nicht annulliert werden). Auf Einspurstrecken kamen PRS-Stellwerke lange nicht zur Anwendung, mit Ausnahme der Fernsteuerungen auf zwei starkbelasteten Hauptstrecken: 1962 Epernay-Reims und 1963 Dôle-Vallorbe (**Abb. 835**). Letztere wurde von der Zugleitung in Dijon gesteuert und erhielt als eine der ersten Anlagen eine Programmsteuerung für mehrere gespeicherte Zugfahrten, womit zehn lokale Stellwerke bedient wurden. Die Abzweigebahnhöfe Mouchard (Stellwerk MU45 von 1956 mit Lichtsignalen und el. Weichen) und Frasne (mechanisches Stellwerk Bauart ‹Saxby PLM 1900› von 1957 mit Lichtsignalen) bleiben voraussichtlich bis 2026/27 örtlich bedient.

Mit der Verbreitung der PRS-Stellwerke ging auch der automatische Block (Bloc automatique lumineux BAL) mit Gleisstromkreisen einher. Er wurde bereits ab Mitte der 1920er-Jahre von den Länderbahnen selektiv auf stark belasteten Hauptstrecken eingeführt und von der SNCF 1950 vereinheitlicht. Die erste durchgehend ausgerüstete Strecke war 1951 die Magistrale Paris-Lyon, während Strassburg-Mulhouse 1985 an die Reihe kam. Die Blockabschnitte variieren auf offener Strecke geschwindigkeitsabhängig von 1400 bis 2800 m, in der Pariser Banlieue kapazitätsbezogen bis 700 m. Der BAL ist grundsätzlich auf V/max. 160 km/h ausgelegt, bei konventionellen Strecken mit V/max. 220 km/h (Les Aubrais-Vierzon und Les Aubrais-Bordeaux) erschien auf dem dem grünen Signal vorhergehenden Signal ein blinkendes grünes Licht. Die Zwischenblocksignale sind in den Stellwerken nicht überwacht, so dass sie bei Störungen permissiv, d. h. mit Fahrt auf Sicht (marche à vue) überfahren werden dürfen. Die dabei noch in der 1980er-Jahren vorhandenen Knallpetarden beim Überfahren eines roten Blocksignals liegen dem Autor noch heute in den Ohren.

Ab 1966 wurden die PRS mit kleineren Relais NS1 und weiter systematisierter Verdrahtung (châssis à relais NS1 modulaires) sowie einer modularen Bedienungskonsole ausgestattet. Beispiel eines mittelgrossen Stellwerks der 2. Generation ist der PRS von Culoz (1980, **Abb. 836** und **837**). Auf der Bedienungskonsole sind im unteren Teil die quadratischen weissen Fahrstrassentasten angeordnet, oben die weissen Hilfstas-

lays. With the PRS interlockings, established routes or route fixing can be cancelled at any time (without auxiliary release) as long as the train has not occupied the approach zone (zone d'approche); this is possible thanks to the gravity relays (with C relays, which have to be checked for anchor drop, this is not possible or a set train route is fixed and cannot be cancelled without auxiliary release). PRS interlockings were not used on single-track lines for a long time, with the exception of the remote-control systems on two heavily used main lines: Epernay-Reims in 1962 and Dôle-Vallorbe in 1963 (**Fig. 835**). The latter was controlled by the train control centre in Dijon and was one of the first installations to be equipped with programme control for several stored train movements, allowing ten local signal boxes to be operated. The branch stations Mouchard (signal box MU45 from 1956 with light signals and electrified points) and Frasne (mechanical signal box PLM-type 'Saxby 1900' from 1957 with light signals) are expected to remain locally operated until 2026/27.

The spread of PRS interlockings was accompanied by the automatic block (Bloc automatique lumineux BAL) with track circuits. It was introduced selectively by the state railways on heavily used main lines from the mid-1920s and standardised by the SNCF in 1950. The first continuously equipped line was the Paris-Lyon main line in 1951, while Strasbourg-Mulhouse followed in 1985. The block sections vary from 1400 m to 2800 m on the open line depending on speed, and up to 700 m in the Paris banlieue depending on capacity needs. The BAL is basically designed for V/max. 160 km/h. On conventional lines with V/max. 220 km/h (Les Aubrais-Vierzon and Les Aubrais-Bordeaux), a flashing green light appeared on the signal preceding the green signal. The intermediate block signals are not monitored in the signal boxes so that they can be crossed permissively, i. g. by travelling on sight (marche à vue) in the event of faults. Whenever a red block signal was crossed in the 1980s, petards went off, a sound that is still ringing in the author's ears today.

From 1966, the PRS were equipped with smaller NS1 relays and further systematised wiring (châssis à relais NS1 modulaires) as well as a modular control console. An example of a medium-sized 2nd generation signal box is the PRS from Culoz (1980, **Fig. 836** and **837**). The square white route buttons are arranged in the lower part of the control panel, with the white auxiliary buttons and the red emergency switches at the top. At the bottom right are the red/orange buttons (pre-blocking/re-blocking) of the manual relay block towards Geneva. Small PRS

835

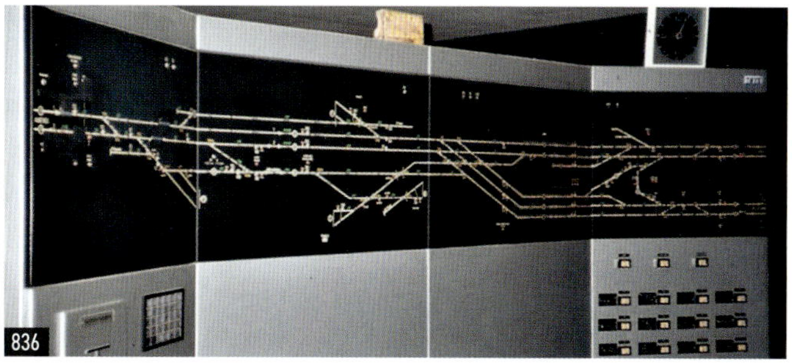
836

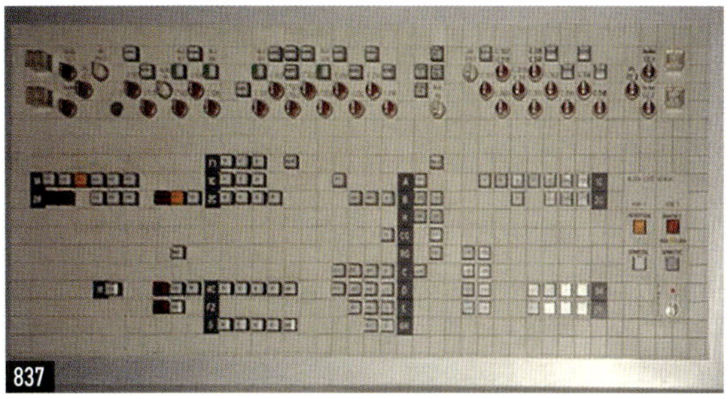
837

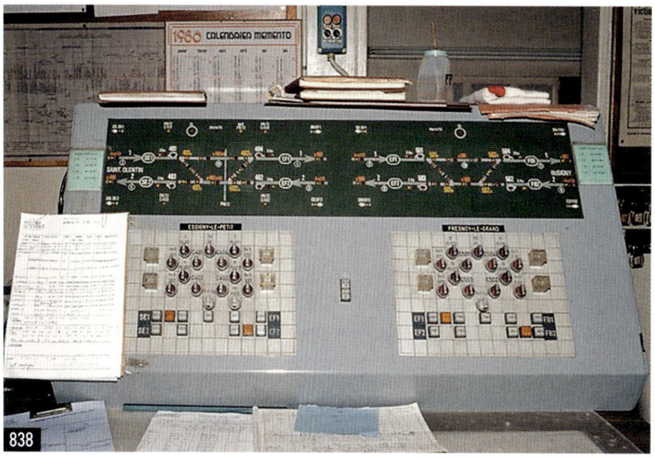

838

ten und die roten Notschalter. Rechts unten die rot/orangen Tasten (Vorblockung/Rückblockung) des manuellen Relaisblocks Richtung Genf. Kleine PRS kamen auf Hauptstrecken auch zur Steuerung der Fahrten auf dem ‹falschen Gleis› in sog. ‹Installations permanentes de contre-sens IPCS› zur Anwendung, in **Abb. 838** die kompakte Konsole mit integriertem Gleisbild von zwei IPCS-Abschnitten zwischen St. Quentin und Busigny. Da der Gleiswechselbetrieb (voie banalisée) aufgrund der hohen Kosten nur sehr selten angewendet wurde, erfuhren die IPCS-Abschnitte ab 1972 weite Verbreitung. Im Unterschied zum freizügigen Gleiswechselbetrieb werden die Lokführer per Funk über den Gleiswechsel informiert, die Gleiswechsel werden speziell signalisiert und die Geschwindigkeit auf dem ‹falschen Gleis› ist teilweise tiefer als die regulär erlaubte.

Das PRS-Stellwerk: die Ikone der Ein-Tastenstellwerke

Von 1956–1995 wurden bei der SNCF rund 500 Anlagen der 1. und 2. Generation in Betrieb genommen, geliefert von allen französischen Herstellern von Alsthom, Aster, CFSW, CSEE, Jeumont, Mors bis Saxby. Punkto betrieblicher Leistungsfähigkeit sowie Lebensdauer gehört das PRS-Stellwerk zu den Leadern unter den Relaisstellwerken. Bester Beleg dafür ist auch der Umstand, dass es noch 2017 – 20 Jahre nach dem ersten ESTW von 1997 in Roanne – mit 420 Anlagen immer

were also used on main lines to control movements on the 'opposite track' in so-called 'Installations permanentes de contre-sens IPCS', in **Fig. 838** the compact console with integrated track diagram of two IPCS sections between St. Quentin and Busigny. As two-way operation (voie banalisée) was only used very rarely due to the high costs, the IPCS sections were widely used from 1972 onwards. In contrast to free track change operation, the train drivers are informed of the track change by radio, the track changes are specially signalled and the speed on the 'opposite track' is sometimes lower than the regularly permitted speed.

The PRS interlocking: the icon of one-switch-control interlockings

From 1956 to 1995, around 500 1st and 2nd generation interlockings were put into operation at the SNCF, supplied by all French manufacturers from Alsthom, Aster, CFSW, CSEE, Jeumont, Mors to Saxby. In terms of operational efficiency/flexibility and service life, the PRS interlocking is one of the leaders among relay interlockings. The best proof of this is the fact that in 2017 – 20 years after the first ESTW was installed in Roanne in 1997 – it noch die grösste Kategorie der elektrischen Stellwerke stellte, deutlich vor den PRCI (Relaisstellwerke mit computergestützter Bedienung) mit 255 Anlagen und den ESTW mit 250 Anlagen. Die meisten Knotenbahnhöfe wurden damit ausgerüstet, wie 1966 Paris Saint-Lazare (**Abb. 839**) und 1980 Bordeaux Saint-Jean (**Abb. 840**), letztere ersetzte die erste Anlage von 1957. Der steigende Bedarf grossräumiger Zuglaufverfolgung und die Fortschritte der Mikroelektronik machten vor dem PRS nicht Halt, dieses erwies sich aber als anpassungsfähig. Im Fernsteuerzentrum von Versailles-Chantiers (**Abb. 841** und **842**) wurde 1976 eine rechnergestützte Zugnummernmeldeanlage mit Teilprogrammierung von 16 Fahrstrassen in Betrieb genommen, was zu einer hybriden Bedienung mit der klassischen Tastenkonsole und einer alpha-numerischen Tastatur führte. Ab 1981 stellten die PRS auch die sicherheitsrelevante Basis für die 400 km Fernsteuerung der LGV (Ligne à Grande Vitesse) Paris–Lyon in der Zugleitung Paris Sud-Est (**Abb. 843**). Die Fernsteuerung arbeitete mit Selbststellbetrieb, welcher auf Lochkarten programmiert und anschliessend durch Mikroprozessoren im Parallelbetrieb verarbeitet wurden. Die Automatisierung wurde 1983 in neuen Zentralstellwerken für die Programmierung von 60 Fahrstrassen weiterentwickelt, wie im mit 1300 täglichen Zügen stark belasteten Pariser Vorortsbahnhof Juvisy (**Abb. 844** und **845** von 1987) und in Lyon Part Dieu (**Abb. 846** und **847** von 1985). Die Fernsteuerung der LGV Atlantique auf Basis von PRS-Stellwerken in der Zugleitung von Paris Montparnasse (1989, **Abb. 848**) bildete den würdigen Abschluss einer eindrücklichen Stellwerkgeneration. Man beachte die sehr komprimierte Darstellung in der Gleistafel (Tableau de contrôle optique) für den 280 km langen Steuerbereich. Denn die detaillierten Informationen standen bereits auf den Bildschirmen zur Verfügung. Das Ende der Gleistafeln zeichnete sich ab. Aber auch die digitalen Betriebszentralen nach 2010 stützten sich noch auf die Dienste der Ikone.

Die Verbreitung des Ein-Tastenstellwerks erstreckte sich neben Frankreich auf Belgien, Italien, Algerien und Marokko. In Portugal wurde das PRS als Gleisbildstellwerk mit Fahrstrassendrehschaltern (**Abb. 849** von Coimbra-B, 1968–2012) genutzt, welche – in Abweichung vom Ein-Tasten-Prinzip – mit einer Start-Ziel-Bedienung aktiviert wurden (zuerst 90 Grad-Drehung des Signaldrehschalters und anschliessendem Drücken der roten Zieltaste).

*was still the largest category of electric interlockings with 420 systems, well ahead of PRCI (relay interlocking systems with computerised operation) with 255 systems and ESTW with 250 systems. Most central stations were equipped with them, such as Paris Saint-Lazare in 1966 (**Fig. 839**) and Bordeaux Saint-Jean in 1980 (**Fig. 840**), the latter replacing the first generation from 1957. The increasing need for large-scale train tracking and advances in microelectronics did not stop at the PRS, but the latter proved to be adaptable. At the Versailles-Chantiers remote-control centre (**Fig. 841** and **842**), a computer-aided train describer system with partial programming of 16 routes was put into operation in 1976, leading to hybrid operation with the classic button console and an alpha-numeric keypad. From 1981, the PRS also provided the safety-relevant basis for the 400 km remote control of the LGV (Ligne à Grande Vitesse) Paris–Lyon in the Paris Sud-Est control centre (**Fig. 843**). The remote control worked with self-adjusting operation, which was programmed on perforated cards and then processed by microprocessors in parallel operation. Automation was further developed in 1983 in new central control centres for the programming of 60 routes, such as in the Paris suburban station Juvisy, which was heavily used with 1300 daily trains (**Fig. 844** and **845** from 1987) and in Lyon Part Dieu (**Fig. 846** and **847** from 1985). The remote control of the LGV Atlantique based on PRS interlockings in the Paris-Montparnasse control centre (1989, **Fig. 848**) was the worthy conclusion of an impressive generation of interlockings. Note the very condensed display in the track panel (Tableau de contrôle optique) for the 280 km long control area, the detailed information was already available on the screens, the end of the track panels was looming. But the digital operations centres continued to rely on the services of the icon after 2010.*

*In addition to France, the spread of the one-switch interlocking extended to Belgium, Italy, Algeria, Morocco. In Portugal, the PRS was used as a push-button interlocking with route rotary switches (**Fig. 849** from Coimbra-B, 1968–2012), which – in derogation of the one-button principle – were activated with a start-destination operation (first turning the signal rotary switch 90 degree and then pressing the red destination button).*

Waren die PRS-Stellwerke für stark frequentierte Bahnhöfe optimal ausgelegt, so waren sie mit ihrer breiten Funktionalität zu teuer und zu aufwändig für einfache Unterwegsbahnhöfe auf Doppelspurstrecken, wie auch für Kreuzungsstationen auf Einspurstrecken, nicht zuletzt auch aufgrund der fehlenden Weichen-

While the PRS signal boxes were optimally designed for busy railway stations, their broad functionality made them too expensive and too complex for simple transit stations on double-track lines as well as for crossing stations on single-track lines. From 1982, a small relay signal box PML (Poste à manettes li-

839

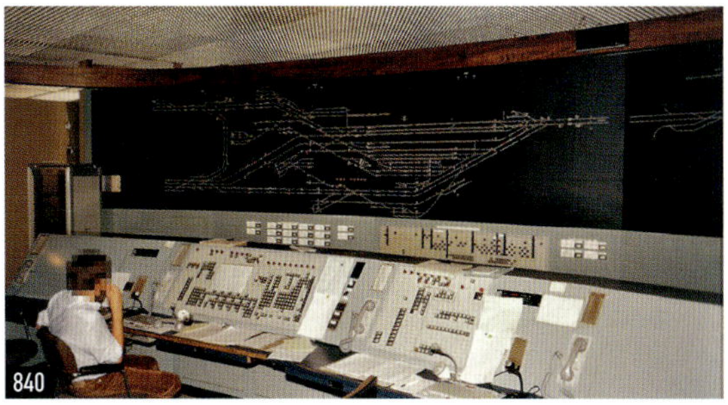
840

841

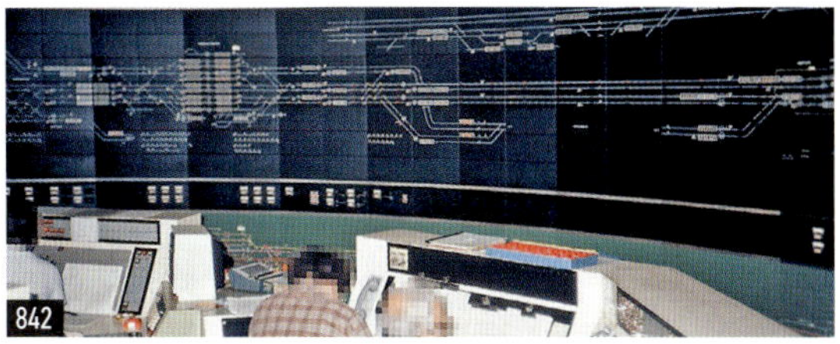
842

844

843

845

846

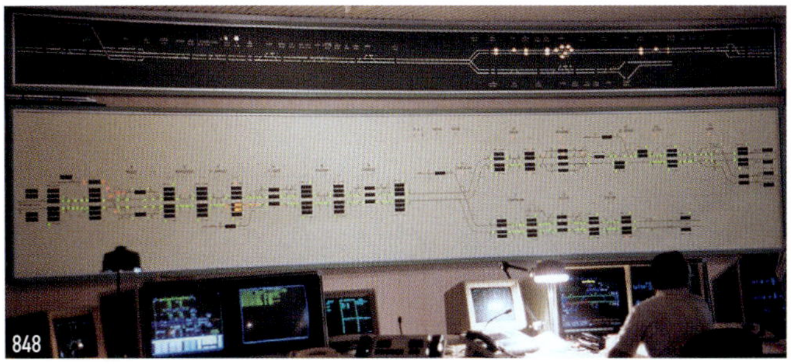
848

847

849

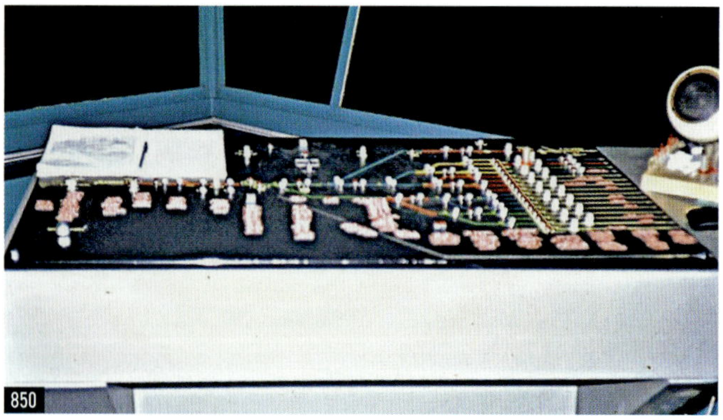
850

851

einzelsteuerung für Rangierfahrten in Nebengleisen. Ab 1982 ersetzte ein kleines Relaisstellwerk PML (Poste à manettes libres) in freier Schaltung die bisherigen Lösungen mit dem mechanischen Bouré-Schloss. Die Steuerung der Signale, Bahnübergänge und Freigaben für Rangierfahrten wurden ins Gleisbild integriert. Ab 1992 wurde die Funktionalität der PML mit der elektrischen Weichensteuerung, der automatischen Fahrstrassenauflösung und der Möglichkeit der Fernsteuerung erweitert. Bis 1997 wurden 143 Anlagen installiert, danach erfolgte die Ablösung durch das PRCI- und das elektronische Stellwerk. Ein analoger Bedarf vereinfachter Stellwerke ergab sich auch für die nur von Güter- und leeren Personenzügen befahrenen zahlreichen Abstell- und Rangieranlagen inkl. Übergangsbereiche Strecke – Rangieranlagen. Ab 1973 wurden dafür Gleisbildstellwerke verschiedener Bauarten (Poste à manettes de voie und Poste à éléments d'itinéraires) mit reduzierter Funktionalität in Betrieb genommen: In der Regel wurde nur die Weichenstellung von Relais überwacht (nicht die ganze Fahrstrasse), die Drehschalter im Gleisbild steuerten Fahrtrichtung und Rangiersignal, V/max. 30–60 km/h. Zwei Anwendungsbeispiele sind 1980 von Culoz (**Abb. 850**) und 2002 vom Rangierbahnhof Lyon-Sibelin (**Abb. 851**).

PRG

Eine analoge Ausgangslage präsentierte sich für Stellwerke auf mittelgrossen Bahnhöfen, bei welchen sich das PRS-Stellwerk als zu teuer erwies. Es wurde nach einer im Vergleich zu den individuellen Fahrstrassenrelaisketten (mit entsprechend grossem Planungsaufwand) rationelleren Lösung gesucht, welche das Prinzip der geographischen Gleisbildstruktur konsequent umsetzte. Daraufhin erwarb Jeumont-Schneider eine Lizenz der schweizerischen Integra für das Spurplanstellwerk Domino 67 und installierte 1971 eine Pionieranlage mit Adaption der SNCF-Signalisierung in Gretz-Armainvilliers (**Abb. 852**), als ein-

bres) with free switching replaced the previous solutions with the mechanical Bouré lock. The control of signals, level crossings and clearances for shunting movements were integrated into the track diagram. From 1992, the functionality of the PML was extended with electric points control, automatic route release and the option of remote control. By 1997, 143 systems had been installed, after which they were replaced by the PRCI and electronic interlocking systems. There was also a similar need for simplified signal boxes for the numerous side and shunting yards, including transition areas between the line and shunting yards, which were only used by freight and empty passenger trains. From 1973, push-button interlocking systems of various designs (Poste à manettes de voie and Poste à éléments d'itinéraires) with reduced functionality were put into operation for this purpose: as a rule, only the point setting was monitored by relays (not the entire route), the rotary switches in the track diagram controlled the direction of travel and shunting signal, V/max. 30–60 km/h. Two application examples are Culoz in 1980 (**Fig. 850**) and Lyon-Sibelin marshalling yard in 2002 (**Fig. 851**).

PRG

A similar situation arose for signal boxes at medium-sized railway stations, where the PRS signal box proved to be too expensive, not least due to the lack of individual points control for shunting movements in sidings. A more rational solution was sought in comparison to the individual route relay chains (with equivalent high planning costs), which consistently implemented the principle of the geographical track layout structure. Jeumont-Schneider then acquired a licence from the Swiss company Integra for the Domino 67 track diagram interlocking and in 1971 installed a pioneering system with adaptation of SNCF

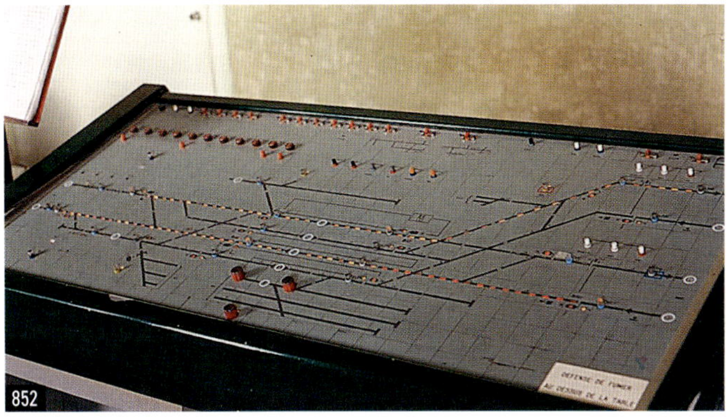

852

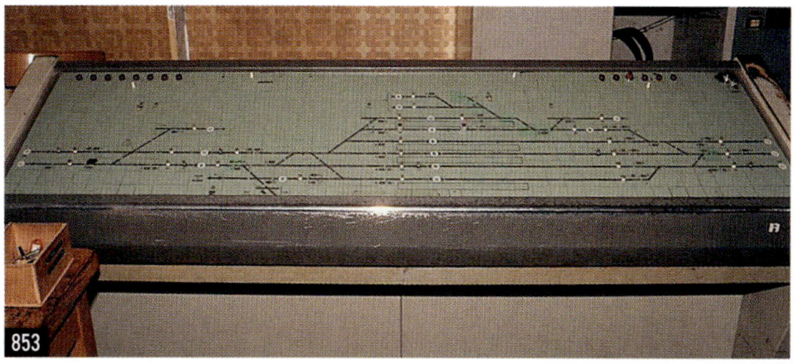

853

854

ziges Stellwerk der SNCF mit kontrollierten C-Relais für die sicherheitsrelevanten Schaltungen. Die Anlage (mit Fahrstrassenspeicher) bewährte sich und wurde erst 2016 durch ein ESTW abgelöst. Die SNCF installierten 1971 eine weitere Pionieranlage in Montargis (**Abb. 853**), welche jedoch bereits stark ‹nationalisiert› wurde (wieder mit NS1-Schwerkraftrelais und individualisierter Verkabelung). Das Prinzip der geografischen Struktur hatte in der Folge SNCF-intern einen schweren Stand, bis um 1978 unter Führung des damaligen Chefs des Département de la signalisation der SNCF und nachmaligen Generaldirektor der UIC, Philippe Roumeguère, und des Chefs des Département des études de signalisation, Roger Rétiveau, das Ziel eines geographischen Stellwerks auf Basis einer konsequenten industriellen Fertigung und daraus resultierender Kostensenkung wieder aufgenommen wurde. Bereits ab 1981 wurden die mittleren Bahnhöfe mit dem standardisierten PRG (Poste à tout relais géographique) ausgerüstet, wie **Abb. 854** von 1985 am Beispiel von Pontarlier zeigt (links unten mit dem grünen Einbau des Gleichstromblocks Seite SBB aus dem mechanischen PLM-Stellwerk in Abb. 143). Die Fahrstrasseneinstellung erfolgt konsekutiv zuerst mit der Ziel- und anschliessend mit der Starttaste (geste unique), die Auflösung automatisch durch den Zug, Fahrstrassenspeicherung kann vorgesehen werden. Bis 1997 wurden 114 Anlagen in Betrieb gebracht, danach wurden sie wie auch das PRS-Stellwerk von der nächsten Generation abgelöst.

signalling in Gretz-Armainvilliers (**Fig. 852**), the only SNCF interlocking with controlled C relays for the safety-relevant circuits. The system (with route memory) proved its worth and was only replaced by an ESTW in 2016. The SNCF installed another pioneering system in Montargis in 1971 (**Fig. 853**), but this was already heavily 'nationalised' (again with NS1 gravity relays and individualised cabling). The principle of the geographical structure subsequently had a difficult time within SNCF until around 1978, when, under the leadership of Philippe Roumeguère, then head of the SNCF's Département de la signalisation and later Director General of UIC, and Roger Rétiveau, head of the Département des études de signalisation, the aim of a geographical interlocking based on consistent industrial production and the resulting cost reduction was resumed. As early as 1981, the medium-sized stations were equipped with the standardised PRG (Poste à tout relais géographique), as **Fig. 854** from 1985 shows using Pontarlier as an example (bottom left with the green box of the SBB DC block from the mechanical PLM signal box in Fig. 143). The route is set consecutively with the exit button first and then with the entrance button (geste unique), the release is done automatically by the train, route storage can be provided. Up to 1997, 114 systems were put into operation, after which they were replaced by the next generation, as was the PRS interlocking.

855

856

PRCI

Der Weg vom Relaisstellwerk zum rein elektronischen oder Rechner-Stellwerk benötigte noch einen Zwischenschritt. Die Informatik (Mikroprozessoren) wurde immer wichtiger zur Planung und Steuerung des Zugverkehrs. Jedoch waren die Bahn-Gesellschaften, insbesondere auch die SNCF, noch zurückhaltend bis skeptisch, die bewährten sicherheitsrelevanten Relais-Funktionen der Rechnertechnik zu übertragen, so entstand bei der SNCF der PRCI (Poste à relais et à commande informatique). Das Sicherheitsrelais NS1 wurde beibehalten, jedoch war die Übernahme der geografischen Verkabelung (structure géographique) des vom Integra-Domino 67 abgeleiteten PRG- (Poste tout relais géographique) Stellwerks, welches im Zuge dessen eine posthume Anerkennung erfuhr, neu. Integrierter Bestandteil war auch ein standardisiertes Informatikmodul zur Steuerung der Relais. Zur ersten Generation gehörte die Anlage von Chagny (1986–2016, **Abb. 855**). Später wurde die alpha-numerische Bedienung mit dem Modul SNCI-T (Système normalisé de commande informatique et de traitement) standardisiert. Damit konnten nun flexibel Klein- und Grossanlagen genau nach den jeweiligen Bedürfnissen mit günstigem Kosten/Nutzen-Verhältnis konzipiert werden, sodass sich das PRCI-Stellwerk für Neuanlagen bis zum Aufkommen der elektronischen Stellwerke Anfang 2000 durchsetzte. Die markanteste Realisierung stellt wohl das Zentralstellwerk von Paris Montparnasse (1989, **Abb. 856**) mit 780 Fahrstrassen und 350 Weichen und Signalen dar.

Belgien

Wohl durch die Entwicklung in Frankreich und Italien inspiriert, wurde auch in Belgien die Ein-Tastenbedienung der Fahrstrassen übernommen. Die in Frankreich und Italien bereits tätige Westinghouse lieferte 1950 auch für die SNCB in Soignies die erste Anlage. Nach einigen Jahren der Erprobung rüsteten die SNCB das nun

PRCI

The path from relay interlocking to exclusively electronic or computerised interlocking still required an intermediate step. IT (microprocessors) became increasingly important for planning and controlling train traffic. However, the railway companies, especially the SNCF, were still reluctant or even sceptical about transferring the proven safety-relevant relay functions to computer technology, so the PRCI (Poste à relais et à commande informatique) was established at the SNCF. The NS1 safety relay was retained, but new was the adoption of the geographical wiring (structure géographique) of the PRG (Poste tout relais géographique) interlocking derived from the Integra Domino 67, which was recognised posthumously. Another integrated component was a standardised IT module for controlling the relays. The Chagny system (1986–2016, **Fig. 855**) belonged to the first generation. Later, alpha-numeric operation was standardised with the SNCI-T module (Système normalisé de commande informatique et de traitement). This meant that small and large systems could now be flexibly designed precisely according to the respective requirements with a favourable cost/benefit ratio so that the PRCI interlocking was established for new systems until the rise of electronic interlockings at the beginning of 2000. Probably, the most striking réalisation is the central interlocking of Paris Montparnasse (1989, **Fig. 856**) with 780 routes and 350 points and signals.

Belgium

Probably somewhat inspired by the developments in France and Italy, the one-switch operation of routes (single action) was adopted in Belgium. Westinghouse, which was already active in France and Italy, supplied the first system for the SNCB in Soignies in 1950. After a few years of testing, the SNCB equipped

857

858

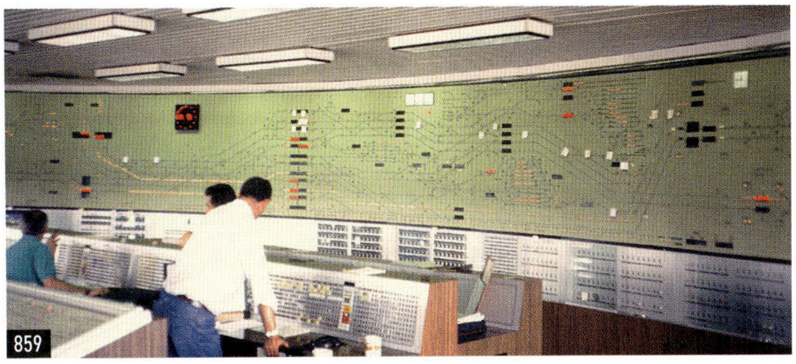

859

860

861

funktional ausgereifte Stellwerk vorerst für Knotenbahnhöfe, bald aber auch für kleine Unterwegsbahnhöfe aus, wozu neben dem automatischen Block auch die schrittweise Einführung des Gleiswechselbetriebs (circulation à contre-voie) gehörten. Auf kleinen Unterwegsbahnhöfen auf Doppelspurstrecken wurde auch der Selbststellbetrieb (tracé permanent) eingerichtet. Zu den Anlagen der ersten Generation gehörte 1957 das Stellwerk des Rangierbahnhofs Stockem (**Abb. 857** von 1987), welches zur Bedienung der Fahrstrassen noch kleine Schwenkschalter anstelle von Tasten aufwies. In Brügge (**Abb. 858**) ein Stellwerk der zweiten Generation ab den 1970er-Jahren zur Steuerung von Abstell- und Rangiergleisen, nun mit Tastenbedienung, ohne Fahrstrassenspeicherung. In den 1980er-Jahren wurde der

the now functionally mature interlocking system for junction stations, but later also for small en route stations, including the automatic block and the gradual introduction of the two-way operation (circulation à contre-voie). Automatic route setting (tracé permanent) was also introduced at small en route stations on double-track lines. One of the first-generation installations in 1957 was the Stockem marshalling yard signal box (**Fig. 857** from 1987), which still had small rotary switches instead of buttons to operate the routes. In Bruges (**Fig. 858**), a second-generation signal box from the 1970s onwards for controlling sidings and shunting tracks, now with push-button operation, without route memory. In the 1980s, the radius of action of the push-button interlockings

862

Aktionsradius der Tastenstellwerke mit ferngesteuerten Satelliten sukzessive erweitert wie in Gent St-Pieters (**Abb. 859**). Neu dazu kam die automatische Zugnummernmeldeanlage AAT (Annonce automatique des trains) auf der Basis von Mikroprozessoren (zur reinen Informationsübertragung, ohne sicherheitsrelevante Funktionen). Das 1984 in Betrieb genommene Zentralstellwerk von Charleroi-Sud (**Abb. 860** und **861**) steuerte 240 Weichen und 200 Signale für rund 800 Züge pro Tag. Auf der Bedienungskonsole der Fahrdienstleiter (Signaleurs) sind im grossen Block in der Mitte die Tasten für die Bahnhofsfahrstrassen angeordnet, während links oder rechts davon mit vertikalen Blöcken die Ein- und Ausfahrstrassentasten (Richtungswahl) angeordnet sind. Die Signale werden durch anfängliches Drücken der Bahnhofsfahrstrasse und ergänzendem Drücken der Richtungsfahrstrasse angestossen. Faktisch erfolgt dadurch eine Zwei-Tastenbedienung. Die roten Tasten dienen der Notbedienung von Signalen.

Zentralstellwerk Bruxelles-Midi: das grösste Relaisstellwerk Belgiens

Der Bahnhof Bruxelles-Midi gehört mit 22 Perrongleisen und über 1200 täglichen Zugfahrten zu den stark belasteten Knoten in Europa. Es erstaunt daher nicht, dass bereits die elektro-mechanischen Fahrstrassenstellwerke von Bruxelles-Midi zu den grössten in Belgien zählten. Von 1984–1987 wurde das grösste zentrale Relaisstellwerk (**Abb. 862**) *in Betrieb gesetzt und ausgebaut. Mit 464 Weichenantrieben, 321 Signalen, 508 Gleisstromkreisen und 800 Ein- und Ausfahrstrassen erreichte es auch europäisch einen Spitzenplatz. Die Bedienung erfolgte durch acht Fahrdienstleiterkonsolen in der vordersten Reihe. Dahinter in zwei Reihen die Arbeitsplätze der elektronischen Fahrplandisposition, Zugnummernmeldung und Verkehrsüberwachung. Die operative Einstellung der Fahrstrassen erfolgte noch ausschliesslich durch die Fahrdienstleiter.*

was successively extended with remote-controlled satellites, as in Ghent St-Pieters (**Fig. 859**). A new addition was the automatic train number signalling system AAT (Annonce automatique des trains) based on microprocessors (for exclusively transmitting information, without safety-related functions). The Charleroi-Sud central signal box (**Fig. 860** and **861**), which went into operation in 1984, controlled 240 points and 200 signals for around 800 trains per day. On the control console of the signalmen (Signaleurs), the buttons for the station routes are arranged in the large block in the centre, while the entrance and exit route buttons (direction selection) are arranged to the left or right of this with vertical blocks. The signals are triggered by pressing the station route and then pressing the direction route. This results in a two-button operation. The red buttons are used for emergency operation of signals.

Bruxelles-Midi central interlocking: the largest relay interlocking in Belgium

With 22 perron tracks and over 1200 daily train movements, Bruxelles-Midi station is one of the busiest hubs in Europe. Therefore, it is not surprising that the electro-mechanical route interlocking at Bruxelles-Midi was already one of the largest in Belgium. From 1984–1987, the largest centralised relay interlocking (**Fig. 862**) *was put into operation and expanded. With 464 point machines, 321 signals, 508 track circuits and 800 entry and exit routes, it also achieved a top position in Europe. Operation was carried out by eight dispatcher consoles in the front row. Behind them in two rows were the workstations for electronic timetable planning, train number reporting and traffic monitoring. The operational setting of the routes was still carried out exclusively by the signalmen.*

DIE FAMILIE DER NX-GLEISBILD-STELLWERKE (ENTRANCE-EXIT) MIT ZWEI-TASTENBEDIENUNG

Nordamerika

Bei den nordamerikanischen Bahnen diente die Stellwerkentwicklung in erster Linie dazu, den Menschen von Routinehandlungen zu befreien und sich auf die dispositiven Arbeiten des Zugverkehrs zu konzentrieren. Das in Nordamerika übliche System des zentralen Dispatchers (Direct Traffic Control) mit festen Fahrplänen und telefonischer oder Funkkommunikation mit den Zugbesatzungen (ohne örtliche Fahrdienstleiter) stiess auf stark belasteten Strecken und in Agglomerationen auf Grenzen. Andererseits bildeten die auf Hauptstrecken längst verbreiteten und bewährten Gleisstromkreise (mit ihren Relais) auf Basis des automatischen Blocks bereits seit Jahrzehnten eine wesentliche Grundlage für einen effizienten Betrieb. Verbunden mit der Notwendigkeit der Steuerung und Überwachung grosser Distanzen lag es auf der Hand, dass bereits 1927 die erste CTC (centralized traffic control) Anlage auf der 40 Meilen langen Strecke Stanley-Berwick (Ohio) auf Basis der Relaistechnik in Betrieb genommen wurde, noch mit Weichen- und Signaleinzelbedienung. 1937 kamen schliesslich die ersten beiden NX-Stellwerke der GRS (General Railway Signal Co.) mit Start- und Zielbedienung bei der New York Central Railroad in Girard Junction und in England auf der Cheshire Line in Brunswick bei Liverpool zur Anwendung. Sie revolutionierten die Mensch-Maschinen-Schnittstelle im Sinne der ‹reduction to the max›: Auf dem geografischen Gleisbild gab es nur noch Signaltasten mit Richtungspfeilen, welche bei eingestellter Fahrstrasse leuchten.

Niederlande

Die NS (Nederlandse Spoorwegen) nutzten die Relaistechnik, um das bisherige vieldeutige mechanische Signalsystem (mit freier Weichenstellung beim Rangieren) radikal zu vereinheitlichen: Als erste europäische Bahn vereinfachte sie das Signalsystem auf die ‹Ampel› grün (freie Fahrt) – gelb (Halt erwarten) – Rot (Halt) und hob den Unterschied zwischen Zug- und Rangierfahrstrassen zugunsten einer einzigen Fahrstrassenkategorie komplett auf, die Geschwindigkeit wurde neu mit Leuchtziffern signalisiert. Solchermassen die erforderliche Funktionalität vereinfacht, waren die NS prädestiniert, das nordamerikanische NX-System zu übernehmen. Mit anfänglicher Hilfe durch den Marshall-Plan

THE FAMILY OF NX PUSH-BUTTON INTERLOCKING SYSTEMS (ENTRANCE-EXIT) WITH TWO-BUTTON OPERATION

North America

On the North American railways, interlocking development primarily served to liberate people from routine operations and to concentrate on the dispatching work of train traffic. The standard North American system of centralised dispatching (direct traffic control) with fixed timetables and telephone or radio communication with the train crews (without local signalmen) reached its limits on busy lines and in conurbations. Additionally, the track circuits (with their relays) based on the automatic block had already formed an essential basis for efficient operation for decades. Combined with the need to control and monitor long distances, it was only natural that the first CTC (centralised traffic control) system based on relay technology was put into operation on the 40-mile Stanley–Berwick (Ohio) line as early as 1927, still with individual point and signal operation. Finally, in 1937, the first two NX interlockings of the GRS (General Railway Signal Co.) with start and finish operation were used on the New York Central Railroad in Girard Junction and in England on the Cheshire Line in Brunswick near Liverpool. They revolutionised the man-machine interface in the sense of 'reduction to the max': on the geographical track diagram, there were only signal buttons with direction arrows that lit up when the route was set.

The Netherlands

The NS (Nederlandse Spoorwegen) used relay technology to radically standardise the previous ambiguous mechanical signalling system (with free point setting when shunting): it was the first European railway to simplify the signalling system to the 'traffic light' green (free movement) – yellow (expect stop) – red (stop) and completely abolished the difference between train and shunting routes in favour of a single route category, the speed was now signalled with illuminated digits. By simplifying the required functionality in this way, the NS were predestined to adopt the North American NX system. With initial help from the Marshall Plan, from

863

864

865

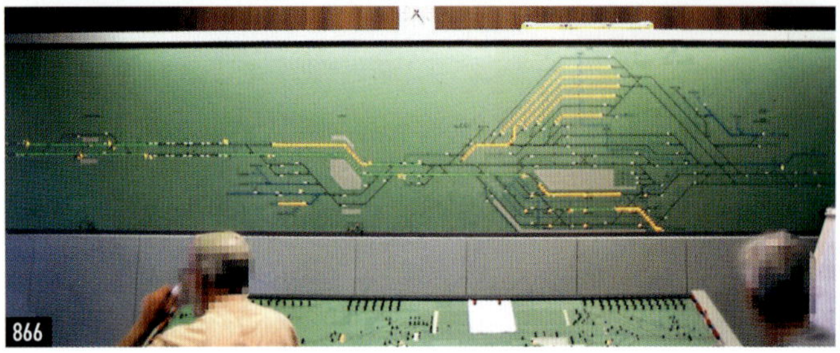
866

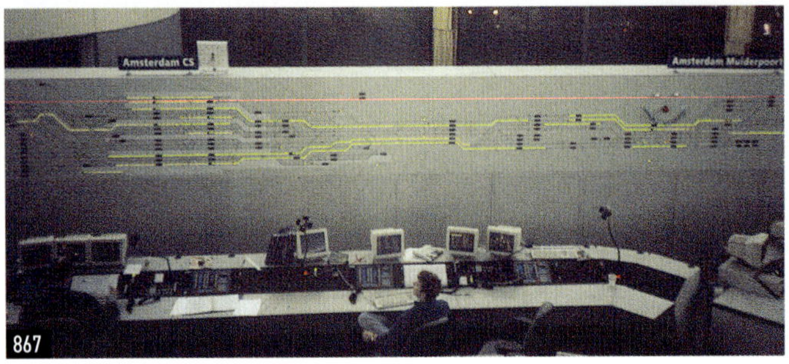

867

rüsteten die NS ab 1950 (Hertogenbosch) bis 1975 die meisten Knotenbahnhöfe mit NX-Gleisbildstellwerken (NX-double button) nordamerikanischer Prägung (GRS) aus. Ein typischer Vertreter war das Zentralstellwerk von Amersfoort (1961–1998, **Abb. 863** und **864**). Die grösseren Pfeiltasten im Gleisbild bilden den Start, die kleinen schwarzen Tasten das Ziel, zusammen gedrückt lösen sie die Fahrstrasseneinstellung aus. Signale (mit weissem Punkt oben an der Taste) können mit einer Drehung nach oben auf Selbststellbetrieb geschaltet werden. Fahrstrassenspeicherung ist nicht möglich, jedoch ist die Weicheneinzelbedienung für den Ausnahmefall eingerichtet (kleine schwarze Schalter oben oder unten im Gleisbild).

Die beschränkten Informationen der NX-Panels (nur Weichenstellung und Fahrrichtung) und die ergonomisch nicht optimale Bedienung bei grösseren Gleistafeln führten ab 1974(–1994) in Utrecht CS zum Wechsel des Bedienungskonzepts. Die Sicherheitssteuerung mit den Schwerkraftrelais wurde beibehalten, jedoch die Bedienung durch Integra-Domino-Gleistafeln ersetzt, welche mit ihrem mosaikförmigen Aufbau detaillierte Informationen (Fahrstrassen, Gleisbelegung, Signalstatus, Hilfsfunktionen) ermöglichte. Die Bedienung erfolgte meistens getrennt mit einem kon-

1950 (Hertogenbosch) to 1975, the NS equipped most of the junction stations with North American-style NX push-button interlockings (GRS). A typical representative was the Amersfoort central signal box (1961–1998, **Fig. 863** and **864**). The larger arrow buttons in the track diagram form the start, the small black buttons the destination, pressed together they initiate the route setting. Signals with a white dot at the top of the button can be interposed to automatic route setting by turning them upwards. Route memorisation is not possible, but individual point operation is set up for exceptional cases (small black switches at the top or bottom of the track diagram).

The limited information provided by the NX panels (only point setting and direction of travel) and the ergonomically suboptimal operation with larger track panels led to a change in the operating concept from 1974(–1994) in Utrecht CS. The safety control with the gravity relays was retained, but the operation was replaced by Integra Domino track panels, which with their mosaic structure enabled detailed information (routes, track occupancy, signal status, auxiliary functions). Operation was usually carried out separately with a focussed push-button control panel and a transparent panorama wall, as

868

869

zentrierten Tastenstellpult und einer übersichtlichen Panoramawand wie in Zwolle (1980–1999, **Abb. 865**) und in Venlo (1988–2000, **Abb. 866**). In der Übergangsphase zu den ESTW wurden auch einige NX-Domino-Anlagen mit einer alpha-numerischen Bedienung (EBP Elektronische Bedienposten) in Betrieb genommen, so in Rotterdam CS (1980–1994), in Eindhoven (1989–1999) und von 1995 bis 2001 im Zentralstellwerk von Amsterdam CS (**Abb. 867**).

Tschechien – Slowakei

Die ersten beiden NX-Anlagen wurden 1950/52 von Ericsson geliefert und waren bis 2005/1985 in Betrieb. Die nordamerikanische NX-Technologie fand nach dem Zweiten Weltkrieg auch den Weg in die Sowjetunion, wo sie in Kombination mit einer Eigenentwicklung als eigenständige Gleisbildtechnik weiterentwickelt wurde. Auf Basis eines Abkommens zwischen der Tschechoslowakei und der Sowjetunion im Rahmen des Warschauer Paktes begann 1953 die Lieferung von Relaisstellwerken sowjetischer Bauart. 1954 kam die erste Anlage in Prag-Smíchov in Betrieb, die noch aktive senkrechte Stelltafel weist sichtbare Elemente der nordamerikanischen Bauform Westinghouse/US&S auf. Bald danach wurden die sowjetischen Anlagen durch tschechoslowakische Lizenzproduktion ersetzt und schliesslich ab 1961 durch Automatizace železniční dopravy Praha (AŽD) produziert und weiterentwickelt. In **Abb. 868** von 2008 sieht man das Beispiel eines Stelltischs sowjetischer Lizenzbauart im slowakischen Dubnica nad Váhom mit den weissen Weichendrehschaltern im Gleisbild: Nach der Einstellung der Weichen kann die Fahrstrasse mit der Starttaste im Gleis aktiviert werden. Für kleinere Bahnhöfe und Wärterstellwerke wurde eine funktional vereinfachte Bauart mit der Bezeichnung TEST entwickelt, in mittleren

in Zwolle (1980–1999, **Fig. 865**) and in Venlo (1988–2000, **Fig. 866**). In the transition phase to the ESTW, some NX-Domino panels with alpha-numeric command (EBP Elektronische Bedienposten) were put into operation, e. g. in Rotterdam CS (1980–1994), in Eindhoven (1989–1999) and from 1995 to 2001 in the central interlocking of Amsterdam CS (**Fig. 867**).

Czech Republic – Slovakia

The first two NX interlockings were supplied by Ericsson in 1950/52 and were in operation until 2005/1985. The North American NX technology also found its way to the Soviet Union after WWII, where it was further developed in combination with an in-house development as an independent track layout technology. On the basis of an agreement between Czechoslovakia and the Soviet Union within the framework of the Warsaw Pact, the delivery of Soviet-designed relay interlockings began in 1953. The first still active system was installed in Prague-Smíchov in 1954; the vertical control panel featured visible elements of the North American Westinghouse/US&S design. Soon afterwards, the Soviet interlockings were replaced by Czechoslovakian licence production and finally produced and further developed by Automatizace železniční dopravy Praha (AŽD) from 1961. **Fig. 868** from 2008 shows an example of a control panel of Soviet licensed design from Dubnica nad Váhom, Slovakia, with white rotary point switches in the track diagram: after setting the points, the route can be activated by the start button in the track. A functionally simplified design called TEST was developed for smaller stations and dependent interlockings, also with a master button panel in medium stations

870

871

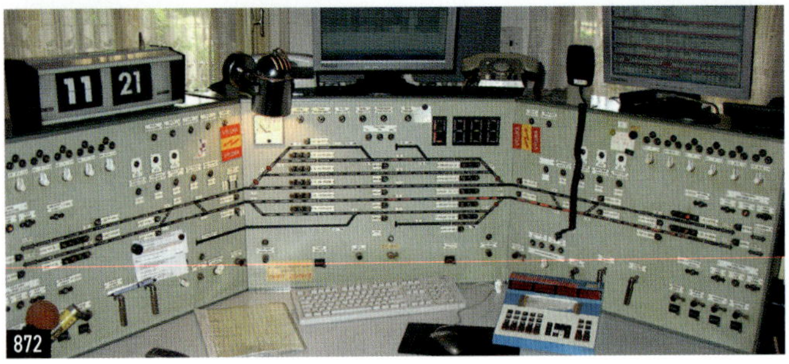
872

Bahnhöfen auch mit einem reinen Befehlstastenpult zur Bedienung der Befehlsabgabe und der Signale, in den Wärterstellwerken wurden die Weichen und Rangiersignale bedient (**Abb. 869** eines Wärterstellwerks von 1997). In den 1980er-Jahren wurde die Bauform auch mit dem automatischen Weichenlauf ausgestattet, wie in einem der rund 100 TEST B 14-Stellwerke im Bahnhof Teplice nad Metují (**Abb. 870** von 1998), die Einstellung der Fahrstrassen erfolgt konsekutiv, d. h. zuerst die Streckentaste, dann die Gleistaste. Für grosse Bahnhöfe und Hauptstrecken wurde bis 1970 das Standard-Gleisbildstellwerk AŽD 71 entwickelt. Von 1971 bis 1996 lieferte AŽD die fahrstrassenbasierten Anlagen in beide Länder. In Grossanlagen wie Stw 3 des Rangierbahnhofs Brno-Maloměřice (**Abb. 871**) wurden konzentrierte Tastenstellpulte mit Panoramawand installiert. Ab 1980 kamen auch numerische Start-Ziel-Einwahlgeräte analog den Tabulatori der FS zum Einsatz, wie 1986–2012 im Stellwerk von Zbiroh (**Abb. 872**).

England

Mit erheblicher Zeitverzögerung als Folge der Kriegsjahre setzte das Zeitalter der Relaisstellwerke erst Anfang der 1950er-Jahre so richtig ein. Dabei setzte sich die NX-Bauform mit Start-Ziel-Bedienung durch, allerdings erfuhren auch Anlagen mit Weichen-/Signaleinzelbedienung, sog. IFS (Individual Function Switches),

to operate commands and signals, with points and shunting signals operated in the dependent boxes (**Fig. 869** dependent interlocking from 1997). In the 1980s, automatic operation of points appeared in the design, as at one of about 100 TEST B 14-interlockings in Teplice nad Metují (**Fig. 870** from 1998); the points were set sequentially, i. g. first the line button, then the track button. However, the TEST systems were not sufficient for large railway stations and main lines, so by 1970 the standard AŽD 71 pushbutton interlocking was developed for this purpose. From 1971 to 1996, AŽD supplied mainly route-based interlockings to both countries, e. g. in large facilities such as Stw 3 of the Brno-Maloměřice marshalling yard (**Fig. 871**), where concentrated push-button control panels with a panoramic wall were installed. From 1980, numerical start-destination keyboards similar to the FS tabulators were also used, as from 1986 to 2012 in the Zbiroh signal box (**Fig. 872**).

England

With a considerable time delay as a result of WWII, the age of push-button relay interlockings started in the early 1950s. The NX design with entrance-exit operation prevailed, but systems with individual point/signal operation, so-called IFS (Individual Function Switches), were also used surprisingly widely in

873

874

875

in Rangier- und Abstellanlagen, aber auch auf Hauptstrecken eine erstaunlich breite Anwendung (werden hier aber nicht weiter ausgeführt). Nach zahlreichen regionalen Ausprägungen entwickelte BR (British Railways) ab 1985 einen nationalen Standard, welcher sich auch parallel zur Einführung der ESTW (solide state interlocking SSI) bis ca. 2010 hielt. Die in freier Schaltung konzipierte Bauart ‹BRS SW67 freewired› (von BR-Southern Region) wurde zu Beginn auch in Chichester (1985, **Abb. 873**) mit einem NX-Panel von ML Engineering (später EB Signal Ltd) geliefert. Die Bedienung der Start- und Zieltasten erfolgt sequenziell, d. h. zuerst die Starttaste (entrance button), dann separat die Zieltaste (exit button). Der gerade aus dem Zeitalter der Mechanik gekommene Fahrdienstleiter (Signalman) benutzte das typische Tuch zur Bedienung der mechanischen Stahlhebel weiterhin auch zum Drücken und Ziehen der Tasten. Die Auflösung der Fahrstrasse erfolgt durch Ziehen der Starttaste. Eine Lücke auf der WCML bildete bis 1985 Crewe, dessen 2 elektrische Stellwerke ‹Westinghouse L› von 1940 und das elektro-mechanische ‹LNWR Crewe System One Tier› von 1907 durch ein Standard-interlocking ‹BRS SW67 freewired› und ein Westinghouse M5-Panel (**Abb. 874** von 1986) abgelöst wurden. Als letzter der grossen Londoner Kopfbahnhöfe wurde 1985 London Waterloo (**Abb. 875**) noch mit einer analogen Anlage, aber mit separatem Tastenstellpult ausgerüstet, im Unterschied zu Crewe allerdings noch mit den älteren schwarzen Zugmelde-

marshalling yards and sidings, but also on main lines (but are not explained further here). After numerous regional versions, BR (British Railways) developed a national standard from 1985 onwards, which remained in place until around 2010, parallel to the introduction of ESTW (solid state interlocking SSI). The 'BRS SW67 freewired' design (from BR-Southern Region) was supplied in Chichester (1985, **Fig. 873**) with an NX panel from ML Engineering (later EB Signal Ltd). The start and destination buttons are operated sequentially, i. g. first the entrance button, then the exit button. The signalman, who had just come out of the age of mechanics, continued to use the typical cloth to operate the mechanical steel levers and to push and pull the buttons. The routes were cancelled by pulling the start button. A gap on the WCML was formed until 1985 by Crewe, whose two electric signal boxes 'Westinghouse L' from 1940 and the electro-mechanical 'LNWR Crewe System One Tier' from 1907 were replaced by a standard interlocking 'BRS SW67 freewired' and a Westinghouse M5 panel (**Fig. 874** from 1986). In 1985, London Waterloo (**Fig. 875**) was the last of the large London terminus stations to be equipped with a similar system, but with a separate push-button control panel, but unlike Crewe still with the older black train-describer boxes of the Southern Region to the left and right of the track panel. Just six years later, in 1991, the NX panel at Waterloo was replaced by the last boxen (train-describer) der Southern Region links und rechts der Gleistafel. Bereits sechs Jahre später 1991 wurde das NX-Panel von Waterloo im Rahmen der Eröffnung von Waterloo International (Eurostar) durch das letzte grosse Relais-Signalling-Center von Wimbledon ersetzt. Ab den 1990er-Jahren liess die Modernisierungs-Kadenz trotz Einführung der ESTW etwas nach, noch 2007 war der viktorianische elektro-mechanische Block (absolute Block) mit 1500 km sichtbar vertreten, wofür die wechselnde organisatorische Zuständigkeit aufgrund der britischen Bahnreform durch Railtrack (1994–2002 als subventionierter Infrastrukturbetreiber börsengelistet) und Network Rail (ab 2003, wieder verstaatlicht) mit eine Rolle spielte.

British Railways: Spitzenreiter der Fernsteuerung auf Hauptstrecken

Bereits in den 1960er- und 70er-Jahren rüstete BR (im Unterschied zu Kontinentaleuropa) zahlreiche Hauptlinien mit Streckenfernsteuerung auf Relaisbasis und mit elektronischen Fernwirksystemen (sog. Frequenz-Multiplexsysteme) aus. Als einer der grössten zusammenhängenden Netzteile bildeten in der Midland Region die 1969 praktisch zur gleichen Zeit in Betrieb genommenen Fernsteuerzentren in Derby (Westinghouse, geographical), Saltley und Stoke-on-Trent (AEI-GRS, geographical) mit rund 450 Streckenkilometern, 745 Signalen und 1620 Gleisstromkreisen. Die 1973 errichtete PSB (Power Signal Box) von Preston (Westinghouse, geographical) auf der WCML steuerte eine Distanz von 180 km und löste 87 alte Stellwerke ersatzlos ab. Der Verbreitung der Fernsteuerstrecken kamen sicherlich auch die günstigen infrastrukturellen Voraussetzungen, wie generell schienenfreie Bahnsteigzugänge und die im Vergleich zu Mitteleuropa weniger dichten Güterverkehrsanlagen zugute. O.S. Nock, Mitglied der IRSE (Institution of Railway Signal Engineers) und vehementer Förderer der modernen Signaltechnik, betonte die hohen Produktivitätsgewinne dank grossräumiger Verkehrssteuerung, sein Echo verhallte in Kontinentaleuropa weitgehend. Weitere Zentren folgten auf den East und West Coast-Main-Lines, im Raum London, auf der Western Main Line London–Bristol sowie London–Brighton. Ein klassisches Beispiel einer solchen Fernsteuerung war das Signalling Center von Edinburgh (1976–2008, **Abb. 876, 877** *und* **878***) mit direkter Bedienung von rund 380 km Streckenlänge. Die Anlage wurde in geografischer Verdrahtung von General Electric Co&General Signal (GEC-GS) sowie die NX-Panels von der schweizerischen Integra-Domino (Vertretung durch Henry Williams) geliefert. 1979 eröffnete die Southern Region in der Nähe von Clapham Junction mit dem Victoria Signalling Center (GEC-GS geographical, Integra Domino-Panel) eines der grössten Fernstellwerke mit 170 km Streckenlänge, 615*

large relay signalling centre at Wimbledon as part of the opening of Waterloo International (Eurostar). From the 1990s onwards, the modernisation cadence slowed somewhat despite the introduction of the ESTW; in 2007, the Victorian electro-mechanical block (absolute block) was still visibly represented with 1500 km, for which the changing organisational responsibility due to the British railway reform by Railtrack (1994–2002, listed on the stock exchange as a subsidised infrastructure operator) and Network Rail (from 2003, nationalised again) played a role.

British Railways: Leader in remote control on main lines

As early as the 1960s and 1970s, BR (in contrast to continental Europe) equipped numerous main lines with relay-based remote-control and electronic telecontrol systems (so-called frequency multiplex systems). One of the largest interconnected network sections in the Midland region was formed by the remote-control centres in Derby (Westinghouse, geographical), Saltley and Stoke-on-Trent (AEI-GRS, geographical), which went into operation at roughly the same time in 1969, with around 450 km of track, 745 signals and 1620 track circuits. The PSB (Power Signal Box) built in 1973 at Preston (Westinghouse, geographical) on the WCML controlled a distance of 180 km and eliminated 87 old signal boxes without replacement. The spread of remote-control lines certainly benefited from the favourable infrastructural conditions, such as generally rail-free platform access and the less dense freight traffic facilities compared to Central Europe. O.S. Nock, member of the IRSE (Institution of Railway Signal Engineers) and passionate promoter of modern signalling technology, emphasised the high productivity gains thanks to large-scale traffic control, but his echo largely failed to resonate in continental Europe. Other centres followed on the East and West Coast Main Lines, in the London area, on the Western Main Line London–Bristol and London–Brighton. A classic example of such a remote-control was the Edinburgh Signalling Centre (1976–2008, **Fig. 876, 877** *and* **878***) with direct operation of around 380 km of track. The system was supplied in geographic wiring by General Electric Co & General Signal (GEC-GS) and the NX panels by the Swiss company Integra-Domino (represented by Henry Williams). In 1979, the Southern Region opened the Victoria Signalling Centre (GEC-GS geographical, Integra Domino panel) near Clapham Junction, one of the largest remote interlockings with 170 km of track, 615 point machines, 831 signals and*

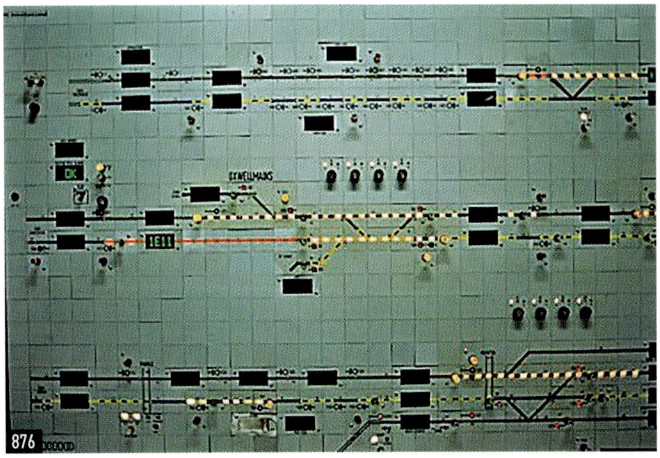
876

877

878

879

880

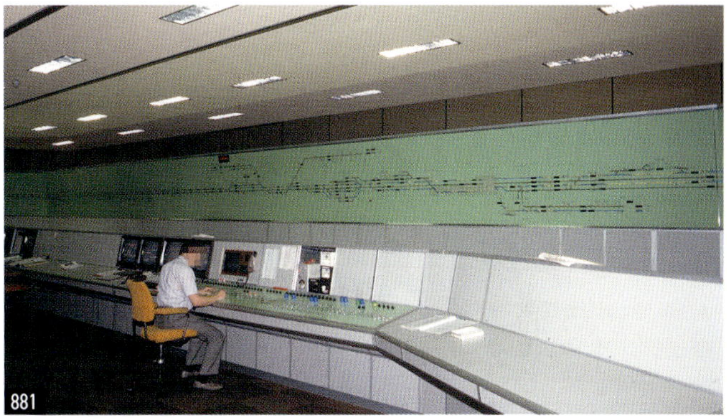
881

882

*Weichenantrieben, 831 Signalen und 48 900 Relais. Im Signalling Center von Three Bridges (BR-SR Yellow Book freewired, ML Engineering-Panel), 170 km, 564 Weichenantriebe und 715 Signalen, auf der Strecke Gatwick – Brighton wurde 1983 erstmals eine computergestützte automatische Zuglenkung (automatic route setting ARS) neben der Tastenbedienung eingeführt (**Abb. 879** und **880**). 1986 erhielt das klassische Signalling Center von Leicester (**Abb. 881** und **882**, BRS SW67 freewired, ML Engineering-Panel) die erste Ergänzung mit einer <tracker-ball keyboard> bedienten elektronischen Verkehrsüberwachung, noch ohne sicherheitsrelevante Funktionen.*

*48 900 relays. At the signalling centre of Three Bridges (BR-SR Yellow Book freewired, ML Engineering panel), 170 km, 564 point machines and 715 signals, on the Gatwick – Brighton line, computer-aided automatic route setting (ARS) was introduced for the first time in 1983 in addition to push-button operation (**Fig. 879** and **880**). In 1986, the classic signalling centre at Leicester (**Fig. 881** and **882**, BRS SW67 freewired, ML engineering panel) received the first addition of a 'tracker-ball keyboard' operated electronic traffic control system, still without safety-related functions.*

883

Schweden

Anfang der 1950er-Jahre begann bei den SJ die Serienproduktion von Relais-Gleisbildstellwerken, viele Komponenten wurden von Signalbolaget (spätere Übernahme durch LM Ericsson) geliefert. Aufgrund der noch begrenzten Ressourcen für die neue Technik wurden bis Mitte der 1950er-Jahre noch die elektrischen Schalterwerke weiter gefertigt. Anfang 1960 wurde die Standardbauart SJ 59 in freier Schaltung mit Start-/Zieltaste eingeführt, mit ihr wurden vor allem auch die langen einspurigen Strecken ausgerüstet. Die SJ 59-Stellwerke erwiesen sich als sehr erfolgreich. Bis Anfang der 1980er-Jahre wurden über 500 Anlagen installiert. Mitte der 1960er-Jahre kam die für Grossanlagen weiterentwickelte Bauart SJ 65 in geographischer Schaltung auf den Markt, davon wurden bis Anfang 1980 rund 50 Anlagen erstellt. Der Hauslieferant der Relaisstellwerke, LM Ericsson, entwickelte für die drei Bahnen SJ, DSB und NSB Ende der 1950er-Jahre einen gemeinsamen Standard für Fernsteueranlagen (auf Basis von Fernmelderelais), welche bei diesen Bahnen im Unterschied zum übrigen Kontinentaleuropa aufgrund der vielfach dünn besiedelten Gebiete breite Anwendung fand. **Abb. 883** zeigt eine typische Fernsteuerzentrale 1990 in Hallsberg mit elektronischer Steuerung, deutlich zu erkennen die überwiegend einspurigen Strecken.

Polen

Bei der PKP begann das Zeitalter der reinen Relaistechnik ebenfalls Anfang der 1950er-Jahre. Die erste Generation von Gleisbildstellwerken vom Typ E/E1 wurde in Lizenz der schwedischen Ericsson in freier Verdrahtung (fahrstrassenbasiert) produziert. Zur Einstellung einer Fahrstrasse erfolgt zuerst die Weichenstellung (schwarze Weichentasten im Gleisbild) und anschliessend die Starttaste zur Fahrstrassenfestlegung und Signalansteuerung, die Fahrstrassen werden nach der Zugfahrt selbsttätig aufgelöst. Spätere Versionen hatten auch Weichenselbstlauf. Ein entsprechendes Zentralstellwerk mit zwei Stelltischen war 1995/2009

Sweden

At the beginning of the 1950s, SJ began series production of relay push-button interlocking systems, with many components being supplied by Signalbolaget (later taken over by LM Ericsson). Due to the limited resources available for the new technology, the previous electrical switch interlockings continued to be manufactured until the mid-1950s. At the beginning of 1960, the standard SJ 59 type was introduced in freewired with an entrance-exit button, which was mainly used to equip the long single-track lines. The SJ 59 interlockings proved to be very successful. By the early 1980s, over 500 systems had been installed. In the mid-1960s, the SJ 65 type, which had been further developed for large systems, rose onto the market in geographical-wired, of which around 50 systems had been built by the beginning of 1980. At the end of the 1950s, the in-house supplier of the relay interlockings, LM Ericsson, developed a common standard for remote control systems (based on telecommunication relays) for the three railways SJ, DSB and NSB, which was widely used on these railways in contrast to the rest of continental Europe due to the often sparsely populated areas. **Fig. 883** shows a typical remote-control centre in 1990 in Hallsberg with electronic control; the predominantly single-track lines are clearly visible.

Poland

At PKP, the age of relay technology began in the early 1950s. The first generation of type E/E1 push-button interlocking systems was produced under licence from the Swedish company Ericsson using free-wiring (route based). To set a route, the point setting is done first (black point pushbuttons in the track diagram) and then the start button for route fixing and signal control; the routes are cancelled automatically after the train movement. Later versions also had an automatic point operating. A corresponding central signal box with two control panels could be found in Warszawa Wschodnia (Eastern Railway Station)

884

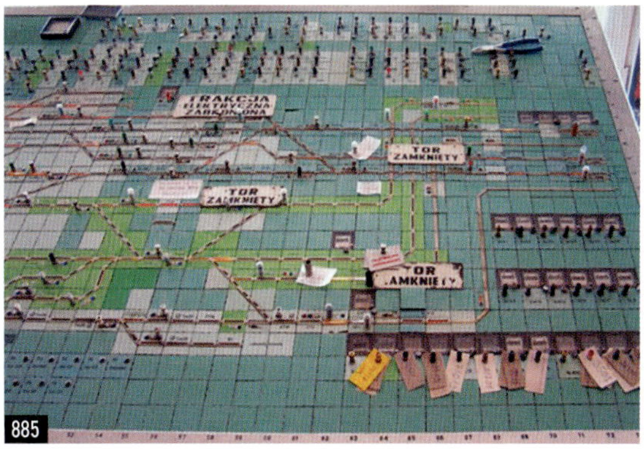
885

886

in Warszawa Wschodnia (Ostbahnhof) anzutreffen (**Abb. 884** und **885**). Man beachte die kleinen Zangen, vermutlich zum Aufschneiden einer plombierten Taste für eine Hilfsauflösung. Ab den 1960er-Jahren folgte parallel die sowjetische Bauart PB, mit modularem Aufbau und Start-Ziel-Bedienung (inkl. Weichenselbstlauf) und automatischer Fahrstrassenauflösung. Insbesondere der geografische Aufbau der Stellwerkschaltung entspricht der sowjetischen Technik, während die Aussenanlagen (Gleisstromkreise, Weichen- und Signalschaltungen) weiterhin denjenigen des Typs E entsprechen. Die Zugtasten fungieren als Starttasten für Zugfahrten, die Rangiertasten als Start- und Endtasten für Rangierfahrten und oft auch als Endtasten für Zugfahrten, die schwarzen Weichentasten sind ausserhalb des Gleisbilds gruppiert. Die Funktion einer Taste wird im Einzelfall durch die Reihenfolge der Betätigung bestimmt. Die PB-Stellwerke kennen – analog zur französischen Praxis – auch Annäherungsverschlüsse vor den Einfahrsignalen von Bahnhöfen; im Verbund mit den Schwerkraftrelais Typ N können daher eingestellte Zugfahrstrassen vor der Belegung der Annäherungszone durch den Zug einfach betrieblich aufgelöst werden (ohne plombierte Hilfsauflösung). Ein markantes Beispiel eines Zentralstellwerks ist Wroclaw Głowny GwA (1969, **Abb. 886**). Bemerkenswert ist die in polnischen Stellwerken üblich wohnliche Atmosphäre mit Zimmerpflanzen.

in 1995/2009 (**Fig. 884** and **885**). Note the small pliers, presumably for cutting open a seal button for an auxiliary release. From the 1960s, the Soviet PB type followed in parallel, with a modular design and start/finish operation (incl. point self-running) and automatic route release. In particular, the geographical structure of the signal box circuitry corresponds to Soviet technology, while the outdoor facilities (track circuits, points and signal circuits) still correspond to those of type E. The train buttons function as start buttons for train movements, the shunting buttons as entrance and exit buttons for shunting movements and often also as end buttons for train movements, the black points buttons are grouped outside the track diagram. The function of a button is determined in each individual case by the sequence in which it is pressed. Similar to French practice, the PB interlockings recognise approach locking in front of the station home signals; in conjunction with the gravity relays type N, set train routes can be released operationally before the approach zone is occupied by the train (without sealed auxiliary release). A striking example of a centralised signal box is Wroclaw Głowny GwA (1969, **Fig. 886**). The cosy atmosphere with indoor plants, which is common in Polish signal boxes, is remarkable.

Deutschland – Österreich – Schweiz – Ungarn – Luxemburg

Die erste Generation Drucktastenstellwerke (Dr)

DrS (Deutschland – Österreich – Schweiz – Luxemburg)

Das Gleisbildstellwerk der Pionierbauart DrI verfolgte noch das Prinzip der individuellen Fahrstrassenlogik, was den mit der Relaistechnik nun erleichterten Einbezug der Rangierfahrstrasssen (im deutschen System) insofern erschwerte, als diese mit diesem Ansatz kumulativ zu den Zugfahrstrassen geplant und verdrahtet werden mussten, was zu einem unverhältnismässigen Aufwand führte. Diese Problematik stellte sich in den von der anglo-sächsischen Schule geprägten Ländern (u. a. England, Frankreich, Italien, Schweden) kaum, da diese mehr oder weniger bereits mit den mechanischen und elektro-mechanischen Stellwerken nur auf einer einzigen Kategorie Fahrstrassen (inkl. Rangierstrassen) basierten. Den Lösungsweg ebnete Siemens & Halske mit der Entwicklung ihres DrS (Drucktastenstellwerk Siemens), bei welchem die Fahrstrassen nicht mehr in der vollen Länge als Einheit geschaltet werden mussten, sondern neu aus einzelnen Abschnitten bzw. Bausteinen (z. B. Weichengruppen) zusammensetzten. Die Zuordnung der Verschlussorgane (Relais) orientierten sich daher an den einzelnen Bausteinen, dadurch bildeten diese Fahrstrassenelemente auf der ersten Ebene die Schaltungsgrundlage für die Rangierfahrstrassen, auf welchen dann die Zugfahrstrassen aufbauten. Die Auflösung der Fahrstrassen durch den Zug erfolgte konsequenterweise entsprechend den Abschnitten. Insgesamt resultierten dank dem geografischen Schaltungsaufbau eine vereinfachte Planung und kostengünstigere vorfabrizierte und einheitliche Relaisgruppen. Der Relais-Anteil in freier Schaltung betrug nur noch 20–40 %. Somit war die erste Generation leistungsfähiger Gleisbildstellwerke mit Start-Ziel-Bedienung geboren, sie fand vor allem im deutschsprachigen Raum weite Verbreitung. Die erste Anlage wurde allerdings 1951 für den Bahnhof Luxemburg-Ville geliefert, mit dem charakteristischen mosaikförmigen Gleisbild mit Steckeinheiten von 34x54 mm.

Im Unterschied zu anderen Bahnen konnte bereits ab 1952 eine kostengünstige Bauart DrS 2 für einfache betriebliche Verhältnisse (ohne Weichenselbstlauf, Auflösung nur der gesamten Fahrstrasse, fernsteuerbar) geschaffen werden wie in Feldkirchen (1967, **Abb. 887**). Für mittlere Bahnhöfe wurde ein DrS 3 (2) Stellwerk konzipiert, welches Weichengruppen des DrS 2 und Signalgruppen des DrS umfasste, wie die erste Anlage in

Germany – Austria – Switzerland – Hungary – Luxembourg

The first generation of pushbutton interlockings (Dr)

DrS (Germany – Austria – Switzerland – Luxembourg)

The push-button interlocking of the pioneering DrI design followed the principle of individual routes logic, which made it more difficult to include the shunting routes (in the German system), which was now made easier by relay technology, as these had to be planned and wired cumulatively with the train routes in this approach, which led to a disproportionate effort. This problem was much less of an issue in the countries characterised by the Anglo-Saxon school (including England, France, Italy, Norway and Sweden), as these were already based on a single category of routes (including shunting routes) with mechanical and electro-mechanical interlockings. Siemens & Halske paved the way for a solution with the development of their DrS (Siemens push-button interlocking), in which the routes no longer had to be interposed in their full length as a unit, but were now composed of individual sections or modules (e. g. point groups). The assignment of the locking devices (relays) was based on the individual modules so that these route elements formed the circuit basis for the shunting routes at the first level, on which the train routes were then built. The resolution of the routes by the train was consequently carried out according to the sections. Overall, the geographical circuit structure resulted in simplified planning and more cost-effective prefabricated and standardised relay groups. The proportion of relays in free-wiring was only 20–40 %. Thus, the first generation of powerful push-button interlocking systems with entrance-exit operation was born and became widespread, especially in German-speaking countries. But the first system was delivered in 1951 for the Luxembourg-Ville station, with the characteristic mosaic-shaped track diagram with 34x54 mm plug-in units.

In contrast to other railways, a cost-effective DrS 2 design for simple operating conditions (without point self-running, release of only the entire route, remote-controllable) could be created as early as 1952, as in Feldkirchen (1967, **Fig. 887**). For medium-sized stations, a DrS 3 (2) interlocking was designed, which included DrS 2 point groups and DrS signalling groups, such as the first system in Thayngen Bad Bf (1952–2015, **Fig. 888**). However,

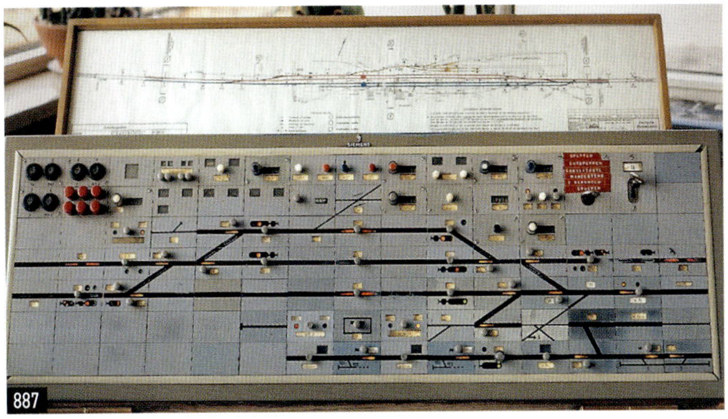

887

888

890

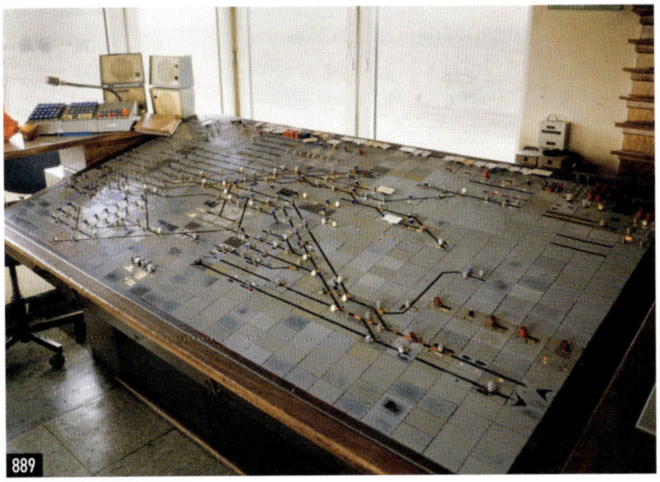

889

891

Thayngen Bad Bf (1952–2015, **Abb. 888**). Mit dieser Version wurden jedoch nur 29 Bahnhöfe ausgestattet. Bereits 1953(–1985/96) wurden Kassel Rbf Kvf (**Abb. 889**) mit einem DrS-Stellwerk und Hannover Hbf mit einer Grossanlage (Befehlsstelle, zwei Wärterstellpulte und Zugnummernmeldung) ausgestattet, beide erstmals mit abschnittsweisen Rangierfahrstrassen – mit einem bedeutenden Nebeneffekt: Die Zahl der Rangierunfälle ging drastisch zurück, eine Schwäche des Systems mit freier Weichenstellung der Rangierfahrten wurde dank der Relaistechnik endlich behoben. Die DrS-Technik bewährte sich in der Folge in vielen Grossanlagen wie im westlichen Vorbahnhofknoten Münchens in München-Pasing (1955–2011, **Abb. 890**) mit einem grossen Stellpult, dessen Bedienung in der Regel zwei Fahrdienstleiter und zwei Fahrdienstleiter-Helfer erforderte. Die ursprünglich eingerichteten Befehlsstellen wurden später vielfach abgeschafft wie in Heidelberg Hbf (1955–2006, **Abb. 891**), wo sie 1972 durch ein Nummernstellpult (Zehnertastatur) ersetzt wurde.

only 29 stations were equipped with this version. As early as 1953(–1985/96), Kassel Rbf Kvf (**Fig. 889**) was equipped with a DrS interlocking system and Hannover Hbf with a large system (master control box, two depending control desks and train number describer), both were equipped for the first time with sectional shunting routes with a significant side effect: the number of shunting accidents fell drastically, a weakness of the system with free point setting of the shunting movements was finally remedied thanks to relay technology. DrS technology subsequently proved its worth in many large systems, such as in Munich's western approach station junction in Munich-Pasing (1957–2011, **Fig. 890**) with a large control desk, which usually required two signalmen and two signalman assistants to operate. The originally installed master control panels were later abolished in many cases, as in Heidelberg Hbf (1955–2006, **Fig. 891**), where they were replaced in 1972 by a numerical control desk.

Bereits 1953 lieferte Siemens auch die erste DrS-Anlage in Österreich für den Wiener Westbahnhof mit Befehlsstelle und Wärterstelltisch. Ein geradezu puristisch anmutendes Wärterstellwerk 2 derselben Generation war 1986 in Amstetten (1962–1989, **Abb. 892**) anzutreffen, wo zu diesem Zeitpunkt noch vom Rechts- auf Linksverkehr (Richtung Wien) gewechselt wurde. Grössere Bahnhöfe wie Amstetten, Innsbruck Hbf und St. Pölten Hbf (1969–1991, **Abb. 893**) erhielten noch eine DrS-Befehlsstelle. 1968(–2008) kam in Graz Hbf eine Grossanlage mit 82 Weichen und rund 200 Haupt- und Rangiersignalen in Betrieb (**Abb. 894**). Das grösste DrS-Zentralstellwerk (150 Weichen) wurde 1966 mit einem Stelltisch in Wiener Neustadt Hbf (**Abb. 895**) gebaut, dessen längste Start-Ziel-Bedienungen 1.5–2 m betrugen, das Bedienungskonzept der grossen Stelltische gelangte an seine Grenzen. Später wurden Gleistafel und Stellpult getrennt, wie das Beispiel von Feldkirch (1970–2009, **Abb. 896** und **897**) zeigt. Auch die ÖBB befassten sich lange mit der Frage eines Gleisbildstellwerks mit reduzierter Funktionalität für einfache Betriebsverhältnisse, u. a. für Durchgangsbahnhöfe auf zweigleisigen Hauptstrecken. In Zusammenarbeit mit der Industrie (Siemens-AEG) entstand die Bauart VGS 80, welche zu Beginn der 1980er-Jahre ausgerollt wurde (mit Weicheneinzelstellung, ohne Teil- oder Rangierfahrstrassen, fernsteuerbar, geographische Verdrahtung 90 %). Die ‹neue› Bauart entsprach funktional praktisch dem DrS 2 von 1952. **Abb. 898** zeigt das VGS 80-Stellwerk von Götzis (1986), welches ein DrS-Stellwerk (mit Weichenselbstlauf) von 1955 ablöste. Durch die notwendige Weicheneinzelbedienung (kein Weichenselbstlauf) war das VGS 80 für ablenkende Zugfahrten (Bahnsteiggleise) nicht automatisierbar, daher war die Effizienzsteigerung gegenüber einem Mittelstellwerk älterer Generation begrenzt.

1954 konnte Siemens auch die erste von neun Anlagen an die SBB im Güterbahnhof Lausanne-Sébeillon liefern. Sie wurde wie das Integra-Schwenktastenpult von 1952 mit dreibegriffigen Rangiersignalen für die gesicherten Rangierfahrstrassen ausgerüstet und war bis 2016 in Betrieb. 1956(–1986) wurde der Poste 2 von Genève-Cornavin ebenfalls mit einem DrS-Stelltisch (**Abb. 900**) bestückt, allerdings – in bester Tradition – noch abhängig von einer DrS-Befehlsstelle (**Abb. 899**), mit Fernsteuerung der Zufahrtsstrecken zum Güterbahnhof Genève-La Praille, welcher von 1963–2012 ebenfalls ein DrS-Zentralstellwerk mit 180 Weichen beherbergte. Oberhalb der DrS-Gleistafel wurde eine Integra-Domino-Fernsteuerung nach Nyon ergänzt. Von 1961–2007 war auch der Ostschweizer Grenzbahnhof Buchs SG (**Abb. 901**) mit einem DrS-Zentralstell-

As early as 1953, Siemens also supplied the first DrS system in Austria for Vienna Westbahnhof with a master control box and dependent's panel. An almost purist-looking dependent interlocking 2 of the same generation could be found in Amstetten (1962–1989, **Fig. 892**) in 1986, where at that time trains were still switching from right-hand to left-hand traffic (towards Vienna). Larger stations such as Amstetten, Innsbruck Hbf and St. Pölten Hbf (1969–1991, **Fig. 893**) still had a DrS master control panel. In 1968(–2008), a large system with 82 points and around 200 main and shunting signals came into operation in Graz Hbf (**Fig. 894**). The largest DrS central interlocking (150 points) was built in 1966 with a control panel in Wiener Neustadt Hbf (**Fig. 895**), whose longest start-finish controls were 1.5–2 m; the operating concept of the large control panels reached its limits. Later, the track panel and control desk were separated, as the example of Feldkirch (1970–2009, **Fig. 896** and **897**) shows. ÖBB also spent a long time considering the question of a push-button interlocking with reduced functionality for simple operating conditions, e. g. for transit stations on double-track main lines. In cooperation with the industry (Siemens-AEG), the VGS 80 design was established, which was rolled out at the beginning of the 1980s (with individual points setting, without partial or shunting routes, remotely controllable, geographical wiring 90 %). The 'new' design corresponded functionally to the DrS 2 of 1952. **Fig. 898** shows the VGS 80 interlocking from Götzis (1986), which eliminated a DrS interlocking (with point self-running) from 1955. Due to the necessary individual point operation (no point self-running), the VGS 80 could not be automated for diverting train movements. Thus, the increase in efficiency compared to an older generation of centre interlocking was limited.

In 1954, Siemens was able to deliver the first of nine systems to the SBB at the Lausanne-Sébeillon freight yard. Like the 1952 Integra pivoting push-button panel, it was equipped with three-position shunting signals for the locked shunting routes and was in operation until 2016. In 1956(–1986), the Poste 2 of Genève-Cornavin was equipped with a DrS control panel (**Fig. 899**), but still dependent on a DrS master command panel (**Fig. 900**), with remote-control of the access routes to the Genève-La Praille freight yard, which also housed a DrS central signal box with 180 points from 1963–2012. An Integra Domino remote-control system to Nyon was added above the DrS track panel. From 1961–2007, the Buchs SG border station in eastern Switzerland (**Fig. 901**) was equipped with a DrS central interlock-

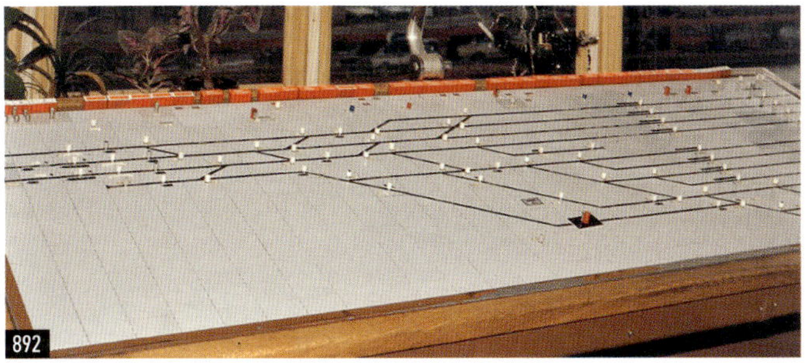
892

893

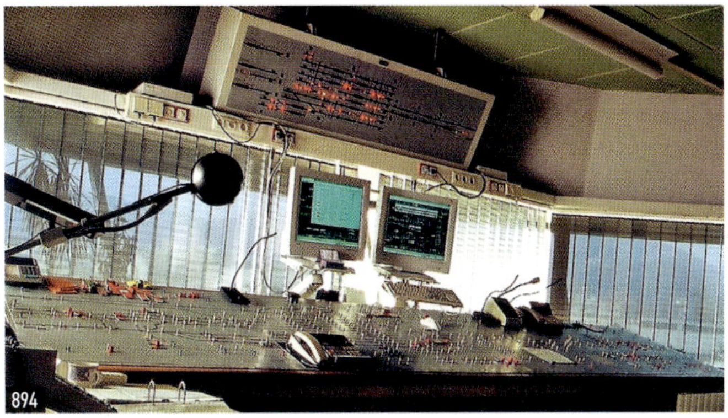
894

895

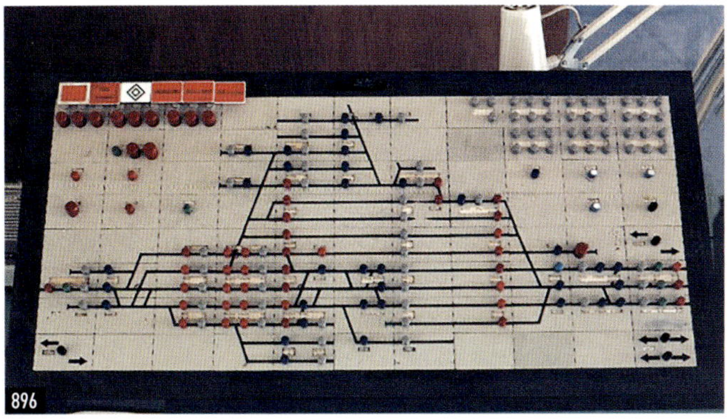
896

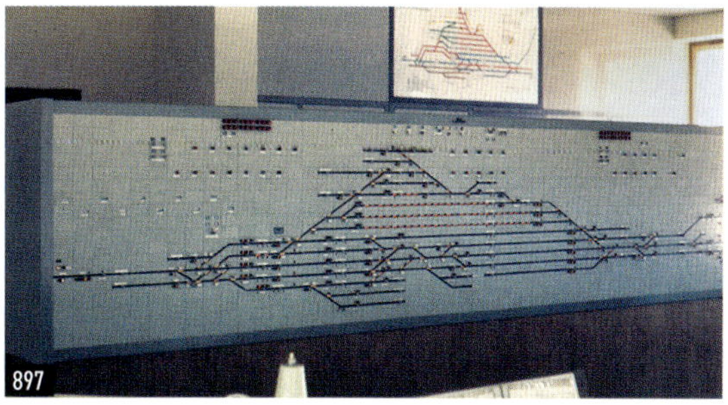
897

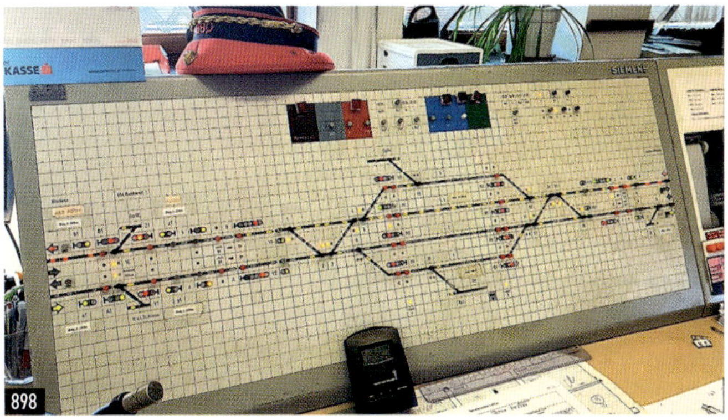

898

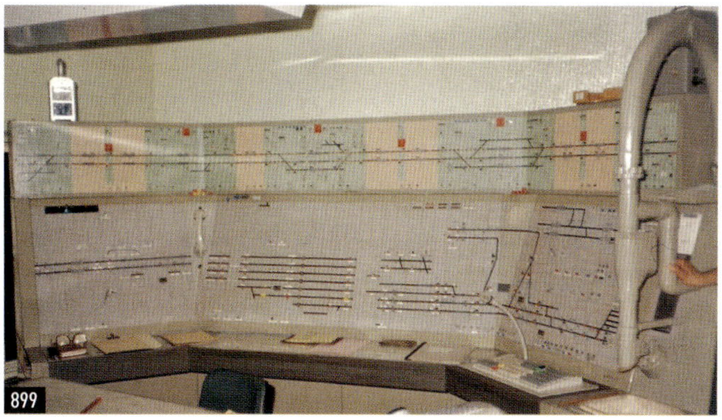
899

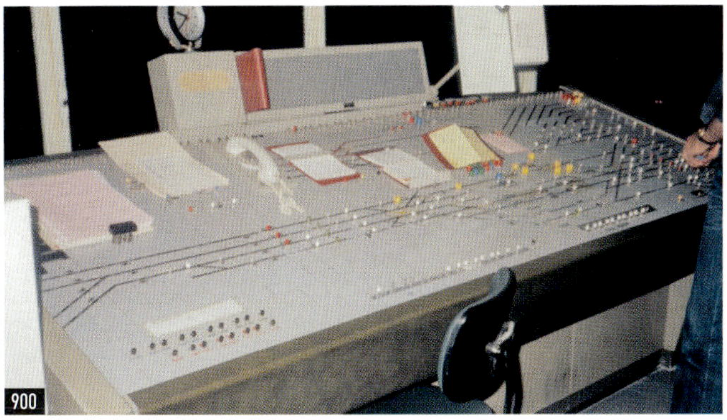
900

901

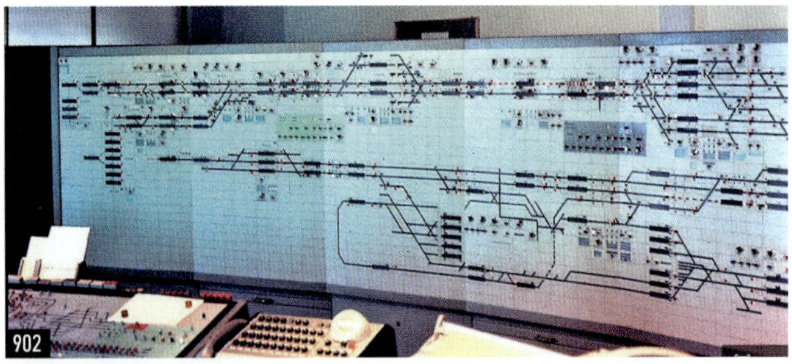

902

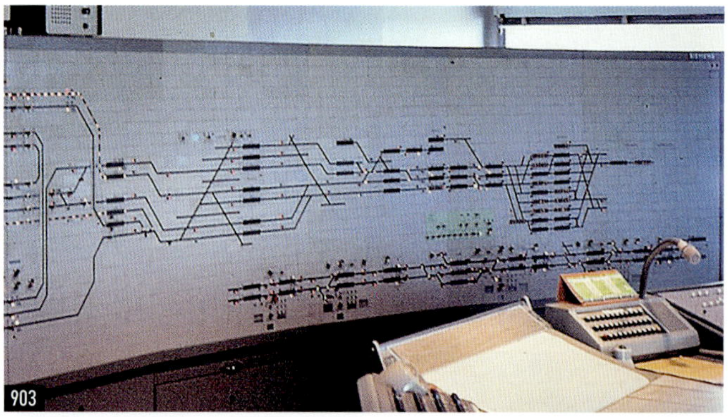

903

904

905

906

907

werk versehen, das gleichzeitig über einen Ablaufberg für die Güterzugbildung verfügte. Die SBB stattete grössere Bahnhöfe mit DrS-Stellwerken aus, da die schweizerische Integra für Grossanlagen noch kein Angebot hatte. 1971 lieferte Siemens eine weiträumige Fernsteueranlage für die Region Lausanne (**Abb. 902–903**) mit Zugnummernmeldeanlage (in Relaistechnik) und erstmalig auch mit Lenkziffern 1–9 (1. Stelle vor der Zugnummer) für die automatische Zuglenkung in Abzweigungen.

Auch die luxemburgische CFL modernisierte einen Teil ihrer älteren Stellwerke mit DrS-Anlagen von Siemens, so ein klassisches Stellpult in Belval-Usines (**Abb. 904**) sowie eine Grossanlage im Rangierbahnhof von Bettembourg PDC (**Abb. 905**), bereits mit numer-

ing, which had a hump for freight train formation. The SBB equipped larger railway stations with DrS interlockings, as the Swiss Integra did not yet have an offer for large systems. In 1971, Siemens supplied a large-scale remote-control system for the Lausanne region (**Fig. 902** and **903**) with a train describer system (using relay technology) and, for the first time, with routing digits 1–9 (1st digit before the train number) for automatic route setting in junctions.

The Luxembourg CFL also modernised some of its older interlockings with DrS systems from Siemens, such as a classic control panel in Belval-Usines (**Fig. 904**) and a large system in the Bettembourg PDC marshalling yard (**Fig. 905**), already equipped with numeric keypads for entrance-exit operation of the ischen Zehnertastaturen für die Start-Ziel-Bedienung der Fahrstrassen ausgerüstet. Zur Fernsteuerung der DrS-Stellwerke auf der Linie 5 lieferte Jeumont-Schneider eine Anlage in Kleinbettingen (bis 2014, **Abb. 906**), mit PRS-ähnlicher Bedienungskonsole, allerdings mit Start-Ziel-Bedienung.

Siemens war auch bei zwei weiteren europäischen Bahnen der Hauptausstatter von Relaisstellwerken. In Portugal konnten von 1958 bis 2005 56 Bahnhöfe ausgerüstet werden, davon 33 als DrS und 23 als vereinfachte (DrS 2) und modernisierte Versionen. 28 Anlagen waren 2019 noch in Betrieb, so auch das 1959 installierte grösste Stellwerk in Lissabon-Santa Apolónia.

Auch in Finnland lieferte Siemens den Grossteil der Relaisstellwerke. 2018 waren noch 58 DrS-Anlagen und auch 21 Spurplanstellwerke (SpDrS60-VR) in Betrieb. In den Ländern des ehemaligen Jugoslawiens konnte Siemens mit der Bauart SpDrS 64 JŽ verschiedene Bahnhöfe wie auch die Fernsteuerung der 1976 in Betrieb genommenen Neubaustrecke Belgrad – Bar ausrüsten. In **Abb. 907** das aktive Stellpult von 1976 des Bahnhofs Bratonožići nahe Podgornica im heutigen Montenegro, allerdings seit Mitte der 1990er-Jahre wieder örtlich bedient, in vereinfachter Funktionalität ohne Rangierfahrstrassen.

Die Krönung des DrS-Stellwerks: das Zentralstellwerk Frankfurt a. M. Hbf

*Die Betriebsabwicklung in grossen Knotenbereichen mit zahlreichen Zulauf- und Verbindungsstrecken, insbesondere mit Kopfbahnhöfen, gestaltete sich im Fall des Knotens Frankfurts a. M. mit 38 Betriebsstellen und 69 beteiligten mechanischen und elektro-mechanischen Stellwerken aufwendig und bei hohem Verkehrsaufkommen betriebshemmend. Für den Knoten Frankfurt war die DrS-Technik daher eine Erlösung. 1957 wurde die grösste DrS-Anlage mit 546 Weichen, 246 Haupt-, 328 Rangiersignalen sowie 60 000 Relais in Betrieb genommen, ein Meilenstein in der Entwicklung der Relaistechnik. Die Steuerung des Knotens umfasste den Kopfbahnhof (**Abb. 908**) mit der Befehlsstelle (Übersichtstafel mit Zugnummerfeldern und zwei Tastenpulten für die Fahrstrassenfreigaben) sowie fünf Wärterstelltischen. In **Abb. 909** der Stelltisch 5 auf der Nordseite mit den Bahnsteigen 18–23, rechts unten die Einwähltastatur für die Zugnummern der abgehenden Züge. In einem zweiten Bedienungsraum war die Fernsteuerung der Zulaufstrecken (**Abb. 910**) für zwei Streckenfahrdienstleiter angesiedelt. Die Zulaufstrecken und ihre Tangentialverbindungen liefen in der Regel im Selbststellbetrieb mit Zuglenkung via Kennbuchstaben an erster Stelle der Zugnummer, die Zugnummer wurde an den Anschlussbahnhö-*

routes. For remote-control of the DrS interlockings on line 5, Jeumont-Schneider supplied a system in Kleinbettingen (until 2014, **Fig. 906**), with a PRS-like control console, but with entrance-exit operation.

Siemens was also the main supplier of relay interlockings for two other European railways. In Portugal, 56 stations were equipped between 1958 and 2005, 33 of them as DrS and 23 as simplified (DrS 2) and modernised versions. 28 installations were still in operation in 2019, including the largest interlocking installed in Lisbon-Santa Apolónia in 1959.

Siemens also supplied the majority of the relay interlockings in Finland. In 2018, 58 DrS installations and 21 track-plan interlockings (SpDrS60-VR) were still in operation. In the countries of the former Yugoslavia, Siemens was able to equip various railway stations with the SpDrS 64 JŽ type, as well as the remote-control system for the new Belgrade – Bar line, which went into operation in 1976. **Fig. 907** shows the active control panel from 1976 at Bratonožići station near Podgornica in today's Montenegro, although it has been operated locally again since the mid-1990s, in simplified functionality without shunting routes.

The crowning glory of the DrS interlocking: the Frankfurt a. M. Hbf central interlocking

*In the case of the Frankfurt a. M. junction, with 38 operating points and 69 mechanical and electro-mechanical interlockings involved, the handling of operations in large junction areas with numerous feeder and connecting lines, especially with terminus stations, proved to be complex and, in the case of high traffic volumes, operationally disruptive. Therefore, DrS technology was a salvation for the Frankfurt junction. In 1957, the largest DrS system with 546 points, 246 main signals, 328 marshalling signals and 60 000 relays were put into operation, a milestone in the development of relay technology. The control system of the junction comprised the terminus station (**Fig. 908**) with the master control panel (overview panel with train number fields and two keyboards for the route authorisations) as well as five dependent control panels. **Fig. 909** shows dependent panel 5 on the north side for platforms 18–23, with the dialling-in keypad for the train numbers of outgoing trains at the bottom right. In a second control room was the remote-control of the feeder lines (**Fig. 910**) for two-line dispatchers. The feeder lines and their tangential connections generally ran in automatic route setting mode with train control via code letters at the first position of the train number, the train number was di-*

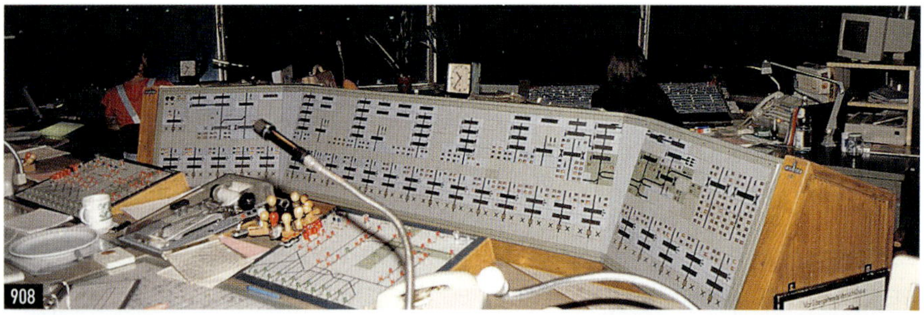

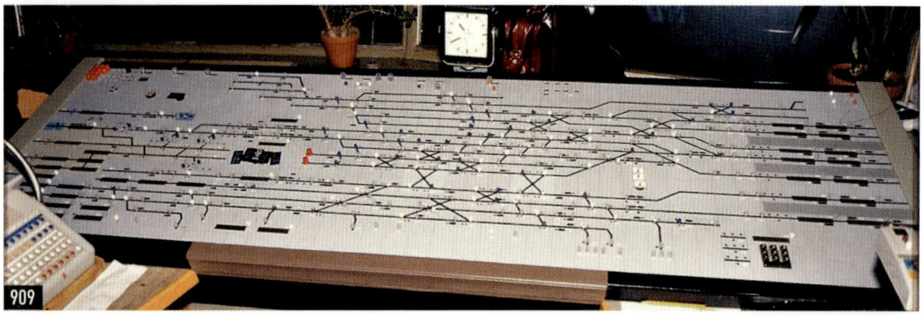

fen des Fernsteuerbereichs eingewählt. Die wegweisende Anlage wurde 2005 durch ein ESTW (Simis C) abgelöst.

alled in at the connecting stations of the remote-control area. The signposting system was eliminated in 2005 by an ESTW (Simis C).

WSSB - GS 0-I-II (DR-DDR)

Die 1951/52 vorhandenen Volkseigenen Betriebe wie VEB Gaselan, VEB Funkwerk Köpenick, VEB Weinitschke, VEB Elektro-Signal- und Maschinenbau (Elsima) sowie die Firma Signalbau-Potsdam-Babelsberg wurden zur Konzentration der Ressourcen für den Wiederaufbau nach den Kriegsschäden zum VEB Signalbau-Berlin zusammengelegt. Die VEB Signalbau-Berlin wurde ihrerseits 1953 mit dem VEB Fernmeldewerk Treptow zum Werk für Signal- und Sicherungstechnik Berlin (WSSB) zusammengeführt. Pionier-Gleisbildstellwerke der VEB Elektro-Signal- und Maschinenbau Halle sowie Signalbau Babelsberg wurden in Königs Wusterhausen Kwm (1951–2006, **Abb. 911**) sowie Wildau (Wiw und Wib) in Betrieb genommen. Teilweise als Stellwerksbauform GS 0 oder GS ElSiMa bezeichnet, waren sie die Grundlage für die

WSSB - GS 0-I-II (DR-GDR)

The state-owned companies that existed in 1951/1952, such as VEB Gaselan, VEB Funkwerk Köpenick, VEB Weinitschke, VEB Elektro-Signal- und Maschinenbau (Elsima) and the company Signalbau-Potsdam-Babelsberg, were merged to form VEB Signalbau-Berlin in order to concentrate resources for reconstruction after WWII damage. VEB Signalbau-Berlin was in turn merged with VEB Fernmeldewerk Treptow in 1953 to form Werk für Signal- und Sicherungstechnik Berlin (WSSB). Pioneer push-button interlocking systems from VEB Elektro-Signal- und Maschinenbau Halle and Signal manufacturing Babelsberg were put into operation in Königs Wusterhausen Kwm (1951–2006, **Fig. 911**) and Wildau (Wiw and Wib). Sometimes referred to as GS 0 or GS ElSiMa signal box designs,

911

912

913

914

später weiterentwickelte Bauform GS I DR. Ein spezielles Beispiel eines GS 0-Stellwerks war Henningsdorf bei Berlin Hnd (1952–2002, **Abb. 912**), deren Sicherheitsrelais noch von den VES-Magnetschaltern abstammten, jedoch 1959 ein Gleisbild der Bauart GS II erhielt. Daher hatte die Anlage noch keinen Weichenselbstlauf, die blauen Weichentasten mussten für die Fahrstrassen einzeln gestellt bzw. gezogen werden, anschliessend konnte die Fahrstrasse mit gleichzeitiger Start-/Ziel-Bedienung gezogen werden. Auch die erste standardisierte Bauform GS I ab 1955 hatte dieselben technischen und Bedienungs-Merkmale, in freier Schaltung und mit einem hellgrauen quadratischen Mosaikpult. Ab 1958 wurde mit der Bauart GS II eine ausgereifte Funktionalität erreicht: Weichenselbstlauf – anfänglich Zugtasten, später Drucktasten – noch freie Schaltung gemäss dem Fahrstrassenprinzip, aber mit vorgefertigten Relaiskasten und nur zwei Relaistypen, Fahrstrassenspeicherung, Selbststellbetrieb, ohne Rangierfahrstrassen. Damit war das GS II sehr vielfältig einsetzbar, von mittleren Bahnhöfen bis zu Signalpulten für die Einführung von elektrisch ge-

they formed the basis for the GS I DR design, which was later developed further. A special example of a GS 0 interlocking was Henningsdorf near Berlin Hnd (1952–2002, **Fig. 912**), whose safety relays were still derived from the VES magnetic relays, but were given a GS II type track diagram in 1959. As a result, the system did not yet have point self-running, the blue switch buttons had to be set or pulled individually for the routes, after which the route could be pulled with simultaneous entrance-exit operation. The first standardised design GS I from 1955 also had the same technical and operating features, with free wiring and a light grey square mosaic console. From 1958, the GS II design achieved mature functionality: point self-running – initially pull buttons, later push buttons – still freewired connection according to the route principle, but with prefabricated relay box and only two relay types – route storage – automatic route setting – without shunting routes. This made the GS II very versatile, from medium-sized stations to signal panels for the introduction of light signals in mechanical

915

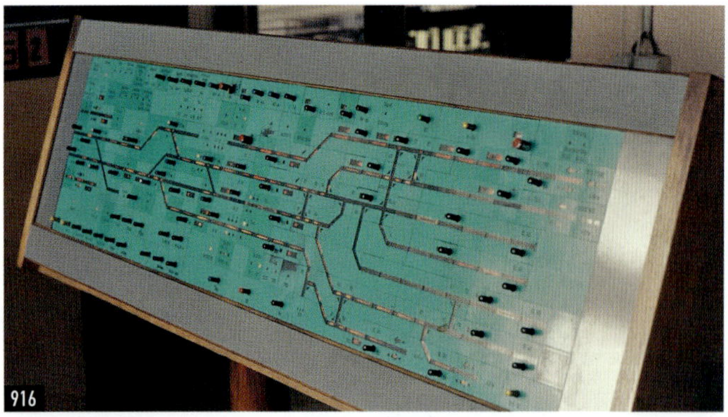

916

917

918

steuerten Signalen bei mechanischen Stellwerken wie 2011 im Stellwerk Do in Deuben (b Zeitz) (**Abb. 913**) und 1993 im Befehlsstellwerk B2 von Schwerin (**Abb. 914**), als Befehlsstelle im B5 von Freiberg (Sachs) (1965–2005, **Abb. 915**) oder 1990 als stark befahrenes S-Bahnstellwerk im B2 des Berliner Ostbahnhofs (**Abb. 916**). Das GS II wurde als GS II A68 auch als Ablaufstellwerk in Rangierbahnhöfen wie im R9 von Dresden-Friedrichstadt (1981–2009, **Abb. 917**) eingesetzt. In **Abb. 918** das dazugehörige Stellpult für die Bedienung der Gleisbremsen am Ablaufberg. Für Neubauten wurde die Bauform GS II bis Anfang der 1980er-Jahre eingesetzt, für Bahnhofsumbauten und Erweiterungen hingegen bis in die 2000er-Jahre. Das GS II wurde mit über 500 Anlagen die meistverbreitete WSSB-Bauart. Die WSSB konnten allerdings den Erneuerungsbedarf der DR bei weitem nicht decken, sodass ab 1976 für Nebenbahnen auch sowjetische Gleisbildstellwerke (EZMG) importiert wurden, diese blieben jedoch technische Insellösungen. Vor diesem Hintergrund ist es von Interesse festzustellen, dass die WSSB gleichzeitig auch GS II-Stellwerke in zahlreiche politisch befreundete Länder exportierte (u.a. Ostblock-Staaten, Ex-Jugoslawien und Naher Osten), nicht zuletzt auch aufgrund des laufenden Devisenbedarfs der DDR.

interlockings such as in 2011 in the interlocking in Deuben Do (near Zeitz) (**Fig. 913**) and in 1993 in the B2 master interlocking in Schwerin (**Fig. 914**), as a master control panel in B5 in Freiberg (Sachs) (1965–2005, **Fig. 915**) or in 1990 as a busy S-Bahn interlocking in B2 at Berlin Ostbahnhof (**Fig. 916**). The GS II was used as GS II A68 in marshalling yards such as R9 in Dresden-Friedrichstadt (1981–2009, **Fig. 917**). **Fig. 918** shows the associated control panel for operating the track brakes on the marshalling hump. The GS II design was used for new interlockings until the early 1980s, but for station conversions and extensions until the 2000s. With over 500 installations, the GS II became the most widely used WSSB design. But the WSSB was nowhere near able to meet the DR's renewal requirements, so from 1976 Soviet push-button interlocking systems (EZMG) were imported for branch lines, but these remained technically isolated solutions. Against this background, it is interesting to note that the WSSB exported GS II interlockings to numerous politically friendly countries (including Eastern Bloc countries, former Yugoslavia and the Middle East), not least because of the GDR's ongoing foreign currency requirements.

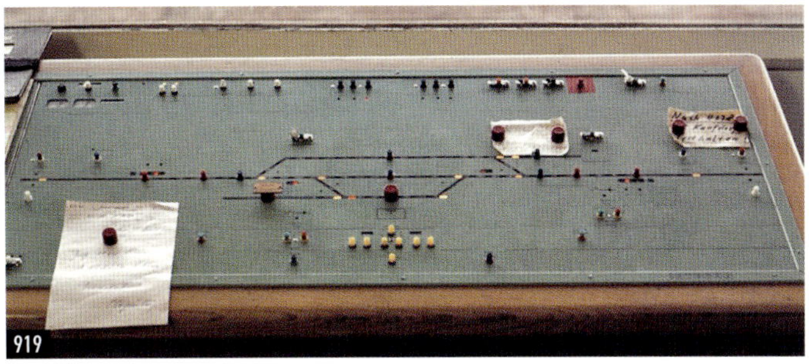
919

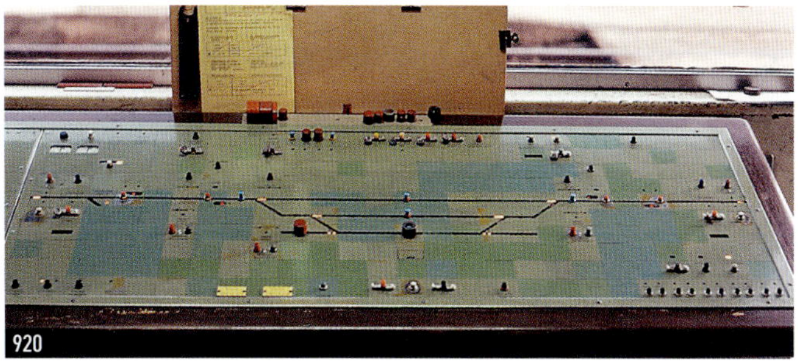
920

Integra-Domino 55/Domino 69 (Schweiz)
Auf der Grundlage des Prototyp-Tastenstellwerks von 1952 entwickelte Integra ein Drucktastenstellwerk mit quadratischen Mosaiksteckeinheiten (40x40 mm), aus welchen der Name ‹Domino› entstand. Quadratische Einheiten deshalb, weil u.a. für die Darstellung des Gleisplans weniger Länge benötigt wird und sie auch um 90 Grad gedreht eingesetzt werden können. Von Anbeginn wurde eine Version für kleinere Bahnhöfe konzipiert (ohne Rangierfahrstrassen, mit Weichenselbstlauf, zentraler Fahrstrassenverschluss, zugbewirkter Fahrstrassenauflösung, Selbststellbetrieb auf geraden Fahrstrassen, fernsteuerbar). Die erste Anlage dieser Bauart wurde als ‹Domino 55› in der Schweiz 1956 an die BLS in Bern-Weissenbühl geliefert. In der Folge wurden weitere Stationen auf der Gürbetalbahn mit Do55 ausgerüstet wie in Toffen (1967–2014, **Abb. 919**). Die Fahrstrassen werden mit gleichzeitigem Drücken der blauen Gleistaste mit der Einfahrsignaltaste oder für Ausfahrten mit der roten Streckentaste eingestellt, die Gruppenausfahrsignale zeigen entsprechend unterschiedliche Fahrbegriffe. Oben rechts sind die plombierten Tasten für Hilfs- und Notfunktionen angeordnet. Der halbautomatische Gleichstromstreckenblock wird automatisch vorgeblockt und mit gleichzeitigem Drücken der Einfahrsignaltaste mit der weissen Taste rechts oder links aussen rückgemeldet. Die Bauart wurde auch von den SBB auf Einspurstrecken eingesetzt wie in Bassecourt (1961–1994, **Abb. 920**). Das Do55 ermöglichte auch die Einrichtung gleichzeitiger Einfahrten bei Kreuzungen in Abhängigkeit des Durchrutschweges hinter den Ausfahrsignalen.

1970 ging bei der Rhätischen Bahn die Nachfolgebauart Domino 69 (ohne Rangierfahrstrassen, mit Weichenselbstlauf, fernsteuerbar, kleinere Sicherheitsrelais TM und bessere Nutzung der Relaisfunktionen im Verhältnis zu den Aussenanlagen) in Betrieb. Sie war vor allem bei den zahlreichen schweizerischen Privatbahnen beliebt. Rund 50 Jahre später im Jahr 2019 zählte das Do69 rund 220 Anlagen, dazu gehörte auch diejenige der SBB in Schwanden (1977, **Abb. 921**),

Integra-Domino 55/Domino 69 (Switzerland)
Based on the prototype push-button interlocking from 1952, Integra developed a push-button interlocking with square mosaic plug-in units (40x40 mm), from which the name 'Domino' was established. Square units because, among other things, less length is required to display the track plan and they can also be used rotated by 90 degree. A version for smaller stations was designed from the very beginning (without shunting routes, with point self-running, central route lock, train-actuated full route release, automatic route setting on straight routes, remote controllable). The first system of this type was delivered to BLS in Bern-Weissenbühl as 'Domino 55' in Switzerland in 1956. Subsequently, other stations on the Gürbetal railway were equipped with Do55, as in Toffen (1967–2014, **Fig. 919**). The routes are set by simultaneously pressing the blue track button with the entrance signal button or for exits with the red track button, the group starter signals show correspondingly different driving aspects. The sealed buttons for auxiliary and emergency functions are located at the top right. The semi-automatic DC block is automatically pre-blocked and signalled back by simultaneously pressing the entrance signal button with the white button on the right or left outside. This design was used by the SBB on single-track lines, as in Bassecourt (1961–1994, **Fig. 920**). The Do55 made it possible to set up simultaneous entries at crossings depending on the slide path behind the starter signals.

In 1970, the successor type Domino 69 (without shunting routes, with point self-running, remote controllable, smaller safety relays TM and better utilisation of the relay functions in relation to the external systems) went into operation on the Rhaetian Railway. It was particularly popular with the numerous Swiss private railways. Around 50 years later in 2019, the Do69 had around 220 installations, including the one operated by SBB in Schwanden (1977, **Fig. 921**), which has been controlled by the digital Operations Centre East in Zurich Airport since 2016.

welche seit 2016 von der digitalen Betriebszentrale Ost in Zürich-Flughafen gesteuert wird. Typisch waren auch gemischte Fernsteuerzentren Do55/Do69 wie 1985 bei der BLS in Bern-Weissenbühl (**Abb. 922**). In Ausnahmefällen musste die Bauart auch grössere Aufgaben erfüllen, wie 1984 im Bahnhof Thun (**Abb. 923**) zur Steuerung des Nordkopfs (rechts) und als Befehlsstelle der VES 1912 Wärterstellwerke in der Mitte und im Südkopf.

Die Domino-55-Stellwerke mit Rangierfahrstrassen orientieren sich an den Weichenrelaissätzen des Gleisplans, die Zugfahrstrassen bauen auf den Abschnitten der Rangierfahrstrassen auf. Für den Aufbau und Verschluss einer Fahrstrasse werden durch Tastenrelais der Start-/Ziel-Bedienung Stromkreise für die zwischen Start und Ziel befindlichen Abschnittsweichen- und Zwergsignalrelais angestossen und damit die aktivierte Spur der gewünschten Fahrstrasse gelegt. Über diese Spur erfolgen die weiteren Schalt- und Prüfprozesse bis zur Freischaltung des Rangier- oder Zugsignals. Die Auflösung der Fahrstrasse erfolgt entsprechend abschnittsweise. Im Jahr 1956 erhielt Lyss als erster Bahnhof der Schweiz ein Do55 mit Rangierfahrstrassen. Insgesamt wurden gut 60 Anlagen mit Rangierfahrstrassen meistens für mittlere, aber auch für grosse Bahnhöfe geliefert, so 1959(–1997) eine Anlage der BLS in Spiez (**Abb. 924**), welche die S&H-1912-Anlage von 1915 mit pneumatischen Weichenantrieben ersetzte. 1960 erhielt Basel SBB PB Ost eine Grossanlage mit 113 Weichen mit der ersten Zugnummernmeldeanlage von Siemens (in Relaistechnik). Rechtzeitig für die Landesausstellung 1964 (Expo) wurde der Bahnhof Lausanne modernisiert und 1963(–2021) mit einem Do55-Zentralstellwerk (**Abb. 925**) mit 145 Weichen und Zugnummernmeldung Siemens ausgestattet. Das Do55 war nun mit einem Fahrstrassenspeicher ergänzt (durch Ziehen der Tasten). 1967(–1997) war Zürich-Altstetten (**Abb. 926**) an der Reihe mit einer Integra-Zugnummernmeldeanlage in Transistortechnik. Gut zu erkennen sind im Gleisbild die roten Hauptsignal- und die hellblauen Rangiersignaltasten. Die dunkelblauen Weicheneinzeltasten sind links oberhalb des Gleisbilds angeordnet. 1970(–2015) schliesslich wurde die letzte grössere Neuanlage in Langenthal Personen- und Güterbahnhof (**Abb. 927**) installiert, bereits in der Form des Stelltisches des Spurplanstellwerks Domino 67. Die Verbreitung der Do55-Stellwerke bildete eine wichtige Grundlage zur Errichtung von Fernsteueranlagen, so 1967 für die Strecke Zürich–Thalwil (**Abb. 928**) mit ZN-Anlage und 1975(–2009) in St-Maurice (**Abb. 929**) mit Befehlsstelle (rote Tasten in der Mitte) für zwei elektrifizierte mechanische Stellwerke. Diese Anlage veranschau-

Mixed Do55/Do69 remote-control centres were typical, as at BLS in Bern-Weissenbühl in 1985 (**Fig. 922**). In exceptional cases, the design had to fulfil larger tasks, as in 1984 at Thun station (**Fig. 923**) to control the north head (right) and as a master control box for two VES 1912 dependent interlockings in the middle part and the south head.

The Domino 55 interlockings with shunting routes are based on the point relay sets of the track plan, the train routes are based on the sections of the shunting routes. To set up and lock a route, push-button relays of the entrance-exit control initiate circuits for the section points and dwarf signal relays located between the start and finish, thus, laying the activated track of the desired route. Further interposing and testing processes are carried out via this track until the shunting or train signal is activated. The routes are then automatically cancelled section by section. In 1956, Lyss was the first railway station in Switzerland to receive a Do55 with shunting routes. A total of over 60 systems with shunting routes were supplied, mostly for medium-sized stations, but also for large stations, such as a BLS system in Spiez in 1959(–1997) (**Fig. 924**), which replaced the S&H 1912 system from 1915 with pneumatic point machines. In 1960, Basel SBB PB East received a large system with 113 points with the first train describer system from Siemens (using relay technology). Lausanne passenger station was modernised in time for the 1964 national exhibition (Expo) and equipped in 1963(–2021) with a Do55 central interlocking (**Fig. 925**) with 145 points and Siemens train describer system. The Do55 was now supplemented with a route memory (by pulling the buttons). In 1967(–1997), it was the turn of Zurich-Altstetten (**Fig. 926**) with an Integra train describer system using transistor technology. The red main signal and light blue shunting signal buttons are clearly recognisable in the track diagram. The dark blue point buttons are arranged on the left above the track diagram. Finally, in 1970(–2015), the last major new system was installed in Langenthal passenger and freight station (**Fig. 927**), already in the form of the control panel of the Domino 67 track-plan interlocking. The spread of Do55 interlockings formed an important basis for the installation of remote-control systems, such as in 1967 for the Zurich–Thalwil line (**Fig. 928**) with a train describer system and in 1975(–2009) in St-Maurice (**Fig. 929**) with a master control panel (red buttons in the centre) for two electrified mechanical interlockings. This installation is an example of SBB's strategy of lineside automated train traffic on the line at low cost, while junction stations, which were

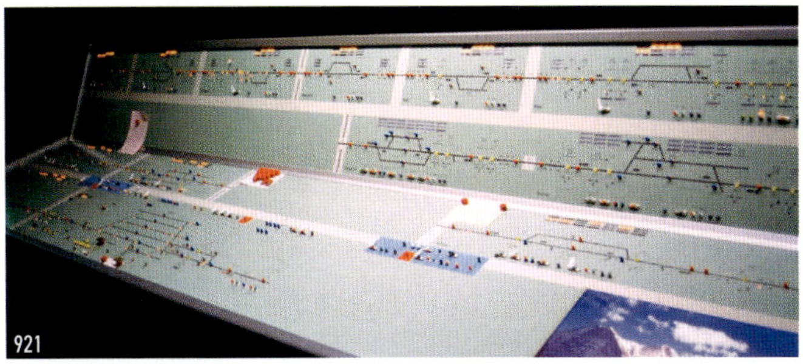
921

922

923

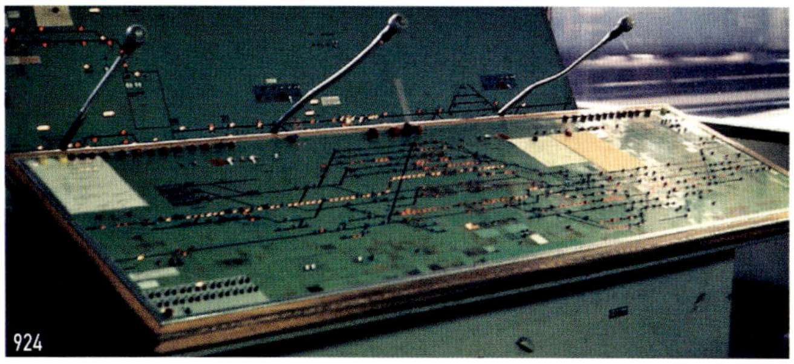
924

925

926

927

929

928

930

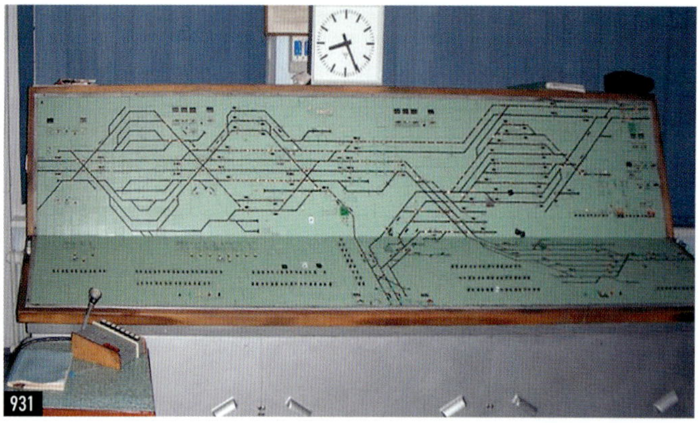
931

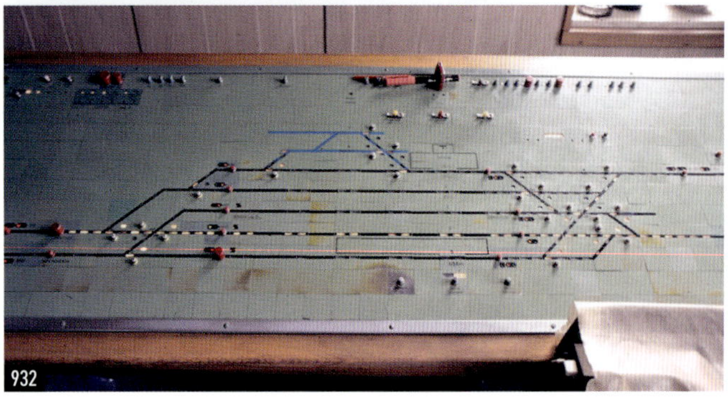
932

933

licht exemplarisch die Strategie der SBB, den Zugverkehr auf der Strecke kostengünstig zu automatisieren, während Knotenbahnhöfe, welche fahrdienstlich ohnehin besetzt waren, erst nach und nach gemäss den wirtschaftlichen Möglichkeiten modernisiert wurden.

Mit insgesamt etwa 360 gelieferten Anlagen in der Schweiz und 250 ins Ausland wurde das Domino 55 zum meistgebauten Stellwerk aus der Schweiz.

Integra-Domino 55 (Ungarn)

Nach guten Erfahrungen mit der Integra-Relaistechnik entschlossen sich die MAV Ende der 1950er-Jahre, auch die Lizenz für das standardisierte Gleisbildstellwerk Domino 55 zu übernehmen. Die Lizenzproduktion wurde durch Telefongyár wahrgenommen, deren Nachfolger 1974 die Ganz Electricity Works wurden. Das D55 basierte noch auf freier Schaltung, aber mit quadratischem mosaikförmigem Aufbau des Gleisbildes, gleichzeitiger Start-/Ziel-Bedienung mit automatischem Weichenlauf. Die ersten beiden Anlagen wurden 1962 in Vámosgyörk und Budapest-Angyalföld installiert. Mit dem D55 wurden vor allem auch Nebenstrecken modernisiert, wie **Abb. 930** 1995 im südungarischen Gyula zeigt. In Einzelfällen wurden auch Knotenbahnhöfe wie 1966 Miskolc (**Abb. 931**) ausgestattet. Die D55-Stellwerke bewährten sich dank ihrer Zuverlässigkeit, bis 2017 wurden rund 250 Anlagen in

manned anyway, were only gradually modernised in line with economic possibilities.

With a total of around 360 interlockings delivered in Switzerland and 250 abroad, the Domino 55 became the most frequently built interlocking in Switzerland.

Integra-Domino 55 (Hungary)

After good experiences with the Integra relay technology, MAV decided at the end of the 1950s to take over the licence for the standardised Domino 55 push-button interlocking. Licence production was carried out by Telefongyár, which was succeeded by Ganz Electricity Works in 1974. The D55 was still based on free wiring, but with a square mosaic layout of the track diagram, simultaneous entrance-exit and automatic points operation. The first two systems were installed in Vámosgyörk and Budapest-Angyalföld in 1962. The D55 was used to modernise branch lines in particular, as **Fig. 930** in Gyula in southern Hungary shows in 1995. In individual cases, junction stations such as Miskolc in 1966 (**Fig. 931**) were also equipped. The D55 interlockings proved their worth thanks to their reliability, and by 2017 around 250 systems had been put

Betrieb genommen. In den 1960er-Jahren mussten die MAV einige Kleinstellwerke der sowjetischen Bauart ECM wie auch der DDR-Bauart WSSB GS II erwerben, welche jedoch die D55-Stellwerke nicht verdrängen konnten. Ganz konnte die D55-Technik auch nach Finnland exportieren, wo 2018 noch 14 Anlagen in Betrieb waren.

Integra-Domino 58 (Luxemburg)
Wie in Ungarn setzten auch die CFL ihre Zusammenarbeit mit Integra bei den Gleisbildstellwerken fort und adaptierten das Domino 55 (ohne Rangierfahrstrassen) als Domino 58 an die luxemburgischen Verhältnisse. Ein klassisches Beispiel dafür ist das Stellpult von Oetrange (bis 2006, **Abb. 932**). Zur späteren Fernsteuerung der Domino 58-Stellwerke auf den Linien 3 + 4 lieferte Jeumont-Schneider auch eine Anlage in Oetrange (bis 2006, **Abb. 933**), mit PRS-ähnlicher Bedienungskonsole, allerdings mit Start-Ziel-Bedienung.

Die Generation der Spurplanstellwerke (SpDr)

Die Spurplanstellwerke bilden die am weitesten getriebene und vervollkommnete Entwicklungsstufe der NX-Stellwerk-Familie dar. Im Unterschied zu den fahrstrassenbasierten Drucktastenstellwerken DrS, GS 0/I/II, Do55/69, bei welchen nur Fahrwege signalisierbar sind, die bei der Projektierung des Stellwerks vorgesehen und in grösstenteils freier Schaltung eingebaut wurden, stellt beim Spurplanstellwerk (SpDr) jedes Fahrwegelement (Weiche, Kreuzung, Gleisabschnitt) eine eigene und über eine zugehörige eigene Relaisgruppe gesteuerte Teilfahrstrasse dar. Die Relaisgruppen sind durch Spurkabel miteinander verbunden wie auch die einzelnen Elemente in der realen Gleisanlage. Die Anzahl der auf der Baustelle herzustellenden Lötverbindungen reduziert sich stark. Das Stellwerk sucht sich über die Spurkabel selbstständig bei jeder Fahrstrassenanforderung den Fahrweg und sichert diesen. Damit ist es nicht nötig, jede Fahrstrasse zu planen, jeder mögliche Fahrweg eines Gleisbilds kann ohne zusätzlichen Schaltungsaufwand (inkl. Flankenschutz) durch das Stellwerk eingestellt werden. Einerseits sinkt der Planungsaufwand wesentlich und anderseits steigt die Sicherheit dank der während des Herstellungsprozesses bereits möglichen Prüfung der standardisierten Relais- und Spurkabelverbindungen. Nicht zuletzt sinkt auch der Aufwand bei Anpassung der Gleisanlagen, da aufgrund von zusätzlichen Gleisen oder Weichen nicht einzelne neue Fahrstrassenverschlüsse projektiert werden müssen, sondern modular als Fahrwegelemente im Spurplan

into operation. In the 1960s, the MAV had to acquire a number of small interlockings of the Soviet ECM type as well as the GDR WSSB GS II type, but these could not replace the D55 interlockings. Ganz was able to export the D55 technology to Finland, where 14 installations were still in operation in 2018.

Integra-Domino 58 (Luxembourg)
As in Hungary, the CFL continued its cooperation with Integra on push-button interlocking systems and adapted the Domino 55 (without shunting routes) to Luxembourg conditions as the Domino 58. A classic example of this is the control panel from Oetrange (until 2006, **Fig. 932**). For the later remote-control of the Domino 58 interlockings on lines 3 + 4, Jeumont-Schneider supplied a system in Oetrange (until 2006, **Fig. 933**), with a PRS-like control console, but with entrance-exit operation.

The generation of track-plan interlockings (SpDr)

The track-plan interlockings represent the most advanced and completed development stage of the NX interlocking family. In contrast to the route-based push-button interlockings DrS, GS 0/I/II, Do55/69, in which only routes can be signalled that were provided for in the project planning of the interlocking and installed in largely free wiring, each route element (point, crossing, track section) represents a separate partial route controlled via its own associated relay group in the track diagram interlocking (SpDr). The relay groups are connected to each other by track cables, just like the individual elements in the real track system. The number of soldered connections to be made on site is greatly reduced. The interlocking automatically searches for and secures the track via the track cables for each route request. This means that it is not necessary to plan every route; every possible route of a track diagram can be set by the interlocking without any additional switching effort (including flank protection). On the one hand, this significantly reduces the planning effort and, on the other, increases safety thanks to the fact that the standardised relay and track cable connections can already be tested during the manufacturing process. Last but not least, the effort involved in adapting the track system is also reduced, as additional tracks or points do not require the planning of individual new route locks, but can be added as modular route elements in the track plan. The releasing of the routes is elastic per route element. The ultimate goal of the ergänzt werden können. Die Auflösung der Fahrstrasse erfolgt elastisch laufend je Fahrwegelement. Das Ziel der Spurplantechnik war letztlich die Schaffung eines Systems, das aus fabrikgefertigten Schalteinheiten aufgebaut wird unter Vermeidung von individuellen bahnhofsgebundenen sog. freien Schaltungen. Die Grundgedanken zur Spurplanphilosophie sind auf den Signalreferenten der DB, Prof. Dr. Walter Schmitz, in der 1950er-Jahren zurückzuführen.

track plan technology was to create a system that is built from factory-made switching units while avoiding individual station-based so-called free wiring. The basic ideas behind the track plan philosophy can be traced back to the signalling expert at DB, Prof. Dr Walter Schmitz, in the 1950s.

SpDrL (Lorenz/SEL/Alcatel) in Deutschland – Österreich – Luxemburg – Ex-Jugoslawien

Nach einigen Vorläuferbauformen für fahrstrassenbasierte Relaisstellwerke (DrIII und DrL analog Siemens-DrI und DrS) konzentrierte sich die aus der Fernmeldetechnik stammende C. Lorenz AG auf die Entwicklung eines Spurplanstellwerks und konnte auf Basis einer Ausschreibung das erste SpDrL (Tricon) der DB im Mai 1956 in Dillingen (Saarland) in Dienst stellen. Mit 140 Weichen und täglichem Ablaufbetrieb von 600 Güterwagen eine Grossanlage. Bereits im Oktober gleichen Jahres wurde eine zweite SpDrL-Anlage in Offenbach (Main) Hbf mit 52 Weichen installiert. Die Bauform SpDrL20 (20 Watt Signallampen) war geboren. 1959(–2003) wurde die damals grösste Spurplananlage der DB in Saarbrücken Hbf (**Abb. 934**) mit 192 Weichen eröffnet und 1960 mit einer Zugnummernanlage ergänzt. Speziell zu erwähnen sind die von Mors (Paris) gelieferten Weichenantriebe. Die beiden Wärterstelltische für die Bahnhofshälften wurden noch von einer Befehlsstelle (Tastenstellpult) mit den Fahrstrassenaufträgen versehen. 1958 wurden die C. Lorenz AG und die Standard Elektrik AG vom amerikanischen Mutterkonzern ITT zur SEL mit Sitz in Stuttgart-Zuffenhausen verschmolzen. Bei der darauffolgend weiterentwickelten Bauform SpDrL30 (30 V Signallampen) wurden konsequente Spurverkabelung und vorgeprüfte Programmstecker der Relaisgruppen optimiert. Ein klassisches SpDrL30-Stellwerk war in Steinach (bei Rothenburg o. d. T.) anzutreffen (1964, **Abb. 935**). Typisch für die DB sind die mehrfachen Ausfahrsignaltasten im Gleisbild für verschiedene Durchrutschwege in Abhängigkeit der Einfahrt. Eine der wohl letzten gebauten SpDrL30-Anlagen war diejenige von Böblingen (1969–2008, **Abb. 936** und **937**). Die alle gleichaussehenden Tasten sind etwas gewöhnungsbedürftig.

1969 fand das SEL-Stellwerk mit der Bauform SpDrL60 seinen abschliessenden Standard, die bisher adaptierten Fernmelderelais wurden durch C-Sicherheitsrelais ersetzt. Gleichzeitig erreichte die DB mit beiden Herstellern, Siemens und SEL, eine einheitliche Bedienungsform für Spurplanstellwerke. Im SpDrL60 von Gross-Gerau (1970, **Abb. 938**) ist dies deutlich er-

SpDrL (Lorenz/SEL/Alcatel) in Germany – Austria – Luxembourg – Ex-Yugoslavia

After several predecessor designs for track-based relay interlockings (DrIII and DrL similar to Siemens-DrI and DrS), C. Lorenz AG, which had its origins in telecommunications technology, concentrated on the development of a track-plan interlocking (Tricon) and was able to put DB's first SpDrL (Lorenz) into service in Dillingen (Saarland) in May 1956 on the basis of a tender. With 140 points and daily operation of 600 freight wagons, it was a large-scale system. In October of the same year, a second SpDrL system was installed in Offenbach (Main) Hbf with 52 points. The SpDrL20 design (20 watt signalling lamps) was born. In 1959(–2003), the DB's largest track layout system at the time was opened in Saarbrücken Hbf (**Fig. 934**) with 192 points and supplemented with a train describer system in 1960. The point machines supplied by Mors (Paris) deserve special mention. Both railroad control desks for each half of the station were still provided with the route orders by a master control box (push-button control panel). In 1958, C. Lorenz AG and Standard Elektrik AG were merged by the American parent company ITT to form SEL, based in Stuttgart-Zuffenhausen. The SpDrL30 design (30 V signal lamps), which was subsequently developed further, optimised consistent track wiring and pre-tested programme plugs for the relay groups. A classic SpDrL30 signal box could be found in Steinach (near Rothenburg o. d. T.) (1964, **Fig. 935**). Typical for the DB are the multiple starter signalling buttons in the track diagram for different overlap routes depending on the entrance. Probably one of the last SpDrL30 layouts built was the one in Böblingen (1969–2008, **Fig. 936 and 937**). The buttons, which all look the same, take some getting used to.

In 1963, the SEL interlocking found its final standard with the SpDrL60 design; the previously adapted telecommunication relays were replaced by C safety relays. At the same time, DB and both manufacturers, Siemens and SEL, achieved a standardised form of operation for track-plan interlock-

934

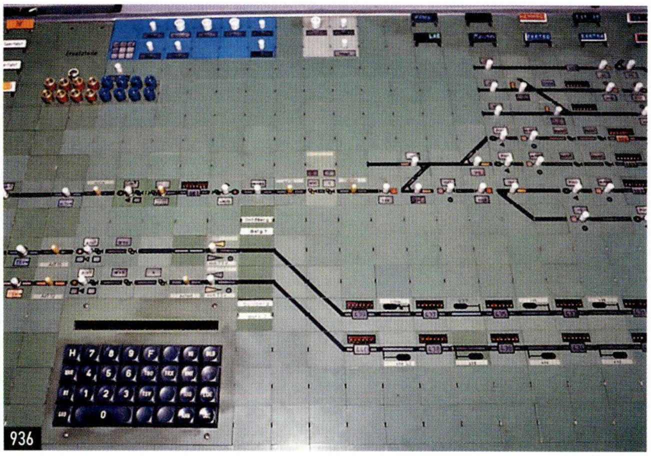
936

935

937

kennbar: Die Weichentasten sind nun schwarz. Ab der Zweiten Hälfte der 1960er-Jahre wurden bei der Bedienung von Grossanlagen mit Gleisbildern grösser als 3-m-Breite in der Regel separate Tastenstellpulte (Siemens) oder Nummernstellpulte mit numerischer Start-/Ziel-Eingabe (Zehnertastatur) eingeführt. Das 1980(–2026) in Basel Bad Bf (**Abb. 939** und **940**) in Betrieb genommene Zentralstellwerk mit 180 Weichen wird mit zwei entsprechenden Nummernstellpulten und einer elektronischen ZN-Anlage gesteuert. Die Nummernstellpulte konnten in der Regel mit Fahrstrassenspeichern (4–16 Speicher) ausgerüstet werden, dagegen wurde auf einen richtungsbetriebenen Selbststellbetrieb mit Lenkziffer vor der Zugnummer situationsbezogen verzichtet. 1977 kam mit dem Zentralstellwerk Stuttgart Hbf die wohl grösste Relaisanlage der DB mit 506 Weichen, 198 Hauptsignalen, 583 Zwergsignalen und elektronischer ZN-Anlage in Betrieb. Anfang der 1980er-Jahre wurden die numerischen Nummernstellpulte (noch in Relaistechnik) von mikro-elektronischen alpha-numerischen Nummernstellpulten abgelöst. Eine der ersten Anlagen wurde in Lichtenfels (1983, **Abb. 941**) mit dem NStP L800 (SEL) installiert, in diesem Fall mit Nachbarschaftsfernsteuerung. Mit der Stellweite von 6,5 km der Spurplanstellwerke konnten Nachbarbahnhöfe vielfach in einer Anlage zentralisiert werden. 1985 wurde ein ver-

ings. This is clearly recognisable in the SpDrL60 from Gross Gerau (1970, **Fig. 938**): the point buttons are now black. From the second half of the 1960s, separate key control panels (Siemens) or number control panels with numerical entrance-exit input (numeric keypad) were generally introduced for the operation of large systems with track diagrams larger than 3 m wide. The central signal box with 180 points, which was put into operation in Basel Bad Bf in 1980(–2026, **Fig. 939** and **940**), is controlled by two corresponding numeric control panels and an electronic train describer system. The numeric control panels could be equipped with route memories (4–16 memories), but an automatic route setting with a steering digit in front of the train number was forgone depending on the situation. In 1977, the Stuttgart Hbf central signal box, probably the largest relay system of DB with 506 points, 198 main signals, 583 dwarf signals and an electronic train describer system, came into operation. At the beginning of the 1980s, the numerical control panels (still using relay technology) were eliminated by microelectronic alpha-numerical control panels. One of the first systems was installed in Lichtenfels (1983, **Fig. 941**) with the NStP L800 (SEL), in this case with integrated neighbourhood remote control. With the 6.5 km range of the track plan interlockings, neighbouring

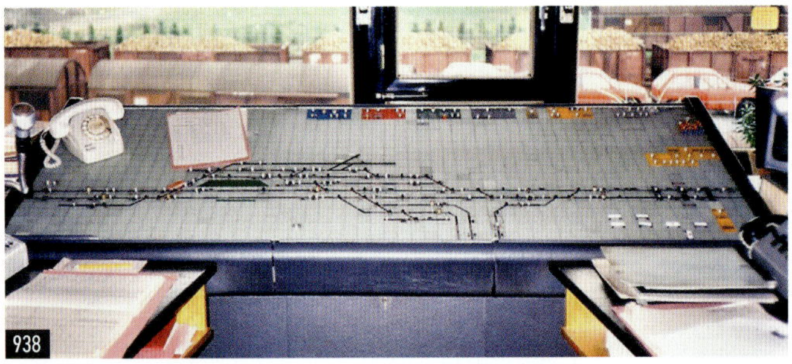
938

939

940

941

942

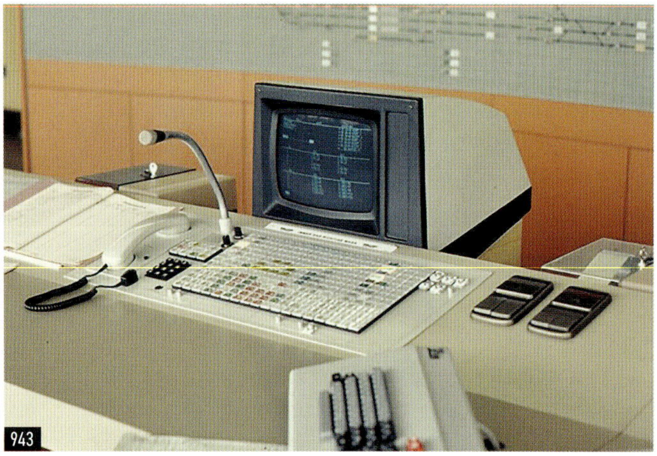
943

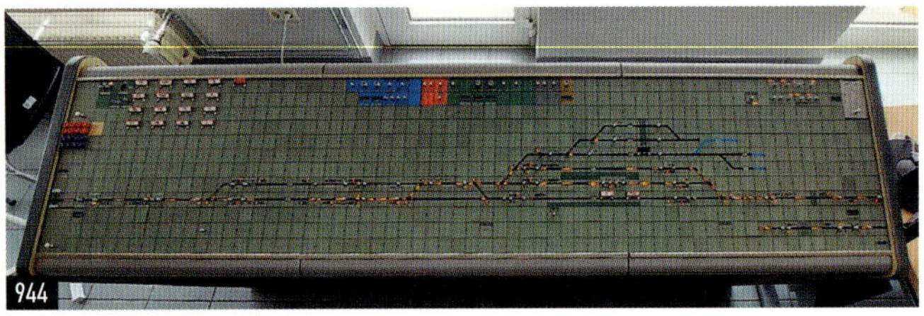
944

945

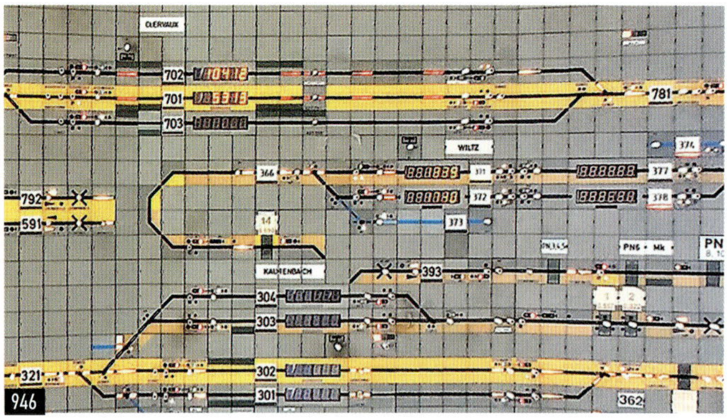

946

gleichbares Stellwerk in Crailsheim (**Abb. 942** und **943**) in Betrieb genommen, diesmal mit ergänzender Streckenfernsteuerung. 1993 wurde SEL zur Alcatel SEL AG und schliesslich 2007 von Thales übernommen, das Kürzel L von Lorenz blieb in den Produktebezeichnungen erhalten.

Aufgrund des grossen Bedarfs an Stellwerken für einfache Betriebsverhältnisse entwickelte auch SEL die entsprechende Bauform MC L84 (Weichenselbstlauf, keine Rangierfahrstrassen, Auflösung der gesamten Fahrstrasse, fernsteuerbar), die erste Anlage wurde 1985 in Langenargen am Bodensee in Betrieb genommen.

Um 1990 lieferte SEL Spurplanstellwerke an die CFL zur Modernisierung und Fernsteuerung der Nordstrecke. Alle Bahnhöfe wurden mit SpDrL60-Anlagen ausgestattet wie in Troisvierges (1991, **Abb. 944**), erwähnenswert sind im Durchfahrgleis die doppelten Signaltasten, entsprechend den erforderlichen Durchrutschwegen. Die zentrale Fernsteuerung wurde in Ettelbruck angesiedelt (1991, **Abb. 945** und **946**) mit alpha-numerischen Nummernstellpulten NStP L800 und der Zugnummernmeldeanlage ZN L800.

Im Bereich des ehemaligen Jugoslawiens hat die heute slowenische Firma Iskra SEL-Stellwerke in Lizenz seit rund 60 Jahren installiert, so in Slowenien, Kroatien, Bosnien-Herzegowina, Serbien und Nordmazedonien. Nach den Schäden des Balkan-Kriegs wurde 1996 in Sarajevo Glavna (**Abb. 947**) wieder ein Iskra-Stellpult in Betrieb genommen. Iskra ist ein Spezialist des SpDrL30-Stellwerks und hat dafür über Jahrzehnte für SEL/Alcatel Forschung und Weiterentwicklung wahrgenommen. Im Verbund mit digitalen Steuerungssystemen (MMI) kommt das SpDrL30 als Iskra SITel30 weiterhin als erfolgreiche Hybrid-Version zur Anwendung, z. B. in Slowenien in Ljubljana und ab 2025 in Nova Gorica.

Wie Siemens konnte SEL ebenfalls Spurplanstellwerke an die ÖBB liefern, via ITT-Austria, welche die Südbahnwerke gekauft hatten. Die erste Anlage wurde 1966 in Piessling-Vorderstoder errichtet (Tricon A). Später wurde auch bei den ÖBB (analog zur DB) ein einheitliches Bedienungskonzept für Spurplanstellwerke festgelegt. Im Unterschied zu praktisch allen europäischen Bahnen verzichten die ÖBB bei den Relaisstellwerken auf den Verschluss der Rangierfahrstrassen, der Schutz vor feindlichen Fahrten basiert auf der Gleisbelegung (Gleisstromkreise). Eine grössere Anlage der Standardbauart SpDrL-A2 zeigt auf der Tauernbahn das Zentralstellwerk Schwarzach-St.-Veit (**Abb. 948** von 1986) mit separater Panoramatafel und Tastenstellpult, 67 Weichen und einer elektronischen Zugnummernmeldeanlage. In Hieflau war 1986 eine Fernsteuerung der

stations could often be centralised in one system. In 1985, a similar interlocking was put into operation in Crailsheim (**Fig. 942** and **943**), this time with additional remote-control. In 1993, SEL became Alcatel SEL AG and was finally taken over by Thales in 2007; the abbreviation L from Lorenz was retained in the product labels.

Due to the great demand for signal boxes for simple operating conditions, SEL developed the corresponding MC L84 design (point self-running, no shunting routes, releasing of the entire route, remote controlled), the first installation was put into operation in 1985 in Langenargen on Lake Constance.

Around 1990, SEL delivered track-plan interlockings to the CFL for the modernisation and remote-control of the northern line. All stations were equipped with SpDrL60 systems, as in Troisvierges (1991, **Fig. 944**); worth mentioning are the double signalling buttons in the track panel, corresponding to the required overlap routes. The central remote control was located in Ettelbruck (1991, **Fig. 945** and **946**) with alpha-numeric number control panels NStP L800 and the train describer system ZN L800.

In the area of former Yugoslavia, the now Slovenian company Iskra has installed SEL interlockings under licence for around 60 years, e. g. in Slovenia, Croatia, Bosnia-Herzegovina, Serbia and North Macedonia. An early installation is the still active interlocking in Split, Croatia (**Fig. 947**). Iskra specialized in the SpDrL30 interlocking and has carried out research and further development for SEL/Alcatel for decades. In combination with digital control systems (MMI), the SpDrL30 continues to be used as a successful modernised version SITel 30, e. g. in Slovenia in Ljubljana and from 2025 in Nova Gorica.

Like Siemens, SEL was able to supply the ÖBB with track-plan signal boxes via ITT-Austria, which had acquired the Südbahnwerke. The first system was built in Piessling-Vorderstoder in 1966 (Tricon A). Later, ÖBB (similar to DB) established a standardised operating concept for track-plan interlockings. In contrast to almost all European railways, ÖBB does not lock the shunting routes in the relay interlockings; protection against hostile movements is based on the track occupancy (track circuits). A larger system of the standard SpDrL-A2 design on the Tauern railway is the Schwarzach-St.Veit central signal box (**Fig. 948** of 1986) with a separate panorama panel and push-button control panel, 67 points and an electronic train describer system. In Hieflau, a remote-control system for the line Hieflau-Grossreifling (incl.) with two small SpDrL-A1 was in operation in 1986 (**Fig. 949**), already with numeric

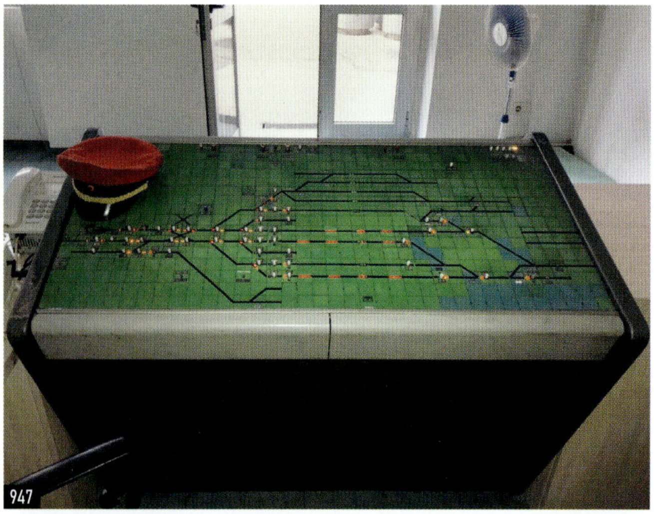
947

948

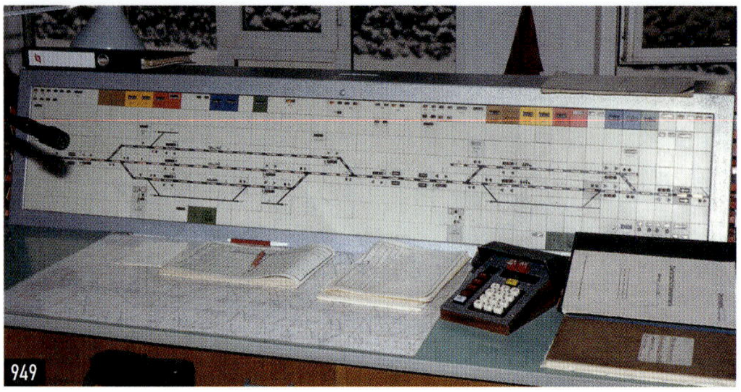
949

951

950

952

Strecke Hieflau–Grossreifling (inkl.) mit zwei kleinen SpDrL-A1 in Betrieb (**Abb. 949**), bereits mit einer numerischen Bedienung (Zehnertastatur). In der Folge entwickelte ITT-Austria als Alternative zum Nummernstellpult für Panoramatafeln ein ‹Videopult-System›, bei welchem die Bedienung mittels Leuchtstift auf dem Bildschirm erfolgt. Die erste SpDrL-A2-Anlage mit Videopult wurde 1981 für den neuen Güterbahnhof Wolfurt bei Bregenz geliefert (**Abb. 950**). Sie steuert 93 Weichen

operation (keypad). ITT-Austria subsequently developed a 'video console system' as an alternative to the numeric control panel for panorama boards, which is operated by means of a pen on the screen. The first SpDrL-A2 system with video desk was delivered in 1981 for the new Wolfurt freight yard near Bregenz (**Fig. 950**). It controls 93 points and 225 signals. The route is set by means of a light pen on the entrance and exit signals in the track diagram (**Fig. 951**) and und 225 Signale. Die Fahrstrasseneinstellung erfolgt per Leuchtstift auf den Start- und Zielpunkt im Gleisbild (**Abb. 951**) und anschliessendem Ausführungspunkt. In das Videopult ist auch eine Zugnummernmeldeanlage integriert, mit welcher den durchfahrenden Zügen eine Lenkziffer zugeteilt wird und einen Zuglenkbetrieb ermöglicht. Die Zugbildung der Güterzüge wird im Abstossverfahren (ohne Ablaufberg) betrieben, dazu können Ablauffolgen (Programme) für zwei Rangierlokomotiven gespeichert werden. Ein Höhepunkt der Relaistechnik in Österreich bildete das Zentralstellwerk Linz Hbf (1989–2019, **Abb. 952**), ebenfalls ein SpDrL-A2 mit Videobildschirm-Steuerung. Mit 232 zentralisierten Weichen und 507 Signalen war es die grösste ITT-Spurplananlage.

then the execution sign. A train describer system is also integrated into the video console, which assigns a steering number to the passing trains and enables automatic route setting. Freight trains are formed using the push-off method (without a hump), and sequences (programmes) can be stored for two shunting locomotives. A highlight of relay technology in Austria was the Linz Hbf central signal box (1989–2019, **Fig. 952**), also a SpDrL-A2 with video screen control. With 232 centralised points and 507 signals, it was the largest ITT track plan interlocking.

Die SEL-Betriebssteuerzentrale (BSZ) Saarbrücken: der Zeit voraus

Die Deutsche Bundesbahn erachtete den Stand der Fernsteuertechnik in den 1960er-Jahren für grössere Wirkbereiche als noch nicht optimal und beauftragte daher 1969 die SEL mit der Planung und Errichtung einer völlig neuartigen Betriebssteuerung, welche alle Bereiche der automatisierten Zugsteuerung umfassen sollte (u. a. Automatisierung des Zugverkehrs inkl. Rangierverkehr, Umfahren von Streckensperren, bedienen von Ersatzsignalen, automatische Steuerung und Ansage von Anschlusszügen). Die Pionier- und Testanlage umfasste den Streckenabschnitt Saarbrücken Hbf (exkl.)–Homburg Hbf (inkl.) und die Parallelstrecke Rohrbach–Bierbach–Homburg. Sicherungstechnische Grundlage bildeten 13 DrL2-, SpDrL20-, SpDrL30- und SpDrL60-Stellwerke mit 80 km Streckenlänge, 340 Weichen, 140 Haupt- und 180 Rangiersignalen. Auf der Steuerungsebene kamen zwei parallele Prozessrechnersysteme von DEC (Digital Equipment Corp.) zum Einsatz, je ein Leitungsrechner zur Verbindung der ein- und ausgehenden Informationen mit den Stellwerken und je ein Steuerungsrechner, welcher die Algorithmen der Programme verarbeitete. ***Abb. 953*** *zeigt die Bedienungskonsole, welche bereits mit der Bahnhofslupe der späteren ESTW vergleichbar war, sie bildete Neuland im MMI (man-machine-interface). Die Anlage wurde ab 1972 schrittweise aufgestartet und schliesslich mit dem Bahnhof Homburg 1983 vollständig in Betrieb genommen und war bis 1998 (Ersatz durch ein ESTW) in Funktion. Die Zuverlässigkeit der Rechneranlage erwies sich als hoch, jedoch waren die Ziele einer vollständigen Automatisierung aufgrund des damaligen Entwicklungsstandes der Software noch zu ambitiös, daher mussten im Verlauf der Zeit verschiedene Funktionen zurück an die Fahrdienstleiter delegiert werden, auch für den Rangierverkehr in Homburg musste ein örtlicher <Koordinator> vorgehalten werden. Allerdings bot die Besichtigung der BSZ unter*

The SEL operations control centre (BSZ) Saarbrücken: Ahead of its time

In the 1960s, the German Federal Railway considered the state of remote-control technology to be not yet optimal for larger areas of operation and therefore commissioned SEL in 1969 with the planning and construction of a completely new type of operations control system, which was to cover all areas of automated train control (automation of train traffic including shunting, bypassing of track closures, operation of replacement signals, automatic control and announcement of connecting trains). The pioneer and test installation comprised the Saarbrücken Hbf (excl.)–Homburg Hbf (incl.) line section and the parallel Rohrbach–Bierbach–Homburg line. The safety technology was based on 13 DrL2, SpDrL20, SpDrL30 and SpDrL60 interlockings with 80 km of track, 340 points, 140 main signals and 180 shunting signals. Two parallel process computer systems from DEC (Digital Equipment Corp.) were used at the control level, one line computer for connecting the incoming and outgoing information with the interlockings and one control computer for processing the algorithms of the programmes. ***Fig. 953*** *shows the operating console, which was already comparable to the station screen of the later ESTW, it was new territory in MMI (man-machine-interface). The system was gradually started up from 1972 and finally put into full operation with the Homburg station in 1983 and was in operation until 1998 (replacement by an ESTW). The reliability of the computer system proved to be high, but the goals of full automation were still too ambitious due to the state of development of the software at the time, so various functions had to be delegated back to the signalmen over time, and a local 'coordinator' had to be provided for shunting traffic in Homburg. But the tour of the BSZ under the expert guidance of Ulrich Lehmann-von Weyhe, then Head of Signalling at BD Saarbrücken, offered an*

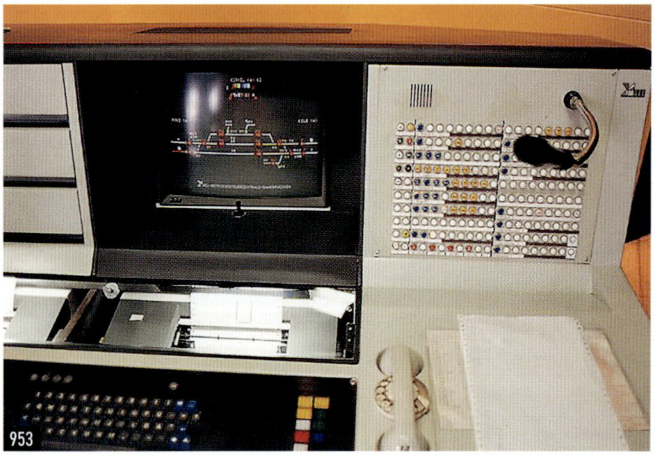
953

954

*kundiger Führung des damaligen Signal-Dezernenten der BD Saarbrücken, Ulrich Lehmann-von Weyhe, einen spannenden Vorgeschmack auf die zukünftige Betriebsführung der Eisenbahn, welcher auch im Design der Panoramawand zum Ausdruck kam (**Abb. 954** von 1985). Die DB konnte aus den Erfahrungen mit der BSZ wertvolle Erkenntnisse für die Konzeption der ESTW gewinnen.*

*exciting foretaste of the future operational management of the railway, which was also reflected in the design of the panoramic wall (**Fig. 954** from 1985). DB was able to gain valuable insights for the design of the ESTW from its experience with the BSZ.*

WSSB – GS II Sp64/GS III 68 – 8030 (DR-DDR)
Bei der DR wurde 1969 in Radebeul West das erste Spurplanstellwerk der Bauart GS II Sp64b für kleine und mittlere Bahnhöfe (max. 14 Fahrstrassen, 14 Weichen, ohne Rangierfahrstrassen) in Betrieb genommen. Die Relaisgruppen werden mit Programmsteckern für den jeweiligen Anwendungsfall programmiert und durch steckbare Spurkabel miteinander verbunden (geographisches Prinzip). Die Steuerung des Streckenkreuzes von Güterglück wird seit 1980 von einem GS II Sp64b sichergestellt (**Abb. 955** und **956**). Bis Anfang der 1980er-Jahre wurden rund 75 Anlagen an die DR geliefert. Für grössere Bahnhöfe wurde schliesslich das GS III Sp68 mit kleineren Relais entwickelt, welches ab 1974 zum Einsatz kam. Bis dahin konnte die DR keinen grossen Knotenbahnhof mit einem Zentralstellwerk ausrüsten, der Modernisierungsbedarf war immer noch beträchtlich. Beispiele sind der Flughafenbahnhof Berlin-Schönefeld (1983–2026, **Abb. 957**) mit separatem Bedienungspult und 1980 das Zentralstellwerk des Rbf Seddin südlich von Berlin, mit Zugnummernmeldeanlage und rund 300 Weichen mit Abstand das grösste WSSB-Relaisstellwerk. Die letzte Entwicklungsstufe der WSSB-Stellwerke zum Zeitpunkt der politischen Wende 1989 bildete das GS III 8030, davon wurden jedoch nur noch wenige Anlagen erstellt, eine der wenigen im Bahnhof Belzig (1992–2006, **Abb. 958**).

WSSB – GS II Sp64/GS III 68 – 8030 (DR-GDR)
The first GS II Sp64b type track-plan interlocking for small and medium-sized stations (max. 14 routes, 14 points, without shunting routes) was put into operation by the DR in Radebeul West in 1969. The relay groups are programmed with programme plugs for the respective application and connected to each other with plug-in track cables (geographical principle). A GS II Sp64b has been used to control the Güterglück crossings since 1980 (**Fig. 955** and **956**). By the early 1980s, around 75 systems had been delivered to the DR. Finally, the GS III Sp68 with smaller relays was developed for larger stations and was used from 1974. Until then, the DR had not been able to equip any large junction station with a central interlocking, and the need for modernisation was still considerable. Examples are the Berlin-Schönefeld airport station (1983–2026, **Fig. 957**) with a separate control desk and in 1980 the central interlocking at Seddin marshalling yard south of Berlin, by far the largest WSSB relay interlocking with a train describer system and around 300 points. The last development stage of the WSSB signal boxes at the time of the political change in 1989 was the GS III 8030, but only a few of these were built, one of the few at Belzig station (1992–2006, **Fig. 958**).

955

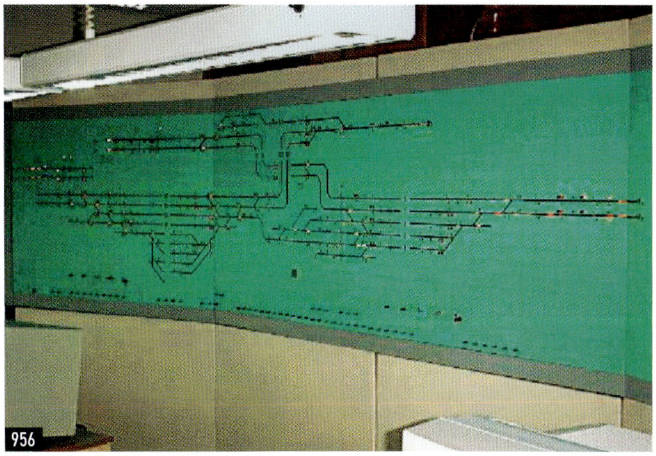
956

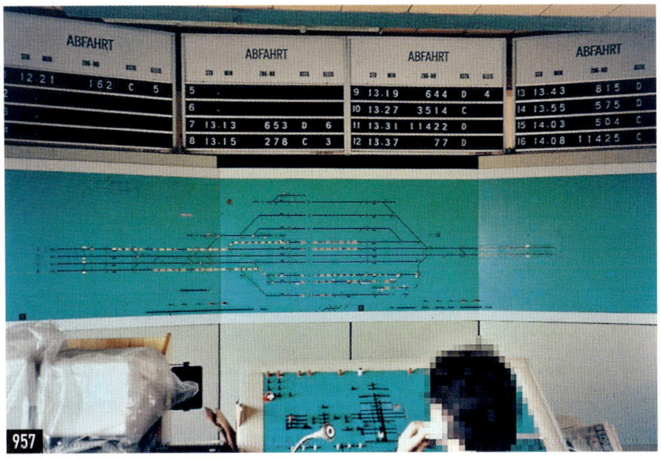

957

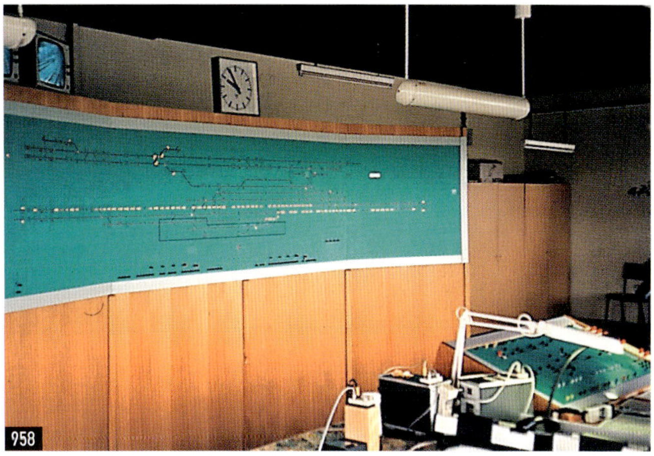
958

SpDrS (Deutschland – Österreich – Schweiz)
Nach der erfolgreichen Einführung und Bewährung der DrS-Stellwerke entwickelte auch Siemens parallel zur Lorenz ein Spurplanstellwerk. Technisch war neben der freizügigen Nutzung der Gleisanlage durch Ansteuerung der einzelnen Weichen und Rangiersignalen die Erweiterung der Stellentfernung für Weichen und Signale auf 6.5 km wesentlich. Dadurch konnten Nachbarbahnhöfe und Blocksignale ohne zusätzliche Fernsteuerungen in Zentralstellwerke integriert werden. Ende 1956 ging die erste Spurplananlage als SpDrS 57 in Kreiensen in Betrieb. In **Abb. 959** ist ein Ausschnitt aus dem Stellpult des SpDrS 59 von Nordstemmen (1963-2024) zu sehen, die Signal- und Weichentasten sind alle noch in einheitlicher Farbe ausgeführt, wie auch im SpDrS 60 von Ulm Hbf Ww Süd (1971–1986, **Abb. 960**). Dies änderte sich ab 1969 mit der Einführung eines einheitlichen Bedienungskonzepts der DB für Spurplanstellwerke. Ein Standard-Stelltisch des SpDrS 60 für mittlere Bahnhöfe ist in **Abb. 961** von Nürnberg Ost (1974) ersichtlich. Gut erkennbar die mehrfachen Ausfahrsignaltasten für unterschiedliche Durchrutschwege. Die Siemens-Spurplanstellwerke

SpDrS (Germany – Austria – Switzerland)
Following the successful introduction and successful testing of the DrS interlocking, Siemens also developed a track-plan interlocking in parallel with the Lorenz. In addition to the free use of the track system by controlling the individual points and shunting signals, the extension of the interlocking distance for points and signals to 6.5 km was essential. This meant that neighbouring stations and block signals could be integrated into central interlockings without additional remote controls. At the end of 1956, the first track layout went into operation as SpDrS 57 in Kreiensen. **Fig. 959** shows a detail of the control panel of the SpDrS 59 from Nordstemmen (1963–2024), the signal and point buttons are all still in the same colour, as in the SpDrS 60 from Ulm Hbf Ww South (1971–1986, **Fig. 960**). This changed from 1969 with the introduction of a standardised operating concept by the DB for track-plan interlockings. A standard control panel of the SpDrS 60 for medium-sized stations can be seen in **Fig. 961** from Nuremberg East (1974). The multiple start signal buttons for different overlap routes are clearly recog-

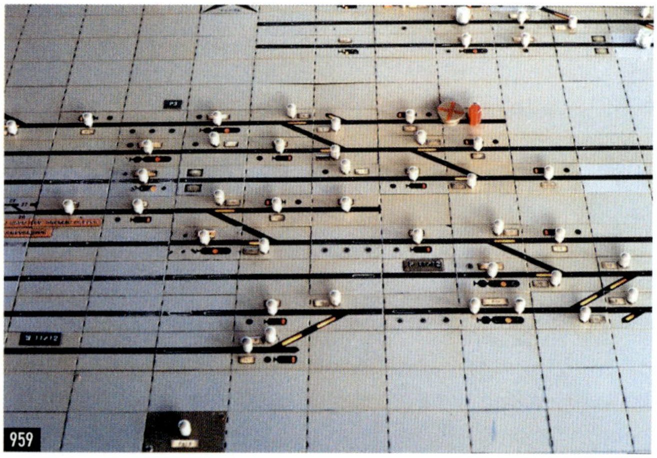
959

960

961

962

964

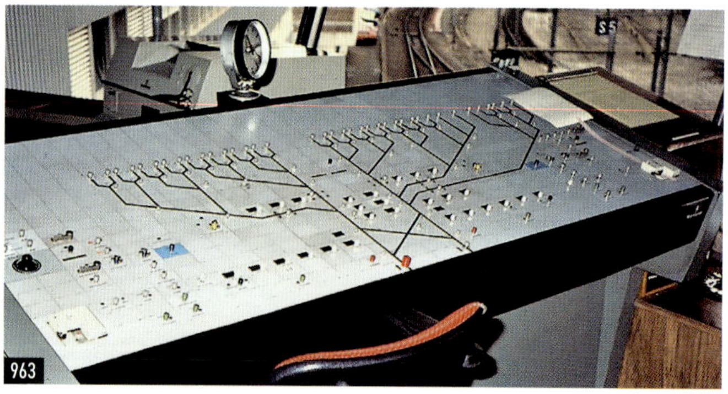
963

965

966

wurden in angepasster Form auch als Ablaufstellwerke (A Dr S65K) in Rangierbahnhöfen mit Lochstreifenprogrammierung wie in Milano-Smistamento (**Abb. 962** von 2000) und bei den SBB im Triage Lausanne-Denges (**Abb. 963** von 1983), oder mit Mikroprozessorsteuerung Siemens 330 wie im schwedischen Hallsberg (**Abb. 964** von 1990) und bei den SBB im RB Zürich-Limmattal (**Abb. 965** von 1982) eingesetzt. Von 1963 bis 1989 konnte Siemens 21 Spurplanstellwerke, meistens Grossanlagen, an die SBB liefern. 1968 erfolgte ein SpDrS-Stellwerk für den Grenzbahnhof Schaffhausen (**Abb. 966**) mit 120 Weichen. Die Signaltasten sind nach Farben unterteilt: richtungsgetrennt rot und grün die Hauptsignale der Zugfahrstrassen, gelb und blau die Rangiersignale der Rangierfahrstrassen. Es gibt keine mehrfachen Ausfahrsignaltasten für unterschiedliche Durchrutschwege je nach Einfahrt, das Signalbild wird automatisch angepasst (entsprechendes Geschwindigkeitssignal oder Signalisierung einer kurzen oder besetzten Einfahrt). Ab Mitte der 1960er-Jahre wurde bei der DB für grössere Anlagen die Bedienung mittels Nummernstellpult (Zehnertastatur) eingeführt, wie in Kornwestheim Rbf Krf (1969, **Abb. 967**). **Abb. 968** zeigt eines der eher seltenen Fernsteuerzentren für Einspurstrecken auf der Gäubahn (Stuttgart-Singen) in Rottweil (1977) mit sechs ferngesteuerten Bahnhöfen zwischen Horb und Tuttlingen, Zugnummernmeldeanlage und Nummernstellpult (**Abb. 969**).

nisable. The Siemens track-plan interlockings were also used in an adapted form as marshalling yards (A Dr S65K) with perforated tape programming as in Milano Smistamento (**Fig. 962** from 2000) and at the SBB in the Lausanne-Denges triage (**Fig. 963** from 1983), or with microprocessor control Siemens 330 as in Hallsberg in Sweden (**Fig. 964** from 1990) and at the SBB in the Zurich-Limmattal RB (**Fig. 965** from 1982). From 1963 to 1989, Siemens was able to deliver 21 track-plan signal boxes, mostly large systems, to the SBB. In 1968, a SpDrS interlocking was built for the Schaffhausen border station (**Fig. 966**) with 120 points. The signal buttons are divided by colour: directionally separated red and green are the main signals of the train routes, yellow and blue are the shunting signals of the shunting routes. There are no multiple starter signal buttons for different overlap routes depending on the entrance, the signal aspect is automatically adapted (corresponding speed signal or signalling of a short or occupied entrance). From the mid-1960s, DB introduced the use of numeric control panels (numeric keypad) for larger systems, as in Kornwestheim Rbf Krf (1969, **Fig. 967**). **Fig. 968** shows one of the rather rare remote-control centres for single-track lines on the Gäubahn in Rottweil (1977) with six remote-controlled stations between Horb and Tuttlingen (Stuttgart-Singen), train describer system and numeric control panel (**Fig. 969**).

Die Produktivitätssteigerung der SpDrS-Zentralstellwerke am Beispiel Hamburg-Harburg Hhf

*Im Zuge der Elektrifizierung der Strecke Hannover–Hamburg-Altona mussten auch die umfangreichen Signalanlagen des südlichen Abzweigebahnhofs von Hamburg in Harburg modernisiert werden. Die alten Anlagen bestanden aus fünf Fahrdienstleiter- und fünf Wärterstellwerken (acht mechanisch Jüdel, zwei elektro-mechanisch E43 und VES-4-Reihen) mit insgesamt 75 Signalhebeln, 288 Weichen- und Riegelhebeln, 130 Blockfeldern, 129 Zugfahrstrassen und beschäftigten in einer Schicht 22 Personen. Bei durchgehenden Zugfahrten inkl. Überholgleisen waren bis zu fünf Stellwerke beteiligt, was den Betriebsablauf merklich verzögerte. Mit dem neuen Zentralstellwerk wurden sechs der zehn Stellwerke ersetzt und alle Haupt- und Überholgleise integriert. Die Steuerung der SpDrS-60-Anlage umfasste neu 184 Weichen, 80 Haupt- und 119 Rangiersignale, 355 Zugfahr- und Umfahrstrassen, 1970 Rangierteilfahrstrassen. Die Bedienung erfolgte in den Flutstunden mit fünf Personen (zwei Fdl, Fdl-Helfer, Disponent, Ansager), in Schwachlastzeiten mit einem Fdl und einem Disponent. Drei Nahbedienungsstellen können zentral oder örtlich durch die verbleibenden Stw bedient werden. 1965 wurde das ZSW in Betrieb genommen und ein Jahr später mit einer Zugnummernmeldeanlage und Zugdrucker vervollständigt (**Abb. 970**), so dass auch die zwei anfänglichen Zugmelder (Vormelden und Akzeptieren der Züge, Führen des Zugmeldebuchs) entbehrlich wurden. Aufgrund der Grösse der Stelltafel wurde die Bedienung auf einem konzentrierten Tastenstellpult für zwei Fdl verkleinert (**Abb. 971**, links für den Pbf, rechts für den Rbf), Not- und Störungsbedienungen wurden an der hintenliegenden Gleistafel vorgenommen. Insgesamt konnten nach der Inbetriebnahme 50 Stellen eingespart werden, bei gleichzeitiger erheblicher Leistungssteigerung und höherer Sicherheit, insbesondere bei den Rangierfahrten. Das Beispiel Hamburg-Harburg steht für Hunderte von stark belasteten Knotenbahnhöfen mit vielfach kriegsbeschädigten Stellwerken, welche teilweise ersetzt oder nur behelfsmässig repariert werden konnten.*

The increase in productivity of the SpDrS centre signal boxes using the example of Hamburg-Harburg Hhf

*In the course of the electrification of the Hanover–Hamburg-Altona line, the extensive signalling systems of the southern branch station of Hamburg in Harburg had to be modernised. The old systems consisted of five master and five dependent interlocking systems (eight mechanical Jüdel, two electro-mechanical E43 and VES-4 series) with a total of 75 signalling levers, 288 point and locking levers, 130 block fields, 129 train routes and employed 22 people in one shift. Up to five signal boxes were involved in continuous train movements including passing routes, which noticeably delayed operations. With the new central signal box, six out of ten signal boxes were replaced and all main and passing routes were integrated. The control of the SpDrS 60 system now included 184 points, 80 main and 119 shunting signals, 355 train routes and 1970 shunting sections. During peak hours, the system was operated by five people (two dispatchers, dispatcher's assistant, controller, announcer), during off-peak hours by one dispatcher and one signalman. Three local control panels can be operated centrally or locally by the remaining stations. The central box was put into operation in 1965 and completed a year later with a train describer system and train printer (**Fig. 970**) so that the two initial train recording staff (pre-announcement and acceptance of trains, keeping the train logbook) were no longer required. Due to the size of the control panel, operation was reduced to a concentrated control panel for two signalmen (**Fig. 971**, left for the passenger station, right for the freight yard), emergency and fault operations were carried out on the rear track panel. A total of 50 jobs were saved after commissioning, with a simultaneous significant increase in performance and greater safety, especially for shunting movements. The example of Hamburg-Harburg stands for hundreds of heavily used junction stations with often war-damaged signal boxes, some of which could be replaced or only repaired in a makeshift manner.*

972

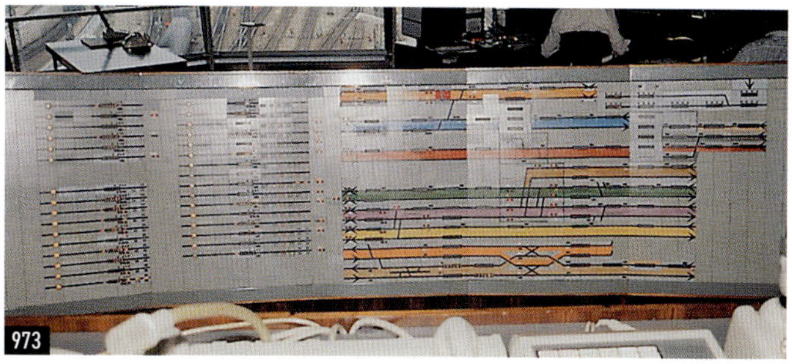
973

974

975

976

Das Siemens SpDrS 60: Spezialist für Grossanlagen (Deutschland – Schweiz – Österreich)

*Die Spurplanstellwerke von Siemens eignen sich aufgrund der Stellreichweite von 6.5 km und der Betriebsspannung von 60 V für lange Fahrstrassen mit vielen Elementen speziell für Grossanlagen. Diese Eigenschaft kam in den grossen Knotenbahnhöfen mit umfangreichen Gleisanlagen zum Tragen. 1964 wurde der grosse Kopfbahnhof von München Hbf (**Abb. 972**) mit einem SpDrS60-Zentralstellwerk und einer Zugnummernmeldeanlage zur Steuerung der 260 Weichen und insgesamt 750 Stelleinheiten ausgerüstet. Im Unterschied zur DrS-Anlage von Frankfurt a. M. von 1957 wurde eine Befehlsstelle nicht mehr als notwendig erachtet, die Betriebsüberwachung (Bü) in München Hbf verfügt lediglich noch über eine Gleistafel zu Informationszwecken (**Abb. 973**). Die vier Stelltische für die in Längsabschnitten aufgeteilten Fahrdienstbereiche (**Abb. 974** und **975**, Stelltische F2 und F3) kommunizieren mit Übergangsmelder zur Bildung kombinierter Fahrstrassen, ohne Fahrstrassen-*

The Siemens SpDrS 60: Specialist for large systems Germany – Switzerland – Austria

*The Siemens track-plan interlocking system is particularly suitable for large systems due to its setting range of 6.5 km and the operating voltage of 60 V for long routes with many elements. This feature came into its own in the large junction stations with extensive track layouts. In 1964, the large terminus station at Munich main station (**Fig. 972**) was equipped with a SpDrS 60 central interlocking and a train describer system to control the 260 points. In contrast to the DrS system of Frankfurt a. M. from 1957, a master control panel was no longer considered necessary; the operations supervisor in Munich Hbf now only has a track panel for information purposes (**Fig. 973**). The four control panels for the service areas divided into longitudinal sections (**Fig. 974** and **975**, control panels F2 and F3) communicate with transition indicators to form combined routes, without route memory. In 1964(–2019), the Bern PB central signal box of the SBB was equipped*

977

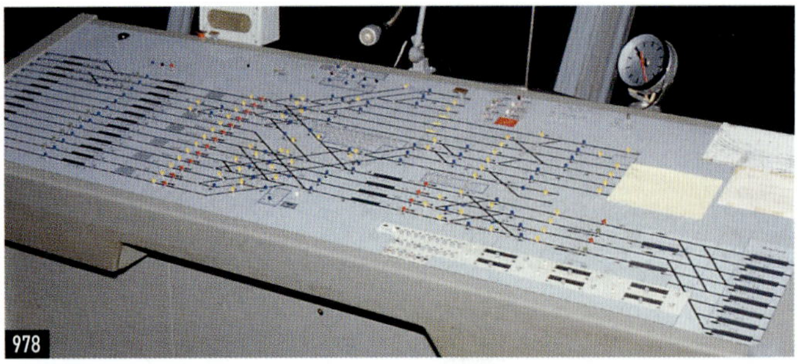
978

979

980

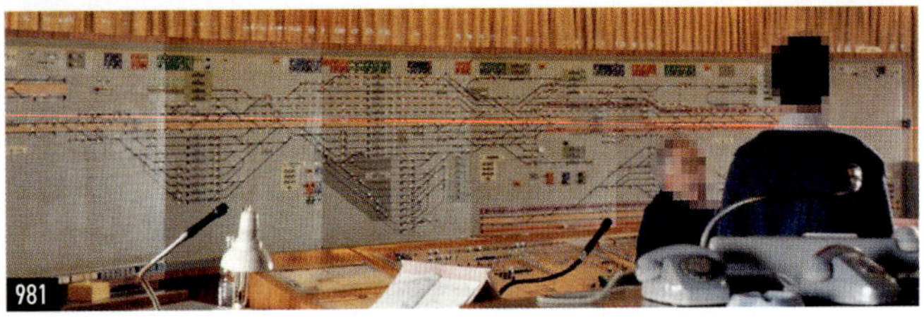
981

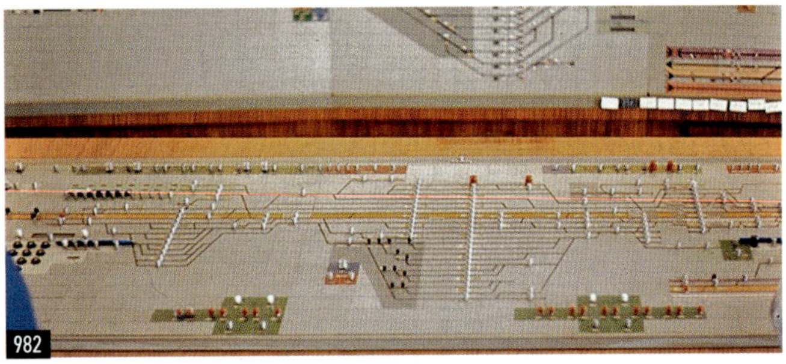
982

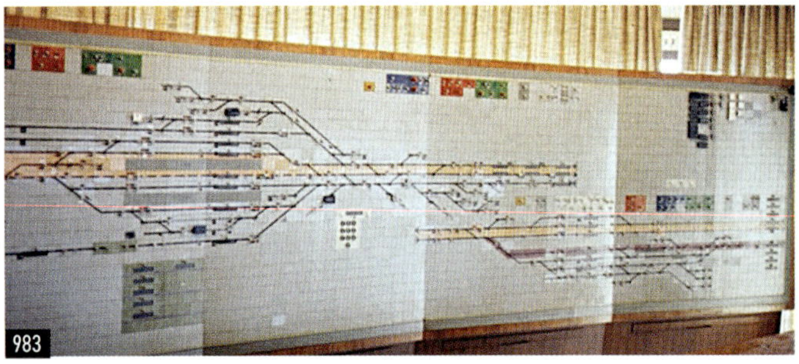
983

984

985

986

987

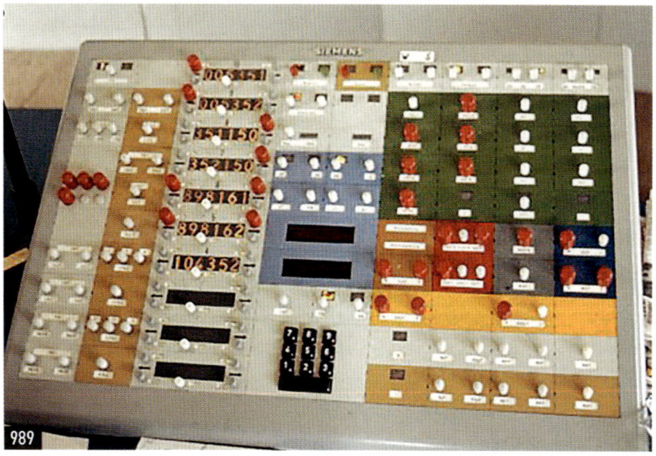

989

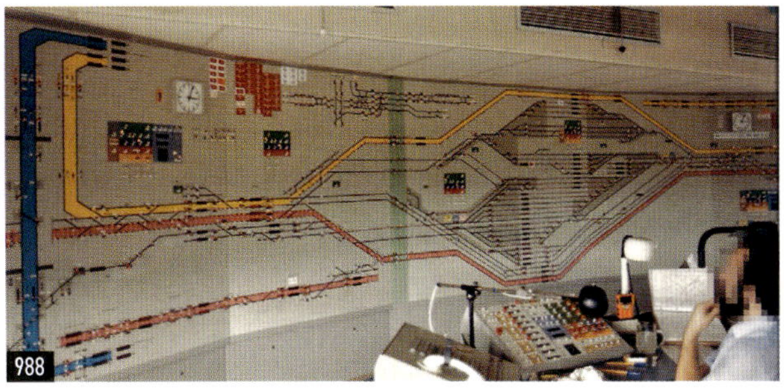

988

990

speicher. Ebenfalls 1964(–2019) wurde das Zentralstellwerk Bern PB der SBB mit einem SpDrS, Zugnummernmeldeanlage, 244 Weichen und ebenfalls 750 Stelleinheiten ausgerüstet. Im Unterschied zu München war noch eine Befehlsstelle (**Abb. 976**) für die Zugfahrstrassen der beiden Stelltische (**Abb. 977** und **978**) vorhanden. Auch das Zentralstellwerk des neuen Rangierbahnhofs Lausanne-Denges erhielt 1971 noch zwei grosse Stelltische zur Steuerung von 160 Weichen (**Abb. 979** und **980**), allerdings nun ohne Befehlsstelle. 1966(–2022/24) erhielt Osnabrück Hbf für seine Bahnhöfe auf zwei Ebenen ein ZSW (**Abb. 981**, **982** und **983**) für die Steuerung von 260 Weichen, 138 Haupt- und 229 Rangiersignalen; es ersetzte 27 alte Stellwerke. Für die Bedienung wurde ein im Vergleich zu Hamburg-Harburg vereinfachtes Tastenstellpult mit Gleistasten eingerichtet, welche für Fahrstrassen in beiden Richtungen verwendet werden können. Hinsichtlich der Olympischen Winterspiele 1972 wurde die S-Bahn München grundlegend modernisiert, so erhielt 1972 auch der Knoten Augsburg Hbf ein Zentralstellwerk (**Abb. 984** und **985**) mit 240 Weichen, 139 Haupt- und 224 Rangiersignalen, Nummernstellpulte mit Fahrstrassenspeicherung für vier Fdl in Spitzenzeiten und eine Übersichtstafel für den Bü-Disponenten. 1978 wurde der neue Rangierbahnhof Zürich-Limmattal mit zwei ZSW von insgesamt 407 Weichen und Nummernstellpulten ausgerüstet. **Abb. 986** zeigt das Stellwerk West mit Ausfahrgruppe und insgesamt 64 Zugbildungsgleisen der Hauptrichtungsgruppe und oben einem Nebenablaufberg für die sog. simultane

with a SpDrS, train describer system, 244 points, 150 main signals and 350 shunting signals. In contrast to Munich, there was still a master control panel (**Fig. 976**) for the train routes of the two operating panels (**Fig. 977** and **978**). In 1971, the central signal box of the new Lausanne Denges marshalling yard also received two large control panels for controlling 160 points (**Fig. 979** and **980**), but now without a master control panel. In 1966(–2022/24) Osnabrück Hbf received a central box (**Fig. 981**, **982** and **983**) for its stations on two levels for the control of 260 points, 138 main signals and 229 shunting signals; it replaced 27 old signal boxes. Compared to Hamburg-Harburg, a simplified control panel with track buttons was set up for operation, which can be used for routes in both directions. In regard to the 1972 Winter Olympics, the Munich S-Bahn was fundamentally modernised. So in 1972 the Augsburg Hbf junction also received a central interlocking (**Fig. 984** and **985**) with 240 points, 139 main signals and 224 shunting signals, numeric control panels with route storage for four signalmen at peak times and an overview panel for the central dispatcher. In 1978, the new Zurich-Limmattal marshalling yard was equipped with two central interlockings, with 407 points in total and numeric control panels. **Fig. 986** shows the West signal box with an exit group and a total of 64 train formation tracks for the main direction group and a secondary run-off hill at the top for so-called simultaneous train formation (fine sorting). In 1982, ÖBB built its largest Sp-

*Zugbildung (Feinsortierung). Zur Steuerung des Grossraums Wien Süd errichteten die ÖBB 1982 ihre grösste SpDrS-Anlage in Wien-Matzleinsdorf (**Abb. 987, 988** und **989**) mit 230 Weichen, 155 Haupt- und 140 Rangiersignalen für rund 800 tägliche Zugfahrten. Auf dem Nummernstellpult sind links eingespeicherte Zugnummern erkennbar mit 3 und 8 als Zielkennungsziffern für den Selbststellbetrieb. Den abschliessenden Entwicklungsstand des SpDrS-60-Stellwerks bildete 1982 die Inbetriebnahme des Zentralstellwerks Mannheim Hbf (**Abb. 990**) mit 250 Weichen, 142 Haupt- und 209 Rangiersignalen sowie täglich über 700 Zug- und 3100 Rangierfahrten. Im Stellwerk Mannheim Hbf wurde aufgrund des neu geschaffenen ICE-Umsteigeknotens ein spezieller lokaler ICE-Koordinator eingesetzt.*

*DrS system in Vienna-Matzleinsdorf (**Fig. 987, 988** and **989**) with 230 points, 155 main signals and 140 shunting signals for around 800 daily train movements to control the Greater Vienna South area. On the numeric control panel, train numbers stored on the left are recognisable with 3 and 8 as destination identification numbers for automatic route setting. The final stage in the development of the SpDrS 60 signal box was the commissioning of the Mannheim Hbf central signal box in 1982 (**Fig. 990**) with 250 points, 142 main signals and 209 shunting signals as well as over 700 train movements and 3100 shunting movements per day. A special local ICE coordinator was deployed in the Mannheim Hbf signal box due to the newly created ICE interchange.*

SpDrS 600 (Deutschland)

Trotz der Reife und hohen Zuverlässigkeit des SpDrS-60-Stellwerks arbeitete die DB zusammen mit Siemens an der Perfektionierung des Spurplanstellwerks weiter, vor allem auch im Hinblick auf weitere Funktionalitäten (u. a. unbegrenzte Fahrstrassenlänge, automatische Rangierwendfahrt mit Restfahrstrassenauflösung, besetzte Ausfahrten, Dezentralisierung/Parallelisierung der Fahrstrasseneinstellungen) zur Erhöhung der Betriebsleistung sowie Befähigung für die Schnittstellen zu den elektronischen Fernsteuersystemen sowie für die Anforderungen der Neubaustrecken. Die erste Anlage wurde 1979 im an der Strecke Braunschweig – Magdeburg gelegenen früheren Grenzbahnhof Helmstedt erstellt. Für Grossanlagen konzipiert, wurde das SpDrS 600 aber auch in S-Bahnen als Kleinstellwerk eingesetzt, wie das Beispiel des Bahnhofs Wessling (1985, **Abb. 991**) im Bereich der S-Bahn München zeigt. Es wurde ab 1989 von der BSZ München und ab 2013 von der BZ München Südwest ferngesteuert. 1984 wurde das Stellwerk von Gelsenkirchen Hbf (**Abb. 992** und **993**) mit dem ab 1983 eingesetzten elektronischen Nummernstellpult NStP S800 und Zugnummernmeldeanlage ZN S800 in Betrieb genommen, gleichen Jahres auch eine Grossanlage in Würzburg Hbf (**Abb. 994**). Die Tradition der Siemens-Stellwerke bei der westschweizerischen SBB-Kreisdirektion I wurde mit der einzigen an das SpDrS-600-Stellwerk angelehnten Anlage der SBB für das Zentralstellwerk von Genève-Cornavin (1986–2024, **Abb. 995** und **996**) mit 240 Weichen und der entsprechenden elektronischen Steuerung (NStP S800) und Fernsteuerung (DUS 800) fortgesetzt. Bis 1988 wurden rund 60 Anlagen an die DB geliefert. Die Ende 1988 in Nürnberg Hbf (**Abb. 997**) in Betrieb genommene Grossanlage mit 260 Weichen stellte das letzte Aufbäumen der Relaistechnik vor dem Siegeszug des ESTW dar.

SpDrS 600 (Germany)

Despite the maturity of the SpDrS 60 interlocking, DB continued to work with Siemens on perfecting the track-plan interlocking, especially with regard to further functionalities (including unlimited route length, automatic shunting reversal with residual route release, occupied exits, decentralisation/parallelisation of route settings) to increase operating performance and enable interfaces to the electronic remote-control systems and to meet the requirements of new high-speed lines. The first system was built in 1979 at the former Helmstedt border station on the Braunschweig – Magdeburg line. Designed for large systems, the SpDrS 600 was also used as a small interlocking in suburban railway systems, as the example of Wessling station (1985, **Fig. 991**) in the Munich suburban railway system shows. It was remote-controlled by BSZ München from 1989 and by BZ München Südwest from 2013. In 1984, the signal box at Gelsenkirchen Hbf (**Fig. 992** and **993**) was put into operation with the NStP S800 electronic numeric control panel and ZN S800 train describer system, which had been in use since 1983, as was a large system at Würzburg Hbf (**Fig. 994**) in the same year. The tradition of Siemens interlockings at the Western SBB Region I was continued with the only SBB installation orientated on the SpDrS 600 type for the Genève-Cornavin central interlocking (1986–2024, **Fig. 995** and **996**) with 240 points and the corresponding electronic control system (NStP S800) and remote control (DUS 800). By 1988, around 60 systems had been delivered to DB. The large system with 260 points commissioned at the end of 1988 in Nuremberg main station (**Fig. 997**) represented the last rebellion of relay technology before the triumphant advance of the ESTW.

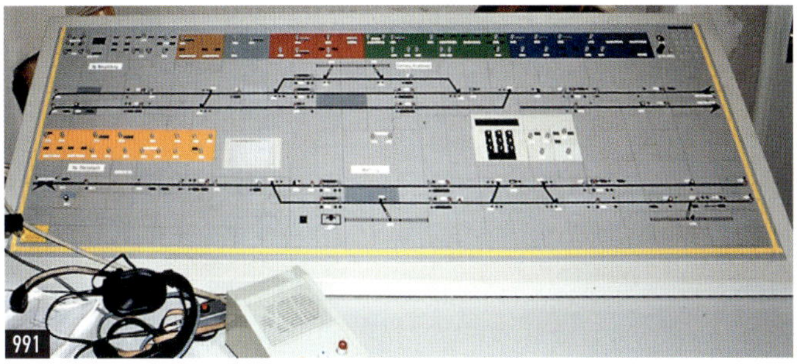
991

992

993

994

995

996

Integra-Domino 67 (Schweiz)

Der Wettbewerb mit Siemens im Schweizer Markt bewirkte, dass Integra das Domino 55 zum Spurplanstellwerk Domino 67 weiterentwickelte. Dazu gehörten ein verkleinertes Sicherheitsrelais TM mit zehn zwangsgeführten Kontakten, anfänglich sieben Standard-Relaissätzen, Spurplanverkabelung mit 24 Spuren. Zu den Spezialitäten des Do67 gehört die Funktion ‹automatischer Signalbetrieb› der Hauptsignale, welche die Basis für die schrittweise Automatisierung und Fernsteuerung des Zugverkehrs bildete, sowie die standardmässigen elektrischen Bahnhofs- und Streckengleissperren für Bauarbeiten. Die Anpassungsfähigkeit des Do67 mit weiteren Relaissätzen zeigte sich im Verlauf der Zeit durch die neue N-Signalisierung der SBB (vergleichbar mit der Ks-Signalisierung

Integra Domino 67 (Switzerland)

In competition with Siemens in the Swiss market led Integra to further develop the Domino 55 into the Domino 67 interlocking. This included a miniaturised safety relay TM with ten positively driven contacts, initially seven standard relay sets, track plan cabling with 24 circuits. Specialities of the Do67 included the 'automatic signal operation' function of the main signals, which formed the basis for the gradual automation and remote-control of train traffic, as well as the standard electrical station and line track blocking for construction work. The adaptability of the Do67 with additional relay sets was demonstrated over time by the new N-signalling of the SBB (comparable to the Ks-signalling of the DB). The first systems were put into operation in 1968

997

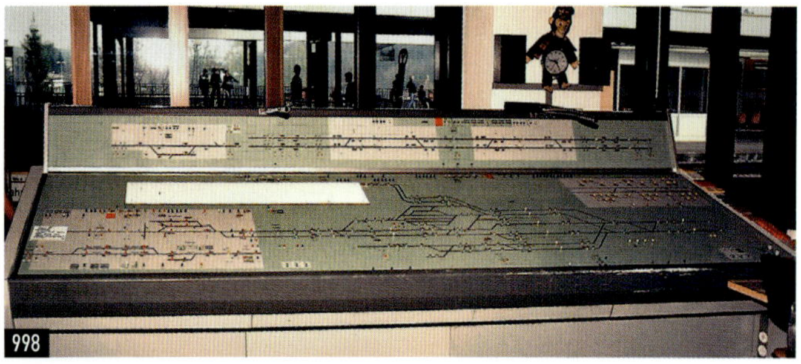

998

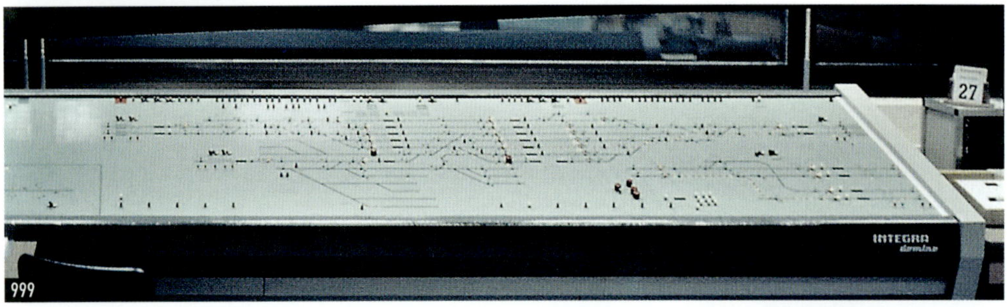

999

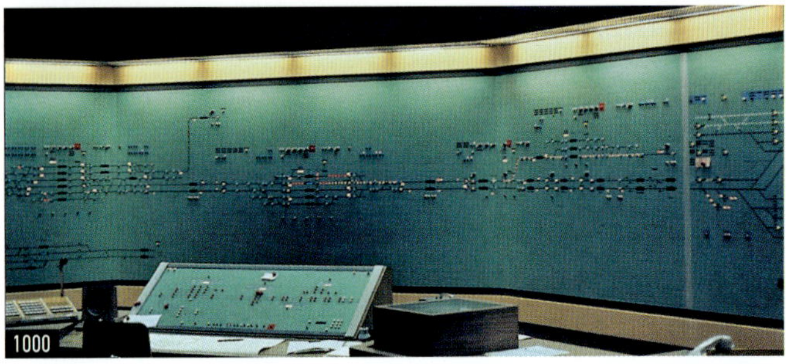

1000

1001

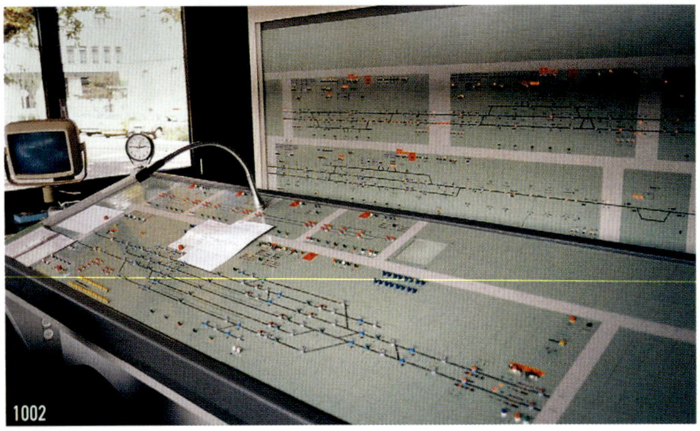

1002

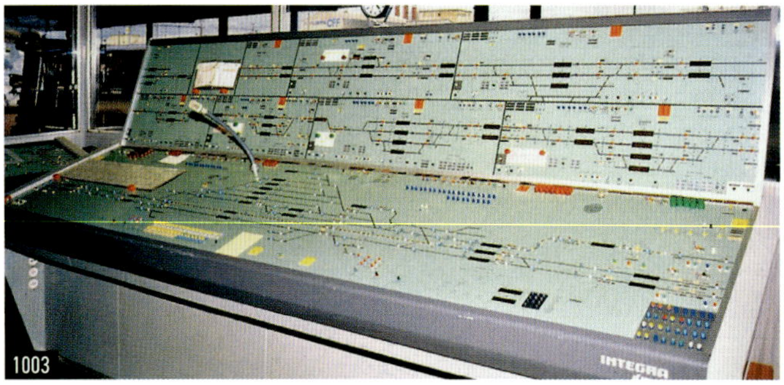

1003

der DB). Die ersten Anlagen wurden 1968 in Kandersteg (BLS) und Melligen (SBB) in Betrieb genommen. Auch die stark befahrene Meterspur-Vorortsbahn der RBS (Regionalverkehr Bern-Solothurn) verwendet das Do67 zur Steuerung ihres Knotenbahnhofs in Worblaufen (1970, **Abb. 998**) und zur Fernsteuerung der angrenzenden Strecken. Klassische Beispiele bei den SBB sind die Stellwerke von Lenzburg (1975–2025, **Abb. 999** und **1000**) mit automatischer Zuglenkung, Rapperswil (1975–2016, **Abb. 1001**) mit separatem Tastenstellpult

in Kandersteg (BLS) and Mellingen (SBB). The busy metre-gauge suburban railway of RBS (Regionalverkehr Bern-Solothurn) also used the Do67 to control its junction station in Worblaufen (1970, **Fig. 998**) and to remotely control the adjacent lines. Classic examples at SBB are the signal boxes at Lenzburg (1975, **Fig. 999** and **1000**) with automatic route setting, Rapperswil (1975–2016, **Fig. 1001**) with a separate push-button control panel and Wetzikon (1984, **Fig. 1002**) in the Zurich S-Bahn area. In 1983, the last

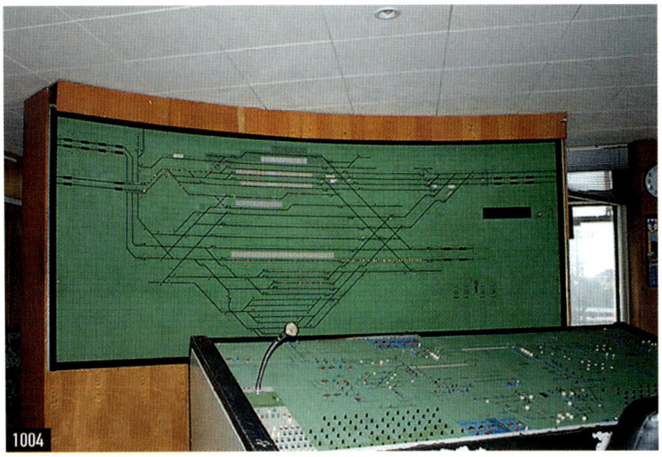
1004

1005

und Wetzikon (1984, **Abb. 1002**) im Bereich der S-Bahn Zürich. 1983 wurde in Yverdon-les-Bains (**Abb. 1003**) eine der letzten konventionellen Fernsteuerungen mit dem typischen Domino-Stelltisch und elektronischer ZN-Meldeanlage mit automatischer Zuglenkung in Betrieb genommen. Insgesamt wurden 272 Do67-Anlagen an die Schweizer Bahnen geliefert, davon waren 2019 noch 234 in Betrieb. Das Do67 erfreut sich beim Personal dank seiner Zuverlässigkeit, einfachen Bedienung und der Leistungsfähigkeit grosser Beliebtheit, nicht wenige bedauerten seine Ablösung durch Bildschirme. Die Rhätische Bahn setzt bis heute (2024) auf die wertvollen Dienste der Do67/69.

Integra-Domino 70 (Ungarn)

In Ungarn war die Konzeption des D55 für kleinere Bahnhöfe zweckmässig, sie konnte jedoch nicht alle Funktionalitäten für Grossanlagen erfüllen, so dass 1970 auch die Lizenz des inzwischen ausgereiften Integra-Spurplanstellwerks Domino 67 unter der Bezeichnung Domino 70 übernommen wurde. Nach einer ersten Anlage 1973 in Dunakeszi folgten weitere 16 D70-Stellwerke, v. a. Grossanlagen in Knotenbahnhöfen wie 1975 in Szolnok, später in Debrecen (1981), Hatvan (1988), Budapest-Keleti (1988) sowie in Budapest-Kelenföld (1989, **Abb. 1004**, mit separatem Tastenstellpult). Im grössten ungarischen Bahnhof, Budapest-Ferencvaros, löste 1994 das letzte grosse D70 mit alpha-numerischer Bedienung und Mikroprozessoren (**Abb. 1005**) eine VES 1912-Anlage von 1932 ab. Die Panoramatafel wurde mit LED-Leuchten bestückt. Im südwestfinnischen Karjaa war 2018 noch eine D70-Anlage mit elektronischer Bedienungsoberfläche in Betrieb.

conventional remote-control system with the typical domino control panel and electronic train describer system with automatic route setting was put into operation in Yverdon-les Bains (**Fig. 1003**). A total of 272 systems were delivered to the Swiss railways, 234 of which were still in operation in 2019. The Do67 was very popular with staff thanks to its reliability, ease of operation and performance. The Rhaetian Railway continues to rely on the valuable services of the Do67/69 to this day.

Integra Domino 70 (Hungary)

In Hungary, the design of the D55 was suitable for smaller stations, but it could not fulfil all the functionalities for large installations so that in 1970 the licence for the now mature Integra track-plan interlocking Domino 67 was also taken over under the name Domino 70. After a first installation in Dunakeszi in 1973, a further 16 D70 interlockings followed, mainly large installations in junction stations such as Szolnok (1975), Debrecen (1981), Hatvan (1981) Budapest-Keleti (1988) and Budapest-Kelenföld (1989, **Fig. 1004**, with separate push-button panel) in the 1980s. In the largest Hungarian railway station, Budapest-Ferencvaros, the last large D70 with alpha-numeric operation and microprocessors (**Fig. 1005**) eliminated a VES 1912 system from 1932 in 1994. The panorama board was fitted with LED lights. In 2018, a D70 installation with an electronic user interface was still in operation in Karjaa in south-west Finland.

1006

1007

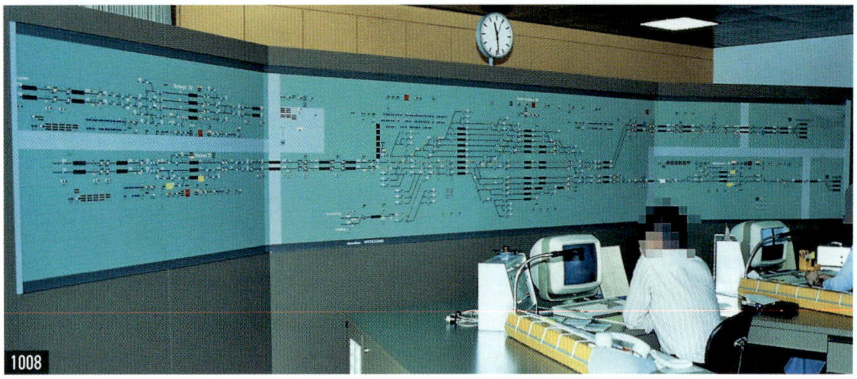
1008

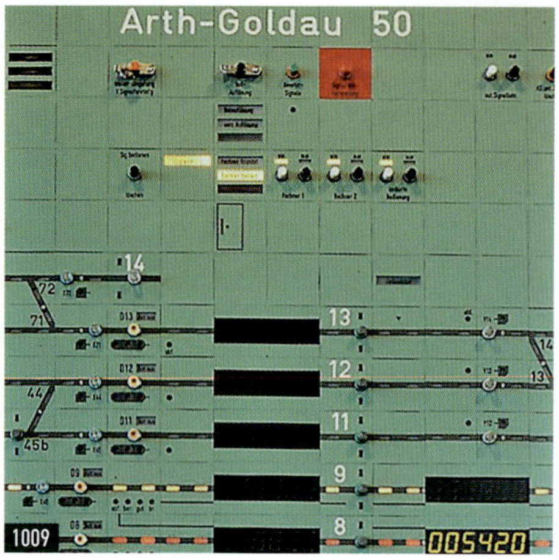

1009

1010

1011

Domino 67 mit rechnergestützter Steuerung: ein wichtiger Automatisierungsschritt

*Das Zeitalter der alpha-numerischen Bedienung mit Mikroprozessoren war Anfang der 1980er-Jahre definitiv angebrochen. Aus Sicht der Betriebsführung galt es, die vielfältigen technischen Möglichkeiten des Spurplanstellwerks nun voll zu nutzen. Dies geschah ab 1980 im Zentralstellwerk Olten (**Abb. 1006** und **1007**). Die Steuerung des Zugverkehrs mit 145 Weichen und 368 Signalen wurde Mikroprozessoren (DEC) mit Programmsteuerung übertragen, der Regelbetrieb basiert auf der automatischen Zuglenkung. Eine vergleichbare Anlage wurde 1983 in Arth-Goldau (**Abb. 1008** und **1009**) entlang der Gotthard-Achse in Betrieb genommen. Im Lupenbild der Panoramatafel zeigen die beiden Leuchtmelder, dass der Zuglenkrechner eingeschaltet ist. 1988 erhielt der Kopfbahnhof Luzern (**Abb. 1010**) mit 172 Weichen eine der letzten Grossanlagen. Für die Grossanlagen in Olten und Luzern gelangte*

Domino 67 with computerised control: an important step towards automation

*The age of alpha-numeric operation with microprocessors had definitely dawned in the early 1980s. From the point of view of operations management, it was now necessary to fully utilise the many technical possibilities of track-plan interlocking. This took place from 1980 in the Olten central signal box (**Fig. 1006** and **1007**). The control of the train traffic with 145 points and 368 signals was transferred to microprocessors (DEC) with programme control, and regular operation was based on automatic route setting. A comparable system was put into operation in Arth-Goldau (**Fig. 1008** and **1009**) along the Gotthard axis in 1983. In the zoom image on the panorama board, the two indicator lights show that the automatic route setting is switched on. In 1988, the Lucerne terminus station (**Fig. 1010**) received one of the last large-scale installations with 172 points. But for the large systems in* *das Domino 67 mit 48 V Gleichsstromspannung allerdings an seine Grenzen. Anderseits führten die wachsenden technischen Möglichkeiten zu immer grösseren Fernsteuerbereichen. Zur Fernsteuerung der Stellwerke wurde das ILTIS-Leitsystem von Siemens Integra Verkehrstechnik AG entwickelt. Mit ILTIS konnten die verschiedenen moderneren Stellwerkstypen (RSTW und ESTW) unter einer gemeinsamen Bedienungsoberfläche ferngesteuert werden. Erstmals wurde ILTIS im Jahr 1996 in Bern und in Bellinzona eingesetzt. Die Fernsteuerzentralen sind mit einer automatischen Zuglenkung ausgestattet, die abhängig von der Zugnummer und vom jeweiligen Tagesfahrplan das automatische Stellen der Zugfahrstrassen zum richtigen Zeitpunkt auslöst. Das Do67 von Olten wird seit 2016 von der SBB-Betriebszentrale Mitte via der EBO ILTIS ferngesteuert. Der Steuerbereich des 1980 in Zürich-Oerlikon erstellten automatisierten Fernsteuerzentrums* ***(Abb. 1011)*** *wurde laufend erweitert und überstieg bald die Grenzen der Darstellung auf einer Panoramatafel. Bis zur Übernahme des Zentrums 2013 durch die digitale Betriebszentrale Ost in Zürich-Flughafen ersetzten ILTIS-Bildschirme die Panoramatafel und erweiterten den Aktionsradius auf 26 ferngesteuerte Bahnhöfe. Die meisten Do67-Stellwerke blieben in Betrieb und stellten ihre Anpassungsfähigkeit unter Beweis.*

Unterschiedliche nationale, betriebliche und technische Spezifikationen behindern die Interoperabilität

Auch die Entwicklung und Verbreitung der Relaisstellwerke vermochte in der europäischen Stellwerkwelt die national geprägten heterogenen operativ-technischen Spezifikationen der Bahngesellschaften nicht zu harmonisieren. **Abb. 1012** zeigt tabellarisch und beispielhaft die Vielfalt der Kriterien für vergleichbare Betriebsverhältnisse. Diese Inflation an Spezifikationen wirkte sich letztlich kostentreibend auf Beschaffung und Unterhalt aus und bewirkte nicht immer einen wirklichen Sicherheitsgewinn. Beispielsweise ist die These vertretbar, dass eine progressivere Einführung der Zugbeeinflussung (punktförmig oder kontinuierlich) zur Überwachung des Bremsverhaltens der Züge vor einem Halt oder Geschwindigkeitsreduktion zeigenden Signals zur Vermeidung von Zugskollisionen wirksamer gewesen wäre als ein technisch ausdifferenziertes Durchrutschwegmanagement in den Verschlussplänen, Relais- und Aussenanlagen der Stellwerke mitteleuropäischer Bahnen. Beispielsweise kennt die SNCF keine Durchrutschwege, die NS wenden sie nur bei Strecken-Abzweigungen, jedoch nicht in Bahnhöfen an.

Olten and Lucerne, the Domino 67 reached its limits with 48 V DC voltage. Additionally, the growing technical possibilities led to ever larger remote-control areas. The ILTIS control system from Siemens Integra Verkehrstechnik AG was developed for remote-control of the signal boxes. With ILTIS, the various modern interlocking types (RSTW and ESTW) could be remotely controlled via a common user interface. ILTIS was first used in Berne and Bellinzona in 1996. The remote-control centres are equipped with an automatic train control system which, depending on the train number and the respective daily timetable, initiates the automatic setting of the train routes at the right time. The Do67 from Olten has been remotely controlled from the SBB Operations Centre Central via the EBO ILTIS since 2016. The control area of the automated remote-control centre built in Zurich-Oerlikon in 1980 ***(Fig. 1011)*** *was continuously expanded and soon exceeded the limits of the display on a panoramic panel. By the time the centre was taken over by the Digital Operations Centre East in Zurich Airport in 2013, ILTIS screens had replaced the panorama board and extended the operating range to 26 remote-controlled stations. Most of the Do67 signal boxes remained in operation and proved their adaptability.*

Different national, operational and technical specifications hinder interoperability

Even the development and spread of relay interlockings was not able to harmonise the heterogeneous national operational and technical specifications of the railway companies in the European interlocking world. **Fig. 1012** shows a tabular example of the variety of criteria for comparable operating conditions. This inflation of specifications ultimately had a cost-driving effect on procurement and maintenance and did not always result in a real increase in safety. For example, it can be argued that a more progressive introduction of train brake control (pointwise or continuous) to monitor the braking behaviour of trains before a signal indicating a stop or speed reduction would have been more effective in preventing train collisions than a technically differentiated overlap management system in the locking plans, relay and outdoor installations of the signal boxes. For example, the SNCF did not recognise overlaps, the NS only used them at line junctions, but not in stations.

1012 **Vielfalt operativ-technischer Kriterien europäischer Bahnen**
Diversity of operational and technical specifications of European railways

	BR	BV (SJ)	DB	FS	NS	NSB	ÖBB	RENFE	SBB	SNCB	SNCF
Einstellung der Fahrstrassen (Relaisstellwerke) / **Route setting** (relay interlockings)											
Start-/Zieltasten gleichzeitig start/destination buttons simultaneously			x				x	x	x		
zuerst Start-, danach Zieltaste first start button, then destination button	x	x			x			x			
zuerst Ziel-, danach Starttaste first destination button, then start button											x (PRG)
Ein-Tasten-Bedienung one-button control				x						x	x (PRS)
Durchrutschweg nach Hauptsignal / Overlap path after main signal											
Distanz distance (m)	40 m (bis / until 24 km/h) 183 m (über / above 96 km/h)	100 m (bis / until 80 km/h) 200 m (wo möglich / if possible)	50 m (bis / until 40 km/h) 100 m (bis / until 60 km/h) 200 m (über / above 60 km/h)	50 m (Bahnsteig-signale / platform signals) 100 m (übrige Signale / other signals)	0 m 200 m (Abzweig-ungen, drehbare Brücken / junctions, rotating bridges)	0–400 m	0 m (bis / until 40 km/h) 50 m (über / above 40 km/h)	50 m	40 m (bis / until 45 km/h) 100 m (über / above 45 km/h)	0 m (bis / until 40 km/h) 50 m (über / above 40 km/h) 100 m (Abzweig-ungen / junctions)	0 m
Fahrstrassenverschluss route lock	x	x	x	x			x	x	x		
Kontrolle Rangierfahrstrassen / Control of shunting routes											
V/max. (km/h)		30	25	30	30	40	40	25	40	40	30
Flankenschutz flank protection	x	x				x	x	x	x	x	x
Manuelle Fahrstrassenauflösung im Störungs- oder Ereignisfall / Manual route release in the event of a fault or incident											
Zeitsperre für nächste Fahrstrasse time block for next routes	2–4 min	1–2 min	0		mind. / at least 2 min	1,5 min	0	x (Zugsan-näherung / train approach)	2 min	0	3 min (Zugsan-näherung / train approach), sonst / sonst 0

Quelle / Source: European Railway Signalling - IRSE 1995

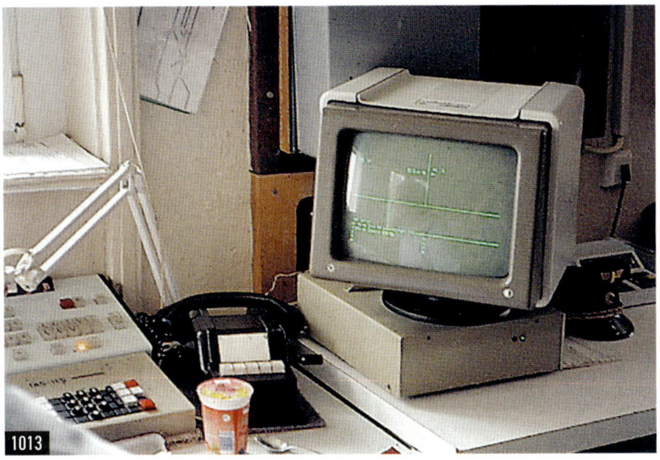

Übergang zur den ersten Computerstellwerken

Rechnergestützte Zugüberwachung (RZÜ): eine Übergangstechnologie

Anfang der 1970er-Jahre wurde bei mitteleuropäischen Bahnen (u. a. DB, DR, ÖBB, SBB und SNCF) die klassische manuelle Zugüberwachung mit Abgleich des theoretischen grafischen Fahrplans mit den realen Standortmeldungen der Bahnhöfe, insbesondere im Bereich von starkbelasteten S-Bahn-Netzen und Hauptstrecken, durch rechnergestützte Zugüberwachungen abgelöst, welche die Zugstandortinformationen der Relaisstellwerke laufend auswerteten. Die RZÜ konnten nicht auf die Stellwerke (Steuerungs- und Sicherheitsebene) einwirken, sondern waren rein dispositiv im Sinne der regional übergeordneten Netzkoordination tätig. Im Stellwerk Berlin Hoppegarten auf der Berliner S-Bahn wurde diese Funktion im Jahr 2000 durch eine elektronische Zugüberwachung der DDR-Bauart ‹VEB-Robotron› (**Abb. 1013**) wahrgenommen. In **Abb. 1014** ein Bildschirmausschnitt der RZÜ Zürich (1990), welche links die Streckenlupe und rechts das Zeit-/Weg-Diagramm des Fahrplans zeigt. Im Zeit-/Weg-Diagramm ist im oberen Bereich eine horizontale rote Linie erkennbar, welche die Ist-Zeit darstellt. Darüber wird der Zugverkehr für die nächsten Stunden aufgrund der laufenden Aktualisierung der Zuglage prognostiziert. Die RZÜ brachten in einer technologischen Übergangsphase eine vorübergehende Effizienzsteigerung in der regionalen Netzsteuerung und waren auch ein Erfahrungsfeld für das IT-seitige Management des laufend steigenden Echtzeit-Datenvolumens. Sie wurden jedoch bereits ab der zweiten Hälfte der 1990er-Jahre sukzessive von den wachsenden operativen Betriebszentralen mit direkter Stellwerksteuerung abgelöst. Die Ebene dieser indirekten rein dispositiven Verkehrskoordina-

Transition to the first computerised interlockings

Computerised train monitoring (RZÜ): a transitional technology

At the beginning of the 1970s, Central European railways (including DB, DR, ÖBB, SBB, SNCF) eliminated classic manual train monitoring with comparison of the theoretical graphic timetable with the real location reports from the stations, especially in the area of heavily used suburban railway networks and main lines, with computerised train monitoring systems that continuously evaluated the train location information from the relay interlockings. The RZÜ could not influence the signal boxes (control and safety level), but were exclusively active in terms of regional network coordination. In the Berlin Hoppegarten signal box on the Berlin S-Bahn, this function was performed in 2000 by an electronic train monitoring system of the GDR type 'VEB-Robotron' (**Fig. 1013**). **Fig. 1014** shows a screen section of the RZÜ Zurich (1990), which illustrates the route layout on the left and the time/route diagram of the timetable on the right. A horizontal red line representing the actual time can be seen at the top of the time/route diagram. Above this, the train traffic is forecasted for the next few hours based on the ongoing update of the current traffic situation. In a technological transition phase, the RZÜs brought a temporary increase in efficiency in regional network control and were a field of experience for the IT-side management of the constantly increasing real-time data volume. However, from the second half of the 1990s, they were gradually eliminated by the growing operational control centres with direct interlocking control. The level of this indirect, exclusively dispatching traffic coordination was not used by other railways, which

1015

1016

1017

1018

tion wurde von anderen Bahnen, welche die direkte operative Fernsteuerung bevorzugten, nicht oder nur ausnahmsweise angewandt.

favoured direct operational remote-control, or only in exceptional cases.

Relaisstellwerke mit einheitlicher elektronischer Bedienungsoberfläche (EBO)

Die Relaisstellwerke der zweiten Generation waren in der Regel anpassungsfähig für Schnittstellen zu elektronischen Bedienungsoberflächen (EBO) und konnten somit für die netzweite Betriebssteuerung genutzt werden. Dies war nicht nur eine technische Thematik, sondern auch eine Frage der Wirtschaftlichkeit, da dadurch die EBO-Migration rascher einen Nutzen generierte. Eine frühe Anwendung bei der SNCF wurde in der Zugleitung (Poste de commandement) von Tours 1977 als rechnergestützte Fernsteuerung (Strecke Saint-Pierre-des-Corps–Blois) eingerichtet (**Abb. 1015**), Basis ist der Selbststellbetrieb (tracé permanent), Gleiswechsel und Überholungen werden alpha-numerisch programmiert. In Schweden wurde 1965 für die besonderen Anforderungen im Raum Stockholm die spezifische Relaisstellwerk-Bauart Cst mit Tabulator-Bedienung (Zehnertastatur) zur Steue-

Relay interlockings with standardised electronic user interface (EBO)

The 2nd generation relay interlockings were generally adaptable for interfaces to electronic user interfaces (EBO) and, thus, could be used for network-wide operational control. This was not only a technical issue, but also a question of economic efficiency, as it meant that the EBO migration generated benefits more quickly. An early application at the SNCF was set up in the train control centre (Poste de commandement) of Tours in 1977 as computer-aided remote-control (line Saint-Pierre-des-Corps–Blois, **Fig. 1015**), based on automatic route setting (tracé permanent), track changes and overtaking are programmed alpha-numerically. In Sweden, the specific relay interlocking type Cst with tabulator operation (numeric keypad) was put into operation in 1965 for the special requirements in the Stockholm area to control 15 km of line, 225 points,

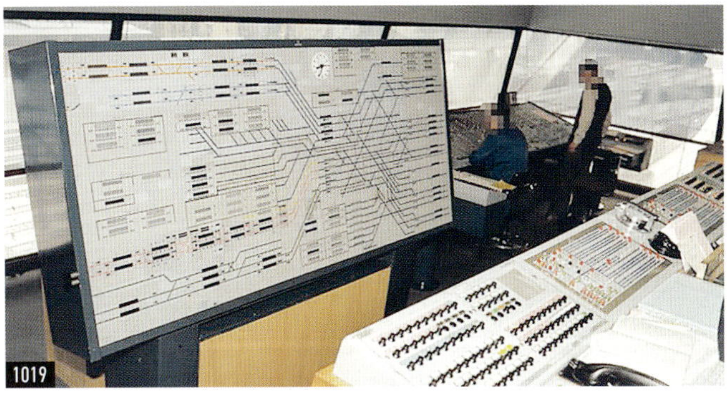
1019

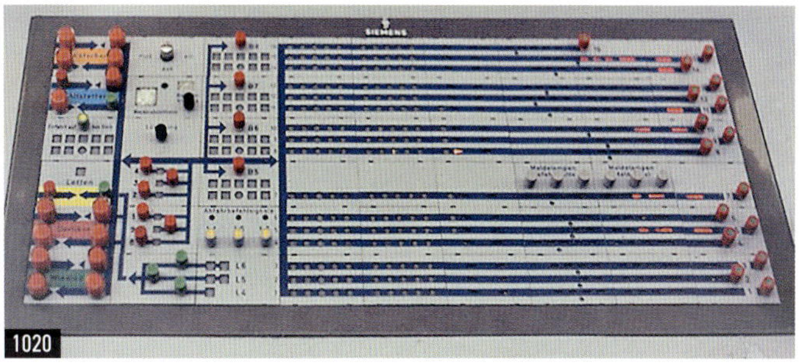
1020

1021

1022

rung von 15 km Strecke, 225 Weichen, 100 Haupt- und 250 Rangiersignalen in Betrieb genommen. Die Sicherheitsebene der Relaissteuerungen wurde bis heute (2024) gezielt beibehalten. **Abb. 1016** zeigt 1997 die Steuerung des Grossraums Stockholm mit einer elektronischen Bedienungsoberfläche, im Kernbereich immer noch auf Basis der Cst-Relaisstellwerke. Ein weiteres Beispiel stellt der ÖBB-Bahnhof Wörgl dar: Noch 1995 erhielt er ein Relaisstellwerk der Bauform SpDrL A2, aber mit einer elektronischen EBO (**Abb. 1017**) der ersten Generation. Bei der CD lief die Entwicklung über ein Prototyp-Relaisstellwerk AŽD 88, welches 1996 zur hybriden Bauart SZZ-ETB mit sicherer Bildschirmbedienung und -steuerung führte, wie im Bahnhof Poříčany (**Abb. 1018**) mit alpha-numerischer Tastatur und Maus.

Die erstaunliche Metamorphose des SpDrS-Zentralstellwerks von Zürich HB

*1966 wurde der Zürcher Haupt- und Kopfbahnhof mit dem grössten SpDrS-Stellwerk der SBB zur Steuerung von 300 Weichen, insgesamt 900 Stelleinheiten und für 1000 tägliche Zugfahrten ausgestattet, mit zwei Freigabekonsolen (**Abb. 1019** und **1020**) und zwei grossen Stelltischen (**Abb. 1021** und **1022**), welche von je zwei Stellwerkwärtern bedient wurden sowie einer Zugnummernmeldeanlage. Die Anlage genügte bis vor Einführung der unterirdisch geführten S-Bahn-Durchmesserlinie im Jahr 1990. Danach stieg die Zugfrequenz auf 1500 Züge täglich, so dass eine Automatisierung der Fahrstrasseneinstellung unumgänglich wurde. Die Stelltische wurden entfernt und durch*

100 main signals and 250 shunting signals. The safety level of the relay controls has been deliberately retained to this day. **Fig. 1016** shows the control of the greater Stockholm area in 1997 with an electronic user interface, while the core area is still based on the Cst interlockings. Another example is the ÖBB railway station in Wörgl. As recently as 1995, it was equipped with a relay interlocking of the SpDrL A2 design, but with an electronic EBO (**Fig. 1017**). The CD developed a prototype relay interlocking AŽD 88, which in 1996 led to the hybrid design SZZ-ETB with safe screen operation and control, as in Poříčany station (**Fig. 1018**) with alpha-numeric keyboard and mouse.

The astonishing metamorphosis of the SpDrS central interlocking at Zurich main station

*In 1966, Zurich's main and terminal station was equipped with the SBB's largest SpDrS interlocking for controlling 300 points, a total of 900 control units and for 1000 daily train movements, with two command consoles (**Fig. 1019** and **1020**) and two large control panels (**Fig. 1021** and **1022**), which were operated by two dependent signalmen each, as well as a train describer system. The operation was sufficient until the introduction of the underground S-Bahn crossing line in 1990, after which the train frequency increased to 1500 trains a day, making automation of the route setting unavoidable. The horizontal control panels were removed and replaced by a panorama wall*

1023

1024

*eine Panoramawand (**Abb. 1023**) und rechnergesteuerte alpha-numerische Bedienung ersetzt. Ab 1996 wurde das elektronische ILTIS-Betriebsführungssystem bei den SBB als einheitliche Bedienungsoberfläche eingeführt und schrittweise ausgebaut. Davon blieb auch das ZSW von Zürich HB nicht verschont: **Abb. 1024** von 2009 zeigt die bereits stark ausgebaute Fernsteuerung für mehr als 700 Weichen. 2014 wurde das Fernsteuerzentrum in die SBB-Betriebszentrale Ost integriert, die Musik der über 15 000 Relais des SpDrS-Stellwerks für mittlerweile rund 3000 Züge pro Tag soll munter weiterspielen bis 2036*

*(**Fig. 1023**) and computer-controlled operation. **Fig. 1024** from 2009 shows the already extensive remote-control centre for more than 700 points. From 1996, the electronic ILTIS operations management system was introduced at SBB as a uniform user interface and gradually expanded, and the central interlocking of Zurich HB was not spared. In 2014, the remote-control centre was integrated into the SBB Operations Centre East, and the music of the more than 15 000 relays of the SpDrS interlocking and meanwhile almost 3000 trains a day should continue to play until 2036.*

Die ersten elektronischen Stellwerke (ESTW)

Die Darstellung der Entwicklung der ESTW liegt ausserhalb des Buchumfangs, trotzdem sei ein kurzer Exkurs zur ESTW-Landschaft gestattet, da sie naturgemäss von der Entwicklungsgeschichte, der Sicherheitsphilosophie und den Rahmenbedingungen der einzelnen Bahnen geprägt ist. Grundsätzlich lassen sich die ESTW nach ihrer Komplexität einordnen, d. h. nach ihrem Funktionsumfang und den Sicherheitsanforderungen. Nicht überraschend dabei ist der Umstand, dass Betriebs- und Sicherheitsphilosophie der Bahnen auch bei den ESTW differenziert zum Ausdruck kommt. Auf der Bedienungsebene hat sich die Start-Ziel-Bedienung (eNtrance – eXit) via Maus und alpha-numerische Tastatur durchgesetzt.

ESTW mit geringer Komplexität kommen vor allem in aussereuropäischen Fernbahnen mit geringer Vernetzung sowie auf Industrie- und Stadtbahnen zur Anwendung. Es kommt in der Regel einkanalige Hard- und Software zum Einsatz, die Bedienungsebene wird als nicht sicherheitsrelevant (non-vital) betrachtet, die Sicherheitslogik basiert auf mathematischen (Bool'schen) Gleichungen, mit welchen bereits die Verschlussabhängigkeiten der mechanischen Verschluss-

The first electronic interlockings (ESTW)

The description of the development of the ESTW is outside the scope of this book, but a brief excursus on the ESTW landscape shall be permitted, as it is naturally characterised by the development history, the safety philosophy and the framework conditions of the individual railways. Basically, the ESTW can be categorised according to their complexity, i. g. according to their functional scope and safety requirements. It is not surprising that the operating and safety philosophies of the railways are also expressed in different ways in the ESTW. At the operating level, the eNtrance-eXit operation via mouse and alpha-numeric keyboard has become established.

ESTWs with low complexity are mainly used in long-distance railways outside Europe with little network as well as on industrial and urban railways. As a rule, single-channel hardware and software is used, the operating level is not considered safety-relevant (non-vital) and the safety logic is based on mathematical (Boolean) equations, with which the locking dependencies of the mechanical locking registers have already been described. This concept can be used to cover simple railway systems. Ex-

register beschrieben wurden. Mit diesem Konzept können die vielfach einfachen Bahnanlagen abgedeckt werden. Beispiele von Anbietern sind Invensys-Westinghouse mit WESTRACE (heute Siemens) und SASIB (I)-GRS(USA) mit VPI (heute Alstom), welche schwergewichtig den aussereuropäischen Markt, aber auch Pro Rail (NL) bedienen.

ESTW mit mittlerer Komplexität kommen bei mittelgrossen Anlagen zur Anwendung. Sie verfügen meistens über sicherheitsrelevante (vital) zweikanalige Hardware auf der Ebene der Stellwerksfunktionen, Bedienung und Anzeige sind in der Regel nicht sicherheitsrelevant (non-vital). Die Sicherheitslogik basiert auf Verschlussplänen (logische Matrix), welche sich am Fahrstrassenprinzip orientieren. Typische Anbieter sind Bombardier (ex-Ericsson/ABB/Adtranz) mit der Bauart EBILOCK, deren Vorgänger Ericsson Signal 1978 das erste ESTW weltweit in Göteborg installierte. **Abb. 1025** vom schwedischen Knotenbahnhof Hallsberg (1987–2016) zeigt die Bauform EBILOCK 850. Die EBILOCK-Stellwerke sind vor allem in Skandinavien (Schweden, Dänemark, Norwegen, Finnland) verbreitet, aber auch in den Niederlanden, Polen, der Slowakei und ab 2005 auch in Deutschland (allerdings mit zweikanaliger Zustandsanzeige der Aussenanlage) anzutreffen. Weiter ist die Bauart SSI (Solid State Interlocking) von Westinghouse/GEC-Alsthom ein Vertreter der mittleren Komplexität. Sie wurde unter Führung von British Rail als offener Standard entwickelt, die erste Anlage kam 1987 in Leamington Spa in Betrieb. Nach dem Zusammenschluss der Signalbaufirmen GEC (GB), ACEC (B) und Alsthom (F) zu GEC-Alsthom 1989 wurde der SSI-Standard für die ESTW übernommen und weiterentwickelt. Neben den Heimmärkten in Belgien, Frankreich und Grossbritannien gehören die SSI-Stellwerke dank ihrer hohen Anpassungsfähigkeit an unterschiedliche Kundenbedürfnisse in weiteren

amples of suppliers are Invensys-Westinghouse with WESTRACE (now Siemens) and SASIB (I) - GRS (USA) with VPI (now Alstom), which primarily serve the non-European market.

ESTWs of medium complexity are used for medium-sized systems. They usually have safety-relevant (vital) two-channel hardware at the level of the interlocking functions; operation and display are generally not safety-relevant (non-vital). The safety logic is based on interlocking plans (logical matrix), which are orientated to the route principle. Typical suppliers are Bombardier (former Ericsson/ABB/Adtranz) with the EBILOCK design, whose predecessor Ericsson Signal installed the world's first ESTW in Gothenburg in 1978. **Fig. 1025** from the Swedish junction station Hallsberg (1987–2016) shows the EBILOCK 850 design. EBILOCK interlockings are particularly widespread in Scandinavia (Sweden, Denmark, Norway, Finland), but can also be found in the Netherlands, Poland, Slovakia and from 2005 on in Germany (but with two-channel status display of the outdoor installations). The SSI (Solid State Interlocking) design from Westinghouse/GEC-Alsthom is also a representative of medium complexity. It was developed as an open standard under the leadership of British Rail, and the first system went into operation in Leamington Spa in 1987. Following the merger of the signalling companies GEC (GB), ACEC (B) and Alsthom (F) to form GEC-Alsthom in 1989, the SSI standard was adopted and further developed for the ESTW. In addition to the home markets in Belgium, France and the UK, SSI interlockings are among the most frequently used interlockings worldwide thanks to their high adaptability to different customer requirements in other European countries and overseas. There is no specific safety certificate for

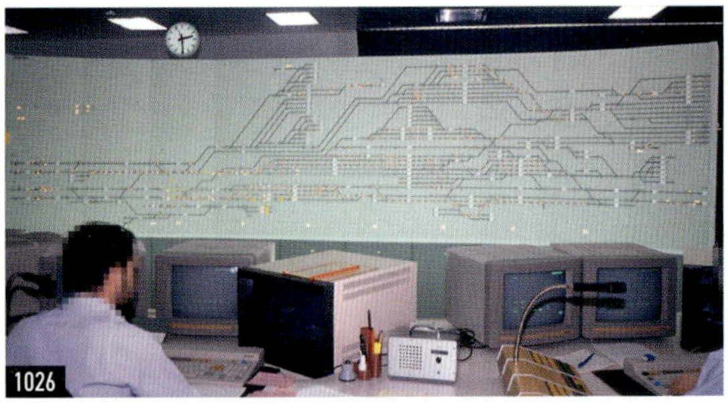
1026

1027

1028

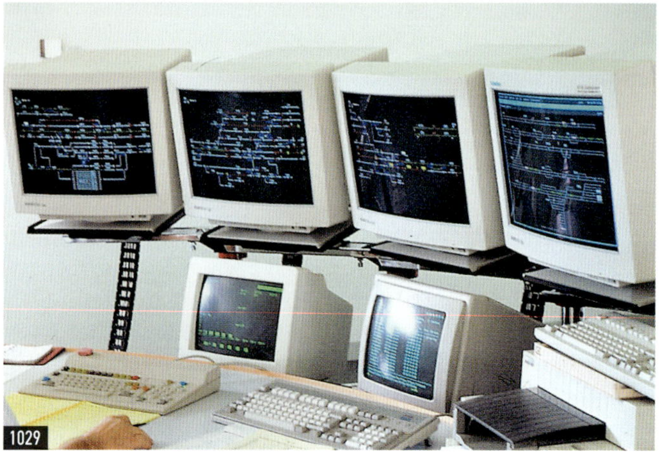
1029

europäischen Ländern und in Übersee zu den weltweit häufig eingesetzten ESTW. Ein spezifischer Sicherheitsnachweis beider Bauarten liegt nicht vor, die Gewährleistung basiert auf den Sicherheitsvorschriften der SJ und einem Zertifikat von BR. Ein weiterer globaler Anbieter ist die italienische Ansaldo STS, deren ESTW auch zu denjenigen mittlerer Komplexität zu zählen sind. Ansaldo übernahm 1988 die traditionsreiche nordamerikanische Westinghouse-Union Switch & Signal Company (US&S) und 1989 die französische CSEE, bevor Ansaldo 2019 selber von Hitachi Rail übernommen wurde. Auch die von AŽD Praha entwickelten ESTW der Baureihe ESA sind der mittleren Komplexität zuzuordnen, sie sind vor allem in mittel- und osteuropäischen Ländern verbreitet.

ESTW mit hoher Komplexität werden vorrangig im dichten mitteleuropäischen Netz mit zahlreichen komplexen Knotenbahnhöfen eingesetzt. Die Entwicklung dieser ESTW wurde von der DB zusammen mit Siemens und Alcatel-SEL (ab 2006 Thales und ab 2024 ebenfalls Hitachi Rail) angestossen und orientierte sich punkto Funktionsumfang an der letzten Entwicklungsstufe des Spurplanstellwerks SpDrS 600. An solche Stellwerke werden daher die höchsten Sicherheitsanforderungen gestellt, u.a. zweikanalige Hardwarestruktur, gesicherte Hilfsbedienungen, gesicherte Zustandsanzeige der Aussenanlage für die Bedienung und Sicherheitsnachweise auf der Grundla-

either type; the warranty is based on the SJ safety regulations and a certificate from BR. Another global supplier is the Italian Ansaldo STS, whose ESTWs are also among those of medium complexity. Ansaldo took over the long-established North American Westinghouse-Union Switch & Signal Company (US&S) in 1988 and the French CSEE in 1989, before Ansaldo itself was taken over by Hitachi Rail in 2019. The ESTW of the ESA series developed by AŽD Praha are classified for medium complexity and are mainly used in Central and Eastern European countries.

ESTWs with a high degree of complexity are primarily used in the dense Central European network with numerous complex junction stations. The development of these ESTWs was initiated by DB together with Siemens and Alcatel-SEL (Thales from 2006 and Hitachi Rail from 2015) and was based on the latest development stage of the SpDrS 600 track-plan interlocking in terms of functionality. The highest safety requirements are placed on such interlockings, including a two-channel hardware structure, secure auxiliary controls, secure status display of the external system for operation and safety certificates based on a regulation of the German Federal Railway Authority (EBA). In the Siemens Simis-C and Simis-W designs, the safety logic (software) is based on the track plan

1030

ge einer Vorschrift des deutschen Eisenbahn-Bundesamts (EBA). Bei den Siemens-Bauarten Simis-C und Simis-W basiert die Sicherheitslogik (Software) auf dem Spurplan (geographisches Prinzip), während den Bauformen El L und Elektra (Thales) Verschlusspläne gemäss dem Fahrstrassenprinzip zugrunde liegen. Bei Siemens und beim El L-Thales basiert die Redundanz auf der Hardware (2v2 oder 2v3), während beim Elektra-Thales die Redundanz auf der Ebene der Software realisiert wird. Das erste Simis-Prototyp-Stellwerk Bauform C mit 175 Weichen wurde bei den SBB 1989 im Grenzbahnhof Chiasso Viaggiatori (**Abb. 1026**) mit Panoramatafel in Betrieb genommen, visuell noch kaum von einem rechnergesteuerten Relaisstellwerk zu unterscheiden. Das Pionierstellwerk wurde 2019 durch ein Simis-W ersetzt. Auch das Simis-C bei der DB in München Nord Rbf (**Abb. 1027** von 1991) erhielt noch eine Panoramawand, welche 2016 durch Bildschirme abgelöst wurde. In Österreich erhielt das SpDrS/El S SMC 86 von St. Pölten (1992, **Abb. 1028**) noch ein verkleinertes Gleisbild mit Stift als Prototyp für die Bedienung, bevor die einheitliche Bedienungsoberfläche EBO eingeführt wurde. **Abb. 1029** zeigt das Simis-C bei den SBB in Bellinzona (1995), noch mit alpha-numerischer Tastatur. Ab Anfang der 2000er-Jahre setzte sich die Maus-Steuerung mit einheitlichen Bedienungsoberflächen definitiv weltweit durch. Dem Simis-W (EBO ILTIS) der Hafenbahn Schweiz AG in Basel-Kleinhüningen (2018, **Abb. 1030**) ist seine Herkunft kaum mehr anzumerken.

(geographical), while the El L and Elektra (Thales) designs are based on locking plans in accordance with the route principle. With Siemens and the El L-Thales, redundancy is based on the hardware (2v2 or 2v3), while with the Elektra-Thales, redundancy is realised at the software level. The first Simis prototype interlocking type C with 175 points was put into operation by SBB in 1989 at the Chiasso Viaggiatori border station (**Fig. 1026**) with a panoramic panel, visually hardly distinguishable from a computer-controlled relay interlocking. The pioneer signal box was replaced by a Simis-W in 2019. The Simis-C at DB in Munich Nord Rbf (**Fig. 1027**) from 1991 still had a panoramic wall, which was eliminated by screens in 2016. In Austria, the SpDrS/El S SMC 86 of St. Pölten (1992, **Fig. 1028**) still had a scaled-down track diagram with a pen as a prototype for operation before the EBO uniform user interface was introduced. **Fig. 1029** shows the Simis-C at the SBB in Bellinzona (1995), still with alpha-numeric keyboard. From the beginning of the 2000s, mouse control with standardised user interfaces became established worldwide. The Simis-W (EBO ILTIS) at Hafenbahn Schweiz AG in Basel-Kleinhüningen (2018, **Fig. 1030**) is hardly recognisable from its origins.

Überblick über die Verschlusssysteme
Der historische Streifzug durch Europa erlaubt abschliessend einen groben Überblick über die angewandten Verschlusssysteme in den einzelnen Technik-Epochen (**Abb. 1031**).

Overview of the locking systems
Finally, the historical journey through Europe provides a rough overview of the locking systems used in the individual technical ages (**Fig. 1031**).

1031 Überblick über die Verschlusssysteme / Overview of the locking systems

Land / Country	Mechanische Stellwerke Mechanical interlockings	Elektro-mechanische Stellwerke Electro-mechanical interlockings	Relaisstellwerke Relay interlockings
Norwegen / Norway	German	German + British-Northamerican	N / route-based
Schweden / Sweden	German	German + British-Northamerican	N / route-based + C / geographical
Finnland / Finland	German	German	C / geographical + N / route-based
Dänemark / Denmark	German	German + British-Northamerican	N / route-based
Deutschland / Germany	German	German	C / geographical + route-based
Polen / Poland	German	German	N / route-based + geographical
Grossbritannien / Great Britain	British	British-Northamerican	N / route-based + geographical
Niederlande / Netherlands	Austro-hungarian	German	N / route-based
Belgien / Belgium	British + Austro-hungarian	British-Northamerican (+German)	C + N / route-based
Luxemburg / Luxembourg	German	German	C / geographical + route-based
Frankreich / France	British + Keys	British-Northamerican	N / route-based + geographical
Spanien / Spain	Austro-hungarian, German + Keys	British-Northamerican	C + N / route-based
Portugal	Keys (+ British)	German	N / route-based + C / geographical
Italien / Italy	British, German, Austro-hungarian + Keys	British-Northamerican + Keys	C + N / route-based
Schweiz / Switzerland	German	German	C / geographical + route-based
Österreich / Austria	Austro-hungarian + Keys	German	C / geographical + route-based
Tschechien / Czech Republic	Austro-hungarian + Keys	German	N / route-based
Slowakei / Slovakia	Austro-hungarian + Keys	German	N / route-based
Ungarn / Hungary	Austro-hungarian + Keys	German	C / geographical + route-based
Slowenien / Slovenia	Austro-hungarian + Keys	German	C / geographical
Rumänien / Romania + Bulgarien / Bulgaria	Austro-hungarian, German + Keys	German	
übrige mittel- / osteuropäische Länder / further central and eastern European countries	Austro-hungarian + Keys	German	C / geographical (+ N / route-based)

EPILOG UND AUSBLICK

TOTGESAGTE LEBEN LÄNGER

Der Traum der SignalingenieurInnen, von Herstellern und Bahnunternehmen – die automatische Betriebsführung ganzer Eisenbahnnetze – ging erst rund 140–160 Jahre nach der praktisch gleichzeitigen Erfindung des weichen- und signalabhängigen Stellwerks von 1855 in England, des signalabhängigen Streckenblocks in Deutschland sowie des Gleisstromkreises und damit der automatischen Abstandsregelung zwischen zwei Zügen in den USA um 1870 in Erfüllung. Im Zeitraum von 2005 bis 2015 wurden bei vielen europäischen Bahnen auf der Basis von elektronischen Stellwerken und leistungsfähiger elektronischer Datenverarbeitung und -übertragung die netzweite rechnergesteuerte automatische Zuglenkung Realität. Herstellerseitig hat sich gezeigt, dass Anbieter, welche sich im mechanischen Zeitalter dem Fortschritt durch die Elektrizität nicht stellten, praktisch allesamt aus dem Markt gefallen sind. Bis in die Neuzeit überlebt haben die frühen ‹Elektriker›, angefangen beim Hause Siemens (Westinghouse-Invensys Rail, Integra), Scheidt & Bachmann, Alstom (GEC, ACEC, Alsthom), AŽD Praha und Hitachi Rail-Thales (Alcatel-SEL mit Ericsson-Bombardier und Ansaldo-CSEE-Westinghouse US&S).

Gemäss einer Erhebung der IRSE hatten die mechanischen und elektro-mechanischen Stellwerke allerdings noch 1994 rund 50 %-Anteil bei FS und SNCF, bei DB sogar noch gegen 60 % (**Abb. 1032**). Dabei ist jedoch zu berücksichtigen, dass die Relaisstellwerke vorwiegend im Hauptstreckennetz installiert wurden und daher auch zunehmend die Hauptlast des Verkehrs trugen. Bei Bahnen mit kleineren oder weniger dichten Netzen erreichten die alten Stellwerk-Generationen noch Anteile von 25 % (TV-SJ), 20 % (SBB) oder nur noch 2 % (NS). Letztere profitierten auch vom strukturellen Vorteil eines grösseren Anteils an Hauptstrecken am Gesamtnetz und damit auch einer höheren wirtschaftlichen Tragfähigkeit für Erneuerungsinvestitionen im Vergleich zu grossen Netzen mit Anteilen der

EPILOGUE AND OUTLOOK

THERE'S LIFE IN THE OLD DOG YET

The dream of the signal engineers, of manufacturers and railway companies – the automatic operational control of entire railway networks – only became true about 140 to 160 years later, after the practically simultaneous invention of the switch and signal-dependent interlocking in England in 1855, the signal-dependent block telegraph in Germany and the track circuit and, thus the automatic distance control between two trains in the USA around 1870. In the period from 2005 to 2015 network-wide computer-controlled automatic train control became a reality on many European railways on the basis of electronic interlockings and powerful electronic data processing and transmission. On the manufacturing side, it has been shown that suppliers who did not face up to the progress of electricity in the mechanical age have mostly fallen out of the market. The early 'electricians' have survived into the modern era, starting with the German company Siemens (Westinghouse-Invensys Rail, Integra), Scheidt & Bachmann, Alstom (GEC, ACEC, Alsthom), AŽD Praha and Hitachi Rail-Thales (Alcatel-SEL with Ericsson-Bombardier and Ansaldo-CSEE-Westinghouse US&S).

According to a survey by IRSE, mechanical and electro-mechanical interlockings still accounted for around 50 % of the traffic at FS and SNCF in 1994, and even around 60 % at DB (**Fig. 1030**). However, it has to be taken into account that the relay interlockings were mainly installed in the main line network and, therefore, carried the main load of traffic. On railways with smaller or less dense networks, the old generations of interlockings only achieved shares of 25 % (BV-SJ), 20 % (SBB) or 2 % (NS). The latter also benefited from the structural advantage of a larger share of main lines in the overall network and, thus, a higher economic viability for renewal investments compared to large networks with shares of branch

Nebenstrecken bis zu 50 % oder höher. Ein ähnliches, wenn auch etwas ausgeglicheneres Bild ergibt sich ebenfalls 1994 bei den Bauformen des Streckenblocks (**Abb. 1033**).

Entscheidend sind – auch mit Blick in die Zukunft – allerdings vor allem die Lebenszyklen der Stellwerkgenerationen. Betrug die durchschnittliche Lebensdauer eines mechanischen Stellwerks noch zwischen 90–100 Jahre, diejenige der elektro-mechanischen Anlagen rund 70 Jahre, so sank sie bei den Relaisstellwerken auf 50–60 Jahre und bei der ersten Generation der ESTW gar auf 25–30 Jahre. Diese Entwicklung führt trotz Produktivitätsgewinnen ohne Korrektur in eine betriebswirtschaftliche Sackgasse, umso mehr als die Computertechnologie im Vergleich zu ihren Vorgängern in deutlich kürzeren Perioden erneuert werden muss. Es ist daher nicht Zufall, dass die Bahninfrastrukturbetreiber lebensverlängernde Massnahmen für Relaisstellwerke prüfen, so dürften im Fall der SBB die verbleibenden Domino 67- und Siemens-Spurplanstellwerke 60–70 Jahre und ESTW der ersten Generation (Simis C) 35–45 Jahre alt werden und so noch lange Zeit einen sicheren Bahnverkehr gewährleisten. Die Simis C-Stellwerke erhalten ein up-date mit Simis W-Elementen (v. a. Sicherheitslogik) um so die Lebensdauer über 2032 zu verlängern.

Der betriebswirtschaftlichen Entlastung und damit einem beschleunigten Erneuerungszyklus dienen würde auch eine signifikante Vereinheitlichung und vor allem Vereinfachung der technisch-betrieblichen Spezifikationen und Funktionalitäten der zahlreichen nationalen Eigenheiten. Die Digitalisierung in der Stellwerkwelt bietet dazu neue und notwendige Lösungsansätze, insbesondere die Trennung der Ausgestaltung der generischen Sicherheitslogik von der Konfiguration der Aussenanlagen, so dass die laufenden Anpassungen der Gleisgeometrie, der Erfassung der Zugsposition (Gleisstromkreis, Achszähler, mobile Zugsortung) im Verbund mit der Zugbeeinflussung (ETCS 2) keine Anpassung in der Sicherheitslogik (wie bisher) erfordert, sondern von ihr funktional für alle Betriebsverhältnisse abgedeckt wird und die Steuerung der Aussenelemente (Weichen, Blockabschnitte bzw. Zugsabstand) zunehmend auch kabellos erfolgen kann. Die dritte Generation der ESTW wird von diesem Innovationsschritt – vor allem auch von der hohen Leistungsfähigkeit und breiten Funktionalität – profitieren können, hoffentlich mit vermehrter Überwindung nationaler Spezifikationen, die Tage des ‹Stellwerks› in seiner klassischen Form sind gezählt.

lines up to 50 % or higher. A similar, somewhat more balanced, picture emerged in 1994 for the construction types of the line block (**Fig. 1031**).

The decisive factor – as a view into the future – is above all the life cycles of the interlocking generations. While the average lifespan of a mechanical interlocking was between 90 to 100 years, and that of the electro-mechanical systems around 70 years, it fell to 50 to 60 years for relay interlockings and even to 25 to 30 years for the first generation of ESTW. Despite productivity gains, this development without correction leads to an economic dead end, all the more so as computer technology has to be renewed in much shorter periods compared to its predecessors. Therefore, it is no coincidence that the railway infrastructure operators are looking into life-extending measures for relay interlockings. At SBB, for example, the remaining Domino 67 and Siemens track-plan interlockings are expected to last 60 to 70 years and the first-generation ESTW (Simis C) 35 to 45 years, thus, ensuring safe rail traffic for a long time to come. The Simis C interlockings are being updated with Simis W elements (mainly safety logic) to extend their service life beyond 2032.

Significant standardisation and, above all, simplification of the technical and operational specifications and functionalities of the numerous national characteristics would also reduce the operational burden and, thus, accelerate the renewal cycle. Digitalisation in the interlocking world offers new and necessary solutions for this, in particular the separation of the design of the generic safety logic from the configuration of the external systems, so that the ongoing adjustments to the track geometry, the recording of the train position (track circuit, axle counter, mobile train location) in conjunction with the train control system (ETCS 2) do not require any adaptation in the safety logic (as before). The safety logic should functionally cover all operating conditions and the control of the external elements (points, block sections or train spacing) and will be increasingly wireless. The 3rd generation of ESTW will be able to benefit from this innovative step – especially due to the high performance and broad functionality – hopefully with increased overcoming of national specifications, as the days of the original 'signal box' are numbered.

1032 Stellwerkbauformen / interlocking types 1994

	BR	BV (SJ)	DB	FS	NS	ÖBB	PKP (2016)	RENFE	SBB	SNCF
Mechanische Stellwerke mechanical interlockings	700	160	1900	560	2	792	1712	275	142	740
Elektro-mechanische Stellwerke electro-mechanical Interlockings	10	35	500	564	2	70	91	242	25	350
Relais-Stellwerke (mit freier Schaltung) relay interlockings (freewired)	900	565	625	1120	300	132	880	474	342	910
Relais-Stellwerke (mit geografischer Schaltung/Spurplan) relay interlockings (geographical)	200	38	1015	40		88		184	314	205
Computerstellwerke (Hardware – Software) Interlockings (Hardware – Software)	45	32	40	3	1	2	233	15	2	
Total Anzahl Stellwerke number of interlockings	1635	830	4080	2287	305	1084	2916	1190	825	2205
Anteil ferngesteuerte Stellwerke share of remote-controlled signal boxes	950	450	352	430	260	27		352	218	272
in %	58,1	54,2	8,6	18,8	85,3	2,5		29,6	26,4	12,3
Anteil Relaisstellwerke in % share of relay interlockings in %	67,3	75,1	40,1	50,7	98,3	20,3		55,3	79,5	50,7

Quelle/source: European Railway Signalling - IRSE 1995

1033 Streckenblockformen / Line block types 1994 (km)

	BR	BV (SJ)	DB	FS	NS	ÖBB	RENFE	SBB	SNCF
Telefon block (ohne technische Sicherheit phone block (without technical safety)	830	5360	490	3150	75	2250	6113		3292
Stabblock Key-Token-Block	500								
Manueller elektro-mechanischer Block manual electro-mechanical block	5260		6400	5094		176	1200	73	6852
Halb-automatischer Relais-Block semi-automatic relay block			1320			1823		975	
Automatischer Block automatic block	9950	5670	18860	7822	2705	1374	5524	2050	13756
Total km	16540	11030	27070	16066	2780	5623	12837	3098	23900
Anteil automatischer Block in % automatic block share in %	60,2	51,4	69,7	48,7	97,3	24,4	43,0	66,2	57,6

Quelle/source: European Railway Signalling - IRSE 1995

BAHNHOFSVERZEICHNIS (ABBILDUNGEN)
LIST OF STATIONS (FIGURES)

VERZEICHNIS DER ABKÜRZUNGEN
LISTE OF ABBREVIATIONS

ABB	Asea Brown Boveri
ACEC	Ateliers de Constructions Eléctriques de Charleroi
ACC	Apparato centrale computerizzato
ACE	Apparato centrale elettrico
ACELI	Apparato centrale elettrico a leve d'itinerario
ACEI	Apparato centrale ad itinerari
ACEIT	ACEI a tabulatore
ACI	Apparato centrale idrodinamico
ACM	Apparato centrale meccanico
ACS	Apparato Centrale Statico
ADIF	Administrador de Infraestructuras Ferroviarias (Spanien/Spain)
ADM	Apparati per deviatoi manuali
AEG	Allgemeine Elektrizitätsgesellschaft
AEI	Associated Electrical Industries
AL	Alsace-Lorraine (1871–1914)
ARS	automatic route setting
ASC	Apparati semplificati a chiave
ÅSSA	Åtvidabergs Spårväxlar & Signalfabrik (Sweden)
AŽD	Automatizace železniční dopravy (Praha)
B1	Befehlsstellwerk 1
BAL	Block automatique lumineux SNCF
BBÖ	Bundesbahnen Österreich
BD	Bundesbahndirektion
BDŽ	Bălgarski Dăržavni Železnici (БДЖ)
Bfstw	Befehlsstellwerk
BLS	Bern-Lötschberg-Simplon
BLZ	Betriebsleitzentrale
BMU	Block manuel unifié SNCF
BMVU	Block manuel unifié de voie unique SNCF
BR	British Rail
BRS	British Rail Southern Region
BRD	Bundesrepublik Deutschland
BSZ	Betriebsteuerzentrale
Bü	Betriebsüberwacher
BV	Bâtiment voyageur (Aufnahmegebäude/ station house)
BZ	Betriebszentrale
CAPI	Cantonnement assisté par informatique
CBCT	Communication-based Train Control
ČD	České dráhy (Tschechische Republik/ Czech Republic)
CFL	Chemins de fer luxembourgeois
CGS	Compagnie générale de signalisation
CIWFS	Compagnia italiana Westinghouse Freni e Segnali
CP	Comboios de Portugal
CTC	Centralized traffic control
CSE	Compagnie des signaux pour chemins de fer
CSEE	Compagnie de signaux d'entreprises électriques
DSB	Danske Statsbaner (Dänemark/Denmark)
DB	Deutsche Bundesbahn (1949–1993)/ Deutsche Bahn (ab 1994)
DEC	Digital Equipment Corporation
DDR	Deutsche Demokratische Republik
Dr	Drucktastenstellwerk
DR	Deutsche Reichsbahn (1937–1945, 1945–1993 DDR/GDR)
DRG	Deutsche Reichsbahn-Gesellschaft (1924–1937)
EBA	Eisenbahn-Bundesamt
EBO	Elektronische- einheitliche Bedienoberfläche
EMS	elektro-mechanisch
EMU	Electromécanique unifié
EP	Estradas de Portugal
ERTMS	European Rail Traffic Management System
ESP	Elektrosignal Praha
ESTW	Elektronisches Stellwerk
ETCS	European Train Control System
Fgw	Freigabewerk (Bahnhofsblock)
FNM	Ferrovie Nord Milano
FRG	Free Republic of Germany
FS	Ferrovie dello Stato (Italien/Italy)
GEC-GS	General Electric Company + General Signal
GES	General Electric Railway Signal Company
GDR	German Democratic Republic
GNR	Great Northern Railway
GRS	General Railway Signal Company (USA)
GS	Gleisbildstellwerk
GWR	Great Western Railway
HB/Hbf	Hauptbahnhof
HT	Horizontal tappet
ICE	Intercity-Express
IFS	Individual Function Switches

ILTIS	Integrales Leit- und Informationssystem (Siemens)
IPCS	Installations permanentes de contre-sens
IRSE	Institution of Railway Signal Engineers
ITT	International Telephone and Telegraph Corporation
JS	Jura-Simplon-Bahn
L	Lever (Hebel)
L	Lorenz
LGV	Ligne à grande vitesse (high speed line)
L&YR	Lancashire & Yorkshire Railway
LMS	London Midland Scottish Railway
LNER	London & North East Railway
LNWR	London & North West Railway
MÁV	Magyar Államvasutak (Ungarn/Hungary)
MBA	Maschinenbau und Bahnbedarf AG
MDM	Moutier Ducellier Monnard – maximum de mouvments – minimum de manoeuvres (Aster)
MMI	man-machine- interface
MR	Midland Railway
MU	Mécanique unifié
MZA	Madrid-Zaragoza-Alicante (Spanien/Spain)
NKŽI	Nationale Gesellschaft für Eisenbahn-infrastruktur Bulgarien
NLR	North London Railway
NR	Network Rail (GB)
NSB	Norges Statsbaner (Norwegen/Norway)
NStP	Nummernstellpult
NX	eNtrance-eXit
ÖBB	Österreichische Bundesbahnen (Austria)
OCS	one control switch
O&K	Orenstein & Koppel
OES	Oesterreichische Eisenbahn-Signalwerk GmbH
OMS	Officine mecchaniche die Savona
PAI	Poste d'aiguillage informatisé
PB/Pbf	Personenbahnhof
PC	Poste de commandement
PD	Paul et Ducousso
PEI	Poste électrique à leviers d'itinéraires
PELI	Poste électrique à leviers individuels
PKP	Polskie Koleje Państwowe
PLM	Chemins de fer Paris-Lyon-Méditerranée (Frankreich/France)
PML	Poste à manettes libres
PO	Chemins de fer Paris-Orléans
PRA	Poste tout relais à destruction automatique
PRCI	Poste tout relais et à commande informatique
PRG	Poste à tout relais géographique
PRS	Poste tout relais à transit souple
PSB	Power-Signalbox
PZB	Punktförmige Zug-Beeinflussung
RB/Rbf	Rangierbahnhof
RENFE	Red Nacional de los Ferrocarriles Españoles
RETB	Radio Electronic Token Block
RSCo	Railway Signal Company
RSTW	Relaisstellwerk
RZÜ	Rechnergestützte Zugüberwachung
S	Siemens
SASIB	Società Anonima Scipione Innocenti Bologna
SBB	Schweizerische Bundesbahnen
SBW	Südbahnwerke
SCB	Schweizerische Centralbahn
S&B	Scheidt & Bachmann
SEC	South Eastern & Chatham Railway
SED	Sozialistische Einheitspartei Deutschland (DDR/GDR)
SEL	Standard Elektrik Lorenz
S&F	Saxby & Farmer
SG	St. Gallen
S&H	Siemens & Halske
SJ	Statens Järnvägar (Schweden/Sweden)
SMB	Solothurn-Münster-Bahn
SNCB	Société nationale des chemins de fer belge
SNCF	Société nationale des chemins de fer français
SpDr	Spurplan-Drucktastenstellwerk
S&S	Stevens & Sons
SSI	Solid state interlocking
SW	south-west
Stw	Stellwerk
SŽ	Slovenske železnice (Slovenia)
US&S	Union Switch & Signal Company (USA)
VEB	Volkseigener Betrieb (DDR, GDR)
VES	Vereinigte Eisenbahn-Signalwerke
VGS	Vereinfachtes Gleisbildstellwerk
VT	Vertical tappet
W2	Wärterstellwerk 2
WCML	West Coast Main Line
WSSB	VEB Werk für Signal- und Sicherungstechnik Berlin
Ww/Wstw	Wärterstellwerk
Z&B	Zimmermann & Buchloh
ZN	Zugnummern
ŽSR	Železnice Slovenskej republiky (Slovakia)
ZSW	Zentralstellwerk

QUELLEN-VERZEICHNIS
LIST OF SOURCES

1 · Schlüsselgesicherte Weichen und Signale
1 · Key-locked switches and signals
Ammann C., Handweichenbahnhof St. Margrethen, Eisenbahn-Amateur, 10/2022
bardellarotaia.it
Camus M., Deux utilisations originales des serrures Bouré, RGCF, 1946
https://dewiki.de/Lexikon/Schlüsselwerk
ekeving.se
Ferrer V.R., Señales ferroviarias, 1983
Ferrovie dello Stato, diversi Rapporti annuali
Ferrovie dello Stato, Istruzioni di dettaglio per l'esercizio delle serrature centrali con manovra degli segnali luminosi, 1936
Foster R.D., A Pictorial Record of L.N.W.R. Signalling, 1982
Gernigon A., Histoire de la signalisation ferroviaire française, 1998
Hager C., Eisenbahnsicherungsanlagen in Österreich, Band 1: Stellwerke, 1984
it.wikipedia.org/wiki/Apparato per_deviatoi_manuali
stellwerke.info
Wägli H.G., Hebel, Riegel und Signale, die Entwicklung der mechanischen Einrichtungen in der Schweiz, 2018

2.1 · Die mechanischen Kaskadenstellwerke (Grossbritannien und Frankreich) mit verschlossenen Weichen
2.1 · the mechanical cascade interlockings (Great Britain and France) with locked points
Block-système hydro-électrique de Cardani et Servettaz, RGCF, 1902
BR, Signal & Telecommunications, Mechanical Interlocking, 1991
distantwriting.co.uk/railwaysignaltelegaphy.html
Foster R.D., A Pictorial Record of L.N.W.R. Signalling, 1982
Gaillard M.P., Tableau d'ensemble des travaux de signalisation exécutés de 1946 à 1954 sur la ligne de Paris à Lyon, RGCF, 1955
Gernigon A., Histoire de la signalisation ferroviaire française, 1998
Gradl, Über das englische Eisenbahn-Sicherungswesen, Das Stellwerk, 1933/34
Henkes A., Aus der Geschichte des Eisenbahnsicherungswesens, Das Stellwerk, 1934
Hoogen A., Die Sicherungseinrichtungen der preussischen Staatseisenbahnen und ihre Entwickelung in den letzten 10 Jahren, Das Stellwerk, 1914
it.wikipedia.org/wiki/Blocco_Elettrico_Manuale
Jullien C., Note sur les signaux, enclenchements et appareils de sécurité des chemins de fer des Etats-Unis, RGCF, 1908
Kay P., Signalling atlas and signal box directory GB and Ireland, 1997
Kichenside G. and Williams A., Two centuries of Railway signalling, 2016
tassignon.be/trains/evolution-150/
Pachl J., Besonderheiten ausländischer Eisenbahnbetriebsverfahren, 2019
Pottgiesser H., Frühe Sicherungsanlagen, 1990
Pottgiesser H., Sicher auf den Schienen, 1988
signalbox.org/
Vanns M.A., An Illustrated History of Signalling, 1997
Vaughan A., A Pictorial Record of Great Western Signalling, 1984
Vaughan A., The West of England Resignalling, 1987
Vellay Olivier, Remarquables postes d'aiguillage, 2022
www.vlaky.net
Wägli H.G., Hebel, Riegel und Signale, die Entwicklung der mechanischen Einrichtungen in der Schweiz, 2018
Walter J., Le développement des installations de sécurité de la SNCF au cours 20 dernières années, RGCF, 1958
Wurmser D., Signaux mécaniques, Tomes I, II, III, 2008

2.2 · Die mechanischen Fahrstrassen-Stellwerke («Deutsche Schule») mit freier Weichenstellung
2.2 · The mechanical route signal boxes («German school») with free point setting
ACEC, Matériel de signalisation de chemin de fer, 1950
berliner-stellwerke.de/
Biesok W., Die Sicherungs- und Streckenblockanlagen österreichischer Bauart, Das Stellwerk, 1939

Cayón F. e Muñoz M., Las características técnicas de los enclavamientos, 2003
Cauer W., Sicherungsanlagen im Eisenbahnbetriebe, 1922
ekeving.se
Das Einheitsstellwerk, Das Stellwerk, 1912
Die Anfänge des deutschen Blocksystems, Das Stellwerk, 1917
Elektrische Stationsblockung Bauart Jüdel (Erlanger Block), Das Stellwerk, 1911
Ferrovie dello Stato, Istruzioni generali per la manovra degli apparati centrali a doppio filo con bloccamento elettrico degli itinerari, 1937
Frei S., Der Abschied von den letzten Formsignalen der SBB, Eisenbahn-Amateur, 10/2021
Henkes A., Aus der Geschichte des Eisenbahnsicherungswesens, Das Stellwerk, 1934
Hager C., Eisenbahnsicherungsanlagen in Österreich, Band 1: Stellwerke, 1984
Hoogen A., Die Sicherungseinrichtungen der preussischen Staatseisenbahnen und ihre Entwickelung in den letzten 10 Jahren, Das Stellwerk, 1914
klassiekebeveiliging.com/
Georgi P., Die elektrischen Blockanlagen im Bereich der RBD Dresden, Das Stellwerk, 1927
gleisplaene-schweiz.ch/
Gradl, Gleichstrom-Bahnhofsblockung, Das Stellwerk, 1931/34
Mierosławski P., Problematyka ochrony zabytków zabezpieczenia ruchu kolejowego, 2020
Nef W., Die Sicherungsanlagen der Schweiz, Loki Spezial, 2019
Palm E., Stellwerke der Schweizer Bahnen, gestern und heute, 1982
Pottgiesser H., Sicher auf den Schienen, 1988
psmk.org.pl/
Preuss E., Stellwerke Deutscher Eisenbahnen, 1996
Preuss E., Stellwerke deutscher Eisenbahnen – Typenkompass, 2012
Rehschuh, G., Aus der Geschichte des Stellwerks, Jahrbuch des Eisenbahnwesens, 1957
Reingruber H., Das sächsische Blocksystem, Das Stellwerk, 1939
Sasse H.W., Das belgische Signalwesen, Das Stellwerk, 1941
Sasse H.W., Streifzug durch die Geschichte der deutschen Signaltechnik, 1959
SBB, Die elektrische Stationsblockung, 1918
SBB, Reglement über die mechanischen Sicherungsanlagen (R 320.3), 1958
Scheibner S., Die mechanischen Sicherheitsstellwerke im Betriebe der vereinigten preussisch-hessischen Staatseisenbahnen, 1906
Scheibner S., Die mechanischen Stellwerke der Eisenbahnen, Die abhängigen Stellwerke, 1920
stellwerke.blogspot.com
stellwerke.de
stellwerke.info
tassignon.be
van Biema, Zur Entwicklungsgeschichte des Stellwerkbaues, Fachschrift für das gesamte Bauingenieurwesen, 1924
Vom Erstlingsstellwerk zum Einheitsstellwerk der preussischen Eisenbahnen, Das Stellwerk, 1917
Viaene D., La signalisation à la SNCB, 2007
Wägli H.G., Hebel, Riegel und Signale, die Entwicklung der mechanischen Einrichtungen in der Schweiz, 2018
Warninghoff H., Das mechanische Stellwerk, DB, 1979
wikiwand.com
Zintl R., Fahrt frei – Bayerische Signale und Stellwerke, 1978

3 · Kraftstellwerke
3 · Power interlockings

Druckluftstellwerk mit Niederdruckbetrieb und elektrischer Steuerung der Firma Scheidt&Bachmann, Mönchengladbach, Das Stellwerk, 1913
eisenbahnwesens.de-academic.com/1594/Kraftstellwerke
Gernigon A., Histoire de la signalisation ferroviaire française, 1998
Gottschalk, Hydropneumatisches Stellwerk der französischen Nordbahn, Das Stellwerk, 1916
Rehschuh, G., Aus der Geschichte des Stellwerks, Jahrbuch des Eisenbahnwesens, 1957
Oehler K., Eisenbahnsicherungstechnik in der Schweiz, Entwicklung der elektrischen Anlagen, 1981
position-light.blogspot.com/ (USA)
Strohmeyer, Das elektrisch gesteuerte Druckluftstellwerk der Firma C. Stahmer – Georgsmarienhütte, Eisenbahnbau III. Teil, 1910
Vanns M.A., An Illustrated History of Signalling, 1997
Warburton L.G., An introduction to colour light and power signalling, LMS Society, 2007

4 · Hydro-dynamische Stellwerke
4 · Hydro-dynamic interlockings
Cossmann M., Despons E., La reconstruction de la gare de Valenciennes, RGCF, 1907
Gernigon A., Histoire de la signalisation ferroviaire française, 1998
Istruzioni sugli apparati centrali idrodinamici, FS, 1939
Machuca R. und Soler M.F., El enclavamiento hidráulico de Algodor, 2003
Moretti M., L'apparato centrale idrodinamico, I Treni oggi, 1990
Wurmser D., Signaux mécaniques, Tome I, 2008

5 · Elektro-mechanische Stellwerke
5 · Electro-mechanical interlockings
Alstom – GRS Signalling History 1904-2004
ACEC, La manoeuvre électrique des aiguillages et des signaux appliqués à la gare de Liège-Guillemins, 1923
ACEC, Matériel de signalisation de chemin de fer, 1950
Apparati centrali elettrici, Tecnica professionale – CIFI, 1936
Becker W., Die Entwicklung der Siemensschen elektrischen Stellwerke von 1894 bis zur Gegenwart, Das Stellwerk, 1929
berliner-stellwerke.de/
Cauchois G. et Quême , Le poste électrique unifié à leviers individuels (PELI) de la SNCF, RGCF, 1963
Contaldi G., Signalling Developments on the Italian State Railways, The Institution of Electrical Engineers, 1965
Diehl H, Die Sicherungsanlagen der norwegischen Staats-Eisenbahnen, Das Stellwerk, 1935
ekeving.se/
eisenbahnwesens.de-academic.com/1594/ Kraftstellwerke
Felber E., SBB-Signale und Stellwerke, 1948
Finet G., La signalisation ferroviaire en Belgique, 1978
Fischer R., Umbau der Sicherungsanlagen Neustrelitz Hbf, Signal und Schiene, 1983
Gaillard M.P., Tableau d'ensemble des travaux de signalisation exécutés de 1946 à 1954 sur la ligne de Paris à Lyon, RGCF, 1955
Gernigon A., Histoire de la signalisation ferroviaire française, 1998
Hager C., Eisenbahnsicherungsanlagen in Österreich, Band 1: Stellwerke, 1984
ilmondodeitreni.it/
Istruzioni per l'esercizio degli apparati centrali (libro III), sezione 1 ACE – AEG, FS, 1931
klassiekebeveiliging.com/
Janssoone, D., Les aiguilleurs, rois de l'exploitation ferroviaire 1830-2017
Lang M., Installations de sécurité sur l'ancien réseau des Chemins de fer d'Alsace et de Lorraine, RGCF, 1940
Lehuédé M.R., Réflexions sur l'évolution en France des postes électriques à leviers d'itinéraires, RGCF, 1946
Lemonnier M., Les enclenchements de transit et d'approche, RGCF, 1938
Lienhard, Neue Sicherungsanlagen für den Bahnhof Lutterbach (Elsass), Das Stellwerk, 1935
Lindboe J., Die Sicherungsanlage auf Bahnhof Oslo Ö, Das Stellwerk, 1934
Nef W., Die Sicherungsanlagen der Schweiz, Loki Spezial, 2019
Neumann G., Elektrische Mehrreihenstellwerke, Das Stellwerk, 1938
Oehler K., Eisenbahnsicherungstechnik in der Schweiz, Entwicklung der elektrischen Anlagen, 1981
Palm E., Stellwerke der Schweizer Bahnen, gestern und heute, 1982
Pottgiesser H., Sicher auf den Schienen, 1988
Preuss E., Stellwerke Deutscher Eisenbahnen, 1996
Rehschuh, G., Aus der Geschichte des Stellwerks, Jahrbuch des Eisenbahnwesens, 1957
Sasse H.W., Streifzug durch die Geschichte der deutschen Signaltechnik, 1959
stellwerke.info/
SBB, Reglement über die elektrischen Sicherungsanlagen mit Schalterwerken (R 320.10), 1960
SBB, Vorschriften über die Stellwerke Orenstein & Koppel AG (Anhang zum R 320.10), 1960
Schmitz W., Die Entwicklung der Schaltung des elektrischen Stellwerks von Siemens & Halske (VES), Das Stellwerk, 1936
Schubert-Roudolf, Die Sicherungswerke im Eisenbahnbetriebe, II. Band, 1925
stellwerke.blogspot.com
Tolotti, L'evoluzione degli apparati centrali elettrici presso le FS, Ingegneria Ferroviaria, 1957/61
Vanns M.A., An Illustrated History of Signalling, 1997
Vellay Olivier, Remarquables postes d'aiguillage, 2022
Viaene D., La signalisation à la SNCB, 2007
Wagner T., Das Mehrreihenstellwerk, Das Stellwerk, 1934
Walter J., Evolution des postes à pouvoir, RGCF, 1939
Walter J., Evolution des postes électriques d'aiguillages à leviers d'itinéraires, RGCF, 1945

Walter J., Le développement des installations de sécurité de la SNCF au cours des 20 dernières années, RGCF, 1958
Warninghoff H., Das elektro-mechanische Stellwerk, DB, 1977
wbsframe.mste.co.uk/

6 · Elektrische Stellwerke
7 · Relaisstellwerke
6 · Electrical interlockings
7 · Relay interlockings

Auclair – Audoin – Savarzeix, Gestion avec l'aide d'un ordinateur des IPCS et des évitements de la section de ligne à double voie Blois – Tours, RGCF, 1978
Auclair – Bouhier – Bridou, Le programmateur d'itinéraires à logique programmée, RGCF, 1983
Audoin – Rétiveau, Le nouveau poste de Versailles-Chantiers, RGCF, 1977
Autorenkollektiv, Neue Sicherungs- und Fernmeldeeinrichtungen des Eisenbahnknotens Seddin, Signal und Schiene, 1981
Barner – Schattanik, Rechnerunterstützte Zugüberwachung, Signal + Draht, 1983
Belmonte F., Impact des postes centraux de supervision de trafic ferroviaire sur la sécurité, 2008
Beyer H-G., Einsatz der Spurplantechnik auf der Strecke Offenburg – Basel, Signal + Draht, 1969
Bödeker D., Hösli R., Moser S., Praxisbuch Bahnsicherung, 2019
Böhm – Lukaschek – Winkler, Das Videopult-System der ÖBB, Signal&Draht, 1983
Bonora – Caprio – Mazzeo, Una applicazione della logica programmata per funzioni di sicurezza negli impianti di segnalamento ferroviaria, Ingegneria ferroviaria, 1983
bsk.isdr.pl/
Canepa – Mazzucco – Giusto, Apparati centrali elettrici a pulsanti di itinerario (ACEI)
Carémantrant M., Au PRS de Juvisy – la circulation sur ordinateur, La Vie du Rail, 1983
chzk.cz/index.php/muzeum/
Contaldi G., Signalling Developments on the Italian State Railways, The Institution of Electrical Engineers, 1965
Ernst J., Bedienungseinrichtungen für Dr-Stellwerke mit grossen Stellbezirken, Signal&-Draht, 1966
European Railway Signalling, IRSE, 1995
Finet G., La signalisation ferroviaire en Belgique, 1978
forum.index.hu/
Gaillard M.P., Tableau d'ensemble des travaux de signalisation exécutés de 1946 à 1954 sur la ligne de Paris à Lyon, RGCF, 1955
Gernigon A., Histoire de la signalisation ferroviaire française, 1998
Giol J.P., Las implementaciones de sistemas de gestión de tráfico y la seguridad en la circulación entre 1975 y 2009
Glossary of Signalling Terms, Rail Safety and Standards Board London, 2004
Guérod – Vial, les postes de signalisation de voies principales, RGCF, 1983
Günther P., Fernsteuerung von Signalanlagen im In- und Ausland, Signal + Draht, 1960
Hager C., Eisenbahnsicherungsanlagen in Österreich, Band 1: Stellwerke, 1984
Hesse F.D., Ein Spurplan-Zentralstellwerk (SpDrS 60) für Hamburg-Harburg, Signal + Draht, 1965
Hoffmann O., Die neuen Stellwerke in Osnabrück, Signal + Draht, 1966
hu.wikipedia.org/wiki/Domino
Huet J., Les installations permanentes de contresens, RGCF 1977
Huet – Weber, Les postes de signalisation, RGCF, 1972
Huet – Debras, Les postes de voies de service, RGCF, 1978
ilmondodeitreni.it/
forum.index.hu/Vasutas fórum
Infrastruktur- und Entwicklungsbericht 2019, DB-Netz
Italie – Une importante réalisation en gare de Milan, RGCF, 1984
Istruzioni per l'esercizio degli apparati centrali (libro III), sezione 5 ACEI a pulsanti tipo FS, 1959
Keichinger – Portejoie – Sagnier, Modernisation des installations de sécurité de la gare de Paris-Est, RGCF, 1962
Keichinger – Leroy -Trogneux, Les particularités du poste PRS de la gare de Paris-Saint-Lazare, RGCF, 1967
Kivelä, T., Rautateiden turvalaitteiden purkuurakoiden kehittäminen, 2023
klassiekebeveiliging.com/
Kollmannsberger F., Stand der Fernwirktechnik für Signalanlagen der DB, Signal + Draht, 1984
Kornaszewski M., Analiza stanu technicznego urządzeń sterowania ruchem kolejowym eksploatowanych na kolejach polskich, Autobusy, 2018
Kummer P., VöV-Forum Umsetzung ERTMS – SBB, 2021
Lascelles T.S., Neuere Fortschritte im englischen Eisenbahn-Signalwesen, Das Stellwerk, 1935

Lehmann-von Weyhe U., Betriebssteuerzentrale Saarbrücken (BSZ), 1982

Lehmann-von Weyhe – Pattard – Philipps, Erfahrungen mit der Betriebssteuerzentrale Saarbrücken nach dem Zurückziehen der örtlichen Fahrdienstleiter, Die Bundesbahn, 1983

Leidström B., Relay Interlocking with push-botton control an train describer system at Stockholm Central Station, SJ

Leiss B., Das Zentralstellwerk Graz Hbf, ÖBB Nachrichtenblatt, 1969

Leleu O., Paris Gare de Lyon railway operation at Vignieux sur Seine, IRSE, 2017

Les signaux – Les régimes d'exploitation des lignes – Les systèmes d'espacement des trains, epsf, 2017

Liverani A., Sicurezza e automazione della circolazione ferroviaria, Ingegneria ferroviaria, 1975

L.M. Ericsson Review, Volume VII 1930/ Volume IX 1932

Marzano M., Le grandi opere infrastrutturali e tecnologiche riguardanti il Compartimento ferroviario di Milano, RFI – CIFI, 2021

Maschek U., Analyse zur Gestaltung elektronischer Stellwerke, Technische Universität Dresden, 1996

Nef W., Die Sicherungsanlagen der Schweiz, Loki Spezial, 2019

Nock O.S., Der Einsatz elektronischer Systeme in Signalanlagen der britischen Staatsbahnen, technica, 1972

Nock O.S., Fifty years of railway signalling, IRSE 1962

Oehler K., Eisenbahnsicherungstechnik in der Schweiz, Entwicklung der elektrischen Anlagen, 1981

Overton A.K., The British Power Signalling Register, 2022

Pachl J., Besonderheiten ausländischer Eisenbahnbetriebsverfahren, 2019

Palm E., Rechnergestützte Verkehrssteuerung bei den SBB, Signal + Draht, 1982

Palm E., Stellwerke der Schweizer Bahnen, gestern und heute, 1982

Posto centrale Milano Greco Pirelli, RFI, 2016

Pottgiesser H., Sicher auf den Schienen, 1988

Preuss E., Stellwerke Deutscher Eisenbahnen, 1996

Preuss E., Stellwerke deutscher Eisenbahnen – Typenkompass, 2012

rail.lu/luxpostes.html

Rehschuh, G., Aus der Geschichte des Stellwerks, Jahrbuch des Eisenbahnwesens, 1957

Route Relay Interlocking and resignalling at Hull Paragon Station, Westinghouse Signal & Brake Ltd

Sasse H.W., Das Zentralstellwerk in Frankfurt am Main, eine Lösung betrieblicher Hochleistungsaufgaben, Jahrbuch des Eisenbahnwesens, 1959

Sasse H.W., Die Eisenbahn-Fahrdienstleitung im Wandel der Stellwerktechnik, Jahrbuch des Eisenbahnwesens, 1966

Sasse H.W., Streifzug durch die Geschichte der deutschen Signaltechnik, 1959

SBB, Reglement über die elektrischen Sicherungsanlagen mit Schalterwerken, 1960

Schmitz Wh, Die Entwicklung der Gleisbildstellwerktechnik, 1951

Schmitz Wh, Die Sicherheit der Spurplantechnik, Signal + Draht, 1966

Schmitz Wt, Die Signalanlagen im Raum Köln, Signal + Draht, 1953

www.segnalifs.it/

SNCF, Consigne générale S6A, Utilisation des installations de sécurité, Gares-type de voie unique, PRS, PRG, 1975-1984

SNCF, Règlement S1A-S3B-S3C-S5B-S5C-S5D, Signaux, Voie unique temporaire inopinée mouvements à contre-voie, Voies uniques temporaires- installations permanentes de contre-sens, Block manuel de double voie type Lartigue uniformisé (BLU), Block manuel de double voie type SNCF (BMU), Block manuel de voie unique type SNCF, Block automatique à permissivité restreinte (BAPR), 1974-79

Sorbello, G., Prospettive e sviluppi futuri dei sistemi di telecomando, FS, 2019

stellwerke.info/

Stäckel W., Automatische Streckenblockung, Das Stellwerk, 1930

Stalder – Wägli und Konsorten, Hundert Jahre Stellwerke bei den Schweizer Bahnen, Teile 1-4, SBB-Nachrichtenblatt, 1980

Stalder O. und Wägli H.G., 100 Jahre Fortschritt in der Eisenbahnsignaltechnik, IRSE, 2012

Stationsbeveiliging Type NX-systeem ,68, NS, 1984

Steinfeld H., Das Spurplanstellwerk Saarbrücken Hbf, Signal + Draht, 1960

Suwe K-H., Die Signaltechnik auf der Schnellfahrstrecke Paris – Lyon, Signal + Draht, 1983

The NX-system of interlocking, General Railway Signal Company GRS, 1936

https://www.thetelegraph.com/

Tolotti, L'evoluzione degli apparati centrali elettrici presso le FS, Ingegneria Ferroviaria, 1957/61

Vanns M.A., An Illustrated History of Signalling, 1997
Vellay Olivier, Remarquables postes d'aiguillage, 2022
Viaene D., La signalisation à la SNCB, 2007
Viglietti A., L'evoluzione dei sistemi di Telecomando, CIFI, 2019
www.vlaky.net
Walter J., Le développement des installations de sécurité de la SNCF au cours des 20 dernières années, RGCF, 1958
wbsframe.mste.co.uk/
Weber O., Les problèmes posés par la construction des relais de signalisation, RGCF, 1971
Wehner – Sitzmann, Betriebsleittechnik, Eisenbahntechnische Rundschau, 1985
Wehner L., Aufgaben und Ziele der Signaltechnik, Signal + Draht, 1982
Wehner L., Das Stellwerk SpDrS 600, Signal + Draht, 1978
Wehner L., Entstehung, Bedienungs- und Schalteinrichtungen des Spurplanstellwerks SpDrL60, Signal&Draht, 1971
Wehner L., Fortschritt mit der Mikroelektronik in der Nachrichtentechnik, Signal + Draht, 1984
Wehner L., Von der Mechanik zum Mikrocomputer, Signal + Draht, 1981
wiwkiwand.com
Wileczelek O., 50 Jahre Spurplanstellwerk Domino 67, 1968-2018
Winter P., Betriebsleit- und Sicherungssysteme bei den SBB, Signal + Draht, 1982
Wiss J.-M., Das Konzept der modularen Betriebsleiteinrichtungen bei der SNCF, Signal + Draht, RGCF, 1985
Wurmser D., Cent ans de signalisation latérale en Europe/Divergences et convergences, Revue d'histoire des chemins de fer, 2002

ABBILDUNGSVERZEICHNIS
LISTE OF FIGURES

Der Grossteil der 1031 Abbildungen stammt vom Autor, die Ergänzung durch Drittquellen ist nachstehend aufgeführt.
The majority of the 1031 illustrations are by the author, the addition of third party sources is listed below.

DER AUTOR

Hans-Peter Hadorn, geboren 1958 in der Region Bern, studierte Volks- und Betriebswirtschaft an der Universität Bern. In seinen beruflichen Stationen als Leiter des Geschäftsbereichs Sicherheit der SBB, später als Direktor der Schweizerischen Rheinhäfen und Verwaltungsratspräsident der Hafenbahn Schweiz AG in Basel sowie als Kommissar bei der Zentralkommission für die Rheinschifffahrt in Strassburg und als Präsident der Europäischen Föderation der Binnenhäfen hat er sich umfassend mit verkehrspolitischen Fragen und insbesondere mit Entwicklungen im Sicherheitsmanagement des Schienen- und Binnenschiffsverkehrs auf nationaler und europäischer Ebene auseinandergesetzt.

THE AUTHOR

Hans-Peter Hadorn, born in 1958 in the Bern region, studied economics and business administration at the University of Bern. In his professional positions as Head of the Safety Division at SBB, later as Director of the Swiss Rhine Ports and Chairman of the Board of Directors of Hafenbahn Schweiz AG in Basel, as well as Commissioner at the Central Commission for Navigation on the Rhine in Strasbourg and as President of the European Federation of Inland Ports, he has dealt extensively with transport policy issues and in particular with developments in the safety management of rail and inland waterway transport at both national and European level.

EISENBAHN-WISSEN IM AS VERLAG

Das Schienennetz der Eisenbahnen ist das Rückgrat und der bedeutendste Kostenfaktor der schweizerischen Verkehrsinfrastruktur. Seine Belastung durch den stetig wachsenden Verkehr steigt unaufhaltsam. Das bedeutet immer mehr Unterhalt und entsprechend steigende Kosten. Diese wiederum fallen entweder der Staatskasse zur Last oder den Fahrgästen und führen in beiden Fällen zu politischen Kontroversen, die mangels Information nicht immer mit der gebotenen Sachkenntnis geführt werden. Dazu kommt, dass Unterhalt und Erneuerung zu einem grossen Teil zur Nachtzeit stattfinden; die Folge ist Lärm, der den Anwohnern den Schlaf raubt und seinerseits Schlagzeilen provoziert.

Barth, Moser
Praxisbuch
Fahrbahn
ISBN: 978-3-906055-29-9

Seit Bahnen in der Schweiz mit 200 und in Deutschland und Frankreich mit 300 Stundenkilometern selbst dem Flugverkehr Konkurrenz machen, hat eine völlig neue Sicherheitskultur auf der Schiene Einzug gehalten. Für die immer ausgeklügelteren und engmaschigeren Fahrpläne von heute gilt längst die Nullfehlertoleranz. Mehr noch: Die Sicherheit muss auch dort oberste Priorität haben, wo der letzte Risikofaktor namens Mensch täglich neu zu überlisten ist. Dieses neue Buch zeigt erstmals auf, was Eisenbahnen heute tun, um selbst kleinste Pannen auszuschalten, denn der Weg von der Stellwerkstörung zur Verkehrskatastrophe liegt heute oft nur noch ein paar Hundertstelsekunden auseinander.

Bödeker, Hösli, Moser
Praxisbuch
Bahnsicherung
ISBN: 978-3-906055-80-0

Der kleine Rollwiderstand und die Zusammenfassung von Transportbedürfnissen sind bis heute die Grundlage des Erfolgs der Eisenbahn. Der Oberbau, das heisst die Fahrbahn der Eisenbahn fristet im Gegensatz zu den Lokomotiven und Wagen unberechtigter Weise ein wenig beachtetes Dasein. An das Schienensystem werden höchste Anforderungen gestellt. Es muss präzise verlegt werden, Witterungseinflüssen standhalten, Züge mit hoher Geschwindigkeit sicher in der Spur halten. Vorläufer der eisernen Fahrbahn sind die Karrengleise der Römer und die spurgeführten Rollbahnen in Bergwerken. In den 1870er-Jahren wird die heute noch gültige pilzförmige Schienenform definiert.

Elsasser, SBB Historic
Schienen, Weichen,
Schwellen
ISBN: 978-3-909111-97-8

«Visionäre Bahnprojekte» stellt erstmals detailliert und umfassend Projekte und Studien vor, die, um die vorletzte Jahrhundertwende entwickelt, gestern wie heute faszinieren und polarisieren. In keinem Land der Welt sind derart viele Berg- und Talbahnen geplant worden wie in der Schweiz. Vor über hundert Jahren überbieten sich Ingenieure und Industrielle mit Plänen und Ideen. Der unerschütterliche Glaube an den technischen Fortschritt siegt im ausgehenden 19. Jahrhundert über alle Mahner und Kritiker. Viele dieser plötzlichen Erleuchtungen prägen den Zeitgeist, die Inspirationen entspringen aber auch spekulativen Absichten mit verlockenden Aussichten auf hohe Gewinne und satte Dividenden.

Heinz Schild
Visionäre
Bahnprojekte
ISBN: 978-3-906055-13-8